Lambacher Schweizer

Mathematik Qualifikationsphase

Leistungskurs

Niedersachsen

erarbeitet von
Carolin Herrmann
Detlef Hoche
Arne Jessen
Peter Neumann

Ernst Klett Verlag
Stuttgart · Leipzig

Bildquellen

U1.1 Getty Images (Universal Images Group), München; **U1.2** Getty Images (Oxford Scientific/Paul Kay), München; **32** Getty Images (Photographer's Choice/Malcolm Fife), München; **69** ShutterStock.com RF (AGphotographer), New York, NY

Sollte es in einem Einzelfall nicht gelungen sein, den korrekten Rechteinhaber ausfindig zu machen, so werden berechtigte Ansprüche selbstverständlich im Rahmen der üblichen Regelungen abgegolten.

1. Auflage 1 5 4 3 2 | 2024 23 22 21

Alle Drucke dieser Auflage sind unverändert und können im Unterricht nebeneinander verwendet werden.
Die letzte Zahl bezeichnet das Jahr des Druckes.

Autorinnen und Autoren: Jürgen Frink, Carolin Herrmann, Detlef Hoche, Dr. Matthias Janssen, Arne Jessen, Klaus-Peter Jungmann, Karen Kaps, Dr. Michael Kölle, Peter Neumann, Heike Spielmans

Redaktion: Entstanden in Zusammenarbeit mit dem Projektteam des Verlages.
Herstellung: Timo Nazerzadeh

Grafiken: Da-TeX Gerd Blumenstein, Leipzig; dtp-studio Andrea Eckhardt, Göppingen; imprint GmbH, Zusmarshausen
Satz: dtp-studio Andrea Eckhardt, Göppingen
Druck: Plump Druck & Medien GmbH, Rheinbreitbach

Printed in Germany
ISBN 978-3-12-735535-2

9 783127 355352

Inhalt

I Das Gauß-Verfahren

ab Lerneinheit 1

1 Bestimmen Sie die Lösungen der linearen Gleichungssysteme.

a) $\left|\begin{array}{rrrl} x_1 & +5x_2 & +4x_3 & =7 \\ & 3x_2 & -2x_3 & =-1 \\ & & 2x_3 & =4 \end{array}\right|$

Lösung: (; ;) [T1]

b) $\left|\begin{array}{rrrl} 2x_1 & & +6x_3 & =2 \\ & x_2 & +x_3 & =-1 \\ & & x_3 & =-4 \end{array}\right|$

Lösung: (; ;)

c) $\left|\begin{array}{rrrl} -x_1 & -3x_2 & & =1 \\ & 2x_2 & +3x_3 & =4 \\ & & -5x_3 & =6 \end{array}\right|$

Lösung: (; ;)

2 Überprüfen Sie, ob das lineare Gleichungssystem die angegebene Lösung hat. [T2]

a) $\left|\begin{array}{rrrl} -x_1 & -x_2 & +x_3 & =7 \\ 2x_1 & -x_2 & -4x_3 & =-10 \\ 4x_1 & -5x_2 & -15x_3 & =-36 \end{array}\right|$

Lösung: (1; −4; 4)

b) $\left|\begin{array}{rrrl} 2x_1 & +3x_2 & +x_3 & =16 \\ -4x_1 & -11x_2 & +2x_3 & =51 \\ 14x_1 & +36x_2 & -7x_3 & =171 \end{array}\right|$

Lösung: (4; 3; −1)

c) $\left|\begin{array}{rrrl} -4x_1 & +x_2 & +4x_3 & =13 \\ 7x_1 & +\frac{13}{4}x_2 & -5x_3 & =-\frac{31}{4} \\ 26x_1 & +\frac{17}{2}x_2 & -15x_3 & =-\frac{29}{2} \end{array}\right|$

Lösung: (2; 1; 5)

3 Geben Sie die Lösungsmenge des zur Rechneranzeige gehörenden LGS mit 3 Variablen an.

a) $\mathrm{rref}\left(\begin{bmatrix} 1 & 2 & 1 & 5 \\ 2 & 4 & -3 & 0 \\ 0 & 3 & 2 & 1 \end{bmatrix}\right)$

Lösung: (; ;) [T1]

b) $\mathrm{rref}\left(\begin{bmatrix} 5 & 1 & 2 & 0 \\ 0 & 2 & 1 & 4 \\ 3 & 2 & 1 & 1 \end{bmatrix}\right)$

Lösung: (; ;)

c) $\mathrm{rref}\left(\begin{bmatrix} 4 & -5 & 1 & 3 \\ -2 & 1 & 5 & 1 \\ 1 & 0 & 2 & 5 \end{bmatrix}\right)$

Lösung: (; ;)

4 Formen Sie das lineare Gleichungssystem in Stufenform um und bestimmen Sie die Lösung.

a) $\left|\begin{array}{rrrl} 2x_1 & +2x_2 & -x_3 & =-4 \\ -6x_1 & -5x_2 & +6x_3 & =10 \\ -10x_1 & -8x_2 & +16x_3 & =16 \end{array}\right|$

Lösung: (; ;) [T3]

b) $\left|\begin{array}{rrrl} 4x_1 & -2x_2 & +9x_3 & =-32 \\ 4x_1 & +2x_2 & -x_3 & =0 \\ 2x_1 & +3x_2 & -3x_3 & =11 \end{array}\right|$

Lösung: (; ;)

c) $\left|\begin{array}{rrrl} -3x_1 & +x_2 & +5x_3 & =2 \\ -2x_1 & +\frac{17}{3}x_2 & +\frac{19}{3}x_3 & =\frac{37}{3} \\ 14x_1 & -\frac{59}{3}x_2 & -\frac{109}{3}x_3 & =-\frac{151}{3} \end{array}\right|$

Lösung: (; ;) [T4]

5 Welche Fehler wurden bei der Umformung des Gleichungssystems gemacht? Markieren Sie die Fehler und beschreiben Sie, was falsch gemacht wurde.

a) $\left|\begin{array}{rrrl} 5x_1 & -2x_2 & +x_3 & =17 \\ 10x_1 & -6x_2 & +6x_3 & =36 \\ 15x_1 & -10x_2 & +12x_3 & =55 \end{array}\right|$ 2. Gleichung − 2 · 1. Gleichung

$\left|\begin{array}{rrrl} & -10x_2 & +4x_3 & =2 \\ 10x_1 & -6x_2 & +6x_3 & =36 \\ 15x_1 & -10x_2 & +12x_3 & =55 \end{array}\right|$

b) $\left|\begin{array}{rrrl} & 5x_2 & +3x_3 & =72 \\ & -5x_2 & +7x_3 & =-66 \\ 24x_1 & -32x_2 & -40x_3 & =-120 \end{array}\right|$ 1. + 2. Gleichung

$\left|\begin{array}{rrl} 5x_2 & +3x_3 & =72 \\ -5x_2 & +7x_3 & =-66 \\ & 10x_3 & =8 \end{array}\right|$

c) $\left|\begin{array}{rrrl} x_1 & -x_2 & -2x_3 & =0 \\ & -x_2 & & =10 \\ & & 0x_3 & =-39 \end{array}\right|$

$\left|\begin{array}{rl} x_1 & =-10 \\ x_2 & =-10 \\ x_3 & =0 \end{array}\right|$

d) $\left|\begin{array}{rrrl} 1x_1 & +3x_2 & +6x_3 & =4 \\ & 2x_2 & +4x_3 & =2 \\ & 2x_2 & -1x_3 & =-13 \end{array}\right|$ 2. − 3. Gleichung; 3. − 2. Gleichung

$\left|\begin{array}{rrrl} 1x_1 & +3x_2 & +6x_3 & =4 \\ & & 5x_3 & =15 \\ & & -5x_3 & =-15 \end{array}\right|$

6 Geben Sie ein lineares Gleichungssystem an, bei dem alle Koeffizienten von Null verschieden sind und das die Lösung (−2; 5; 3) besitzt. [T5]

[T1] Berechnen Sie zuerst x_3, setzen Sie dann in die 2. Gleichung ein. [T2] Setzen Sie die Werte in die Gleichungen ein. Sie müssen alle Gleichungen erfüllen. [T3] Multiplizieren Sie die erste Gleichung mit 3. Ersetzen Sie sie dann durch die Summe mit der zweiten Gleichung. [T4] Die Rechnung wird einfacher, wenn Sie die zweite und dritte Gleichung jeweils mit 3 durchmultiplizieren. [T5] Beginnen Sie mit einem System in Stufenform und ersetzen Sie jede Gleichungen nach und nach durch die Summe bzw. das Vielfache aus der Gleichung und einer anderen.

1 Berechnen Sie die Lösungsmenge des linearen Gleichungssystems.

a) $\left|\begin{array}{rrr} x_1 & & = 5 \\ & x_2 & = 3 \\ & & 0 = -1 \end{array}\right|$

Das LGS hat die Lösungsmenge

L = ____________

b) $\left(\begin{array}{ccc|c} 1 & 0 & 0 & 4 \\ 0 & 1 & 1 & -1 \\ 0 & 0 & 0 & 0 \end{array}\right)$

Das LGS hat ________ Lösungen.
Man setzt x_3 = ____
Eingesetzt in Gleichung 2:

____________ x_2 = ____ ;

und aus Gleichung 1: x_1 = ____ ;

L = ____________

c) $\left|\begin{array}{rrrr} x_1 & & + x_3 & = -1 \\ & x_2 & - x_3 & = 1 \\ & & & 0 = 0 \end{array}\right|$

Lösen Sie c) ohne Hilfe

2 Geben Sie jeweils die Lösungsmenge des linearen Gleichungssystems an.

a) $\left|\begin{array}{r} 2x_1 + x_2 - 9x_3 = 25 \\ 3x_2 - 2x_3 = 0 \\ 7x_3 = 21 \end{array}\right|$

L = ____________

b) [T1] $\left|\begin{array}{r} x_1 - 3x_2 + 2x_3 = 0 \\ -x_3 = 6 \\ 4x_2 + 5x_3 = 6 \end{array}\right|$

L = ____________

c) [T2] $\left|\begin{array}{r} 3x_1 + 5x_2 + 6x_3 = -2 \\ x_2 + 1{,}5x_3 = 7 \\ 3 = -3 \end{array}\right|$

L = ____________

d) [T3] $\left|\begin{array}{r} x_1 + 4x_3 = -8 \\ 7 = 7 \\ x_3 = -1 \end{array}\right|$

L = ____________

3 Ordnen Sie den linearen Gleichungssystemen die passenden Lösungsmengen zu und überprüfen Sie mit dem Rechner.

A $\left(\begin{array}{ccc|c} 1 & 9 & 5 & 12 \\ 2 & -6 & 0 & 2 \\ 3 & 3 & 5 & 10 \end{array}\right)$ B $\left(\begin{array}{ccc|c} 3 & 2 & 1 & 10 \\ 4 & 5 & 0 & 6 \\ 5 & -2 & 1 & 0 \end{array}\right)$ C $\left(\begin{array}{ccc|c} 2 & 3 & -1 & 8 \\ 1 & 0 & -2 & 1 \\ 5 & -2 & -12 & 1 \end{array}\right)$

I $L = \{(-1; 2; 9)\}$

II $L = \{\ \}$

III $L = \{(1+2t; 2-t; t) \mid t \in \mathbb{R}\}$

4 Berechnen Sie die Lösungsmenge des linearen Gleichungssystems.

$\left|\begin{array}{r} 2x_1 + x_3 = -1 \\ x_1 + x_2 - x_3 = 0 \\ x_1 + 3x_2 - 4x_3 = 1 \end{array}\right|$

1. − 2 · 2. Gleichung
2. − 3. Gleichung

| ____ = ____ |
| ____ = ____ |
| ____ = ____ |

Stufenform:

| ____ = ____ |
| ____ = ____ |
| ____ = ____ |

Es gibt unendlich viele Lösungen. Setzt man $x_3 = t$, dann erhält man aus Gleichung 2 x_2 = ____ und aus Gleichung 1 x_1 = ____.

Ergebnis: L = ____________ [T4]

5 Von den drei Gleichungssystemen hat eines genau eine Lösung, eines keine Lösung und eines unendlich viele Lösungen. Bestimmen Sie jeweils die Lösungsmenge.

a) $\left|\begin{array}{r} 15x_1 + 9x_2 + 3x_3 = 51 \\ -15x_1 - 12x_2 + 2x_3 = -38 \\ 30x_1 + 21x_2 = 84 \end{array}\right|$

b) $\left|\begin{array}{r} -3x_1 - 4x_2 - 3x_3 = 26 \\ -6x_1 - 12x_2 - 8x_3 = 72 \\ 3x_1 + 12x_2 + 7x_3 = -66 \end{array}\right|$

c) $\left|\begin{array}{r} 3x_1 - x_2 - 4x_3 = -3 \\ 6x_1 - x_2 - 4x_3 = -9 \\ 21x_1 - 4x_2 - 16x_3 = -39 \end{array}\right|$

6 Geben Sie ein lineares Gleichungssystem an, bei dem alle Koeffizienten von Null verschieden sind und das die angegebene Lösungsmenge besitzt.

a) $L = \{(1; 0; 0)\}$ [T5] b) $L = \{\ \}$ c) $L = \{(1; t; t) \mid t \in \mathbb{R}\}$ [T6] d) $L = \{(t-1; t+1; t) \mid t \in \mathbb{R}\}$

[T1] Vertauschen Sie die zweite und die dritte Gleichung, dann ergibt sich eine Stufenform. [T2] Entscheiden Sie, ob die dritte Gleichung erfüllt werden kann. [T3] Schauen Sie sich die zweite Gleichung genauer an. Stellen Sie eine passende Bedingung für x_2 auf. [T4] Setzen Sie für $x_3 = t$ in Gleichung 2 und 1 ein und lösen Sie jeweils nach x_2 bzw. x_1 auf. Schreiben Sie die Lösungsmenge analog zu Aufgabe 5d auf. [T5] Schreiben Sie zuerst ein passendes Gleichungssystem in Stufenform auf. Ersetzen Sie nun nach und nach eine Gleichung durch die Summe aus dieser Gleichung und (dem Vielfachen) einer anderen Gleichung bis alle Koeffizienten ungleich 0 sind. [T6] Die dritte Gleichung muss 0 = 0 lauten. Schreiben Sie nun die beiden anderen in Stufenform auf und wenden Sie [T5] an. Achten Sie darauf, dass t herausfällt.

1 Der Graph einer ganzrationalen Funktion 3. Grades hat in W(0 | 1) einen Wendepunkt und in H(−1 | 5) einen Hochpunkt. Bestimmen Sie die Funktionsgleichung.

1. Aufstellen des allgemeinen Funktionsterms und Angeben der Ableitungen.

Ansatz: $f(x) = ax^3 + bx^2 + cx + d$ $f'(x) = 3ax^2 + bx + c$ $f''(x) = 6ax + b$ $f'''(x) = 6a$

2. Formulieren der gegebenen Bedingungen mit f, f′ und f″.

Wendepunkt W(0 | 1):

$f(0) = 1$ (1. Gleichung);

$f''(0) = 0$ (2. Gleichung)

Hochpunkt H(−1 | 5):

$f(-1) = 5$ (3. Gleichung);

$f'(-1) = 0$ (4. Gleichung) [T1]

3. Aufstellen des linearen Gleichungssystems.

1. Gleichung $f(0) = a\cdot(0)^3 + b\cdot(0)^2 + c\cdot(0) + d$ [T2] $= 1$

2. Gleichung $f''(0) = 6a\cdot(0) + b = 0$ [T3]

3. Gleichung $f(-1) = a\cdot(-1)^3 + b\cdot(-1)^2 + c\cdot(-1) + d = 5$

4. Gleichung $f'(-1) = 3a\cdot(-1)^2 + b\cdot(-1) + c = 0$

Das Gleichungssystem hat die Lösung a = 2 ; b = 0 ; c = −6 ; d = 1 . $f(x) = 2x^3 - 6x + 1$

4. Überprüfen, ob alle angegebenen Bedingungen erfüllt sind.

$f'''(0)$ $6\cdot 2 = 12$, also $12 \neq 0 = W(0|1)$; $f''(-1)$ $6\cdot 2\cdot(-1) + 0$, also $-12 < 0$ $H(-1|5)$

2 Der Graph einer ganzrationalen Funktion 3. Grades schneidet die Koordinatenachsen in $S_1(0|1)$ und $S_2(-1|0)$. Außerdem hat er in T(2 | 0) einen Tiefpunkt. Bestimmen Sie die Funktionsgleichung.

3 Untersuchen Sie, ob es eine ganzrationale Funktion 2. Grades gibt, die die Nullstellen $x_1 = 5$ und $x_2 = -4$ hat und deren Graph an der Stelle 0 eine waagerechte Tangente besitzt.

1. Aufstellen des allgemeinen Funktionsterms und Angeben der Ableitungen.

Ansatz: $f(x) = ax^2 + bx + c$ $f'(x) = 2ax + b$

2. Formulieren der gegebenen Bedingungen mit f und f′.
Nullstellen: $f(5) = 0$ (1. Gleichung);

$f''(-4) = 0$ (2. Gleichung)

Waagerechte Tangente $f'(0) = 0$ (3. Gleichung)

3. Aufstellen des linearen Gleichungssystems

1. Gleichung $25a + 5b + c = 0$

2. Gleichung $16a - 4b + c = 0$

3. Gleichung $c = 0$

Das Gleichungssystem hat die Lösung a = 0 ; b = 0 ; c = 0, daraus folgt: Es kann keine Funktion 2. Grades geben, die diese Bedingungen erfüllt. [T4]

4 Welche ganzrationalen Funktionen 3. Grades haben zum Ursprung symmetrische Graphen, die in E(1 | −1) einen Extrempunkt besitzen?

[T1] Hier benötigen Sie die notwendigen Bedingungen für Wendepunkte und Extrempunkte. [T2] Setzen Sie x = 0 in die Funktion f ein. Es muss sich 1 ergeben. [T3] Setzen Sie x = 0 in die 2. Ableitung ein. Es muss sich 0 ergeben. [T4] Wenn eine ganzrationale Funktion den Grad n haben soll, dann darf der Koeffizient vor der höchsten Potenz n nicht 0 sein.

1 Bringen Sie das Gleichungssystem mit dem Gauß-Verfahren auf Stufenform und berechnen Sie die Lösung.

a) $\left|\begin{array}{l} x_1 + x_2 + x_3 = 1 \\ 2x_1 + 2x_2 - x_3 = 2 \\ -x_1 - x_2 + x_3 = 0 \end{array}\right|$ b) $\left|\begin{array}{l} 2x_1 + x_2 + 2x_3 = 0 \\ 3x_1 + 2x_2 - x_3 = 2 \\ 5x_1 + 3x_2 + 2x_3 = 3 \end{array}\right|$ c) $\left|\begin{array}{l} 2x_1 - x_3 = 0 \\ x_2 + x_3 = 1 \\ 4x_1 - x_2 = 2 \end{array}\right|$ d) $\left|\begin{array}{l} x_1 + x_2 = 0 \\ x_1 + x_3 = 2 \\ x_1 + x_4 = 0 \\ x_2 + x_3 = 0 \end{array}\right|$

2 Bestimmen Sie die Lösungsmenge des linearen Gleichungssystems.

a) $\left|\begin{array}{l} 4x_1 + x_2 - 3x_3 = 38 \\ -8x_1 + x_2 + 9x_3 = -106 \\ -16x_1 - x_2 + 14x_3 = -181 \end{array}\right|$ b) $\left|\begin{array}{l} 2x_1 + 5x_2 + x_3 = 7 \\ -5x_2 + x_3 = -1 \\ x_1 + x_3 = 3 \end{array}\right|$ [T1] c) $\left|\begin{array}{l} -4x_1 + x_2 - 2x_3 = 4 \\ 2x_1 - 3x_2 + x_3 = -2 \\ x_2 = 1 \end{array}\right|$ [T2] d) $\left|\begin{array}{l} x_1 + 2x_2 - x_3 = -1 \\ x_1 - x_2 + x_3 = 1 + 3r \\ 2x_1 + x_2 + x_3 = 3r \end{array}\right|$ [T3]

3 Gesucht ist eine Funktion f mit der Gleichung $f(x) = ax^3 + bx^2 + cx + d$, deren Graph in H(4 | 0) einen Hochpunkt und in P(−1 | −3) eine zur Geraden g mit der Gleichung $y = 2x + 1$ parallele Tangente hat. Überprüfen Sie, welches der Gleichungssysteme zur Bestimmung der Koeffizienten a, b, c und d geeignet ist.

$\left|\begin{array}{l} 64a + 16b + 4c + d = 0 \\ 48a + 8b + c = 0 \\ -a - b - c + d = -3 \\ 3a - 2b + c = 2 \end{array}\right|$ $\left|\begin{array}{l} d = 4 \\ c = 0 \\ -a + b - c + d = -3 \\ 3a - 2b + c = 2 \end{array}\right|$ $\left|\begin{array}{l} 64a + 16b + 4c + d = 0 \\ -a + b - c + d = -3 \\ 48a + 8b + c = 0 \\ 3a - 2b + c = 2 \end{array}\right|$ $\left|\begin{array}{l} 64a + 16b + 4c + d = 0 \\ -a + b - c + d = -3 \\ 48a + 8b + c = 0 \\ 3a - 2b + c = 1 \end{array}\right|$

4 Zwei Geraden schneiden sich im Punkt S(4 | −2). Ihre beiden y-Achsenabschnitte haben den Abstand 8 und die Summe ihrer Steigungen ist 2. Bestimmen Sie die Geradengleichungen. [T4]

5 In einem Viereck beträgt die Summe gegenüberliegender Winkel 180°. Wie groß sind die Winkel, wenn es zwei Paare benachbarter Winkel gibt, deren Summe jeweils 120° beträgt? [T5]

6 Prüfen Sie, ob es eine ganzrationale Funktion 3. Grades mit folgenden Eigenschaften gibt:
Der Graph hat einen Hochpunkt $H\left(2\,\middle|\,\frac{10}{3}\right)$ und einen Wendepunkt $W\left(1\,\middle|\,\frac{8}{3}\right)$ mit Wendetangente t: $y = x + \frac{5}{3}$. [T6]

7 Entnehmen Sie dem abgebildeten Graphen einer ganzrationalen Funktion 4. Grades geeignete Eigenschaften, mithilfe derer Sie den Funktionsterm bestimmen können. [T7]

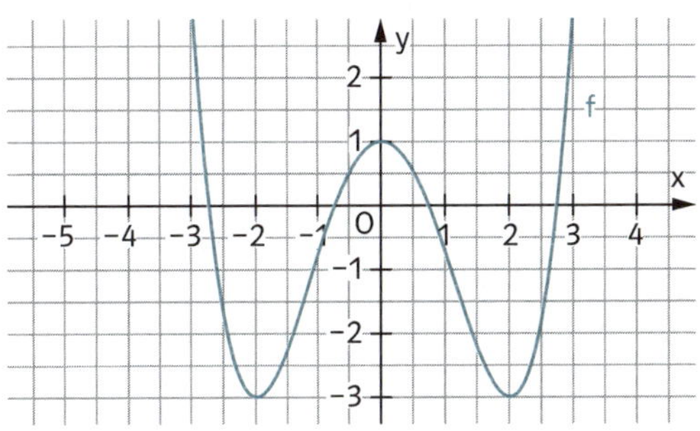

[T1] Lautet (nach der Umformung des Gleichungssystems) eine Gleichung 0 = 0, so kann man hier $x_3 = t$ ansetzen und dann aus den anderen Gleichungen x_2 und x_1 bestimmen. [T2] Lautet (nach der Umformung des Gleichungssystems) eine Gleichung z. B. 1 = 0, so ist die Lösungsmenge die leere Menge. [T3] Rechnen Sie mit r, wie mit einer Zahl. [T4] Setzen Sie $y = ax + b$ und $y = cx + d$ an und stellen Sie Bedingungen auf, aus denen sich dann Gleichungen ergeben. [T5] Fertigen Sie eine Zeichnung an. Man benötigt 4 Gleichungen. Viele Bedingungen sind aber voneinander abhängig. Ist die Summe zweier gegenüberliegender Winkel 180°, dann ist wegen der Winkelsumme im Viereck auch die Summe der anderen beiden Winkel 180°. Ebenso können wegen der Winkelsumme im Viereck die beiden Paare benachbarter Winkel mit der Summe 120° sich nicht gegenüber liegen. [T6] Wenn Sie alle Gleichungen aufstellen, dann erhalten Sie 5 Gleichungen mit 4 Unbekannten. Rechnen Sie die Lösung mit 4 Gleichungen aus und prüfen Sie, ob diese die 5. Gleichung erfüllt. [T7] Der Graph ist symmetrisch zur y-Achse. Verwenden Sie nur Eigenschaften, bei denen die Koordinaten offensichtlich ganzzahlig sind.

II Die natürliche Exponentialfunktion und ihre Ableitung

ab Lerneinheit 1

1 Ordnen Sie die Graphen der Funktionen und die Graphen der zugehörigen Ableitungsfunktionen passend zu.

	Funktion	Ableitung
$f(x) = 2^x$		
$f(x) = e^x$		
$f(x) = 3^x$		

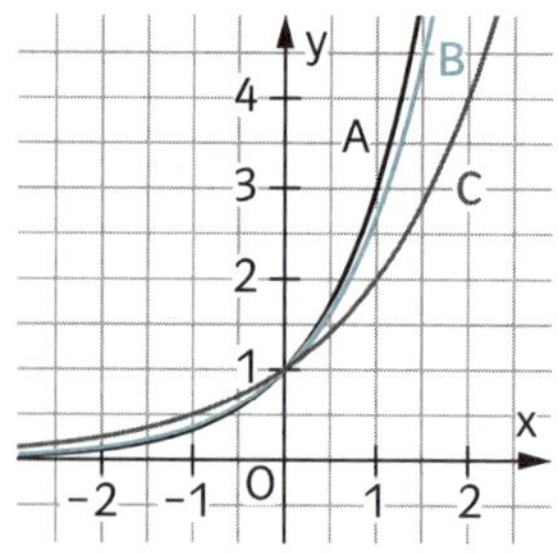

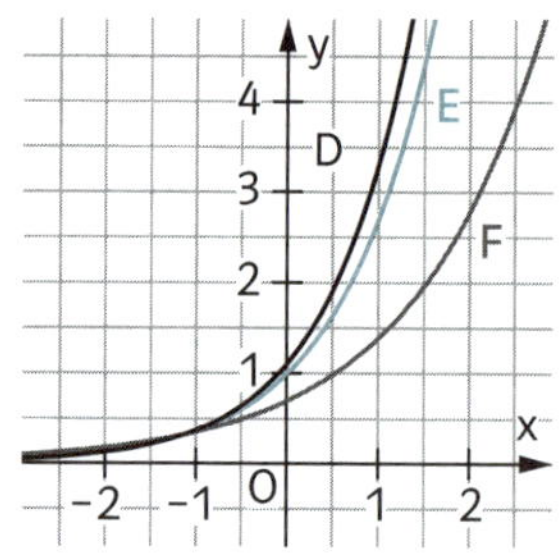

2 Bestimmen Sie die erste und zweite Ableitung der Funktion f. Ergänzen Sie die Lücken.

a) $f(x) = 6 \cdot e^x + 3x$

$f'(x) = \_\_\_ \cdot e^x + \_\_\_$

$f''(x) = \_\_\_ \cdot e^x$

b) $f(x) = -3e^x + \cos(x)$

$f'(x) = \_\_\_ e^x + \_\_\_ \sin(x)$

$f''(x) = \_\_\_ e^x - \cos(x)$

c) $f(x) = -\frac{1}{4x^2} + 2e^x$

$f'(x) = \frac{1}{\_\_\_} + 2e^x$

$f''(x) = -\frac{\_\_\_}{2x^4} + 2e^x$

d) $f(x) = 3e \cdot e^x$

$f'(x) = \_\_\_ \cdot e^x$

$f''(x) = \_\_\_ \cdot e^x$

3 a) Ordnen Sie die Funktionsgleichungen den Graphen zu und skizzieren Sie den fehlenden Funktionsgraphen.

$f_1(x) = e^x$ $\qquad$ $f_2(x) = e^{-x}$

$f_3(x) = e^{x-2}$ $\qquad$ $f_4(x) = e^x + 2$

$f_5(x) = e^{0,5x}$ $\qquad$ $f_6(x) = -e^x$

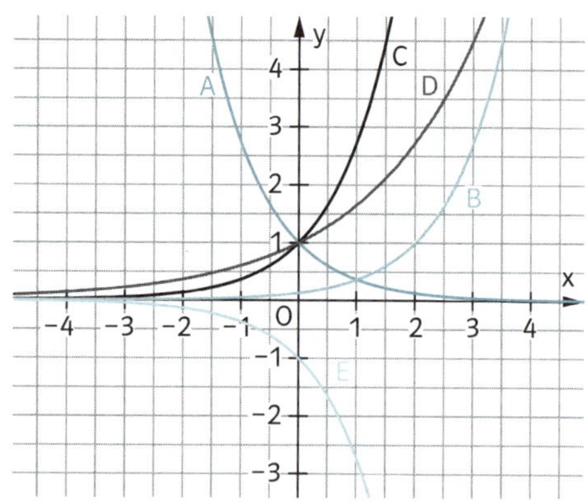

b) Ergänzen Sie: Man erhält den Graphen der Funktion f_3, indem man den Graphen der natürlichen Exponentialfunktion f_1 um ______ Einheiten in ______________-Richtung verschiebt. Der Graph von f_4 entsteht durch Verschiebung um ______ Einheiten in ______________-Richtung und um den Graphen von f_2 zu erhalten, muss man den Graphen der natürlichen Exponentialfunktion f_1 an der ______-Achse spiegeln.

4 a) Beschreiben Sie, wie man den Graphen von g mit $g(x) = 2 \cdot e^{x-3} + 4$ aus dem Graphen der natürlichen Exponentialfunktion $f(x) = e^x$ erhalten kann.
b) Der Graph der natürlichen Exponentialfunktion f mit $f(x) = e^x$ wurde um 5 Einheiten in negative x-Richtung verschoben, um den Faktor 3 in y-Richtung gestreckt und um 4 Einheiten in negative y-Richtung verschoben. Wie heißt der neue Funktionsterm?

5 Prüfen Sie, ob die Funktion f mit ihrer Ableitung übereinstimmt.

a) $f(x) = 3 - e^x$ $\qquad$ b) $f(x) = 4e^x + 2x^3$ $\qquad$ c) $f(x) = 5e^x$

6 Geben Sie die Gleichung der Tangente an den Graphen von f im Punkt P an. [T1]

a) $f(x) = \frac{1}{2}e^x$; $P(1\,|\,f(1))$ $\qquad$ b) $f(x) = e^x + 2x + 1$; $P(0\,|\,f(0))$ $\qquad$ c) $f(x) = \frac{2}{e^2} \cdot e^x + 1$; $P(3\,|\,f(3))$

[T1] (1) Bestimmen Sie den Term der Ableitungsfunktion. (2) Berechnen Sie mithilfe von f' die Steigung des Graphen von f an der Stelle x_0. (3) Bestimmen Sie die Koordinaten des Punktes $P(x_0\,|\,f(x_0))$. (4) Für die Tangentensteigung gilt dann: $y = f'(x_0) \cdot (x - x_0) + f(x_0)$.

1 Die Funktion f mit $f(x) = \frac{1}{(2x-3)^2}$ kann als Verkettung der Funktionen v und u mit $v(x) = 2x - 3$ und $u(x) = \frac{1}{x^2}$ aufgefasst werden. Dabei bezeichnet man die Funktion v als die ____________ Funktion und u als die ____________ Funktion. Man schreibt auch

$f(x) = (u \circ v)(x) = u(v(x))$.

Bei der Verkettung wendet man auf die Variable _____ zuerst die Zuordnungsvorschrift _____ (multiplizieren Sie mit 2 und subtrahieren Sie 3) und danach auf dieses Zwischenergebnis _____ die zweite Zuordnungsvorschrift _____ (quadrieren Sie und bilden Sie den Kehrwert) an.

u | v | x | v(x) | äußere | innere

2 Die Abbildung zeigt die Graphen zweier Funktionen u und v.
Die Funktion f ist gegeben durch $f(x) = u(v(x))$.

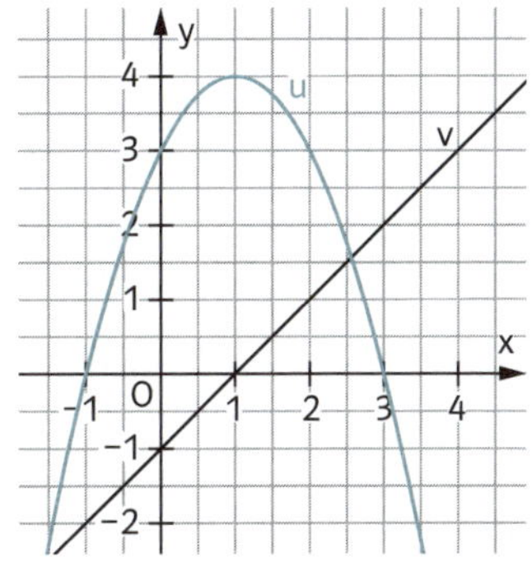

a) Bestimmen Sie f(3).

____

b) Geben Sie einen Wert für x an, sodass $f(x) = 4$ gilt. [T1]

____

c) Skizzieren Sie einen Graphen von f in das rechte Koordinatensystem.
d) Es ist $u(x) = -x^2 + 2x + 3$ und $v(x) = x - 1$.
Bestimmen Sie einen Term für die Funktion f.

____

e) Kontrollieren Sie Ihren gezeichneten Graphen.

3 Ergänzen Sie die Lücken. [T2]

a) $f(x) = 6 \cdot e^{0,5x}$
$f'(x) = \square \cdot e^{\square}$

b) $f(x) = 0,25 \cdot e^{-2x} - 2 \cdot e^{0,25x}$
$f'(x) = \square \cdot e^{-2x} - \square \cdot e^{0,25x}$

c) $f(x) = 3x \cdot e^{2x+4}$
$f'(x) = \square \cdot e^{2x+4} + \square \cdot e^{2x+4}$

4 Geben Sie die ersten beiden Ableitungen der Funktion f an.

a) $f(x) = e^{2x+1}$
$f'(x) =$ ________
$f''(x) =$ ________

b) $f(x) = 2\sin\left(\frac{1}{2}x\right)$
$f'(x) =$ ________
$f''(x) =$ ________

c) $f(x) = 8e^{-0,25x}$
$f'(x) =$ ________
$f''(x) =$ ________

d) $f(x) = (2 - 3x)^4$
$f'(x) =$ ________
$f''(x) =$ ________

5 Bestimmen Sie rechnerisch die Gleichung der Tangente an den Graphen von f im Punkt $P(x_0|f(x_0))$. [T3]

a) $f(x) = e^{-\frac{1}{2}x+2}$; $x_0 = 2$
b) $f(x) = \sin\left(\frac{\pi}{2}x\right)$; $x_0 = -1$
c) $f(x) = (-2x+5)^4$; $x_0 = 3$
d) $f(x) = 3 - e^{\frac{2}{5}x}$; $x_0 = 2,5$

6 Die Tangente t an den Graphen der Funktion f mit $f(x) = -\frac{1}{2}e^{x-2}$ im Punkt $P(3|f(3))$ schließt mit den Koordinatenachsen ein Dreieck ein. [T4]
a) Skizzieren Sie den Graphen von f, die Tangente t und das Dreieck in ein Koordinatensystem ein.
b) Berechnen Sie den Flächeninhalt des Dreiecks.

[T1] Bestimmen Sie zuerst die Stellen a, für die $u(a) = 4$ gilt und dann die Stellen x_0, so dass $v(x_0) = a$ gilt. [T2] Beachten Sie beim Ableiten die Kettenregel und die Produktregel. [T3] (1) Bestimmen Sie den Term der Ableitungsfunktion. (2) Berechnen Sie mithilfe von f' die Steigung des Graphen von f an der Stelle x_0. (3) Bestimmen Sie die Koordinaten des Punktes $P(x_0|f(x_0))$. (4) Für die Tangentensteigung gilt dann: $y = f'(x_0) \cdot (x - x_0) + f(x_0)$. [T4] Die Steigung der Normale m_n erhält man aus der Steigung der Tangente m_t aus: $m_t \cdot m_n = -1$.

1 Gegeben sind die beiden Funktionen f und g mit $f(x) = 2x - 1$ und $g(x) = x^2$.
Berechnen Sie die Funktionswerte.

a) $f(g(2)) =$ ______ b) $f(g(-3)) =$ ______ c) $g(f(2)) =$ ______

d) $g(f(-1)) =$ ______ e) $f\left(g\left(-\frac{1}{2}\right)\right) =$ ______ f) $g\left(f\left(\frac{1}{3}\right)\right) =$ ______

2 Es ist $f(x) = u(v(x))$. Vervollständigen Sie die Tabelle.

	u(x)	v(x)	f(x)
a)	$x^3 + 1$	$4x - 3$	
b)	$\sqrt{x}$		$\sqrt{x^2 - 9}$

	u(x)	v(x)	f(x)
c)		$0{,}5x + 2$	$\sin(1{,}5x + 6)$
d)	$\frac{5}{x^2}$		$\frac{5}{(3x-2)^4}$

3 Die Funktion f kann als Produkt und als Verkettung aufgefasst werden.
Geben Sie mögliche Funktionen u und v an. [T1]

	a) $f(x) = (5x - 6)^3$	b) $f(x) = \frac{3}{x^2 + 4}$	c) $f(x) = (\sin(x))^2$
als Produkt $u(x) \cdot v(x)$			
als Verkettung $u(v(x))$			

4 Bestimmen Sie die erste und die zweite Ableitungsfunktion.

a) $f(x) = 5 \cdot e^x$ b) $f(x) = \frac{2}{3} \cdot e^{3x}$ c) $f(x) = x \cdot e^{-x}$ d) $f(x) = e^{x^2}$

5 Geben Sie die Gleichungen der Tangente und der Normale an den Graphen der Funktion f im Punkt P an.
[T2], [T3]

a) $f(x) = e^{-0{,}5x}$; $P(-2 \mid f(-2))$ b) $f(x) = 0{,}5 \cdot e^{x-2}$; $P(4 \mid f(4))$

6 Gegeben sind die Funktionen t, u, v und w mit $t(x) = e^x$, $u(x) = x - 2$, $v(x) = x^2$ und $w(x) = \sin(x)$. [T4] Die unteren Abbildungen zeigen die Graphen von daraus verketteten Funktionen. Geben Sie die Verkettung an.

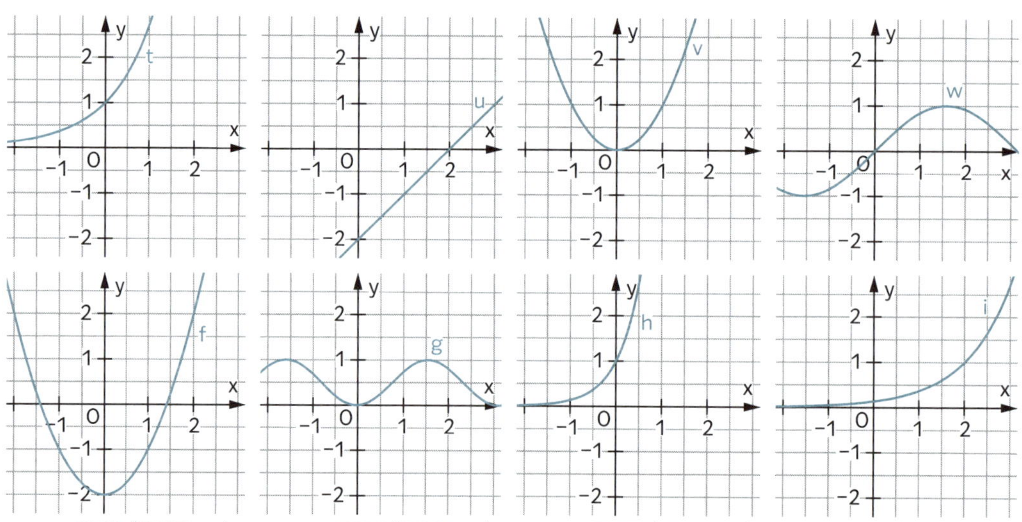

$f(x) =$ ☐(☐(x)) $g(x) =$ ☐(☐(x)) $h(x) =$ ☐(☐(x)) $i(x) =$ ☐(☐(x))

[T1] Es sind mehrere Lösungen möglich. [T2] (1) Bestimmen Sie den Term der Ableitungsfunktion. (2) Berechnen Sie mithilfe von f' die Steigung des Graphen von f an der Stelle x_0. (3) Bestimmen Sie die Koordinaten des Punktes $P(x_0 \mid f(x_0))$. (4) Für die Tangentensteigung gilt dann: $y = f'(x_0) \cdot (x - x_0) + f(x_0)$. [T3] Die Steigung der Normale m_n erhält man aus der Steigung der Tangente m_t aus: $m_t \cdot m_n = -1$. [T4] Betrachten Sie den Verlauf der Graphen und einzelne Funktionswerte.

1 Die Abbildung zeigt die Graphen der Funktionen u und v.

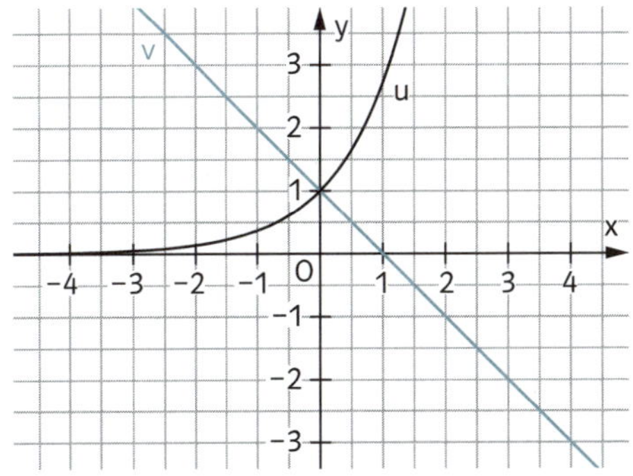

a) Es ist $f(x) = u(v(x))$ und $g(x) = v(u(x))$. Bestimmen Sie mithilfe der Graphen näherungsweise f(0) und f(1) sowie g(0) und g(1).

$f(0) \approx$ … ; $f(1) =$ … ; $g(0) \approx$ … ; $g(1) =$ …

b) Bestimmen Sie f′(0), f′(1), g′(0) und g′(1).

$f'(0) \approx$ … ; $f'(1) \approx$ … ; $g'(0) \approx$ … ; $g'(1) =$ …

c) Es ist $u(x) = e^x$ und $v(x) = 1 - x$. Überprüfen Sie Ihre Ergebnisse rechnerisch.

2 Leiten Sie ab. Der Term der Ableitungsfunktion muss nicht vereinfacht werden.

	f(x)	u(x)	u′(x)	v(x)	v′(x)	$f'(x) = u'(v(x)) \cdot v'(x)$
a)	$(7 - 4x)^6$	x^6			-4	____ · ____
b)	$2e^{3x^2+5}$	$2e^x$				____ · ____
c)	$\frac{4}{3x^3+2}$	$\frac{4}{}$				____ · ____
d)	$-3\cos(2x^2)$			$2x^2$		____ · ____

3 Ergänzen Sie.

a) $f(x) = (x - 3)^4$

$f'(x) = 4 \cdot (x - 3)^{…}$

b) $f(x) = 4e^{-x^2+1}$

$f'(x) = 4e^{-x^2+1} \cdot$ …

c) $f(x) = -3 \cdot \sin(4x + 1)$

$f'(x) = -3 \cdot \cos(…) \cdot$ …

d) $f(x) = (3x^2 - 6)^{…}$

$f'(x) = 4 \cdot (3x^2 - 6)^{…} \cdot 6x$

4 Welche Funktion f und welcher Graph der Ableitungsfunktion f′ gehören zusammen? Ordnen Sie zu und begründen Sie Ihre Antwort. [T1]

(1) $f(x) = \frac{1}{6} \cdot (x - 2)^3$

(2) $f(x) = \left(\frac{1}{2}x - \frac{3}{2}\right)^4$

(3) $f(x) = \frac{1}{2} \cdot (x - 3)^2$

(4) $f(x) = \left(\frac{1}{4} \cdot x - 1\right)^3$

(A)

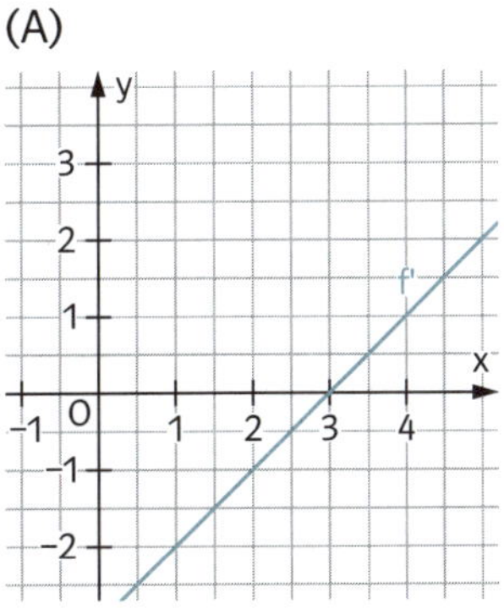

(B)

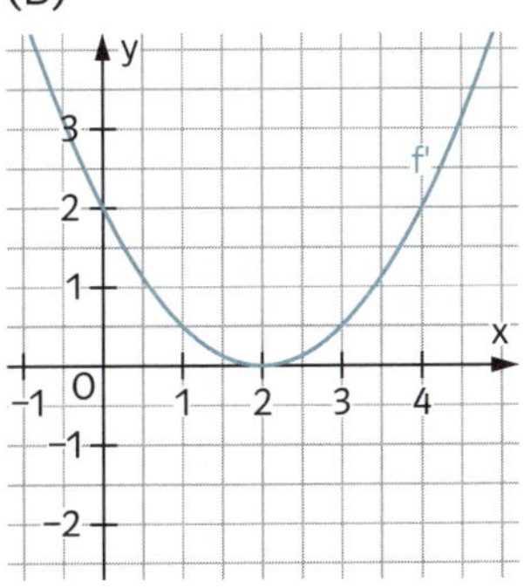

(C)

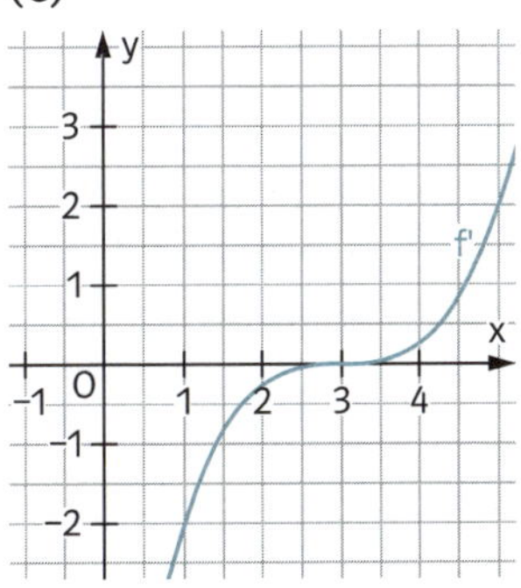

(D)

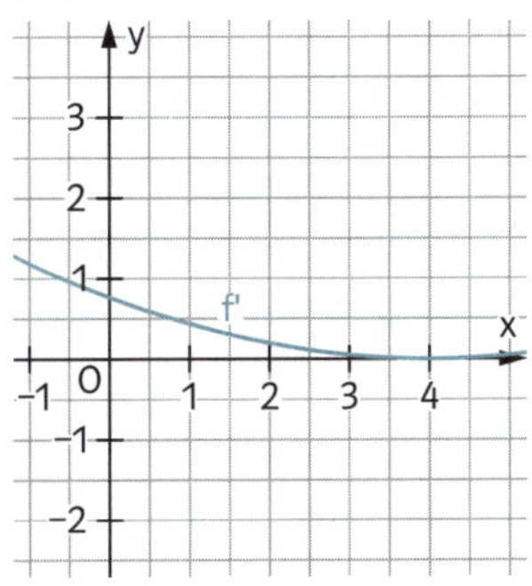

[T1] Bestimmen Sie den Grad der Ableitungsfunktion f′ der ganzrationalen Funktion f und leiten Sie daraus Eigenschaften für den Graphen der Ableitungsfunktion her. In welchen Bereichen steigt bzw. fällt der Graph der Funktion f und was bedeutet dies für den Graphen der Ableitungsfunktion f′?

1 Ergänzen Sie.

a) $f(x) = (3x - 2) \cdot \sin(x)$ $\quad f'(x) = 3 \cdot \sin(x) + (3x - 2) \cdot$ ________

b) $g(x) = (5 + 2x) \cdot \sqrt{x}$ $\quad g'(x) =$ ________ $\cdot \sqrt{x} +$ ________ $\cdot \frac{1}{2\sqrt{x}}$

c) $h(x) = -\cos(x) \cdot (5x^2 - 3)$ $\quad h'(x) = \sin(x) \cdot$ ________ $+$ ________ $\cdot$ ________

d) $i(x) = \sqrt{x} \cdot e^x$ $\quad i'(x) = \frac{1}{2\sqrt{x}} \cdot e^x +$ ________

e) $k(x) = e^{-x} \cdot (x^2 - 2)$ $\quad k'(x) = -e^{-x} \cdot$ ________ $+$ ________

f) $l(x) = e^{2x-3} \cdot e^{2x+3}$ $\quad l'(x) =$ ________

2 Leiten Sie mithilfe der Produktregel und der Kettenregel ab und vereinfachen Sie.

a) $f(x) = (2x + 1) \cdot \cos(3x)$
b) $f(x) = (2 - 5x)^3 \cdot (1 + 2x)$
c) $f(x) = \sqrt{4x + 1} \cdot e^{-x}$
d) $f(x) = e^x \cdot (x^2 + 3x + 2)$
e) $f(x) = \frac{3e^x}{x}$ [T1]
f) $f(x) = \frac{2x^2 + 4x - 3}{2x}$ [T2]

3 Kontrollieren Sie die Rechnung und verbessern Sie gegebenenfalls.

a) $f(x) = (5 - 3x)^3 \cdot x^{-2}$
$f'(x) = 3 \cdot (5 - 3x)^2 \cdot (-3) \cdot x^{-3}$
$= -9 \cdot (5 - 3x)^2 \cdot x^{-3}$

b) $g(x) = -2x^2 \cdot \cos(x)$
$g'(x) = -4x \cdot \cos(x) - 2x^2 \cdot \sin(x)$

c) $f(x) = \frac{1}{4}x^2 \cdot \sqrt{4 - x}$
$f'(x) = \frac{1}{2}x \cdot \sqrt{4 - x} + \frac{1}{4}x^2 \cdot \frac{1}{2 \cdot \sqrt{4 - x}}$

4 Bestimmen Sie die Gleichung der Tangente an den Graphen der Funktion f an der Stelle x_0. [T3]

a) $f(x) = (3x - 2) \cdot \sqrt{x}$; $x_0 = 4$
b) $f(x) = x^2 \cdot \sin(x)$; $x_0 = \pi$
c) $f(x) = \sqrt{x} \cdot (2x^2 - 4)$; $x_0 = 2$

5 Gegeben ist die Funktion f mit $f(x) = (2x - 3) \cdot \sqrt{x}$.
a) Bestimmen Sie die Schnittpunkte des Graphen mit der x-Achse.
b) Bestimmen Sie die Gleichung der Tangente im Punkt P(2 | f(2)).
c) In welchen Punkten hat der Graph von f waagerechte Tangenten?
d) Skizzieren Sie den Graphen von f.

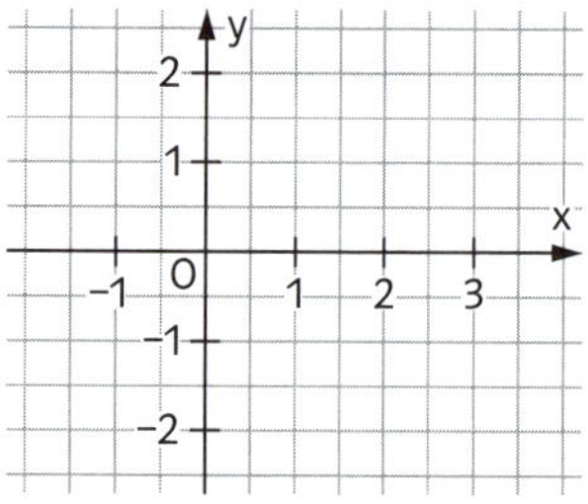

6 Gegeben ist die Funktion f mit $f(x) = (x - 2) \cdot e^{x-2}$.
a) Bestimmen Sie die Stelle, an der der Graph der Funktion f parallel zur Geraden $y = x$ verläuft. [T4]
b) Geben Sie die Gleichungen der Tangente und der Normale an den Graphen von f im Punkt P(2 | f(2)) an. [T5]

[T1] Schreiben Sie den Quotienten als Produkt. [T2] Vereinfachen Sie den Bruch mithilfe der Regel $\frac{a+b+c}{d} = \frac{a}{d} + \frac{b}{d} + \frac{c}{d}$ und kürzen Sie die Quotienten, bevor Sie die Ableitung bilden. [T3] (1) Bestimmen Sie den Term der Ableitungsfunktion. (2) Berechnen Sie mithilfe von f′ die Steigung des Graphen von f an der Stelle x_0. (3) Bestimmen Sie die Koordinaten des Punktes $P(x_0 | f(x_0))$. (4) Für die Tangentensteigung gilt dann: $y = f'(x_0) \cdot (x - x_0) + f(x_0)$. [T4] Gesucht ist die Stelle x_0, für die $f'(x_0) = 1$ gilt. Lösen Sie die sich ergebende Gleichung mit dem Rechner. [T5] Die Steigung der Normalen m_n erhält man aus der Steigung der Tangente m_t aus: $m_t \cdot m_n = -1$.

1 a) Welcher der abgebildeten Graphen zeigt den Verlauf der Funktion e^x und welcher den von $\ln(x)$?

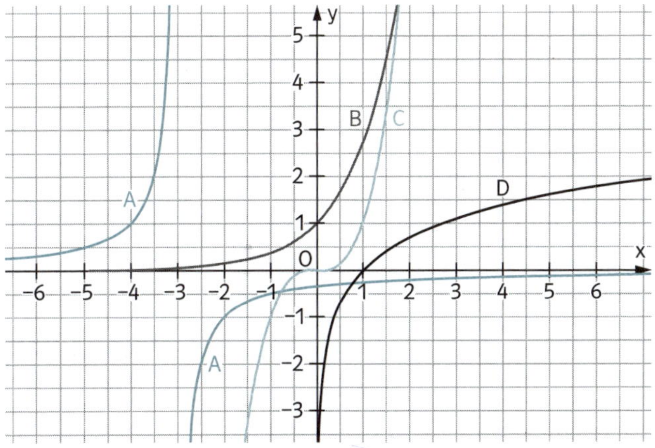

e^x: B $\ln(x)$: D

b) Wichtige Werte:

$e^{0} = 1$ $\ln(1) = 0$

$e^{\ln(x)} = x$ $\ln(e^x) = x$

c) Ergänzen Sie:

$e^{\ln(4)} = 4$ $\ln(e^4) = 4$

$e^{2x} = (e^x)^2$ $\ln(x^2) = 2\cdot\ln(x)$

2 Vereinfachen Sie.

a) $\ln(e^{-1}) = -1$ b) $\frac{e^{x+1}}{e^2} = e^{x-1}$ c) $3e^{2x} + 4e^x = e^x\cdot(3e^x+4)$

3 Kontrollieren Sie die Rechnung und korrigieren Sie gegebenenfalls.

a)
$e^{2x} - 5e^x = 0$
$e^x\cdot(e^x - 5) = 0$
$e^x = 5$
$x = \ln(5)$ ✓

b)
$e^{3-2x} - e^{2x} = 0$ $|+e^{2x}$
miss $-2x$ → $e^3 = e^{2x}$
$2x = 3-2x$ $|+2x$
$4x = \ln\left(\frac{3}{2}\right)$ 3 $|:4$
$x = \frac{3}{4}$ ↖ ln( ) nicht notwendig

c)
$4x\cdot e^x - x\cdot e^{3x} = 0$
$x\cdot e^x\cdot(4 - e^{2x}) = 0$
$4 - e^{2x} = 0$
$x = \frac{1}{2}\cdot\ln(4)$ ✓

4 Ordnen Sie die Kärtchen passend zu.

$2^x = 5$	$2^{x+1} = 5$	$2^{1-x} = 5$	$2^{x-2} = 0{,}5$
$x = \frac{\ln(2{,}5)}{\ln(2)}$	$x = 1$	$x = \frac{\ln(5)}{\ln(2)}$	$x = \frac{\ln(0{,}4)}{\ln(2)}$

5 Lösen Sie die Gleichung. [T1]

a) $2e^{2x} - 14e^x + 20 = 0$ b) $(2x^2 - 18)\cdot(e^{2x} - 4) = 0$ c) $e^x - 3 = \frac{18}{e^x}$ d) $e^{3x} - 9e^x = 0$

Strategien zum Lösen von Gleichungen

- **Strategie 1:** Lösungsformel für quadratische Gleichungen
- **Strategie 2:** Äquivalenzumformung
- **Strategie 3:** Nullproduktsatz Ein Produkt ist null, wenn einer der Faktoren null ist. b)
- **Strategie 4:** Substitution z. B. $e^x = u$ a)

6 Gegeben ist die Funktion f mit $f(x) = \frac{1}{10}\cdot e^{2x} - \frac{5}{2}$.

a) Geben Sie den Definitions- und den Wertebereich der Funktion an.
b) Berechnen Sie die Schnittpunkte des Funktionsgraphen mit den Koordinatenachsen.
c) In welchem Punkt P ist die Steigung des Graphen von f gleich 1?

7 Bestimmen Sie die Punkte auf dem Graphen von f, in denen der Graph eine waagerechte Tangente hat. [T2]

a) $f(x) = x\cdot e^{-x}$ b) $f(x) = x^3\cdot e^x$

[T1] Die Verfahren zum Lösen von Gleichungen können als Hilfestellung dienen. Manchmal müssen auch mehrere Verfahren nacheinander genutzt werden, um die Gleichung zu lösen. [T2] Der Graph hat an der Stelle x_0 eine waagerechte Tangente, wenn $f'(x_0) = 0$ gilt.

1 Ordnen Sie jedem Funktionsgraphen die passende Funktionsgleichung zu und begründen Sie Ihr Vorgehen. [T1]

$f(x) = x^2 \cdot e^{-x}$ $g(x) = x \cdot e^{-x}$ $h(x) = (x + 1) \cdot e^x$ $i(x) = -\frac{1}{4} \cdot e^x$ $k(x) = e^x + 2$ $l(x) = -2e^x + 2$

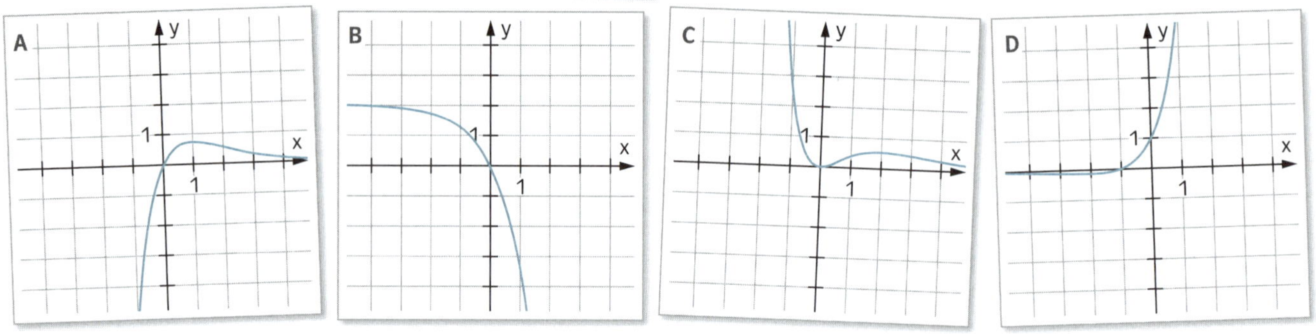

2 Einer der Graphen gehört zur Funktion f mit $f(x) = (x - 2)^2 \cdot e^x$.

a) Ordnen Sie der Funktion den zugehörigen Graphen zu und begründen Sie die Wahl.

b) Geben Sie die Funktionsterme zu den beiden anderen Graphen an.

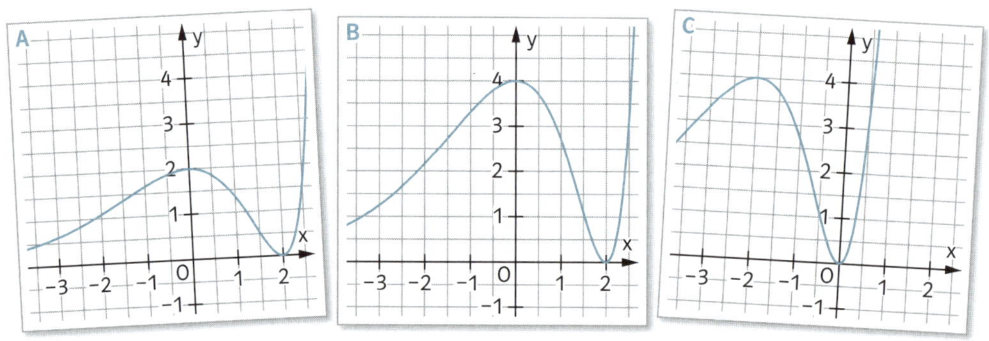

3 Die Abbildung zeigt drei Graphen zu den Funktionen f_1, f_2 und f_3 mit $f_1(x) = e^x + a$, $f_2(x) = b \cdot e^x$ sowie $f_3(x) = c \cdot e^x + d$ und jeweils eine Tangente an den Funktionsgraphen in einem Punkt.

a) Ordnen Sie den abgebildeten Graphen jeweils die passende Funktion zu und bestimmen Sie die Parameter a, b, c und d.

$f_1(x) = e^x +$ ______

$f_2(x) =$ ______ $\cdot e^x$

$f_3(x) =$ ______ $\cdot e^x +$ ______

b) Berechnen Sie jeweils die Koordinaten des Berührpunktes der Tangente und bestimmen Sie die Gleichung der Tangente.

P(___|___), t: y = ____________________

Q(___|___), t: y = ____________________

R(___|___), t: y = ____________________

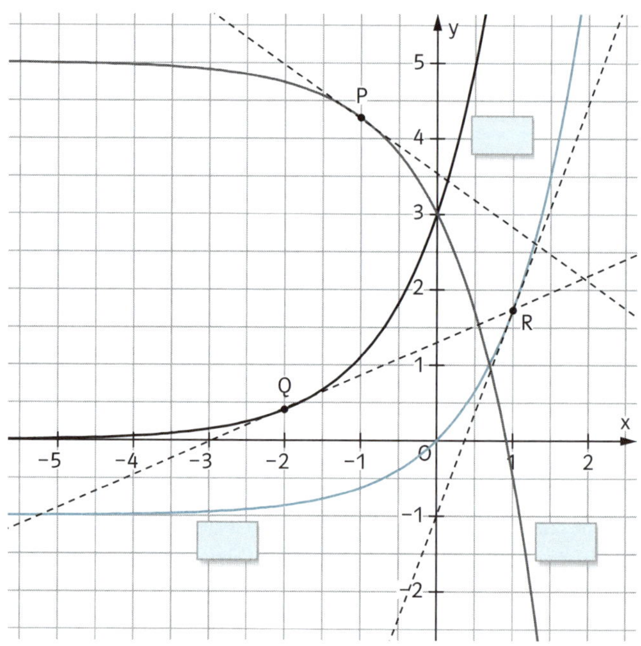

4 Der Graph der Funktion f mit $f(x) = a \cdot e^{bx}$ mit $a, b \in \mathbb{R}$ soll im Punkt P(0 | 3) die Steigung −2 haben. Bestimmen Sie die Parameter a und b und skizzieren Sie den Graphen von f.

[T1] Betrachten Sie das Verhalten der Funktionswerte für $x \to +\infty$ bzw. $x \to -\infty$.

1 Das begrenzte Wachstum eines Bestandes wird beschrieben durch $f(t) = 50 - 40 \cdot e^{-0{,}25t}$.
S C kx

a) Ergänzen Sie.

Schranke S = 50 Anfangsbestand f(0) = 10

t	2	4	6	8	12
f(t)	[illegible] 25,74	35,29	41,08	44,59	48,01

> GTR-Befehl

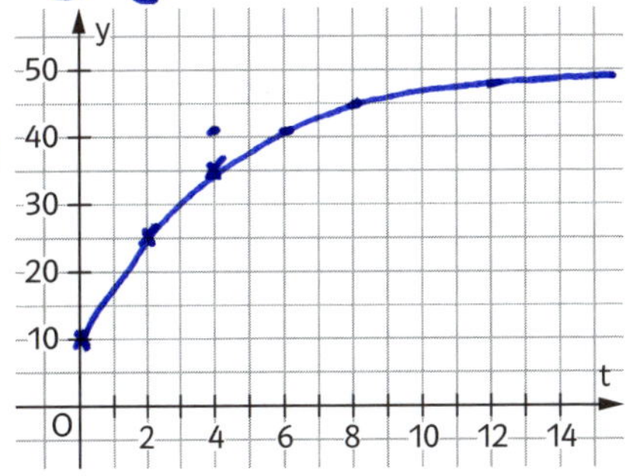

b) Zeichnen Sie den Graphen von f sowie die Schranke S.

c) Berechnen Sie, wann der Bestand 40 Einheiten beträgt.

f(t) = 40 ?
40 ⇒ t = 5,55

d) Bestimmen Sie die Wachstumsgeschwindigkeit für t = 6.

f′(6) = ?
f′(6) = 2,23

2 Ordnen Sie die Kärtchen passend zu.

I $f(t) = 100 - 80 \cdot e^{-0{,}2t}$	II $f(t) = 80 - 100e^{-0{,}2t}$	III $f(t) = 20 + 80 \cdot 2^{-t}$	IV $f(t) = -20 + 20 \cdot e^{-0{,}2t}$

1 S = 100	2 S = 20	3 S = 80	4 S = −20	i f(0) = 20	ii f(0) = 0	iii f(0) = 100	iv f(0) = −20

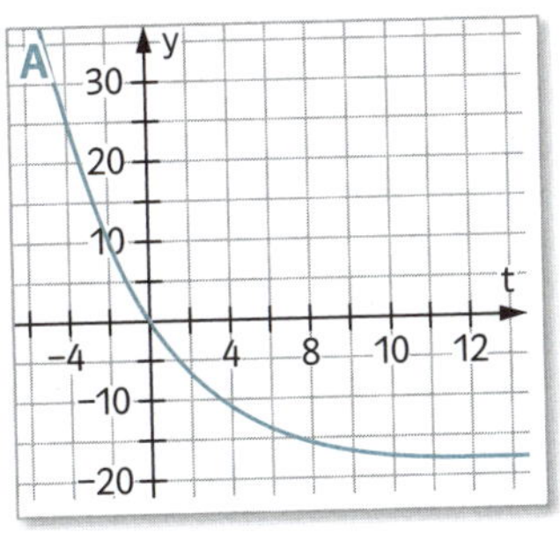

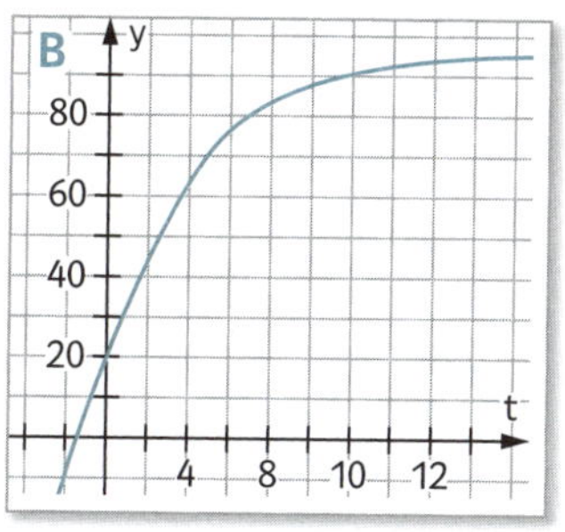

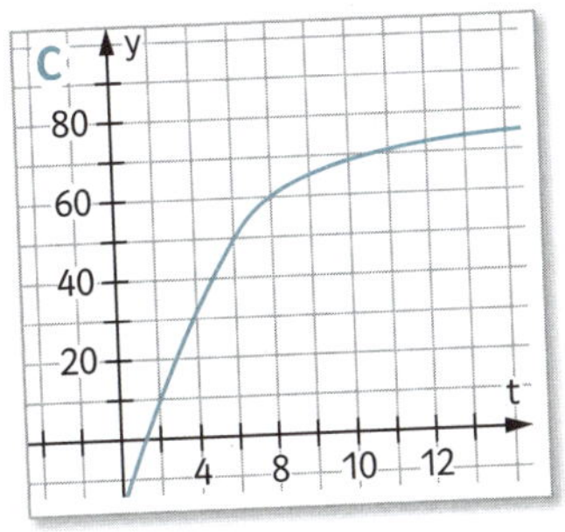

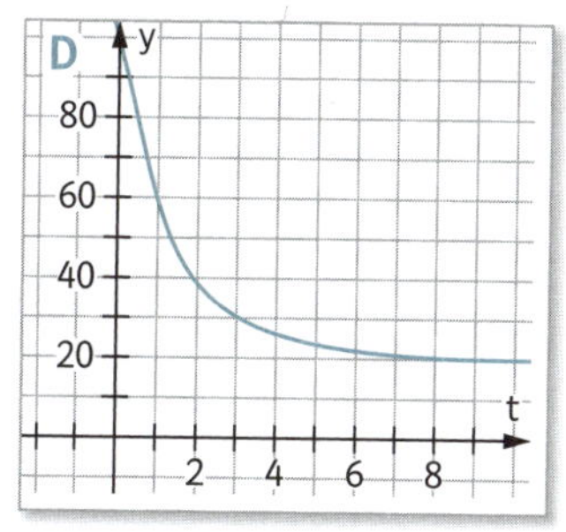

3 Berechnen Sie die Wachstumskonstante und beschreiben Sie den Bestand mit begrenztem Wachstum durch eine Funktion.

a) S = 10; f(0) = 1; f(1) = 2   k = 0,12   f(t) = $10 - 9e^{-0{,}12t}$

b) S = 30; f(0) = 90; f(3) = 60   k = 0,23   f(t) = $30 + 60e^{-0{,}23t}$

4 An einem Sommertag wird eine Flasche Limonade aus dem Kühlschrank genommen. Sie hat eine Temperatur von 5 °C und wird dann bei einer Umgebungstemperatur von 30 °C stehen gelassen. Nach acht Minuten beträgt die Temperatur der Limonade bereits 12 °C. Die Limonadentemperatur kann durch begrenztes Wachstum modelliert werden.

a) Stellen Sie eine Funktion T für die Limonadentemperatur nach t Minuten auf. [T1]

b) Bestimmen Sie, wann die Limonadentemperatur über 20 °C steigt.

c) Bestimmen Sie, zu welchem Zeitpunkt die Temperaturänderungsrate 0,5 °C pro Minute beträgt. [T2]

[T1] Für Funktion T gilt: $T(t) = S - (S - T(0)) \cdot e^{-kt}$. Bestimmen Sie die Schranke S und den Wachstumskoeffizienten k aus den angegebenen Daten. [T2] Betrachten Sie die Ableitungsfunktion T′.

1 Von der Funktionsgleichung $f(x) = \frac{S}{1 + a \cdot e^{-kx}}$ des logistischen Wachstums sind folgende Werte bekannt. Geben Sie die Gleichung an.

a) $f(0) = 20$; $f(10) = 200$; $S = 250$;

$f(0) = 20$ ergibt: ____ $= \frac{\_\_\_}{\_\_\_}$, daraus erhält man $1 + a = \frac{\_\_\_}{\_\_\_}$, also $a =$ ____________.

$f(10) = 200$ ergibt: ____ $= \frac{\_\_\_}{\_\_\_}$, daraus erhält man ____________.

Insgesamt ergibt sich: $f(x) = \frac{\_\_\_}{1 + \_\_\_ e^{-\_\_\_ x}}$

b) $f(0) = 1$; $f(1) = 2$; $S = 5$

2 Bestimmen Sie aus dem Graphen eines logistischen Wachstums die zugehörige Funktionsgleichung.

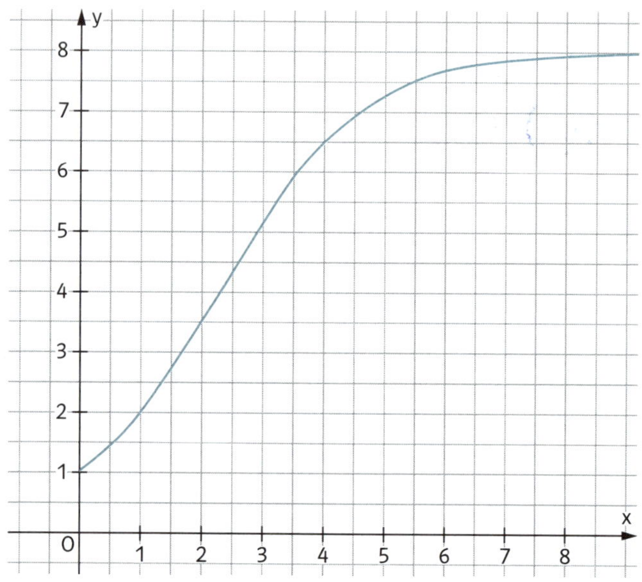

Die Gleichung lautet allgemein:

$f(x) =$ ____________

Aus dem Graphen entnimmt man $f(0) =$ ________;

$S =$ ________.

Daraus berechnet man $a =$ ________ $=$ ________.

Außerdem gilt $f(1) =$ ________. Daraus bestimmt man k:

____

Die bestimmten Werte eingesetzt:

$f(x) =$ ____________

3 Für das Wachstum einer Seerosenart auf einem Teich gilt die Gleichung $f(x) = \frac{60}{1 + 19 \cdot e^{-x}}$, x in Wochen, $f(x)$ in m^2.

a) Warum kann man bei dem Wachstum der Seerosen nicht von exponentiellem Wachstum ausgehen?

____

b) Begründen Sie, warum man davon ausgehen muss, dass der See mindestens eine Fläche von $60\,m^2$ hat. [T1]

____

c) Angenommen, der See habe eine Fläche von genau $60\,m^2$. Nach wie vielen Wochen ist der See dann zur Hälfte mit Seerosen bedeckt?

Es gilt: $f(x) =$ ____________, also $\frac{60}{1 + 19e^{-x}} =$ ____________,

aufgelöst nach x: ____________

d) Zu welchem Zeitpunkt ist die Wachstumsgeschwindigkeit maximal?

Die Wachstumsgeschwindigkeit ist an der ____________ der Funktion maximal. Diese bestimmt man mit dem Rechner zu $x =$ ________ Wochen. [T2]

[T1] Bestimmen Sie die obere Schranke des Wachstums. [T2] Zeichnen Sie den Graphen der Ableitungsfunktion und bestimmen Sie die Maximalstelle.

1 Ordnen Sie die Kärtchen passend zu.

- $f(0) = 200$
- $f'(x) = 0{,}02 \cdot f(x)$
- $f'(x) = -2 + 0{,}02 \cdot f(x)$
- Der Bestand nimmt täglich um 2% ab.
- $f(x) = 100 \cdot e^{-0{,}02x}$
- $f(0) = 100$
- $f(0) = 50$
- $f(x) = 100 - 50\,e^{0{,}02x}$
- $f(0) = 99$
- Jede Stunde laufen 2 Liter ab und 2% der vorhandenen Flüssigkeit werden zugefügt.
- Die momentane Zuwachsrate beträgt 2%.
- Jede Minute laufen 2 Liter hinzu und 2% der vorhandenen Flüssigkeit werden abgepumpt.
- $f'(x) = 2 - 0{,}02 \cdot f(x)$
- $f(x) = 100 - e^{-0{,}02x}$
- $f'(x) = -0{,}02 \cdot f(x)$
- $f(x) = 200 \cdot e^{0{,}02x}$

2 Bestimmen Sie zu der Differenzialgleichung die Lösung.

a) $f'(x) = 0{,}5 \cdot f(x)$; $f(0) = 1$

$f(x) =$ ____________

b) $f'(x) = -2 \cdot f(x)$; $f(0) = 2$

$f(x) =$ ____________

c) $f'(x) = 2 \cdot (1 - f(x))$; $f(0) = 3$

$f(x) =$ ____________

d) $f'(x) = 0{,}05 \cdot f(x) \cdot (10 - f(x))$; $f(0) = 1$

$f(x) =$ ____________

3 Ein Patient bekommt pro Minute etwa 6 mg eines Medikamentenwirkstoffs durch eine Infusion ins Blut. Jede Minute werden 5% des momentan im Blut befindlichen Wirkstoffs abgebaut.

a) Fasst man diesen kontinuierlich ablaufenden Vorgang näherungsweise als diskrete Folge B(n) auf, bei der eine Änderung im Minutentakt erfolgt, so gilt für diese Folge:

$B(0) = 6$; $B(n) = B(n-1) -$ ______ $\cdot B(n-1) +$ ______; n in ____________________. Berechnen Sie mithilfe dieser Folge und dem GTR die Werte $B(1) =$ ______; $B(2) =$ ______; $B(10) =$ ______ und $B(60) =$ ______.

b) Stellt man die rekursive Darstellung der Folge B(n) aus Aufgabenteil a) um, so erhält man

$B(n) - B(n-1) =$ ______ $\cdot B(n-1) +$ ______. Die linke Seite beschreibt die Änderung pro Minute und kann näherungsweise als die Ableitung der zugehörigen kontinuierlichen Funktion f angesehen werden, die denselben Vorgang beschreibt. Hiermit erhält man für die Funktion f die Differenzialgleichung für ein begrenztes Wachstum:

$f'(x) = 6 - 0{,}05 \cdot f(x) = 0{,}05 \cdot ($ ______ $- f(x))$. Aus der letzten Darstellung kann man direkt die obere Schranke $S =$ ______ ablesen [T1] und erhält als Lösung $f(x) =$ ______ $- c \cdot e^{-\_\_\_\_ \cdot x}$. [T2] Den Wert für c bestimmt man mithilfe des Anfangswerts $f(0) = 6$ zu $c =$ ______, also $f(x) =$ ______ $-$ ______ $\cdot e^{-\_\_\_\_ \cdot x}$

c) Berechnen Sie den Zeitpunkt, bei dem die momentane Änderungsrate des im Blut befindlichen Wirkstoffs 10% beträgt.

Ansatz: $f'(x) =$ ____________________ $= 0{,}1$

d) Berechnen Sie den Zeitpunkt, an dem 90% des Sättigungswertes im Blut vorhanden sind.

Ansatz: $f(x) = 0{,}9 \cdot$ ____________ $=$ ____________

e) Berechnet man die im Blut befindliche Wirkstoffmenge nach einer Stunde mithilfe der Funktion f(x) so ergibt sich $f($____$) =$ ________. Vergleicht man diesen Wert mit dem in Aufgabenteil a) berechneten Wert B(60), so ergibt sich eine ____________ Übereinstimmung.

[T1] Die Differenz in der letzten Darstellung stellt den Restbestand dar. [T2] Die Differenzialgleichung $f'(x) = k \cdot (S - f(x))$ hat die Lösung $f(x) = S - ce^{-k \cdot x}$.

1 Bilden Sie die erste Ableitung der Funktion f und vereinfachen Sie so weit wie möglich.

a) $f(x) = e^{4x^2+1}$

b) $f(x) = x^4 \cdot e^{2x}$

c) $f(x) = \frac{e^{-2x+2}}{x}$ [T1]

2 Lösen Sie die Gleichung.

a) $e^x \cdot (x^3 - 3x^2 - 4x) = 0$ [T2]

b) $e^{2x} - 9e^x + 14 = 0$ [T3]

c) $(2x^2 - 18) \cdot (e^{2x} - 9) = 0$

3 Lösen Sie die Gleichung.

a) $\ln(x) - 3 = -1$ [T4]

b) $(\ln(x) - 1) \cdot (e^x - 1) = 0$ [T5]

c) $\ln(e^3 \cdot e^x) = 5$

4 Gegeben ist die Funktion f mit $f(x) = -ex + e^x$.

a) Bestimmen Sie den Tiefpunkt des Graphen.

b) Bestimmen Sie die Gleichung der Tangente an den Graphen von f im Punkt $P(0\,|\,f(0))$.

c) Der Graph der Funktion f wird an der y-Achse gespiegelt. Wie lautet der zugehörige Funktionsterm?

5 Die Tangente t an den Graphen von f mit $f(x) = 2x \cdot e^{\frac{1}{4}x}$ im Punkt $P(-2\,|\,f(-2))$ schneidet die Koordinatenachsen in den Punkten S_y und S_x.
Bestimmen Sie die Koordinaten der beiden Schnittpunkte.

6 Gegeben ist die Funktion f mit $f(x) = x^2 \cdot e^{-x}$.

a) Bestimmen Sie die Extrempunkte des Graphen von f.

b) Bestätigen Sie, dass die Funktion f die Wendestellen $x_1 = 2 - \sqrt{2}$ und $x_2 = 2 + \sqrt{2}$ hat.

c) An zwei Stellen stimmen Funktionswert und Steigung von f überein. Bestimmen Sie die beiden Stellen. [T6]

7 Gegeben ist die Funktion f mit $f(x) = (x^2 - 2x) \cdot e^{0{,}5x}$.

a) Bestimmen Sie die Schnittpunkte des Graphen von f mit den Koordinatenachsen.

b) Bestimmen Sie die Extrem- und Wendepunkte des Graphen von f.

c) Bestimmen Sie die Gleichung der Tangente im Koordinatenursprung.

d) Skizzieren Sie den Graphen von f für $-8 < x < 3$.

8 Die Abbildung zeigt die Graphen von drei Wachstumsfunktionen f, g und h.

$f(x) = a \cdot e^{\frac{1}{5}x}$

$g(x) = 8 - b \cdot e^{-\frac{4}{10}x}$

$h(x) = \frac{c}{1 + 3 \cdot e^{-x}}$

Ordnen Sie jeder Funktion einen Graphen zu, nennen Sie die Art des Wachstums und bestimmen Sie die Parameter a, b und c.

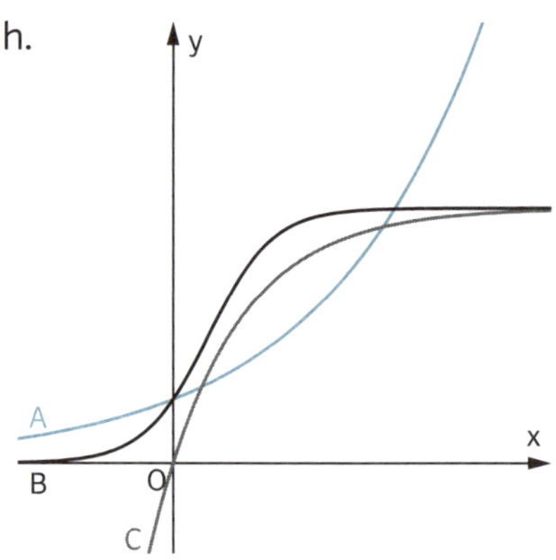

9 Geben Sie die Lösung der Differenzialgleichung an.

a) $f'(x) = -0{,}1 \cdot f(x)$; $f(0) = 10$

b) $f'(x) = 0{,}1 \cdot (10 - f(x))$; $f(0) = 1$

c) $f'(x) = 0{,}1 \cdot f(x) \cdot (10 - f(x))$; $f(0) = 1$

[T1] Schreiben Sie den Quotienten als Produkt. [T2] Klammern Sie einen geeigneten Faktor aus. Das Produkt ist dann null, wenn einer der Faktoren null ist. [T3] Substituieren Sie $u = e^x$. Führen Sie anschließend die Resubstitution durch. [T4] Vereinfachen Sie zuerst die Gleichung und wenden Sie dann die natürliche Exponentialfunktion auf beiden Seiten der Gleichung an. [T5] Beachten Sie den Satz vom Nullprodukt. [T6] Funktionswert und Steigung von f stimmen an der Stelle x_0 überein, wenn $f(x_0) = f'(x_0)$ gilt.

10 Gegeben ist die Funktion f mit $f(x) = e^{\frac{1}{4}x} - 1$.
Der Punkt $P(a\,|\,f(a))$ mit $0 < a < 6$ und der Punkt $Q(6\,|\,0)$ sind gegenüberliegende Eckpunkte eines Rechtecks, dessen Seiten parallel zu den Koordinatenachsen verlaufen.
Bestimmen Sie die Koordinaten von P so, dass der Umfang des Rechtecks minimal ist. [T1], [T2]

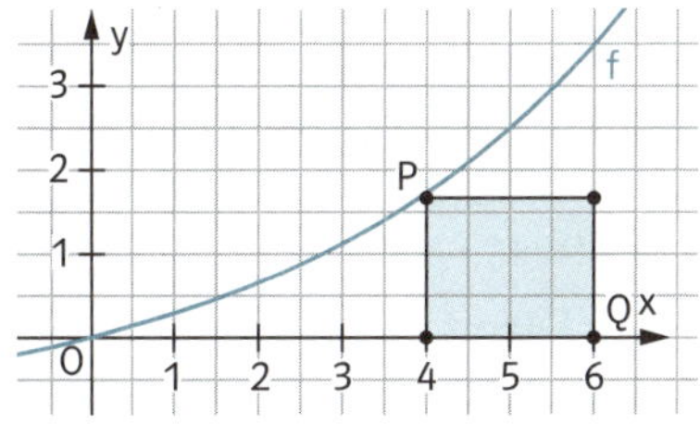

11 In einem Labor wird eine Pilzkultur in einer Petrischale beobachtet. Zu Beginn beträgt die von der Kultur überdeckte Fläche 60 mm². Fünf Stunden später überdeckt die Fläche bereits 105 mm².
a) Man nimmt an, dass die Pilzkultur exponentiell wächst. Berechnen Sie, wann die Pilzkultur eine Fläche von 200 mm² überdeckt. Bestimmen Sie auch die Verdopplungszeit. [T3]
b) Die Nährfläche für die Pilzkultur beträgt 1200 mm². Berechnen Sie, wann die Pilzkultur eine Fläche von 200 mm² überdeckt, wenn man beschränktes Wachstum annimmt.

12 Der Querschnitt einer Skipiste kann durch den Graphen der Funktion f mit $f(x) = 275 \cdot e^{-(0{,}002 \cdot x)^2} + 1000$ für $0 \le x \le 1000$ (x und f(x) in Metern) näherungsweise beschrieben werden.
a) Geben Sie die Höhendifferenz zwischen Beginn und Ende der Skipiste an.
b) Bestimmen Sie das durchschnittliche Gefälle der Piste.
c) Bestimmen Sie die Stelle der Skipiste mit der extremsten Steigung.
d) Zum Präparieren einer Skipiste mit einer Steigung über 30° muss die Pistenraupe mit einer Seilwinde gesichert werden. Prüfen Sie, ob dies erforderlich ist.

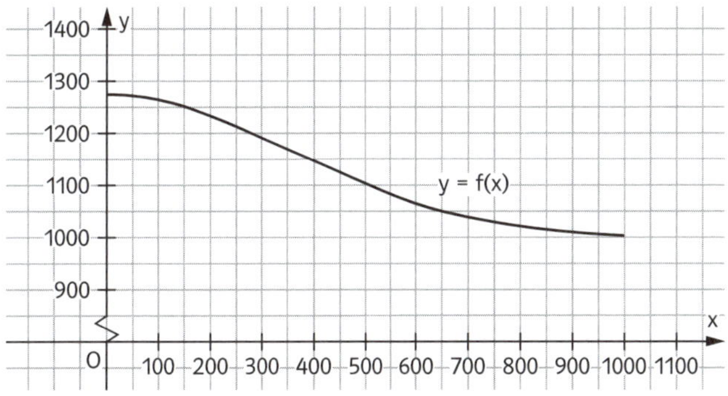

13 Die erwartete Zahl der verkauften Bücher für den neuesten Roman einer bekannten Jugendbuchreihe wird vom Verlag modellhaft mit dem Funktionsterm $b(t) = 1000 \cdot (100 - 100\,e^{-kt})$ (t in Wochen) beschrieben.
a) In den ersten drei Wochen werden 25 000 Bücher verkauft. Berechnen Sie den Parameter k.
b) Mit welcher Gesamtzahl an verkauften Büchern rechnet der Verlag?
c) Nach wie vielen Wochen wird die Startauflage von 50 000 Büchern verkauft sein?
d) Wann werden erstmals weniger als 2000 Bücher pro Woche verkauft?

14 In einer Schulmensa wird das Essen nach der Zubereitung in Warmhaltebehältern gelagert, bis es an die Schüler ausgegeben wird. Die Temperatur des Essens zum Zeitpunkt t nach dem Umfüllen kann näherungsweise beschrieben durch die Funktion f mit $f(t) = 30 + 60 \cdot e^{-\frac{k}{100} \cdot t}$; $t \ge 0$ (t in Minuten, f(t) in °C).

a) Mit welcher Temperatur wird das Essen in die Warmhaltebehälter gefüllt?
b) Erfahrungsgemäß beträgt die Temperatur des Essens 15 Minuten nach dem Umfüllen zwischen 75 °C und 80 °C. Für welche Werte von k ist dies der Fall?
Nun gilt $f(t) = 30 + 60 \cdot e^{-0{,}015 \cdot t}$.
c) Aus Gründen der Lebensmittelsicherheit muss die Temperatur des ausgegebenen Essens mindestens 65 °C betragen. Wie lange wird diese Vorschrift eingehalten?
d) In welchem 5-Minuten-Abschnitt sinkt die Temperatur um 2 °C? [T4]
e) Zeigen Sie, dass die Temperatur des Essens im Warmhaltebehälter stets abnimmt. [T5]

[T1] Die Kantenlängen des Rechtecks sind $6 - a$ und $f(a)$. [T2] Stellen Sie für den Rechteckumfang eine Funktion u auf und untersuchen Sie die Ableitungsfunktion. [T3] Für die Verdopplungszeit bei einer Wachstumskonstanten k gilt $T_V = \frac{\ln(2)}{k}$. [T4] Der 5-Minuten-Abschnitt beginnt bei $t = t_0$ und endet bei $t = t_0 + 5$. Stellen Sie eine Gleichung auf und lösen diese numerisch. [T5] Untersuchen Sie die Temperaturänderung (→ Ableitung).

III Von der Änderungsrate zur Funktion

ab Lerneinheit 1

1 Die Vertikalgeschwindigkeit eines Heißluftballons ist in der Abbildung dargestellt.

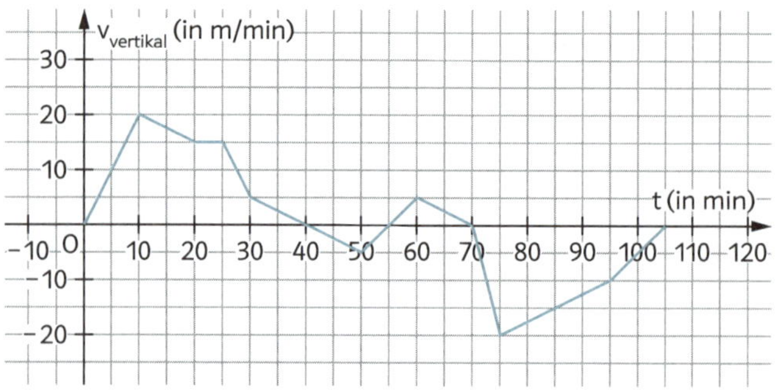

a) Beschreiben Sie die Bedeutung positiver und negativer Werte von $v_{vertikal}$ für die Bewegung des Ballons.

positive Werte: ____________________

negative Werte: ____________________

b) Beschreiben Sie die Bedeutung von einer Karofläche unter dem Graphen von $v_{vertikal}$ in diesem Zusammenhang.

eine Karofläche: min · m/min = Eine Karofläche entspricht ____________________

c) Geben Sie an, in welcher Höhe über dem Startplatz sich der Ballon nach 10, 30 und 60 Minuten befindet.

10 min: ______ 30 min: ______ 60 min: ______

d) Bestimmen Sie die Zeitpunkte, an denen der Ballon am schnellsten steigt bzw. (erstmalig) die maximale Höhe erreicht. [T1]

schnellste Steigung: ______ maximale Höhe: ______

e) Die Ballonfahrt endet nach $1\frac{3}{4}$ Stunden. Beschreiben Sie die Lage des Landeplatzes gegenüber dem Startplatz. [T2] ____________________

2 An einer Stelle auf der A2, an der sich die Autobahn von drei auf zwei Spuren verengt, rechnet man mit der in der Abbildung dargestellten Ankunftsrate von einfahrenden Autos. Aus Erfahrung weiß man, dass maximal 30 Autos pro Minute diese Stelle durchfahren können, sonst kommt es zu einem Stau.

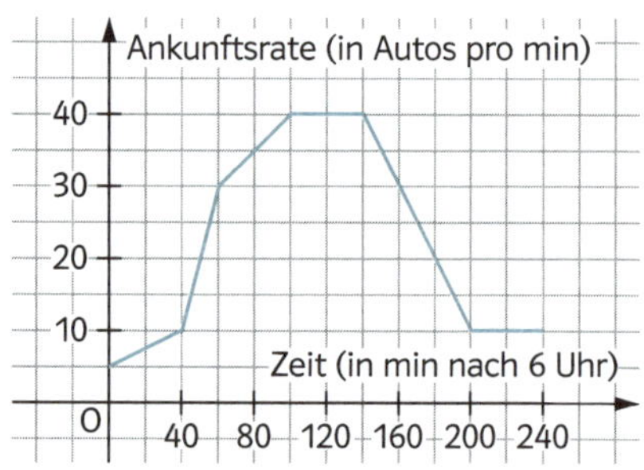

a) Um wie viel Uhr beginnt der Stau? ____________________

b) Zu welcher Uhrzeit ist der Stau am längsten? ____________________

c) Wie viele Autos stehen maximal im Stau? ____________________

d) Um wie viel Uhr löst sich der Stau wieder auf? ____________________

e) Hätte sich der Stau bis 10 Uhr aufgelöst, wenn man annimmt, dass lediglich 25 Autos diese Stelle durchfahren können? ____________________

3 Zwei Weinbergschnecken veranstalten ein Wettrennen. Ihre Geschwindigkeiten zeigt die nebenstehende Abbildung.

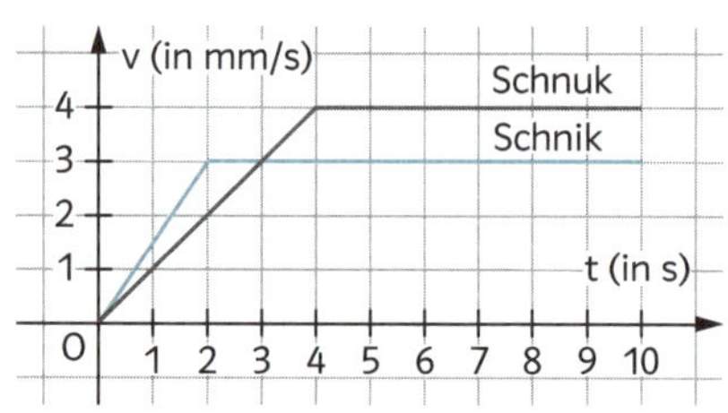

a) Wie groß ist der maximale Vorsprung von Schnik? [T3]

b) Nach wie vielen Sekunden wird Schnik eingeholt? Wie viele mm sind beide dann gekrochen?

c) Nach wie vielen Sekunden hat Schnuk 3 mm Vorsprung?

4 Skizzieren Sie die Graphen von drei verschiedenen stückweise linearen Funktionen, sodass der orientierte Flächeninhalt über dem Intervall [1; 4] zwischen dem Graphen der Funktion und der x-Achse 6 FE beträgt. [T4]

[T1] Der Ballon erreicht die maximale Höhe, wenn seine Vertikalgeschwindigkeit sich von positiv nach negativ ändert.
[T2] Bestimmen und vergleichen Sie die Flächen zwischen dem Graphen und der x-Achse. [T3] Der Wegunterschied entspricht dem Inhalt der Fläche zwischen beiden Graphen. [T4] Eine stückweise lineare Funktion ist auf jedem der Teilintervalle linear, d.h. der zugehörige Graph ist jeweils eine Gerade.

1 Bestimmen Sie das Integral mithilfe von Dreiecks- und Rechtecksflächen.

a) $\int_{-1}^{5} f(x)\,dx =$

b) $\int_{-2}^{2} g(x)\,dx =$

c) $\int_{-2}^{4} h(x)\,dx =$

d) $\int_{4}^{8} \left(\frac{1}{4}x + \frac{3}{2}\right) dx =$

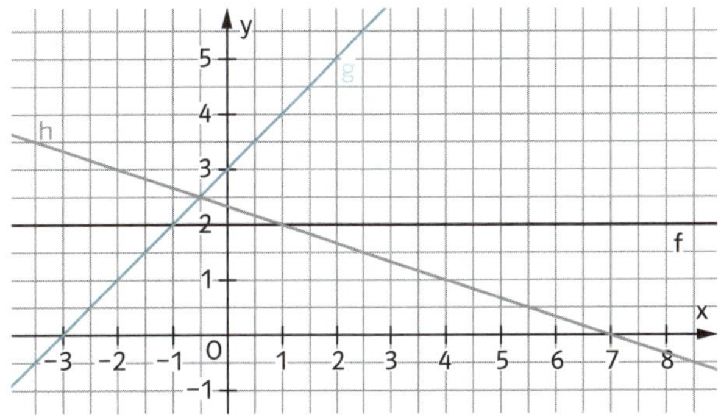

2 Bestimmen Sie die Gesamtänderung mithilfe des gefärbten orientierten Flächeninhalts. Geben Sie die Größe mit der zugehörigen Einheit an. [T1]

a) Wasserbehälter

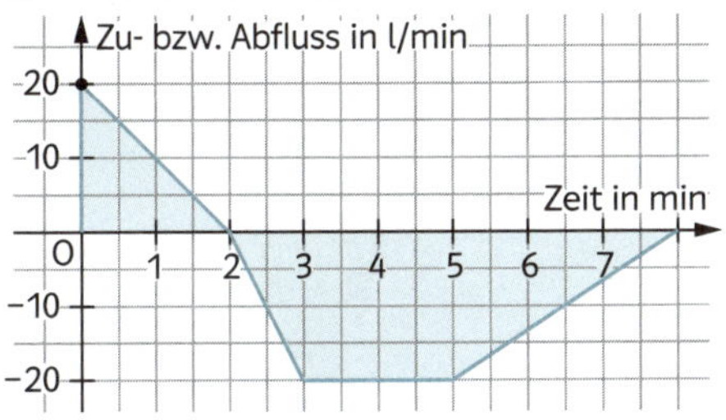

A = ______________

b) Bewegung

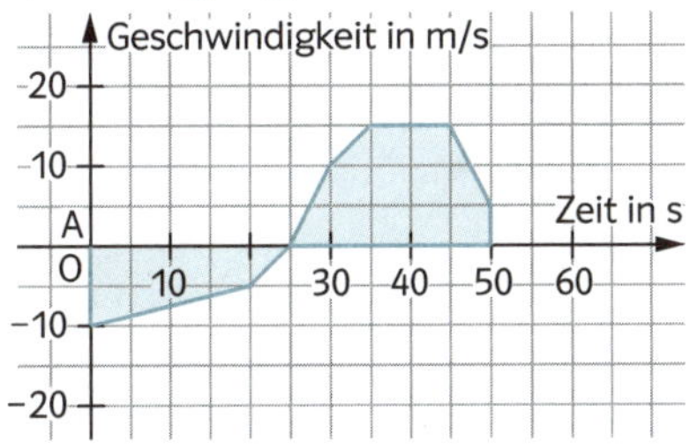

A = ______________

c) Straßenverkehr

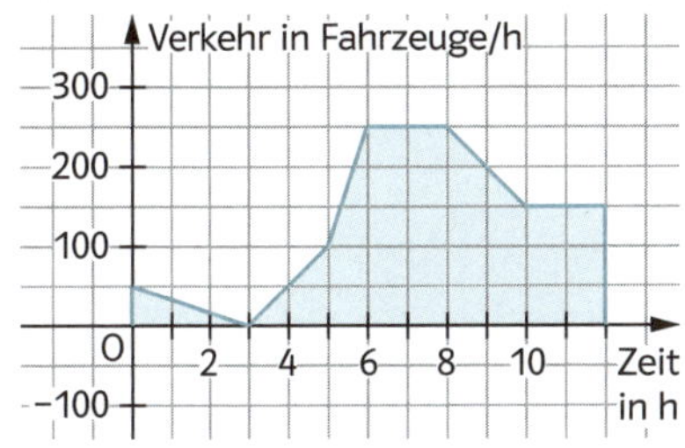

A = ______________

3 Schreiben Sie den gefärbten orientierten Flächeninhalt als Integral.

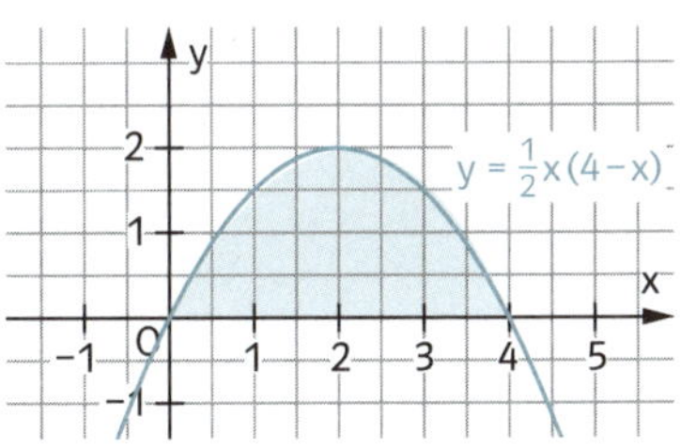

A = ______________

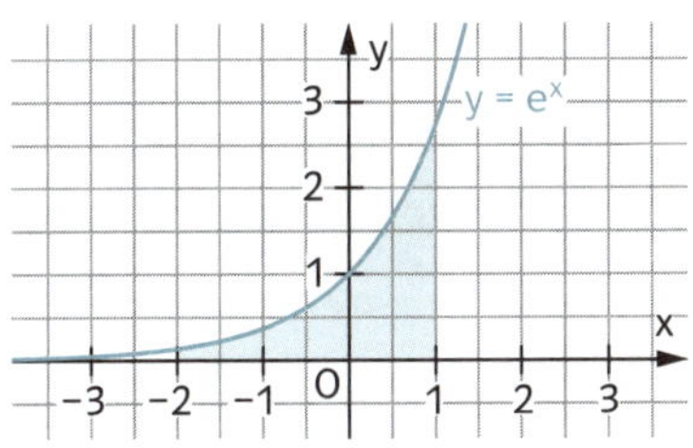

A = ______________

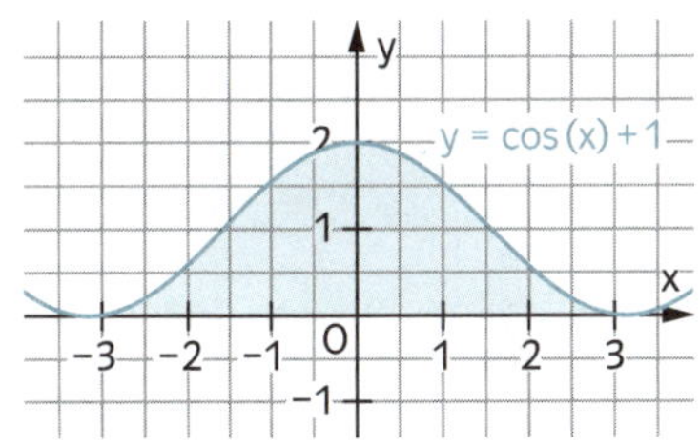

A = ______________

4 Der orientierte Flächeninhalt zwischen dem Graphen der Funktion f und der x-Achse über dem Intervall I soll 10 FE betragen. Ergänzen Sie die Lücken.

a) $f(x) = 4$; $I = [\ \ ;5]$

b) $f(x) = \frac{1}{4}x$; $I = [1;\ \ ]$

c) $f(x) = -\frac{4}{5}x + \frac{8}{5}$; $I = [\ \ ;2]$

5 Die Buchstaben aller Integrale mit positivem Wert und die der Integrale mit negativem Wert ergeben jeweils – richtig zusammengesetzt – ein Lösungswort.

S | $\int_{0}^{2} (-x)^2\,dx$

T | $\int_{\pi}^{2\pi} \sin(x)\,dx$

E | $\int_{5}^{3} (x+2)\,dx$

K | $\int_{0}^{2} (\cos(x))^2\,dx$

O | $\int_{-1}^{1} 2^x\,dx$

U | $\int_{-4}^{4} x^4\,dx$

A | $\int_{3}^{4} \left(\frac{1}{2}x - 2\right) dx$

L | $\int_{-3}^{3} x^3\,dx$

N | $\int_{2}^{0} x^2\,dx$

M | $\int_{0}^{3} (x-1)\,dx$

A | $\int_{8}^{2} (-4)\,dx$

H | $\int_{0}^{1} (x-1)\,dx$

Integrale mit positivem Wert: ______________ Integrale mit negativem Wert: ______________

[T1] Die Einheit für die Gesamtänderung der Größe ergibt sich aus dem Produkt der Einheit der Änderungsrate (Hochachse) und der Einheit der Zeit (Rechtsachse).

6 Eine Maus sitzt in der Mitte eines acht Meter langen Rohres. Sie bewegt sich in den angegebenen Zeitabschnitten entweder nach rechts (positive Geschwindigkeiten) oder links (negative Geschwindigkeiten); Zeit t in s, Geschwindigkeit v in $\frac{m}{s}$.

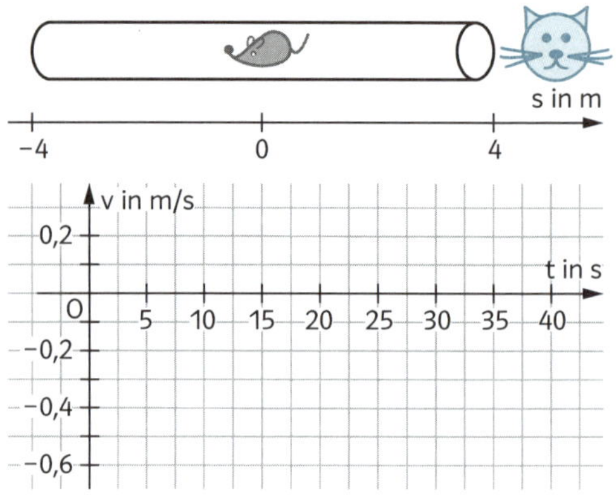

$[0;5]$: $v_1(t) = -\frac{1}{5}$; $[5;15]$: $v_2(t) = -\frac{2}{5} + \frac{1}{25}t$;

$[15;20]$: $v_3(t) = \frac{1}{5}$; $[20;40]$: $v_4(t) = 1 - \frac{1}{25}t$

a) Zeichnen Sie die Bewegung in das Koordinatensystem ein.

b) Geben Sie die Zeitpunkte an, zu denen sich die Maus in der Mitte des Rohres befindet. ______________________

c) Bestimmen Sie, wo sich die Maus am Ende befindet.

____

7 Bestimmen Sie den Inhalt der gefärbten Fläche.

a) 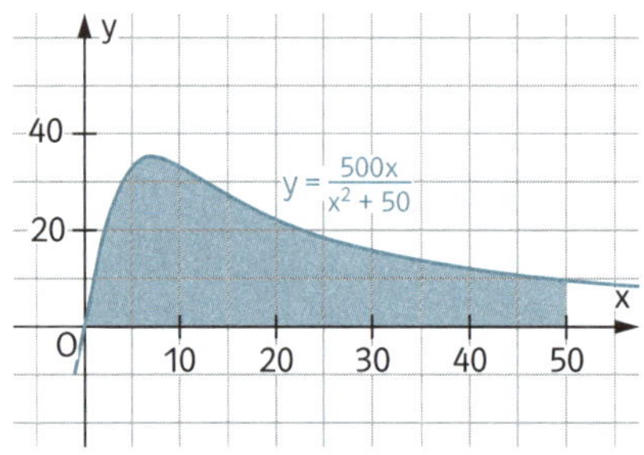

b) [T1] 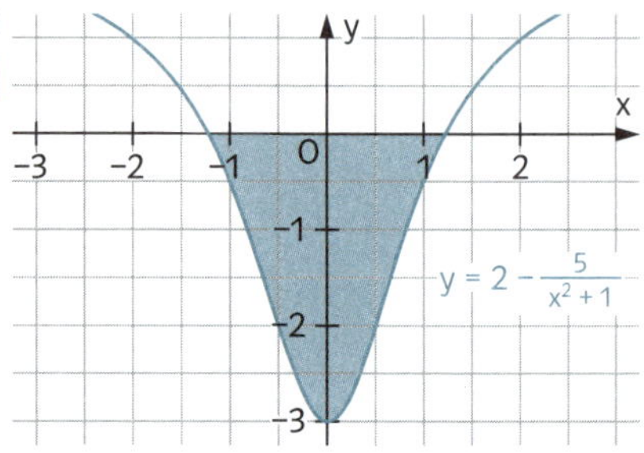

8 Entscheiden Sie, ob das Integral positiv, negativ oder gleich null ist.

a) $\int_{-8}^{-2} \frac{1}{5}x^2\,dx$ ☐ 0 b) $\int_{3}^{5} -\frac{3}{2}x^3\,dx$ ☐ 0 c) $\int_{0}^{\pi} \cos(x)\,dx$ ☐ 0 d) $\int_{-2}^{2} e^x\,dx$ ☐ 0

9 Zeichnen Sie die zum Integral $\int_0^3 ((x-2)^2 \cdot x)\,dx$ gehörende Fläche ein und bestimmen Sie dessen Wert näherungsweise durch eine flächengleiche Zerlegung in Dreiecke und Rechtecke. Bestimmen Sie den prozentualen Fehler.

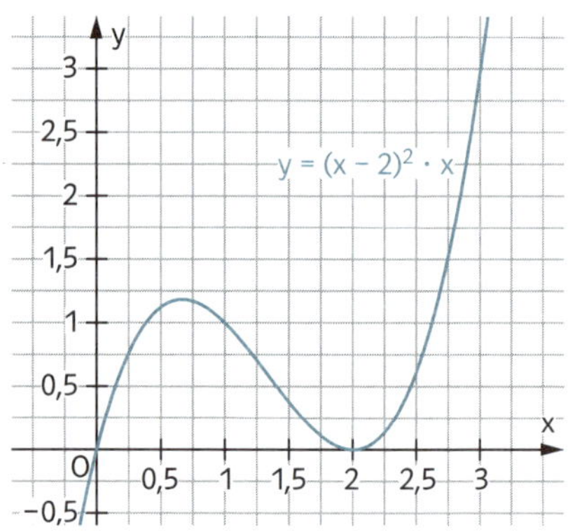

Näherungsweise: ______________________

Exakter Wert: $2\frac{1}{4}$ Prozentualer Fehler: ______________

10 Bei den nachfolgenden Integralen ist die untere Integralgrenze 0 und die obere Integralgrenze t ($t > 0$). Bestimmen Sie den Wert des Integrals in Abhängigkeit von t. [T2]

a) $\int_0^t 2\,dx =$ ______________________ b) $\int_0^t 3x\,dx =$ ______________________

c) $\int_0^t \left(\frac{1}{2}x + 4\right)dx =$ ______________________ d) $\int_0^t (3 - x)\,dx =$ ______________________

11 Bestimmen Sie die Variable t mit $t > 0$ so, dass das Integral den angegeben Wert hat. [T3]

a) $\int_0^t 4\,dx = 16$ b) $\int_0^t 2x\,dx = 9$ c) $\int_0^t (3x + 2)\,dx = 10$ d) $\int_{-2}^t 2x\,dx = 5$

[T1] Bestimmen Sie zunächst die Nullstellen der Funktion.
[T2] Veranschaulichen Sie das Integral mit Dreiecks- und Rechtecksflächen. Geben Sie den Flächeninhalt in Abhängigkeit von t an.
[T3] Geben Sie das Integral als in Abhängigkeit von t an. Lösen Sie dann die daraus entstehende Gleichung.

1 Füllen Sie die Lücken.

a) $\int_1^3 (6x^2 - 5)dx = [\_\_\_ - 5x]_1^3 = \_\_\_ - 15 - (\_\_\_ - 5) = \_\_\_ = 42$

b) $\int_{-2}^{\_\_} (- \_\_\_ - x)dx = \left[-\frac{1}{3}x^3 - \_\_\_\right]_{-2}^{-1} = \_\frac{1}{3}\_\frac{1}{2}\_(\_\frac{8}{3}\_2) = \_\_\_ = -\frac{5}{6}$

c) $\int_{-\pi}^{0} \_\_\_ dx = [\cos(x)]_{-\pi}^{0} = \_\_\_ - \_\_\_ = 1 - \_\_\_ = \_\_\_$

2 Zu jeder Funktionsgleichung von f gehört die Funktionsgleichung einer Stammfunktion F. Verbinden Sie zusammengehörige Kartenpaare.

$f(x) = 2a$ | $f(a) = 2x + 1$ | $f(x) = 4a^2x$ | $f(x) = 4ax$ | $f(x) = 2a^2$ | $f(a) = 4ax + 1$

$F(a) = 2ax + a$ | $F(x) = 2a^2x + a$ | $F(a) = 2a^2x + a$ | $F(x) = 2ax + a$ | $F(x) = 2a^2x^2 + a$ | $F(x) = 2ax^2 + a$

3 a) Geben Sie die Stammfunktion F von f mit $f(x) = 3x^2 + x$ an, deren Graph den Punkt P(2 | 4) enthält. [T1]

b) Geben Sie die Stammfunktion F von f mit $f(x) = \frac{2}{x^2} + 1$ an, für die gilt: $F(1) = 0$.

4 Ordnen Sie den Funktionsgraphen A, B, C und D den Graphen einer zugehörigen Stammfunktion zu.

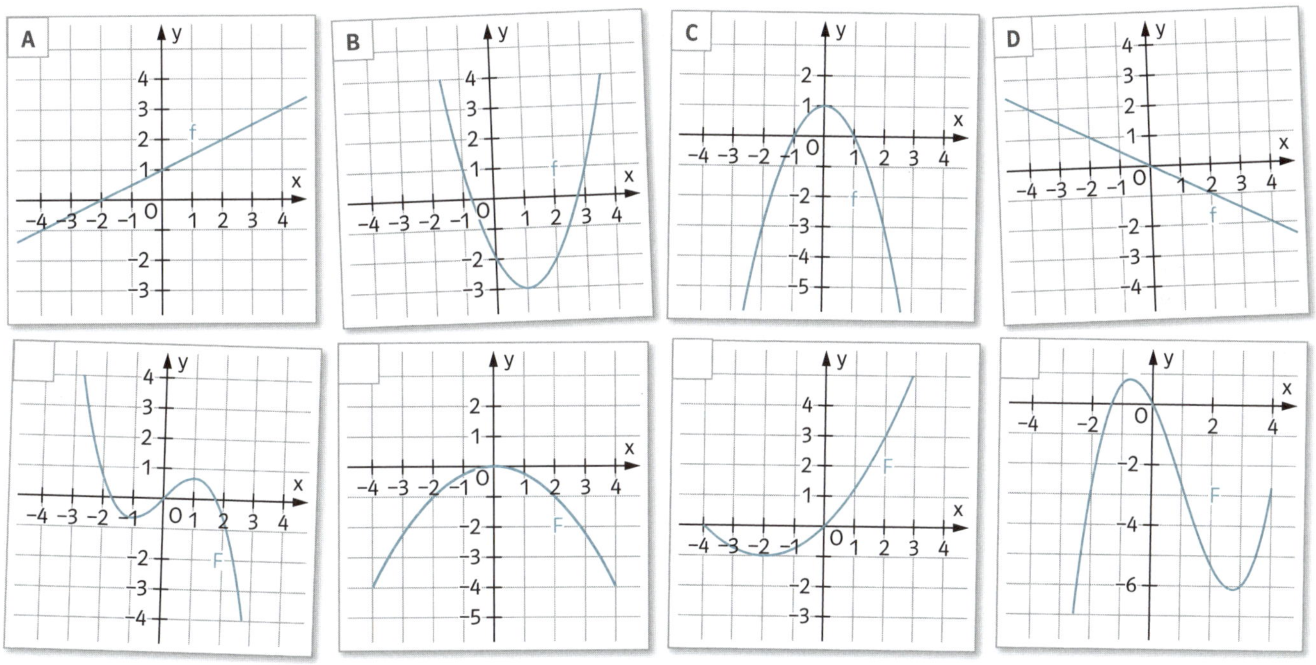

5 F sei eine Stammfunktion der ganzrationalen Funktion f. Entscheiden Sie, ob die Aussage wahr ist. Begründen Sie wahre Aussagen und geben Sie ein Gegenbeispiel an, falls die Aussage falsch ist.

a) Jede Funktion f hat mindestens 2 verschiedene Stammfunktionen.
b) Hat f den Grad n (n > 0), so ist jede ihrer Stammfunktionen ganzrational vom Grad n − 1.
c) Haben zwei Funktionen eine gleiche Stammfunktion, so sind die beiden Funktionen identisch.
d) Es gibt eine Funktion f, die mit einer ihrer Stammfunktionen F übereinstimmt.
e) Eine Nullstelle von f ist stets eine Extremstelle von F.
f) Eine Extremstelle von F ist stets eine Nullstelle von f.
g) Eine Nullstelle von f kann auch eine Nullstelle von F sein.

[T1] Weitere Stammfunktionen erhält man, wenn man zu einer Stammfunktion beliebige Konstanten addiert.

1 Ergänzen Sie die Lücken so, dass F eine Stammfunktion von f ist.

a) $f(x) = 2x + 3$ $F(x) = x^2 + 3x$
b) $f(x) = 4\sin(2x)$ $F(x) = -2\cos(2x)$
c) $f(x) = \frac{3}{x^5}$ [T1] $F(x) = -\frac{3}{4}x^{-4}$
d) $f(x) = e^{2x}$ $F(x) = \frac{1}{2} \cdot e^{2x}$
e) $f(x) = \frac{3x+5}{x^3}$ [T2] $F(x) = -3x^{-1} - \frac{5}{2}x^{-2}$
f) $f(x) = 51\cos(17x - 4\frac{1}{2})$ $F(x) = 3\sin\left(17x - 4\frac{1}{2}\right)$
d) $f(x) = \frac{3}{7x-1}$ $F(x) = \frac{3}{7}\ln(7x-1)$
h) $f(x) = 3^x$ [T3] $F(x) = \frac{1}{\ln 3}3^x$

2 a) F sei die Stammfunktion von f mit $F(-4) = 0$. Entscheiden Sie, ob die Aussage wahr oder falsch ist. Die Buchstaben aller wahren Aussagen ergeben in der richtigen Reihenfolge ein Lösungswort.

- E: F hat bei $x \approx 0$ ein Maximum. wahr ☒ falsch ☐
- S: F hat bei $x \approx 2{,}5$ ein Minimum. wahr ☐ falsch ☒
- U: F (4) ist positiv. wahr ☐ falsch ☒
- G: F hat im Intervall $[-2; 2]$ nur positive Funktionswerte. wahr ☒ falsch ☐
- A: F hat bei $x \approx 2{,}5$ eine Wendestelle. wahr ☒ falsch ☐
- L: F hat zwischen 2 und 3 eine Nullstelle. wahr ☒ falsch ☐
- N: $F(-1) > 5$ wahr ☒ falsch ☐
- H: F hat bei $x \approx -2$ eine Wendestelle. wahr ☐ falsch ☒
- I: F ist im Intervall $[-4; 0]$ monoton steigend. wahr ☒ falsch ☐

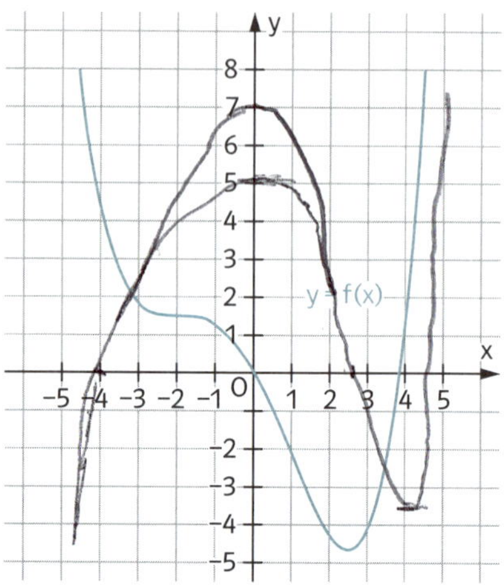

Lösungswort: ____________

b) Skizzieren Sie in die oben stehende Abbildung den Graphen von F, der die y-Achse im Punkt (0 | 6,5) schneidet.

3 Es ist $\int_a^b f(x)\,dx = 5$, $\int_a^c f(x)\,dx = 11$, $\int_a^b g(x)\,dx = -2$ und $\int_b^c g(x)\,dx = 1$. Berechnen Sie – falls möglich – mithilfe dieser Werte:

a) $\int_b^c f(x)\,dx = 11 - 5 = 6$
b) $\int_b^a g(x)\,dx = -(-2) = 2$
c) $\int_a^c g(x)\,dx = -2 + 1 = -1$
d) $\int_b^c (f(x))^2\,dx =$?
e) $\int_b^c (2 \cdot f(x))\,dx = 6 + 6 = 12$
f) $\int_b^c f(2x)\,dx =$?
g) $\int_a^b (f(x) - g(x))\,dx = 5 - (-2) = 7$
h) $-\int_c^a f(x)\,dx = -(-11) = 11$
i) $\int_b^c (f(x) \cdot g(x))\,dx =$?

4 Berechnen Sie:

a) $\int_1^2 \frac{2x^3 - 5}{x^2}\,dx$ [T2]
b) $\int_0^{\pi} \sin(3x)\,dx$
c) $\int_0^1 \frac{3}{4x-1}\,dx$
d) $\int_1^9 \frac{2}{\sqrt{4x}}\,dx$
e) $\int_{-0{,}25}^{0} e^{4x+1}\,dx$

5 Bestimmen Sie diejenige Stammfunktion F von f mit $f(x) = 4x^2 - x$, die ihren Tiefpunkt auf der x-Achse hat.

6 Bestimmen Sie b so, dass gilt: $\int_1^b (2x - 1)\,dx = 20$.

[T1] Formen Sie zunächst den Funktionsterm von f mithilfe der Beziehung $\frac{1}{x^r} = x^{-r}$ um. [T2] Formen Sie zunächst den Funktionsterm von f mithilfe der Beziehung $\frac{a+b}{c} = \frac{a}{c} + \frac{b}{c}$ um und kürzen Sie. [T3] Formen Sie zunächst den Funktionsterm von f mithilfe der Beziehung $3 = e^{\ln 3}$ um.

1 Berechnen Sie den Inhalt der Fläche, die von den Graphen von f und g eingeschlossenen wird.

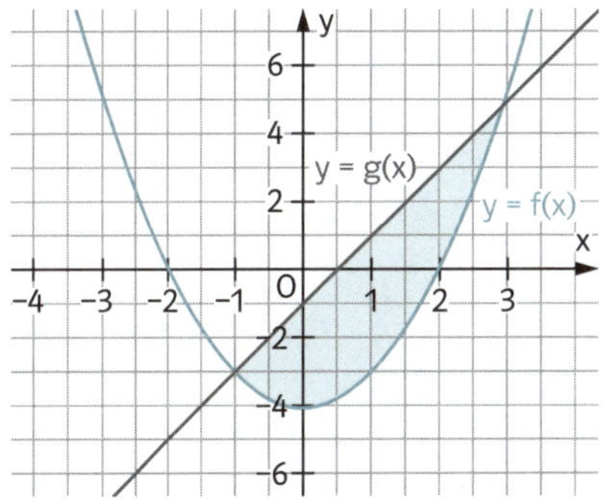

1. Funktionsterme bestimmen: $f(x) =$ ____________, $g(x) =$ ____________
2. Schnittstellen bestimmen: ____________________________________

____
3. Differenzfunktion integrieren: ____________________________________

____

2 Drücken Sie den Inhalt der Flächen durch ein oder mehrere Integrale aus: [T1]

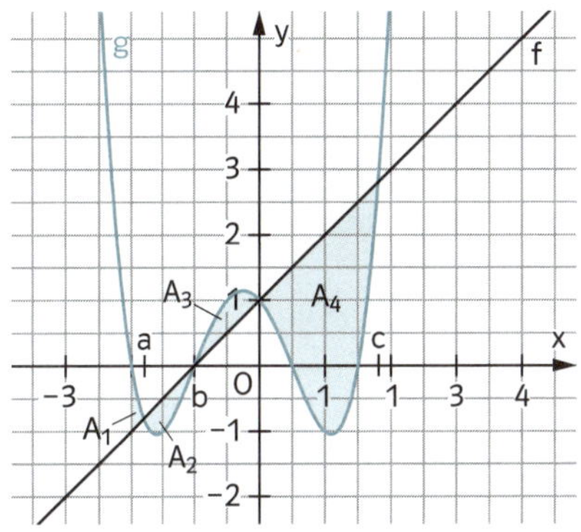

a) $A_1 =$ ____________________________________
b) $A_2 =$ ____________________________________
c) $A_3 =$ ____________________________________
d) $A_4 =$ ____________________________________
e) $A_1 + A_2 =$ ____________________________________
f) $A_1 + A_2 + A_3 + A_4 =$ ____________________________________

3 Berechnen Sie den Inhalt der gefärbten Fläche.

a)

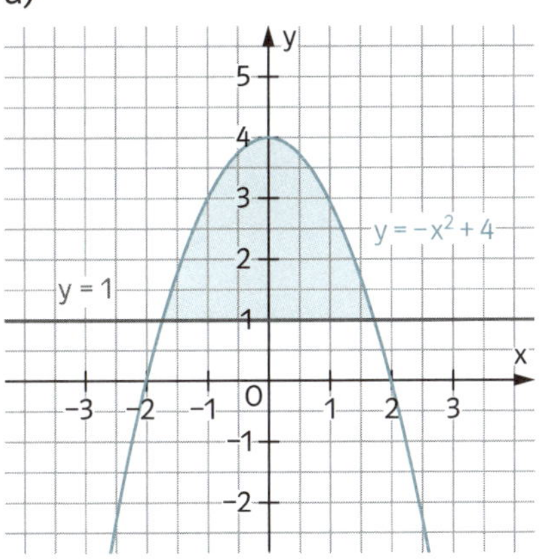

b)

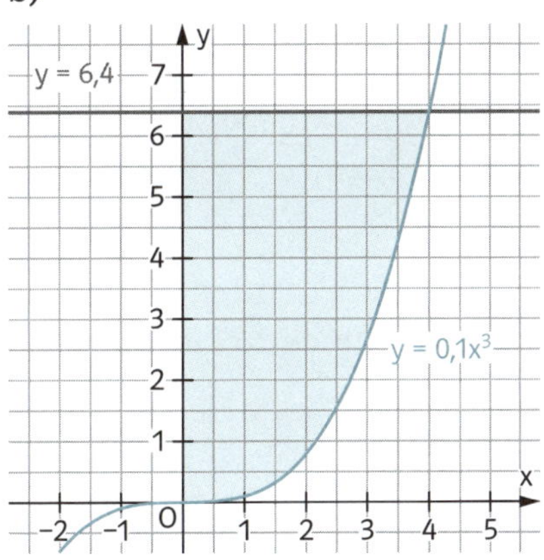

c)

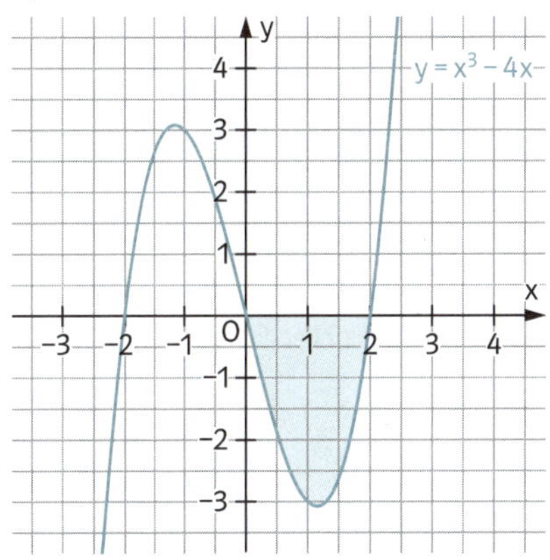

4 Zeigen Sie: Für den Inhalt der Fläche, die vom Graphen von f mit $f(x) = x^3$, der Tangente an den Graph in $P(t\,|\,t^3)$ und der x-Achse eingeschlossen wird, gilt: $A(t) = \frac{1}{12}t^4$, $(t > 0)$.

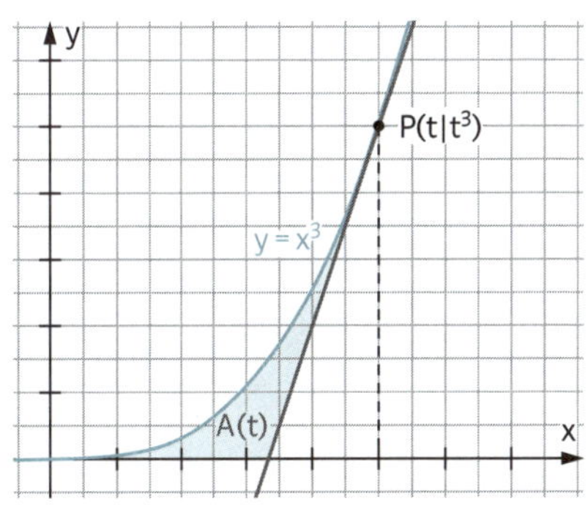

Tangentengleichung: ____________________________________

____

Schnittstelle der Tangente mit der x-Achse:

____

Flächeninhalt: ____________________________________

[T1] Beachten Sie, dass Integrale auch negative Werte annehmen können, Flächeninhalte aber stets positiv sind.

1 Bestimmen Sie den Funktionsterm der angegebenen Integralfunktion.

a) $f(x) = x^3 + 1$ $\qquad I_0(x) = \int_0^x f(x)\,dt = \int_0^x (t^3 + 1)\,dt = [\quad]_0^x = \_\_\_$

b) $f(x) = x^3 + 1$ $\qquad I_2(x) = \int_2^x (t^3 + 1)\,dt = [\quad]_{\ }^{\ } = \_\_\_$

c) $f(x) = e^{3x}$ $\qquad I_{\ln 3}(x) = \int_{\ln 3}^x \_\_\_\,dt = [\quad]_{\ }^{\ } = \_\_\_$

d) $f(x) = \sin\left(2x + \frac{1}{2}\pi\right)$ $\qquad I_{\frac{\pi}{4}}(x) = \int_{\frac{\pi}{4}}^x \_\_\_\,dt = [\quad]_{\ }^{\ }$

$= \_\_\_$

2 In der nebenstehenden Abbildung sehen Sie den Graph einer ganzrationalen Funktion 3. Grades. Füllen Sie die Lücken aus.

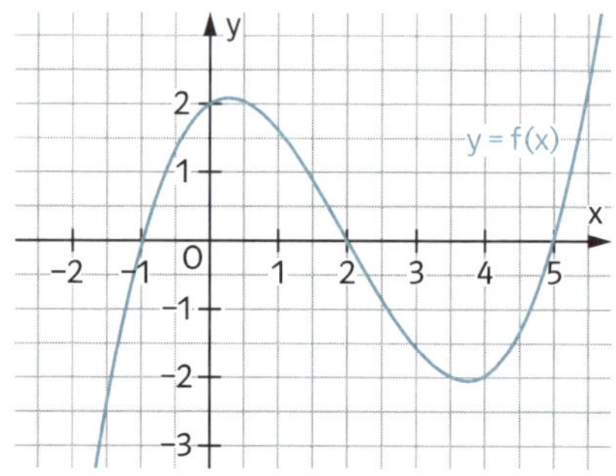

a) $I_2(5) = \int f(t)\,dt \approx$ ___ $\qquad$ b) $I_2(1) = -I_2(\ \ )$

c) $I_{-1}(\ \ ) = I_{-1}(\ \ ) = 0$ $\qquad$ d) $I_{-1}(3) \approx$ ___

e) $I_0(5) = -I$ ___ $\approx$ ___ $\qquad$ f) $I_{-2}(0)$ ___ 0

3 Bei einem Gewitter beschreibt die Funktion f mit $f(t) = 600t \cdot e^{-0{,}5t}$, $0 \leq t \leq 15$ modellhaft die Menge des auftreffenden Regens (in ml pro m^2 und Minute, t: Zeit nach Beginn des Gewitters in min).

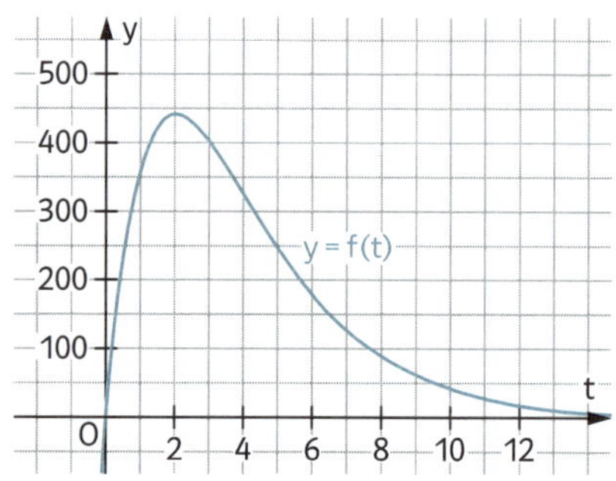

a) $I_0(5) \approx 1710$ bedeutet, dass ______________________

______________________.

b) Näherungsweise gilt: $I_0(2) \approx$ ______________________

c) Zwischen der 5. und der 10. Minute fallen pro m^2 ca. 592 ml Regen.

Zeichnen Sie in der nebenstehenden Abb. die zugehörige Fläche ein.

Ihr Inhalt entspricht dem Wert der Integralfunktion __________ für x = __________.

d) Ein Quadratmeter Boden kann maximal 250 ml Regen pro Minute aufnehmen. Demnach ist die maximale Wassermenge auf dem Boden nach ca. _____ min erreicht. [T1] Sie beträgt ca. 522 ml pro m^2.

Diese Menge entspricht dem Inhalt der Fläche, die von ______________ und der Geraden mit der Gleichung ______________ eingeschlossen wird. Die maximale Wasserhöhe beträgt _____ mm.

4 Gegeben sind der Graph einer Funktion f und das Intervall $I = [-0{,}5; 7]$. Begründen Sie folgende Aussagen:

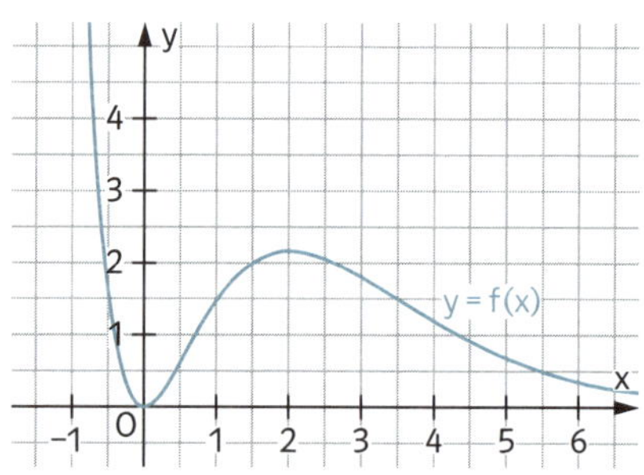

a) $I_0(x)$ wechselt in I sein Vorzeichen genau einmal.

b) $I_0(x)$ hat in I eine Sattelstelle.

c) $I_3(x)$ hat in I keine Extremstelle.

d) $I_0(1) < I_1(0)$.

[T1] Die Wassermenge auf dem Boden steigt an, solange mehr Wasser auf den Boden regnet als dieser aufnehmen kann.

1 Der Graph der Funktion f mit $f(x) = (x-1)\cdot\sqrt{4-x}$ begrenzt mit der x-Achse eine Fläche, die um die x-Achse rotiert.
Berechnen Sie das Volumen des Rotationskörpers.
Der Rotationskörper entsteht durch die Rotation der begrenzten Fläche über dem Intervall [_____ ; _____].

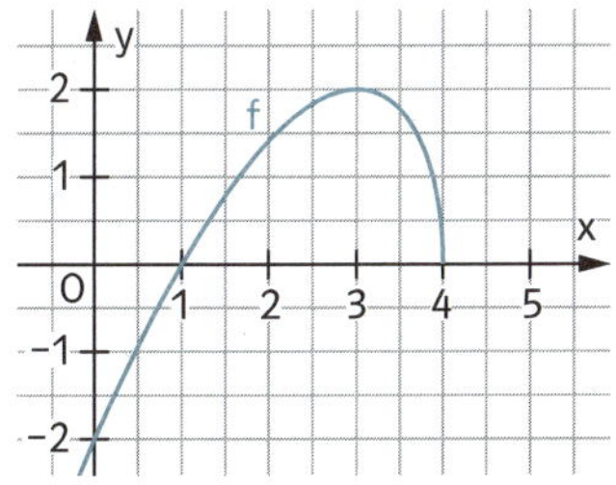

$V = \pi \cdot \int (\quad\quad)\; dx = \pi \cdot \int (\quad\quad)\; dx =$ _____

Das Volumen des Körpers beträgt ungefähr _____ VE (Volumeneinheiten).

2 Durch Rotation der Graphen von f mit $f(x) = 2\cdot\sqrt{x-1}$ und g mit $g(x) = \frac{1}{2}x+2$ über dem Intervall [0 ; 5] um die x-Achse entsteht der Körper einer Schale. Das Volumen des Körpers wurde berechnet.

Kontrollieren Sie den Lösungsweg und verbessern Sie gegebenenfalls die Fehler.

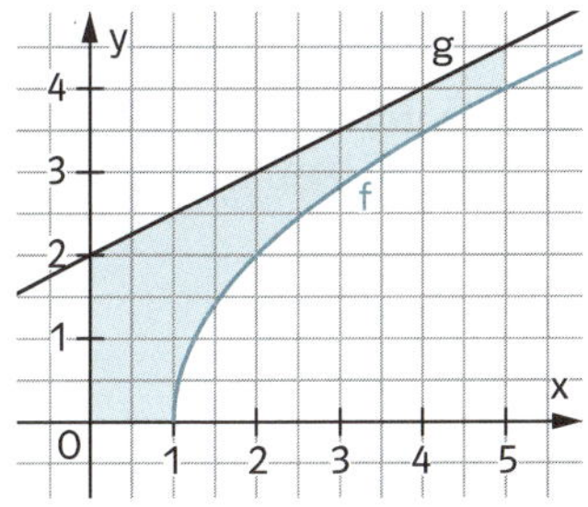

$$V = \pi\cdot\int_1^5 (g(x)-f(x))^2\,dx$$
$$= \pi\cdot\int_1^5 \left(\tfrac{1}{2}x+2-2\cdot\sqrt{x-1}\right)^2 dx$$
$$= \pi\cdot\int_1^5 \left(\tfrac{1}{4}x^2+4-4\cdot(x-1)\right) dx$$
$$= \pi\cdot\left[\tfrac{1}{12}x^3+4x-2x^2+4x\right]_1^5$$
$$= \pi\cdot\left(\tfrac{125}{12}+20-50+20-\tfrac{1}{12}+4-2+4\right)$$
$$= \pi\cdot\left(\tfrac{124}{12}-4\right) \approx 19{,}9$$

3 Berechnen Sie das Volumen des Rotationskörpers, der entsteht, wenn die eingefärbte Fläche um die x-Achse rotiert. [T1]

(1)

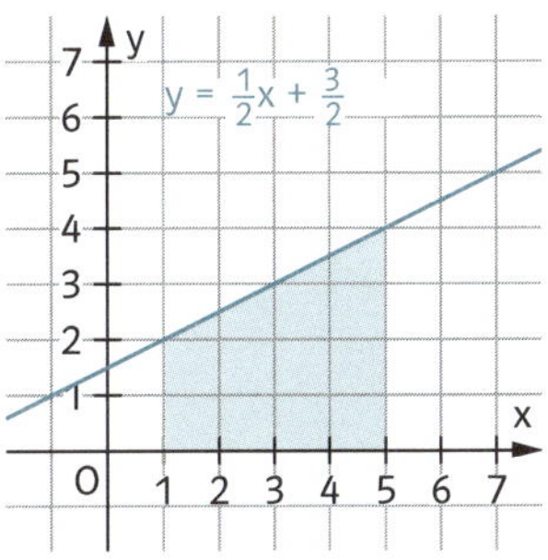

(2)

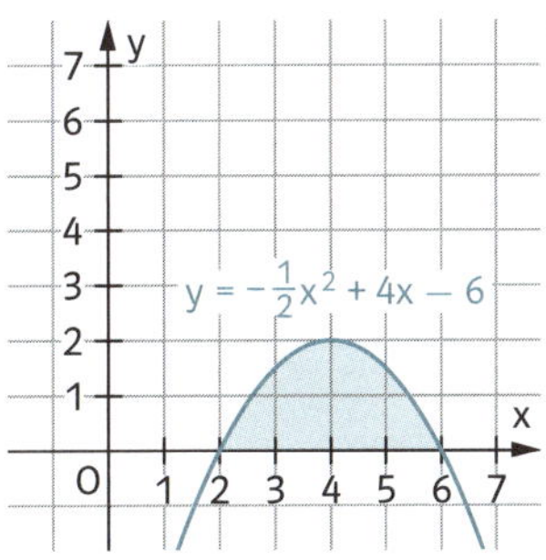

(3)

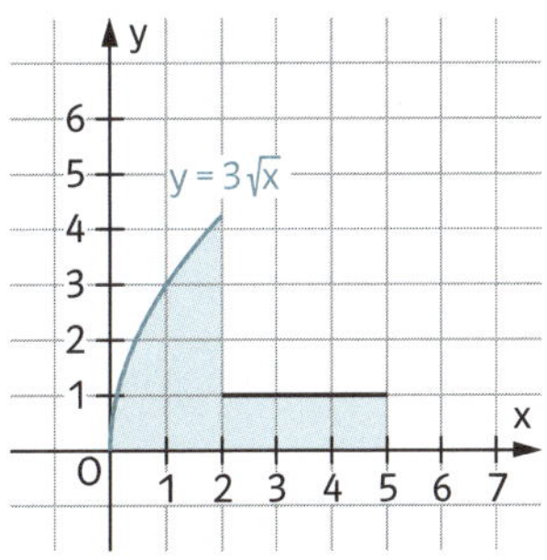

(4)

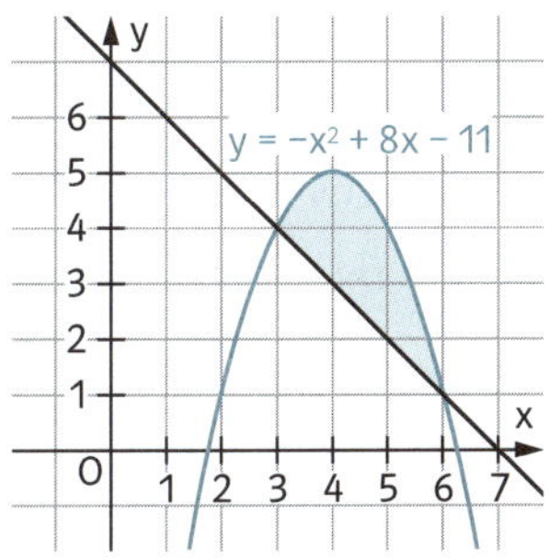

4 Ein Sektglas kann näherungsweise als Rotationskörper dargestellt werden.
a) Bestimmen Sie den Parameter a.
b) Das Sektglas soll mit 100 ml Sekt gefüllt werden. In welcher Höhe muss die Markierung auf dem Glas angebracht werden? [T2]

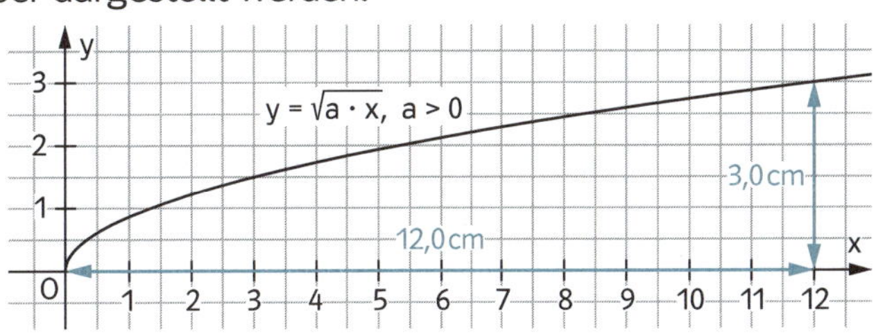

[T1] Die Parabel in Abbildung 2 hat eine Gleichung der Form $y = -(x-d)^2 + e$. [T2] Die Rotation der vom Graphen von f begrenzten Fläche über dem Intervall [0 ; h] beschreibt den Rotationskörper mit dem Volumen V(h).

1 Die nach rechts unbegrenzte Fläche zwischen dem Graphen von f mit $f(x) = \frac{1}{2x^2}$ und der x-Achse über dem Intervall $[1;\infty)$ soll untersucht werden.
Ordnen Sie die Schritte und berechnen Sie, falls möglich, den Flächeninhalt.

- **Grenzwert von A(z) für $z \to \infty$ bestimmen**
- **Variable z für rechte Grenze einführen**
- **Integral A(z) von f über [1;z] aufstellen und berechnen**

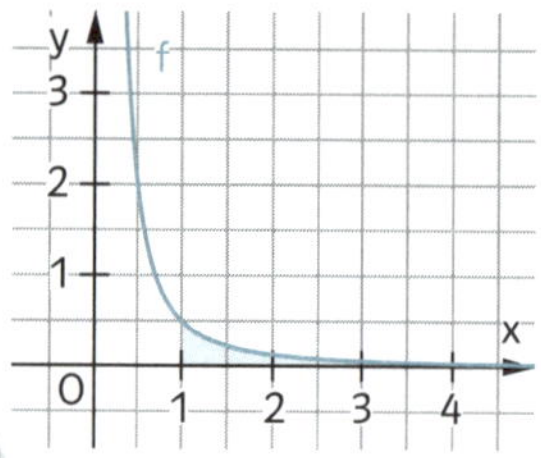

2 Prüfen Sie, ob die in der Abbildung dargestellten nach rechts bzw. nach oben ins Unendliche reichenden Flächen einen endlichen Flächeninhalt haben.

$A_1(z) = \int_2^z \frac{3}{x^2}dx =$ ____________ Für $z \to \infty$ gilt: $A_1(z) \to$ ______

$A_2(z) =$ ____________ Für $z \to 0$ gilt: $A_2(z) \to$ ______

Ergebnis: A_1 ____________

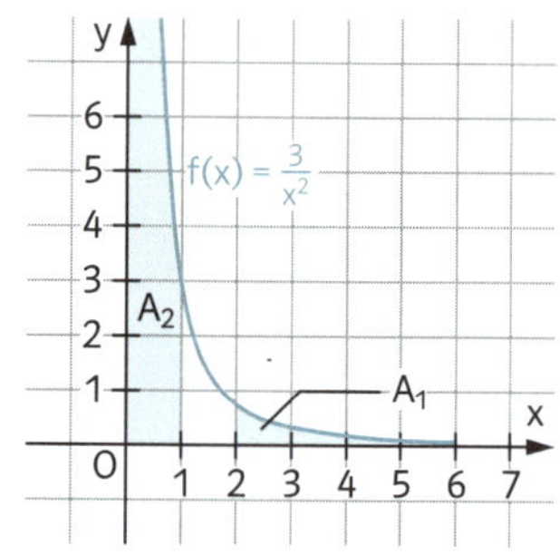

3 Prüfen Sie bei Abbildung (1) und (2), ob die nach rechts ins Unendliche reichende Fläche einen endlichen Flächeninhalt hat und geben Sie diesen, falls möglich, an.

(1)

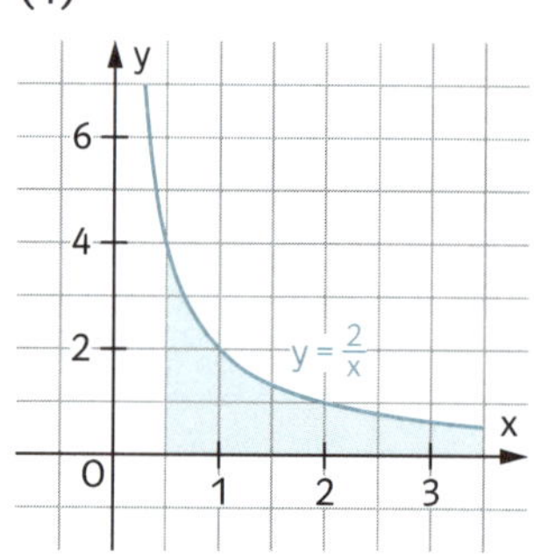

(2)

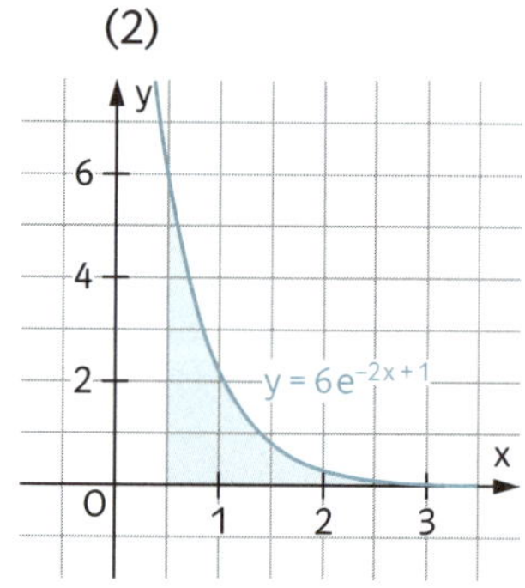

4 Berechnen Sie das uneigentliche Integral. [T1]

a) $\int_1^{\infty} \frac{2}{x^3}dx$ b) $\int_{-\infty}^{-1} \frac{1}{x^4}dx$ c) $\int_0^{\infty} \frac{2}{(x+1)^2}dx$

d) $\int_0^4 \frac{1}{\sqrt{x}}dx$ e) $\int_{-1}^{\infty} \frac{5}{e^{x+1}}dx$ f) $\int_0^1 \frac{1+\sqrt{x}}{\sqrt{x}}dx$

1 2 3 4 5 $\frac{1}{3}$

5 Gegeben sind die Funktionen g und h mit $g(x) = \frac{2}{x^2}$ und $h(x) = \frac{2}{\sqrt{x}}$.

a) Skizzieren Sie die Graphen der beiden Funktionen für $x > 0$ in ein gemeinsames Koordinatensystem.
b) Jeder Graph schließt mit der x-Achse und der Geraden $x = 1$ eine nach rechts unbegrenzte Fläche ein. Prüfen Sie, ob diese Fläche einen endlichen Flächeninhalt hat und geben Sie diesen gegebenenfalls an. [T2]
c) Jeder Graph schließt mit der x-Achse, der y-Achse und der Geraden $x = 1$ eine nach oben unbegrenzte Fläche ein. Prüfen Sie, ob diese Fläche einen endlichen Flächeninhalt hat und geben Sie diesen gegebenenfalls an.

[T1] Untersuchen Sie zuerst, an welcher Seite das Integral unbegrenzt ist. Ersetzen Sie diese Grenze durch eine variable Grenze z.
[T2] Bestimmen Sie das Integral $\int_a^z f(x)\,dx$ mit einer festen Grenze a und einer variablen Grenze z und untersuchen Sie dann, ob der Grenzwert für $z \to \infty$ existiert.

1 Geben Sie eine Stammfunktion an.

a) $f(x) = 6x^7 - \frac{7}{x^8}$ b) $f(x) = 2x + 3\sqrt{x}$ c) $f(x) = \frac{x^2}{4} + \frac{1}{3}\cos(x)$

2 Berechnen Sie z.

a) $\int_1^z \left(4 - \frac{2}{x^2}\right) dx = 3$ b) $\int_0^\pi z \cdot \sin(x)\,dx = 7$ c) $\int_0^2 \left(\frac{3}{2}x - z\right)^2 dx = 14$ [T1]

3 Ergänzen Sie den Lückentext.

a) An den Nullstellen von f hat der Graph von F ____________ Tangenten, d.h., F hat dort __________stellen oder __________stellen. An den Extremstellen von f hat F ______________. Zwei beliebige Stammfunktionen von f unterscheiden sich lediglich durch ___________.

b) Skizzieren Sie in der nebenstehenden Abbildung den Graph der Stammfunktion F von f mit $F(0) = 0$.

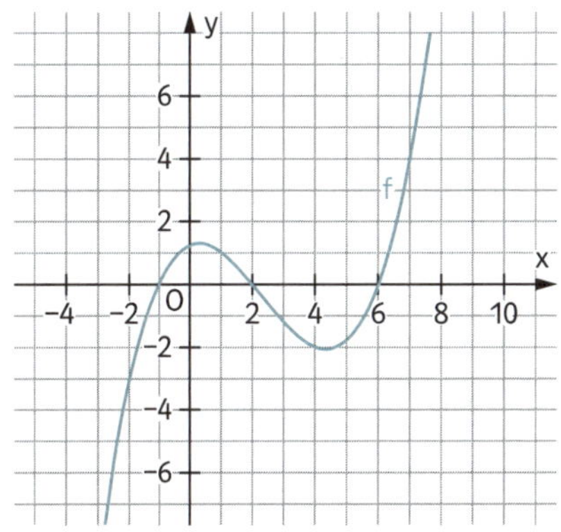

4 Gegeben ist die Funktion f mit $f(x) = 2x^3 - 3x^2$.
a) Für welche Stammfunktion F von f gilt $F(-1) = 1$?
b) Bestimmen Sie die Steigung der Tangente an den Graphen von F im Punkt $P(-0{,}5 \mid F(-0{,}5))$.

5 Berechnen Sie $\int_1^3 (x^2 - 2x)\,dx$ und deuten Sie das Ergebnis anhand geeigneter Flächeninhalte.

6 a) Der Graph von f mit $f(x) = 3x^2$, die Normale an den Graph von f in $P(2 \mid 12)$ und die x-Achse schließen eine Fläche ein. Berechnen Sie den Inhalt dieser Fläche.
b) Der Graph von f mit $f(x) = 3x^2$, die Normale an den Graph von f in $P(2 \mid 12)$ und die y-Achse schließen eine Fläche ein. Berechnen Sie den Inhalt dieser Fläche. [T2]

7 Die Abbildung zeigt den Graphen eine Funktion F. F ist eine Stammfunktion von f. Die Funktion wird nur auf dem Intervall $[-2; 10]$ betrachtet. Begründen Sie, dass die folgenden Aussagen wahr sind.
a) f besitzt im Intervall $[-2; 10]$ genau eine Extremstelle.
b) Für $0 < x < 6$ gilt $f(x) \geq 0$ und für $6 < x < 10$ gilt $f(x) \leq 0$.
c) Es ist $\int_0^3 f(x)\,dx = \int_3^6 f(x)\,dx$.

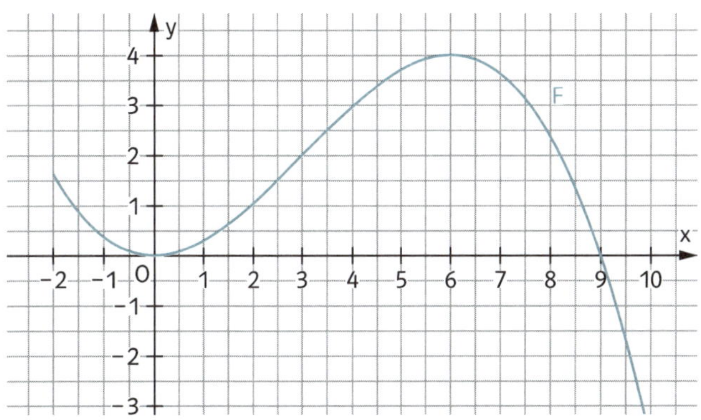

8 Für jedes $k > 0$ ist die Funktion f_k mit $f_k(x) = -x^3 + kx^2$ gegeben. Für welchen Wert von k hat die vom Graph von f_k und der x-Achse eingeschlossene Fläche den Inhalt $21\frac{1}{3}$ FE?

9 Berechnen Sie, falls möglich, einen Wert von a, sodass gilt:

a) $\int_a^\infty \frac{100}{x^2} dx = 20$ b) $\int_a^\infty \left(\frac{1}{x^2} + \frac{1}{100}\right) dx = 100$ c) $\int_0^a \frac{1}{\sqrt{x}} dx = 4{,}5$ d)

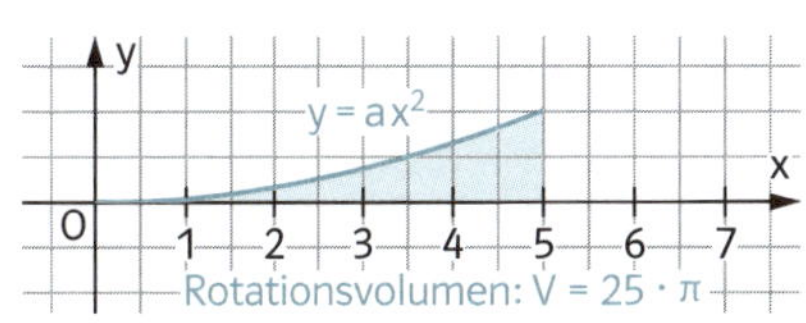

[T1] Vereinfachen Sie zuerst den Integranden. [T2] Fertigen Sie eine Skizze an und verwenden Sie das Ergebnis von Teilaufgabe a) geschickt.

10 Der Rauminhalt eines Körpers wird wie folgt berechnet: $V = \pi \cdot \int_0^6 (3 - 0{,}5x)^2 dx$.
Skizzieren und beschreiben Sie den Körper.

11 Für einen Sommertag kann der Temperaturverlauf durch die Funktion T mit $T(t) = 9 \cdot \sin\left(\frac{\pi}{12} \cdot (t-9)\right) + 21,\ 0 \le t \le 24$, modelliert werden (t in Stunden nach 0 Uhr und T(t) in °C).

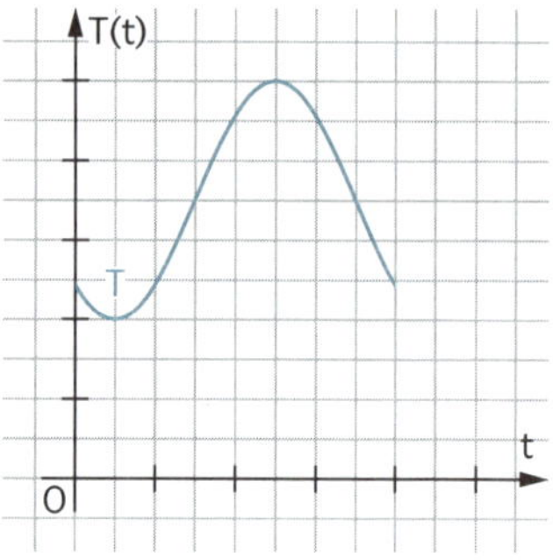

a) Ergänzen Sie in der Abbildung die Skalierung der Koordinatenachsen.
b) Berechnen Sie, wann im Tagesverlauf der Temperaturanstieg am größten ist. [T1]
c) Zeigen Sie, dass die Temperatur nach 15 Uhr stetig sinkt. [T1]
d) Berechnen Sie die Durchschnittstemperatur zwischen 9 und 21 Uhr.

12 In einem Regenüberlaufbecken befinden bei einem Gewitterregen zu Beobachtungsbeginn $130\,m^3$ Wasser.
Die momentane Zuflussrate zu dem Regenüberlaufbecken kann modellhaft über die Funktion w mit $w(t) = 90 \cdot e^{-0{,}45t}$, t in Stunden und w(t) in $\frac{m^3}{h}$, beschrieben werden.
a) Bestimmen Sie die Wassermenge, die in den ersten zwei Stunden nach Beobachtungsbeginn ins Becken fließt.
b) Geben Sie einen Term an, der ohne Integralzeichen auskommt und die zur Zeit t im Becken befindliche Wassermenge beschreibt. [T2]
c) Mit welcher Wassermenge kann man bei diesem Modell auf lange Sicht im Becken rechnen?

13 An einem Montagmorgen um 10 Uhr wird bekannt gegeben, dass die Gruppe „Take Five“ ein Konzert geben wird.
Sofort gehen bei der Vorverkaufsstelle Mails mit Kartenbestellungen ein. Diese „Bestellrate“ wird durch eine Funktion f mit
$f(t) = -0{,}083t^4 + 2{,}1t^3 - 17t^2 + 45t + 24;\ 0 \le t \le 12$ modellhaft beschrieben (t: Zeit nach 10 Uhr in Stunden, f(t): Bestellrate in Bestellungen pro Minute).

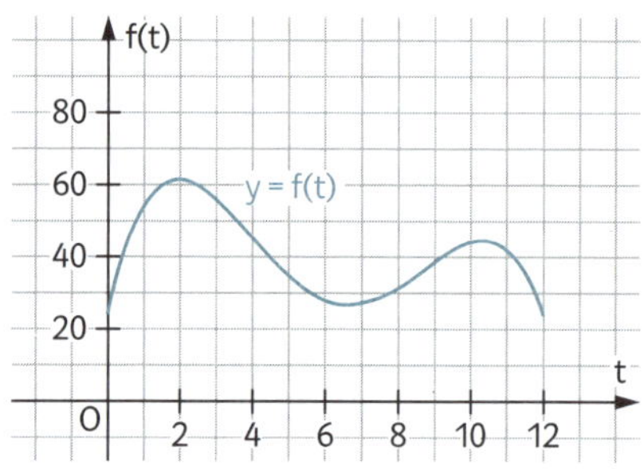

a) Wie viele Karten werden bis 12 Uhr bestellt? [T3]
b) Die Konzerthalle fasst 15 500 Leute. Um wie viel Uhr ist sie ausgebucht?
Um 14 Uhr wird bekannt, dass der bei den weiblichen Fans beliebte „Robbie“ aufgrund gesundheitlicher Probleme nicht am Konzert teilnehmen kann. Deshalb werden ab diesem Zeitpunkt wieder Karten abbestellt.
Die Anzahl der Abbestellungen wird näherungsweise durch die Funktion g mit
$g(t) = -0{,}5t^2 + 5t + 22;\ 4 \le t \le 12$ beschrieben
(t: Zeit nach 10 Uhr in Stunden, g(t): Abbestellungen pro Minute).
c) Interpretieren Sie die Schnittstellen der Graphen von f und g im konkreten Sachzusammenhang.
d) Wie viele Karten sind um 18 Uhr bestellt?
e) Um wie viel Uhr ist das Konzert ausverkauft?

[T1] Betrachten Sie die Ableitungsfunktion T'. [T2] Bestimmen Sie die Stammfunktion W, für die W(0) = 130 gilt.
[T3] Die Bestellrate in der Einheit „Bestellungen pro Stunde“ ist durch 60 · f(t) gegeben.

IV Modellieren mit abschnittsweise definierten Funktionen

ab Lerneinheit 1

1 Überprüfen Sie, ob der Graph der Funktion f ohne Knick und Krümmungsruck verläuft. [T1]

$$f(x) = \begin{cases} 18x^2 + 72x + 45 & x \leq -2 \\ x^4 - 6x^2 + 8x - 3 & -2 < x < 1 \\ 0 & 1 \leq x \end{cases} \qquad f'(x) = \begin{cases} \_\_\_\_\_\_ & x \leq -2 \\ \_\_\_\_\_\_ & -2 < x < 1 \\ \_\_\_\_\_\_ & 1 \leq x \end{cases}$$

$$f''(x) = \begin{cases} \_\_\_\_\_\_ & x \leq -2 \\ \_\_\_\_\_\_ & -2 < x < 1 \\ \_\_\_\_\_\_ & 1 \leq x \end{cases}$$

Es muss gelten: ______ = ______ und ______ = ______
______ = ______ ______ = ______
______ = ______ ______ = ______

Also ____.

2 Bestimmen Sie eine Funktion g im Bereich $-1 < x < 1$, die eine Straße beschreibt, die die beiden durch f_1 und f_2 gegebenen Straßen zwischen den Stellen −1 und +1 ohne Knick und Krümmungsruck verbindet.
$f_1(x) = 12x^2 - 18x + 7;\ x \geq 1$ und $f_2(x) = -x^2 - 14x - 8;\ x \leq -1$

Ansatz: $g(x) = ax^5 + bx^4 + cx^3 + dx^2 + ex + f$

$g'(x)$ = ______________________

$g''(x)$ = ______________________

$f_1'(x)$ = ______________________

$f_1''(x)$ = ______________________

$f_2'(x)$ = ______________________

$f_2''(x)$ = ______________________

$g(\_\_) = f_1(\_\_)$: ______________________

$g'(\_\_) = f_1'(\_\_)$: ______________________

$g''(\_\_) = f_1''(\_\_)$: ______________________

$g(\_\_) = f_2(\_\_)$: ______________________

$g'(\_\_) = f_2'(\_\_)$: ______________________

$g''(\_\_) = f_2''(\_\_)$: ______________________ [T2]

Lösung: $g(x)$ = ______________________

Zeichnen Sie die Trasse in das Koordinatensystem ein:

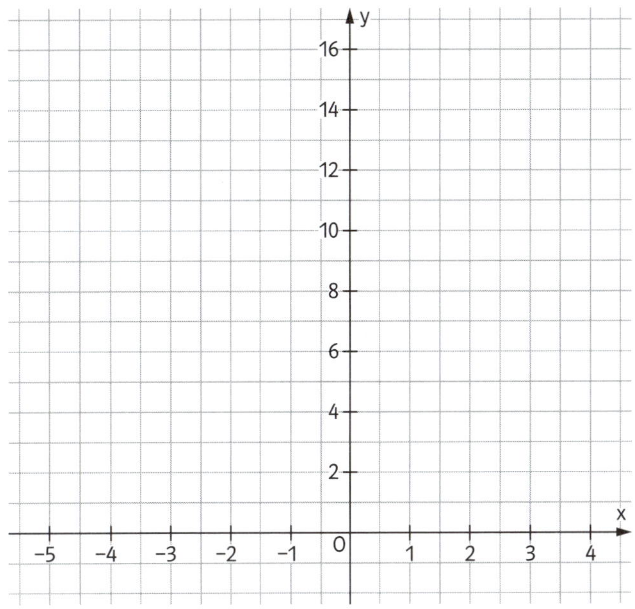

3 Begründen Sie, warum man zwei geradlinige, gegeneinander versetzte Straßenstücke nicht durch eine Trasse, die von einer ganzrationalen Funktion vom Grad $n < 4$ beschrieben wird, ohne Krümmungsruck verbinden kann. [T3]

4 Geben Sie eine ganzrationale Funktion möglichst kleinen Grades an, deren Graph ohne Knick und Krümmungsruck an den Graphen der Funktion $g(x) = \sin(x)$ an der Stelle $\frac{\pi}{2}$ anschließt. [T4]

Ansatz: $f(x)$ = ______________________ Es muss gelten $f\left(\frac{\pi}{2}\right)$ = ____, $f'\left(\frac{\pi}{2}\right)$ = ____, $f''\left(\frac{\pi}{2}\right)$ = ____.

Daraus ergibt sich das Gleichungssystem:

____

____

____

mit der Lösung:

$f(x)$ = ______________________

[T1] Untersuchen Sie die Stellen −2 und 1. An diesen Stellen müssen die Funktionswerte der Teilfunktionen unabhängig am Rande ihrer Definitionsmenge und deren erste und zweite Ableitung übereinstimmen. [T2] Berechnen Sie jeweils die Werte für −1 und 1 und erstellen Sie daraus ein Gleichungssystem, das Sie mit dem Rechner lösen. [T3] Bestimmen Sie den Grad der 2. Ableitung. [T4] Es genügt eine ganzrationale Funktion 2. Grades.

1 Der Sonnenaufgang für Freiburg ist für ausgewählte Tage des Jahres 2011 dargestellt (alle Zeiten MEZ).

Datum	21.03.2011	21.06.2011	23.09.2011	21.12.2011
Sonnenaufgang	06:32 Uhr	04:30 Uhr	06:17 Uhr	08:16 Uhr
Minuten nach 00:00 Uhr	392			
Tag nach dem 23.09.	−186			

Der Zeitpunkt des Sonnenaufgangs in Minuten nach 00:00 Uhr lässt sich annähernd durch eine Funktion f mit $f(x) = a \cdot \sin(bx) + d$ (f(x) in Minuten, x in Tagen) beschreiben. Das Maximum liegt bei y_{max} = ______ und das Minimum bei y_{min} = ______, damit ergibt sich für den mittleren Sonnenaufgang

$d = \frac{y_{max} + y_{min}}{2} = \frac{\quad + \quad}{2} =$ ______ und für die Amplitude $a = \frac{y_{max} - y_{min}}{2} = \frac{\quad - \quad}{2} =$ ______.

Die Periodenlänge beträgt ein Jahr, also $p \approx$ ______ Tage, für b folgt daraus $b = \frac{2\pi}{p} \approx \frac{2\pi}{\quad} \approx$ ______.

Somit lautet die Funktionsgleichung f(x) = ______________________.

Vergleichen Sie nun die Funktionswerte dieser Modellierung für die tabellierten Tage mit den tatsächlichen Werten.
Beurteilung dieser Modellierung:

____

____

Tag	01.05.2011	01.07.2011	01.11.2011
Tag nach dem 23.09.			
f(x)			
tatsächlicher Wert in Minuten nach 00:00 Uhr	313	274	434

2 Ein Kaffee wird in eine Tasse gegossen und bei Raumtemperatur stehen gelassen. Alle 5 Minuten wird die Temperatur T des Kaffees gemessen.

t (in min)	5	10	15	20	25	30	35	40	45
T (in °C)	56	42	33	28	25	23	22	21	21

a) Veranschaulichen Sie die Messdaten in einem Koordinatensystem.

b) Wählen Sie einen geeigneten Funktionstyp aus und begründen Sie Ihre Entscheidung.

$T(t) = a \cdot t + b$ $T(t) = \frac{a}{t+b} + c$ $T(t) = a \cdot e^{bt} + c$

____

____

____

c) Bestimmen Sie aus den Daten die Parameter in der Funktionsgleichung. [T1]

T(t) = ______________________

d) Überprüfen Sie die Brauchbarkeit der Modellfunktion anhand weiterer Messdaten.
Geben Sie die Temperatur der Kaffees beim Eingießen (t = 0) sowie die Raumtemperatur an.

T_{Kaffee} = ______ °C T_{Raum} = ______ °C

[T1] Bestimmen Sie c mithilfe der waagerechten Asymptote der Modellfunktion.

1 Bei der Untersuchung von Wachstumsarten wurde die Höhe einer Pflanze über der Zeit in einem Koordinatensystem aufgetragen.

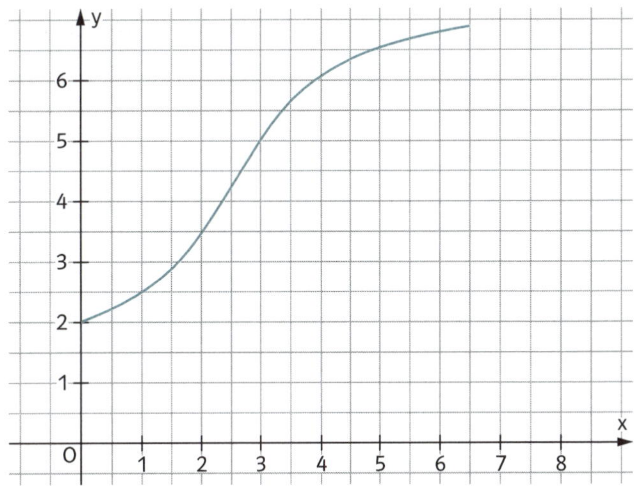

a) Kreuzen Sie an, um welche Wachstumsarten es sich handeln könnte.

Lineares Wachstum	
Exponentielles Wachstum	
Begrenztes Wachstum	
Logistisches Wachstum	
Quadratisches Wachstum	
Wachstum 3. Grades	

Nennen Sie den wichtigsten Grund für Ihre Entscheidung.

____

b) Bestimmen Sie mit dem Rechner zwei mögliche Regressionsfunktionsterme mit unterschiedlichen Wachstumsarten.

f(x) = _______________ ; g(x) = _______________

c) Man möchte eine Vorhersage über die endgültige Größe der Pflanze machen. Welches der beiden Modelle halten Sie für besser geeignet? Begründen Sie Ihre Entscheidung.

Das Modell ________ ist besser geeignet, weil _______________.

d) Trägt man die Entwicklung der Studierendenzahlen im neuen Fach Mechatronic mit geeigneter Skalierung in ein Koordinatensystem ein, dann ergibt sich ein ganz ähnlicher Graph wie beim Pflanzenwachstum. Beschreiben Sie ein Szenario, mit dem Sie diese Entwicklung begründen.

e) Warum kann man bei der Entscheidung, welches der beiden in b) aufgestellten Modelle besser geeignet ist, nicht genauso wie in c) argumentieren?

____

2 In modernen Autos gibt es häufig eine Anzeige des momentanen Benzinverbrauchs. Die Anzeige für verschiedene konstant gefahrene Geschwindigkeiten wurde in einer Tabelle erfasst.

a) Modellieren Sie den Zusammenhang E(v) durch eine quadratische Funktion. Bewerten Sie das Ergebnis.

b) Wie entwickelt sich der reale Benzinverbrauch für $v \to 0$? [T1]

c) Modellieren Sie den Benzinverbrauch mit der Funktion $E(v) = a v^2 + b v + c + \frac{d}{v}$. Bewerten Sie das Ergebnis. [T2]

Geschwindigkeit v in km/h	Benzinverbrauch E in l/100 km
10	8,4
20	5,0
30	3,8
50	3,2
80	3,5
100	4,3
120	5,7
140	7,5
160	9,7

[T1] Bestimmen Sie den Benzinverbrauch auf 100 km, wenn das Auto steht, bzw. extrem langsam fährt. [T2] Modellieren Sie eine quadratische Funktion mit den 6 größten v-Werten und testen Sie dann verschiedene d mit dem Rechner.

1 Gegeben ist die Funktionenschar $f_t(x) = \frac{1}{5}x^3 - 0{,}5\,t\,x^2 + \frac{4}{15}t^2 x,\ t \in \mathbb{R}$

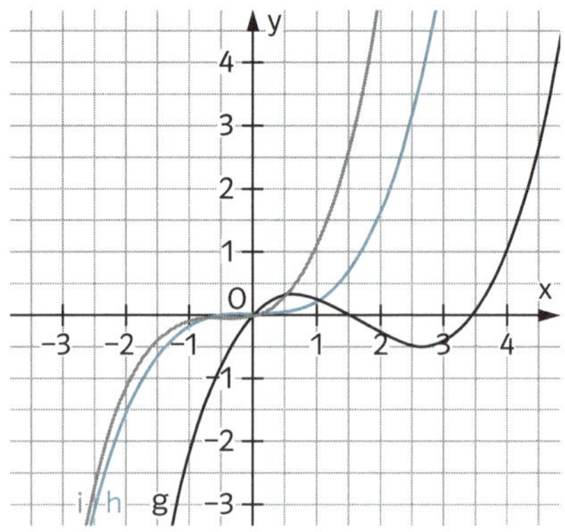

Die Funktionen der Schar entstehen dadurch, dass für ______ verschiedene Zahlen eingesetzt werden.

a) Notieren Sie welcher der Graphen der von f_{-1}, von f_0 und welcher der von f_2 ist. f_{-1} = ______ f_0 = ______ f_2 = ______

b) Begründen Sie, warum alle Funktionen der Schar durch den Ursprung O verlaufen. ______

c) Für welche t ist der Graph der Funktion symmetrisch, für welche nicht? Begründen Sie. ______

d) Beim Ableiten verhält sich der Parameter ______ wie eine beliebige Zahl, abgeleitet wird nur nach ______.

$f_t'(x)$ = ______ $f_t''(x)$ = ______ $f_t'''(x)$ = ______

e) Welche Schritte sind nötig, um $f_t(x)$ für $t > 0$ auf Extrem- und Wendepunkte zu untersuchen?

Vorgehen Extrema: 1. notwendige Bedingung: ______ 2. hinreichende B.: ______

______ 3. Punkt(e) bestimmen: ______

Vorgehen Wendepunkt(e): 1. ______ 2. ______

______ 3. ______

f) Die Fläche zwischen dem Graphen der Funktion $f_t(x)$ und der x-Achse soll abhängig von t bestimmt werden und berechnet werden, für welches $t > 0$ $A(t) = 35{,}7$ wird? Nummerieren Sie nur die notwendigen Schritte in der korrekten Abfolge. Schritte, deren Reihenfolge egal ist, erhalten die gleiche Nummer.

Nullstellen | **Wendestelle berechnen** | **Stammfunktion F(x)** | **Skizze**

A(t) mit Integral berechnen | **A(t) = 35,7 nach t auflösen** | **orientierten Flächeninh. beachten**

2 Gegeben sind die Funktionenscharen $f_t(x) = 2tx - 3t + 2$ und $g_u(x)$.

a) Zeigen Sie, dass alle Graphen der Funktionenschar $f_t(x)$ durch einen gemeinsamen Punkt verlaufen. [T2]

b) Die Funktionenschar $g_u(x)$ besteht aus Geraden, die durch den Punkt Q(4 | −1) verlaufen. Bestimmen Sie die Funktionsgleichung der Geradenschar. Welche Bedeutung hat u für die Graphen?

c) Bestimmen Sie u so, dass die Gerade g_u senkrecht zur Ursprungsgerade aus der Schar f_t verläuft. [T3]

3 Die Funktionenschar $i_t(x) = 4x^4 - 8tx^2 - 45t^2$ ist für $t > 0$ gegeben. Geben Sie den Wert für t an, sodass der Graph durch den Punkt P(3 | 114,75) verläuft.

4 Durch die Gleichung $y = f_t(x) = \frac{4}{3}x^3 + 2t \cdot x^2 + 4t \cdot x\ (x \in \mathbb{R},\ t \in \mathbb{R})$ sind Funktionen f_t gegeben.

a) Ermitteln Sie, für welche Werte von t Funktionen f_t keine lokalen Extremstellen besitzen.

b) Die Graphen aller Funktionen f_t haben zwei Punkte gemeinsam. Berechnen Sie die Koordinaten dieser Punkte.

[T1] Formen Sie die Gleichung für die x-Koordinate in eine Gleichung $t = \ldots$ (abhängig von x) um. Ersetzen Sie damit das t in der Gleichung für die y-Koordinate. Sie erhalten für die y-Koordinate die Abhängigkeit von x, das ist die Ortskurve. [T2] Klammern Sie t aus. Erinnerung: Der Graph von $f(x - a) + b$ entsteht aus dem von f(x) durch eine Verschiebung in x-Richtung um +a und in y-Richtung um b. [T3] Zwei Geraden stehen senkrecht, wenn das Produkt der Steigungen −1 ergibt.

5 Gegeben ist die Funktionenschar f_t mit $f_t(x) = \frac{1}{4}x^4 - \frac{1}{2}tx^2 + 2,\ t > 0$.

Die Abbildung zeigt die Graphen von f_1, f_2 und f_3.

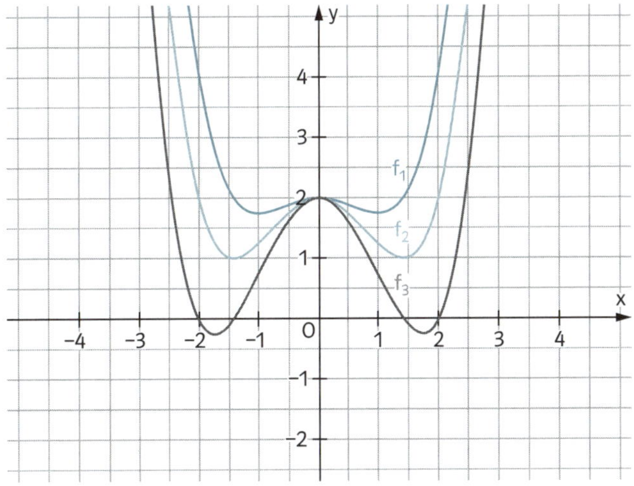

a) Berechnung der Extrempunkte der Kurvenschar f_t:

$f'_t(x) =$ ______________________

$f''_t(x) =$ ______________________

$f'_t(x) = 0$ __________ $= 0$

$x \cdot ($__________$) = 0$

für $x_1 =$ ________; $x_2 =$ ________ und $x_3 =$ ________

$f''_t(x_1)$ __<__ 0 und $f_t(x_1) =$ __2__; __H__ (0|________)

$f''_t(x_2)$ ____ 0 und $f_t(x_2) =$ ____; ____ (____|____)

$f''_t(x_3)$ ____ 0 und $f_t(x_3) =$ ____; ____ (____|____)

b) Skizzieren Sie in der Abbildung den Graphen von f_4 mithilfe der Extrempunkte.

6 Gegeben ist die Funktionenschar f_t mit $f_t(x) = x^3 + t \cdot (x^2 - x)$ und $t \in \mathbb{R}$.

a) Zeigen Sie, dass sich alle Funktionsgraphen in genau zwei Punkten schneiden. [T1]

b) Bestimmen Sie die Extrempunkte von f_3.

c) Für welche Werte von t hat der Graph von f_t keine Extrempunkte? [T2]

d) Gibt es einen Wert von t, bei dem der Graph von f_t keinen Wendepunkt hat? [T3]

7 Gegeben sind die Funktionenschar f_t ($t \in \mathbb{R}$) mit $f_t(x) = -\frac{1}{4}x^4 + \frac{1}{2}t^2x^2 + 1$ und die Gerade g: $y = -\frac{5}{4}x + \frac{5}{2}$.

a) Bestimmen Sie die Extremstellen von f_t in Abhängigkeit von t.

b) Für welche Werte von t liegt der Hochpunkt des Graphen von f_t auf der Geraden g?

c) Für welchen Wert von t hat der Graph von f_t zwei zueinander orthogonale Wendetangenten? [T4]

8 Bei einem großen Feuerlöschfahrzeug ist auf dem Fahrzeugdach ein Wasserstrahlrohr montiert. Für den Verlauf des Wasserstrahls in Abhängigkeit von der Wassergeschwindigkeit v gilt näherungsweise

$w_v(x) = \frac{1}{2}x + \frac{7}{2} - \frac{5}{v^2} \cdot x^2$ (1 Längeneinheit entspricht einem Meter, v in $\frac{m}{s}$, $0 < v \leq 20$, $y = 0$ gibt das Bodenniveau an).

a) Unter welchem Winkel zur Horizontalen und in welcher Höhe über dem Boden wird das Wasser vom Strahlrohr ausgeworfen? [T5]

b) Bestimmen Sie die Wurfweite des Wasserstrahls in Abhängigkeit vom Parameter v. [T6]

c) Bestimmen Sie die mit dem Wasserstrahl maximal erreichbare Höhe in Abhängigkeit von v.

d) Für welche Wassergeschwindigkeit beträgt die Wurfweite des Wasserstrahls 30 m?

e) Skizzieren Sie in einem geeigneten Koordinatensystem den Verlauf des Wasserstrahls für $v_1 = 5$, $v_2 = 10$ und $v_3 = 20$.

[T1] Ersetzen Sie t durch die Parameter r und s und bestimmen Sie die gemeinsamen Punkte der Graphen von f_r und f_s.
[T2] Überprüfen Sie, ob die notwendige Bedingung für Extrempunkte ($f'(x_0) = 0$) und die hinreichende Bedingung ($f''(x_0) \neq 0$) für jeden Wert von t erfüllt sind. [T3] Überprüfen Sie, ob die notwendige Bedingung für Wendepunkte ($f''(x_0) = 0$) und die hinreichende Bedingung ($f'''(x_0) \neq 0$) für jeden Wert von t erfüllt sind. [T4] Berechnen Sie die Wendestellen in Abhängigkeit von t und bestimmen Sie an diesen Stellen die Steigungen der Wendetangenten. [T5] Für den Steigungswinkel α gilt: $\tan(\alpha) = w_v'(x)$.
[T6] Berechnen Sie den Schnittpunkt des Graphen von w_v mit der x-Achse.

1 Gesucht ist eine Funktion f mit der Gleichung $f(x) = ax^3 + bx^2 + cx + d$, deren Graph in $H(4\,|\,0)$ einen Hochpunkt und in $P(-1\,|\,-3)$ eine zur Geraden g mit der Gleichung $y = 2x + 1$ parallele Tangente hat. Überprüfen Sie, welches der Gleichungssysteme zur Bestimmung der Koeffizienten a, b, c und d geeignet ist.

$$\left|\begin{array}{l} 64a + 16b + 4c + d = 0 \\ 48a + 8b + c = 0 \\ -a - b - c + d = -3 \\ 3a - 2b + c = 2 \end{array}\right| \quad \left|\begin{array}{r} d = 4 \\ c = 0 \\ -a + b - c + d = -3 \\ 3a - 2b + c = 2 \end{array}\right| \quad \left|\begin{array}{l} 64a + 16b + 4c + d = 0 \\ -a + b - c + d = -3 \\ 48a + 8b + c = 0 \\ 3a - 2b + c = 2 \end{array}\right| \quad \left|\begin{array}{l} 64a + 16b + 4c + d = 0 \\ -a + b - c + d = -3 \\ 48a + 8b + c = 0 \\ 3a - 2b + c = 1 \end{array}\right|$$

2 Prüfen Sie, ob es eine ganzrationale Funktion 3. Grades mit folgenden Eigenschaften gibt:

Der Graph hat einen Hochpunkt $H\left(2\,\middle|\,\frac{10}{3}\right)$ und einen Wendepunkt $W\left(1\,\middle|\,\frac{8}{3}\right)$ mit Wendetangente $t\colon y = x + \frac{5}{3}$ [T1]

3 In einem Experiment wird die Dehnung eines Gummibandes in Abhängigkeit von der Zugkraft F gemessen. Modellieren Sie ein Dehnungsgesetz durch eine ganzrationale Funktion von möglichst kleinem Grad und machen Sie eine Vorhersage für die Dehnung bei einer Zugkraft von 5 N. [T2]
Warum ist es nicht sinnvoll eine Vorhersage für 1 N anhand der aufgestellten Funktion zu machen?

F in N	2	3	4	7	10
s in cm	0	1	3	6	7

4 Verbinden Sie die beiden durch die Funktionen $f_1(x) = -4$ und $f_2(x) = x$ gegebenen Straßen durch Trasse ohne Knick und Krümmungsruck zwischen den Punkten $P(-4\,|\,-4)$ und $Q(0\,|\,0)$. Zeichnen Sie die Trasse zwischen $x = -5$ und $x = 2$. [T3]

5 Gegeben ist die Funktionenschar f_a mit $f_a(x) = a\cdot(x-2)^2 - 2a,\ a \in \mathbb{R}$.

a) Bestimmen Sie den Parameter a so, dass die folgende Gleichung erfüllt ist: $f_a'(3) = -2$.

b) Erklären Sie, wie die Graphen der Funktionenschar aus der Normalparabel hervorgehen und welchen Einfluss der Parameter a auf die Graphen hat.

6 Gegeben ist die Funktionenschar f_t mit $f_t(x) = x^3 - tx^2 - t^2x;\ t > 0$.

a) Bestimmen Sie die Schnittpunkte der Funktionsgraphen mit den Koordinatenachsen.

b) Berechnen Sie Wendepunkte in Abhängigkeit von t.

c) Bestimmen Sie die Gleichung der Wendetangente des Graphen von f_3.

7 Gegeben ist die Funktionenschar f_a mit $f_a(x) = -\frac{4}{a^2}\cdot x^2 + \frac{8}{a}\cdot x,\ a > 0$.

a) Skizzieren Sie den Kurvenverlauf für drei Werte von a in ein gemeinsames Koordinatensystem. Wie beeinflusst der Parameter a die Graphen der Funktionenschar f_a?

b) Untersuchen Sie die Graphen der Funktionenschar f_a auf Schnittpunkte mit der x-Achse und Extrempunkte.

[T1] Wenn Sie alle Bedingungen aufstellen, dann erhalten Sie 5 Gleichungen mit 4 Unbekannten. Damit das Gleichungssystem eine Lösung besitzt, muss eine Gleichung der Rechner-Lösung $0 = 0$ lauten. [T2] Bestimmen Sie eine ganzrationale Funktion 4. Grades, deren Graph durch die 5 gegebenen Punkte verläuft. [T3] Setzen Sie eine ganzrationale Funktion 5. Grades an und stellen Sie ein Gleichungssystem auf, das sich aus der Übereinstimmung der Funktionswerte und der Werte der ersten und zweiten Ableitung an den Stellen –4 und 0 ergibt. Lösen Sie das Gleichungssystem mit dem Rechner.

V Punkte und Figuren im Raum

ab Lerneinheit 1

1 a) Zeichnen Sie die Punkte A(2 | −1 | 0), B(2 | 2 | 0), C(0 | 2 | 0), D(0 | −1 | 0) und E(2 | −1 | 1,5) in das Koordinatensystem.

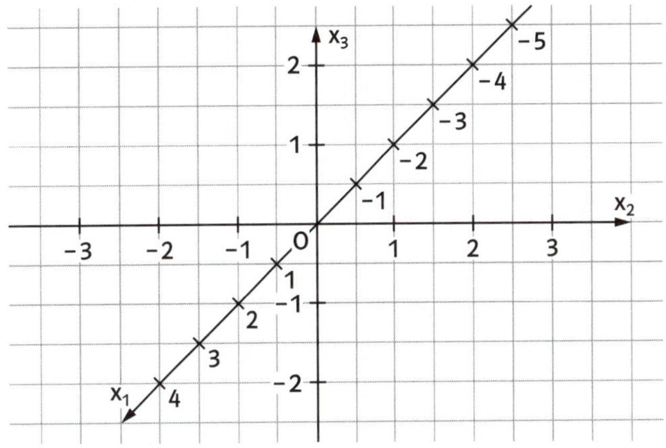

b) Die fünf Punkte sind die Eckpunkte eines Quaders. Geben Sie die Koordinaten der fehlenden Eckpunkte an und zeichnen Sie die Punkte ein.
F(__|__|__), G(__|__|__), H(__|__|__)

c) Betrachten Sie die Punkte A und E und geben Sie die Höhe h des Quaders an. h = $\overline{AE}$ = ____ LE

d) Bestimmen Sie den Mittelpunkt der Kante $\overline{AB}$ sowie die Länge der Diagonalen $\overline{AC}$. M_{AB}(__|__|__)

$\overline{AC} = \sqrt{(0 - \quad)^2 + \qquad\qquad}$ LE = ____________

2 a) Die Punkte A und B liegen in der x_1x_2-Ebene, die Punkte C und D in der x_2x_3-Ebene und die Punkte E und F in der x_1x_3-Ebene.
Geben Sie die Koordinaten der Punkte an.

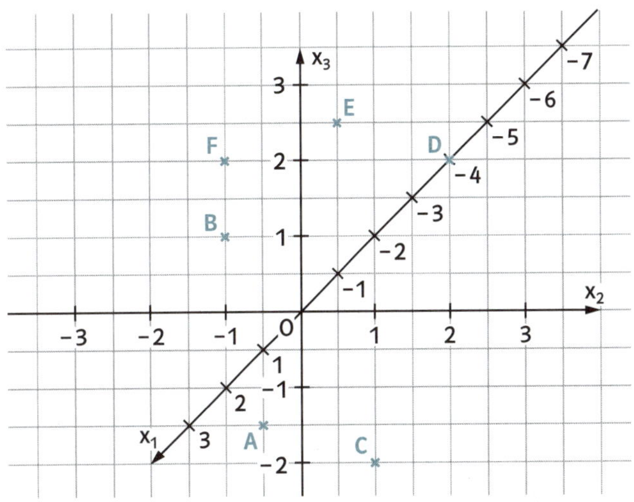

A(__|__|__), B(__|__|__), C(__|__|__)
D(__|__|__), E(__|__|__), F(__|__|__)

b) Notieren Sie je einen weiteren Punkt für jede der drei Ebenen und zeichnen Sie sie ein.

x_1x_2-Ebene: G(__|__|__)
x_2x_3-Ebene: H(__|__|__)
x_1x_3-Ebene: I(__|__|__)

3 a) Streichen Sie die Punkte durch, die nicht auf der Geraden liegen, die parallel zur x_3-Achse durch den Punkt P(2 | 0 | 0) verläuft.

A(2 | 0 | −1) B(2 | 2 | 0) C(0 | 2 | 0) D(2 | 0 | 3)
E(2 | −1 | 3) F(−1 | 0 | 2) G(2 | 0 | 15)

b) Ergänzen Sie die fehlenden Koordinaten so, dass die Punkte auf der Parallelen zur x_2-Achse, die durch den Punkt S(0 | 1,5 | 2) verläuft, liegen.

Q(__| 0 | 2) R(0 | 3 |__)
S(__|__| 2) T(0 |__| 2)
U(__| −5 |__) V(0 |__|__)

4 a) Das gleichschenklige Dreieck ABC mit A(−2 | −0,5 | 0) und B(4 | −0,5 | 0) liegt in der x_1x_2-Ebene (Längeneinheit 1 cm). Die Höhe h_c über der Basis $\overline{AB}$ beträgt 4 cm. Geben Sie mögliche Koordinaten des Punktes C an. C(__|__|__)

b) Ein Prisma über dem Dreieck ABC hat eine Höhe von 5 cm. Geben Sie die Koordinaten der drei weiteren Eckpunkte D, E und F an:

D(__|__|__), E(__|__|__), F(__|__|__)

5 Eine senkrechte Pyramide mit quadratischer Grundfläche ABCD und der Spitze S hat die Höhe 3 cm. Die Strecke $\overline{AB}$ ist 2 cm lang. Bestimmen Sie die Koordinaten der Eckpunkte A, B, C und D.

A(__|__|__), B(__|__|__), C(__|__|__),
D(__|__|__)

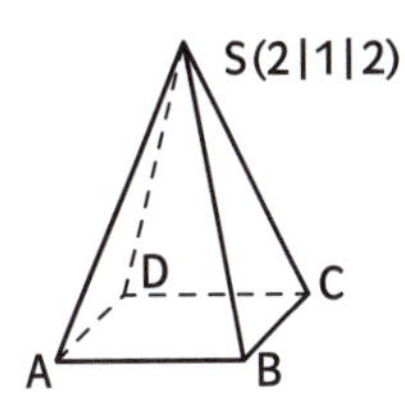

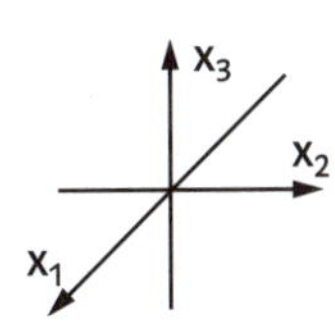

(Angaben in cm)

1 Bestimmen Sie die Koordinaten der Vektoren $\overrightarrow{PQ}$ und $\overrightarrow{QP}$.

a) P(0 | 3 | −1), Q(−4 | 3 | 5) $\overrightarrow{PQ} = \begin{pmatrix} \_ \\ \_ \\ \_ \end{pmatrix}$, $\overrightarrow{QP} = \begin{pmatrix} \_ \\ \_ \\ \_ \end{pmatrix}$

b) P(−8 | 2 | 18), Q(−2 | 3 | −13) $\overrightarrow{PQ} = \begin{pmatrix} \_ \\ \_ \\ \_ \end{pmatrix}$, $\overrightarrow{QP} = \begin{pmatrix} \_ \\ \_ \\ \_ \end{pmatrix}$

2 a) Zeichnen Sie den Punkt A(2 | 0 | −1) in das Koordinatensystem. Der Vektor $\vec{v} = \begin{pmatrix} -1 \\ 2 \\ 2 \end{pmatrix}$ beschreibt den Weg vom Punkt A zum Punkt A'.

Die Koordinaten des Punktes A' sind:

A'(2 − 1 | 0 + 2 | −1 ____), also A'(__ | __ | __).

Zeichnen Sie A' und den Vektor $\vec{v} = \overrightarrow{AA'}$ ein.

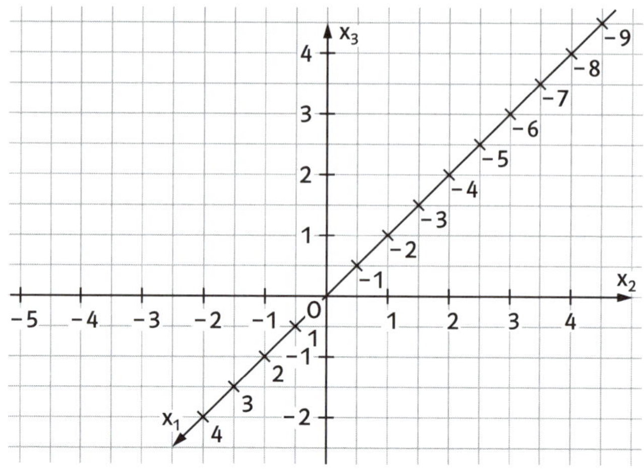

b) Der Vektor $\vec{v}$ beschreibt auch, wie man zum Punkt B(__ | __ | __) den Punkt B'(−2 | 1 | 2) erhält. Zeichnen Sie B, B' und einen Pfeil des Vektors $\vec{v} = \overrightarrow{BB'}$ ein.

c) Zeichnen Sie C(1 | 1 | −1) und D(−2 | 2 | 0) ein. Allein mit der Zeichnung lässt sich nicht klären, ob man den Punkt D vom Punkt C aus durch den Vektor $\vec{v}$ erhält.

Rechnerisch ergibt sich, dass ____________________

____

______________________________________.

3 a) Die Punkte A, B, C, D, E und F sind die Eckpunkte eines Prismas. Wie viele unterschiedliche Vektoren sind in der Figur dargestellt?

____

b) Welche Pfeile in der Figur gehören zu demselben Vektor? $\overrightarrow{AB}$ = ____, ____________________

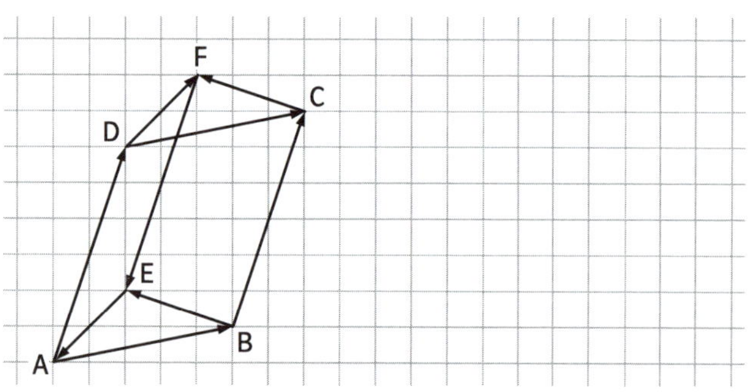

4 a) Markieren Sie zusammengehörende Karten.

B(1 | −1 | 2)

A(7 | −2 | −3)

$\overrightarrow{BA} = \begin{pmatrix} -2 \\ 3 \\ -5 \end{pmatrix}$

$\overrightarrow{AB} = \begin{pmatrix} 2 \\ -3 \\ 5 \end{pmatrix}$

A(−1 | 2 | −3)

$\overrightarrow{BA} = \begin{pmatrix} -2 \\ 3 \\ -4 \end{pmatrix}$

B(6 | 1 | −7)

$\overrightarrow{AB} = \begin{pmatrix} 2 \\ -3 \\ 4 \end{pmatrix}$

A(5 | 10 | 3)

$\overrightarrow{BA} = \begin{pmatrix} 1 \\ -3 \\ 4 \end{pmatrix}$

B(7 | 7 | 7)

$\overrightarrow{AB} = \begin{pmatrix} -1 \\ 3 \\ -4 \end{pmatrix}$

b) Bestimmen Sie jeweils die Beträge der Vektoren.

5 a) Für eine Raute ABCD muss gelten: $\overrightarrow{AB}$ = ________________ und $|\overrightarrow{AD}|$ = ________________.
Handelt es sich beim Viereck ABCD mit A(3 | 1 | −3), B(0 | 2 | 0), C(3 | 3 | 3) und D(6 | 2 | 0) um eine Raute?

b) Für ein Trapez ABCD muss gelten: $\overrightarrow{AB} = r \cdot$ ________________ oder $\overrightarrow{BC}$ = ________________, $r \in \mathbb{R}$.
Handelt es sich beim Viereck ABCD mit A(6 | 3 | 0), B(0 | 0 | 4), C(−3 | 6 | 1) und D(0 | 7,5 | −1) um ein Trapez?

V Rechnen mit Vektoren

1 Gegeben sind die Vektoren $\vec{a}$ und $\vec{b}$. Zeichnen Sie die angegebenen Vektoren.

a) $\vec{a} + \vec{b}$ b) $-\vec{a}$
c) $\vec{b} - \vec{a}$ d) $2\vec{b}$
e) $\vec{a} + 2\vec{b}$ f) $\frac{1}{2}\vec{a} + \vec{b}$

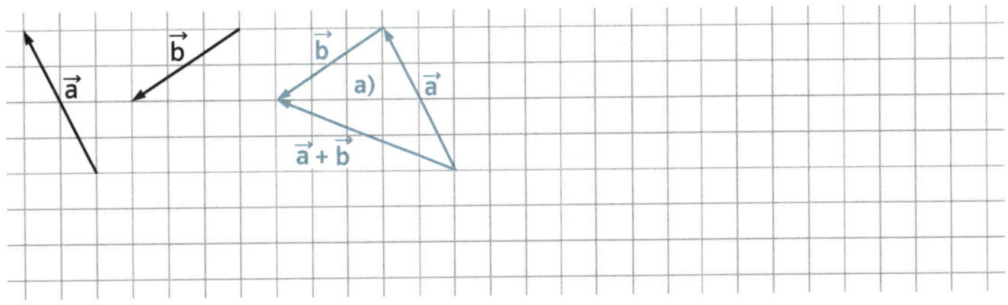

2 Berechnen Sie.

a) $\begin{pmatrix} 2 \\ -3 \end{pmatrix} - \begin{pmatrix} -7 \\ 2 \end{pmatrix} = \begin{pmatrix} 2-(-7) \\ \end{pmatrix} = \begin{pmatrix} \\ \end{pmatrix}$

b) $5 \cdot \begin{pmatrix} -2 \\ 1 \end{pmatrix} - 0{,}5 \cdot \begin{pmatrix} -4 \\ 5 \end{pmatrix} =$ ____

c) $\begin{pmatrix} 10 \\ 0{,}5 \\ -1{,}5 \end{pmatrix} - \begin{pmatrix} 5 \\ -3 \\ 3 \end{pmatrix} + \begin{pmatrix} -3{,}5 \\ 0{,}5 \\ 2{,}5 \end{pmatrix} =$ ____

d) $-\begin{pmatrix} -3 \\ 4 \\ 1 \end{pmatrix} - 2 \cdot \begin{pmatrix} 1 \\ -1 \\ 1{,}5 \end{pmatrix} =$ ____

3 Im Schrägbild des Quaders sind die Vektoren $\vec{a}$, $\vec{b}$ und $\vec{c}$ eingezeichnet. Ergänzen Sie.

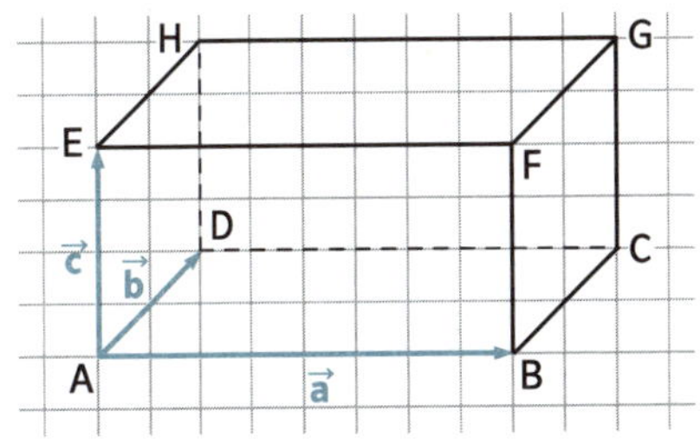

a) $\vec{a} + \vec{b} = \overrightarrow{AC} = \overrightarrow{E\ \ }$
b) $\vec{a} + \overrightarrow{\quad\ } + \vec{c} = \overrightarrow{AG}$
c) $\vec{c} + \overrightarrow{\quad\ } = \overrightarrow{AH} = \overrightarrow{B\ \ }$
d) $\vec{a} + \vec{c} = \overrightarrow{\ \ G} = \overrightarrow{A\ \ }$
e) $\vec{b} - \overrightarrow{\quad\ } = \overrightarrow{BD} = \overrightarrow{\ \ H}$
f) $\overrightarrow{\quad\ } - \vec{b} - \overrightarrow{\quad\ } = \overrightarrow{HB}$

4 Markieren Sie zusammengehörende Kärtchen.

- $-3\vec{b} + (3\vec{a} - 2\vec{b} - 2\vec{a})$
- $2\vec{a} - 5\vec{b}$
- $-4\vec{b} - (-2\vec{a} + \vec{b})$
- $\vec{a} - 5\vec{b}$
- $4\vec{a} - (3\vec{a} + 5\vec{b})$
- $5\vec{a} - \vec{b} - 3\vec{a} - 2\vec{b}$
- $2\vec{b} - 2\vec{a} - 3\vec{b}$
- $2\vec{a} - 3\vec{b}$
- $-(\vec{b} - \vec{a}) + \vec{a} - 2\vec{b}$
- $6\vec{a} - (5\vec{a} - 3\vec{b})$
- $\vec{a} + 3\vec{b}$
- $4\vec{a} - (6\vec{a} + \vec{b})$
- $5\vec{a} + (-3\vec{a} - \vec{b}) - 4\vec{b}$
- $-2\vec{a} - \vec{b}$
- $-4\vec{b} + \vec{a} + 7\vec{b}$

5 a) Die Punkte eines Dreiecks haben die Koordinaten A(3 | 0 | −2), B(−1 | 6 | −2), C(−1 | 6 | 2). Bestimmen Sie aus den zugehörigen Ortsvektoren die Koordinaten des Mittelpunkts M_1 der Strecke $\overline{AB}$ und des Mittelpunkts M_2 der Strecke $\overline{BC}$.

$\overrightarrow{OM_1} = \overrightarrow{OA} + \frac{1}{2}\overrightarrow{\quad\ } =$ ____

M_1(__ | __ | __) M_2(__ | __ | __)

b) Vergleichen Sie die Vektoren $\overrightarrow{M_1M_2}$ und $\overrightarrow{AC}$.

____

____

6 Gegeben sind die Vektoren $\vec{a} = \begin{pmatrix} 1 \\ 1 \\ 1 \end{pmatrix}$, $\vec{b} = \begin{pmatrix} 3 \\ -1 \\ 2 \end{pmatrix}$ und $\vec{c} = \begin{pmatrix} -1 \\ 3 \\ 0 \end{pmatrix}$.

a) Bestimmen Sie eine Linearkombination von $\vec{a}$ und $\vec{b}$, die den Gegenvektor von $\vec{c}$ ergibt. [T1]
b) Bestimmen Sie eine Linearkombination von $\vec{a}$, $\vec{b}$ und $\vec{c}$, die den Nullvektor ergibt. [T1]

[T1] Stellen Sie jeweils ein lineares Gleichungssystem für die Faktoren der Linearkombination auf.

1 a) Geben Sie mithilfe von Vektoren eine Gleichung für die Gerade g an.

g: $\vec{x} = \begin{pmatrix} \square \\ \square \\ \square \end{pmatrix} + \_\_\_ \cdot \begin{pmatrix} \square \\ \square \\ \square \end{pmatrix}$

b) Zeichnen Sie einen Pfeil des Stütz- und des Richtungsvektors aus Teilaufgabe a) ein.

c) Geben Sie eine andere Gleichung der Geraden g an.

g: $\vec{x} = \begin{pmatrix} \square \\ \square \\ \square \end{pmatrix} + \_\_\_ \cdot \begin{pmatrix} \square \\ \square \\ \square \end{pmatrix}$

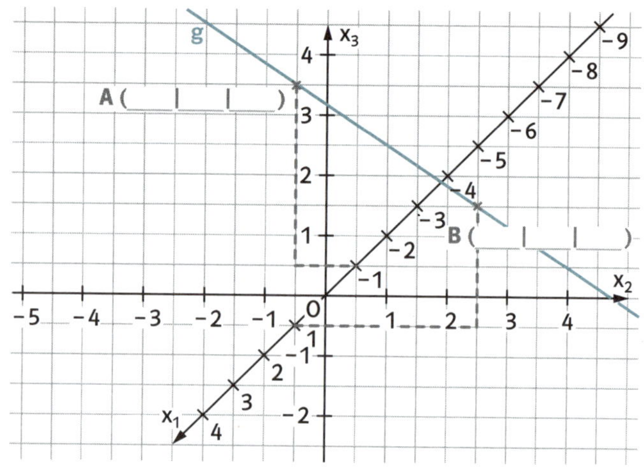

d) Die drei Punkte liegen auf der Geraden g. Ergänzen Sie C(−1|___|3), D(−5|−9|___), E(___|1|2,5).

2 a) Svenja weiß, dass die x_2-Achse durch die Gleichung $\vec{x} = t \cdot \begin{pmatrix} 0 \\ 1 \\ 0 \end{pmatrix}$ beschrieben wird.

Thomas behauptet, dass auch die Gleichung $\vec{x} = \begin{pmatrix} 0 \\ 1 \\ 0 \end{pmatrix} + t \cdot \begin{pmatrix} 0 \\ 1 \\ 0 \end{pmatrix}$ die x_2-Achse beschreibt.

Thomas hat Recht, weil

- ☐ nur der Richtungsvektor für die Lage der Geraden entscheidend ist.
- ☒ der Stützvektor der Ortsvektor zu einem Punkt der x_2-Achse ist und der Richtungsvektor derselbe ist.
- ☒ der Stützvektor dieselben Koordinaten hat wie der Richtungsvektor.
- ☐ die x_2-Koordinate von $\vec{x}$ jeden beliebigen Wert annehmen kann und die x_1- und die x_3-Koordinaten von $\vec{x}$ immer null sind.
- ☒ in der Darstellung genau vier Nullen sind.

b) Svenja meint, dass dann auch $\vec{x} = \begin{pmatrix} 0 \\ -1 \\ 0 \end{pmatrix} + t \cdot \begin{pmatrix} 0 \\ -1 \\ 0 \end{pmatrix}$ eine mögliche Gleichung für die x_2-Achse sein müsste.

Was sagen Sie dazu? Svenja hat Recht, wegen denselben Bedingungen wie bei a).

3 Für den abgebildeten Quader gilt $\overline{AD} = 4\,\text{cm}$, $\overline{AB} = 5\,\text{cm}$ und $\overline{CG} = 3\,\text{cm}$.

a) Geben Sie je eine Gleichung für die Gerade g durch die Punkte A und G und für die Gerade h durch die Punkte B und H an. Notieren Sie zuerst die Koordinaten der benötigten Eckpunkte (Einheit cm).

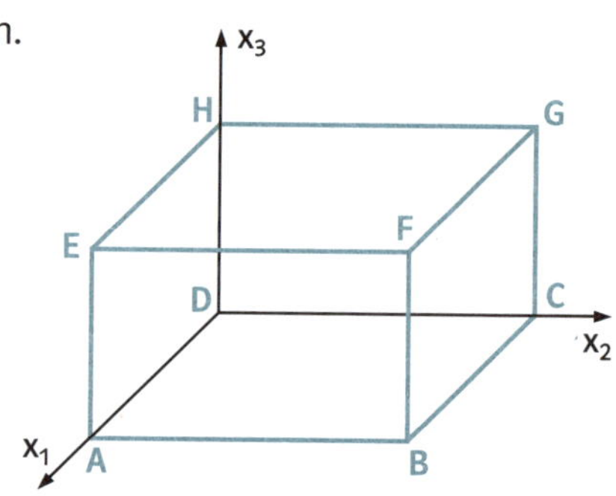

A(___|___|___), G(___|___|___), B(___|___|___), H(___|___|___)

g: $\vec{x} = \begin{pmatrix} \square \\ \square \\ \square \end{pmatrix} + \_\_\_ \cdot \begin{pmatrix} \square \\ \square \\ \square \end{pmatrix}$ h: $\vec{x} = \begin{pmatrix} \square \\ \square \\ \square \end{pmatrix} + \_\_\_ \cdot \begin{pmatrix} \square \\ \square \\ \square \end{pmatrix}$

b) Zeichnen Sie die Geraden g und h ein. Sie schneiden sich im Mittelpunkt M der Diagonalen $\overline{AG}$ und $\overline{BH}$.

Bestimmen Sie die Koordinaten von M(___|___|___).

4 Michael hat eine Gleichung der Geraden g durch die Punkte A und B mit dem Richtungsvektor $\overrightarrow{AB}$ und dem Stützvektor $\vec{a} = \overrightarrow{OA}$ aufgestellt. Bestimmen Sie die Koordinaten von B.

a) g: $\vec{x} = \begin{pmatrix} 3 \\ 0 \\ 2 \end{pmatrix} + t \cdot \begin{pmatrix} 1 \\ 2 \\ -3 \end{pmatrix}$

b) g: $\vec{x} = \begin{pmatrix} 6 \\ -3 \\ -1 \end{pmatrix} + t \cdot \begin{pmatrix} -10 \\ 8 \\ -1 \end{pmatrix}$

1 Laura, Fynn und Malin betrachten die Gleichungen von drei Geraden g, h und i. Jeder schließt von den Gleichungen auf die Lagebeziehung zweier Geraden. Vervollständigen Sie ihre Gedanken und ordnen Sie L (Laura), F (Fynn) und M (Malin) den weiteren Überlegungen richtig zu.

$g: \vec{x} = \begin{pmatrix} 4 \\ 2 \\ -1 \end{pmatrix} + r\begin{pmatrix} -2 \\ 3 \\ 2 \end{pmatrix}$ $\quad h: \vec{x} = \begin{pmatrix} 4 \\ 2 \\ 3 \end{pmatrix} + s\begin{pmatrix} -2 \\ 3 \\ 2 \end{pmatrix}$ $\quad i: \vec{x} = \begin{pmatrix} 4 \\ 2 \\ -1 \end{pmatrix} + t\begin{pmatrix} 3 \\ -2 \\ 2 \end{pmatrix}$

L Laura: „Die Geraden g und h sind entweder zueinander parallel oder die Gleichungen beschreiben dieselbe Gerade, da sie denselben ______________ ______________."

F Fynn: „Die Geraden g und i haben entweder einen Schnittpunkt oder sie sind zueinander windschief, da $\begin{pmatrix} \square \\ \square \\ \square \end{pmatrix}$ kein Vielfaches von $\begin{pmatrix} \square \\ \square \\ \square \end{pmatrix}$ ist."

M Malin: „Die Geraden h und i haben entweder einen Schnittpunkt oder sie sind zueinander windschief, da ______________ ______________."

☐ „Die beiden Geraden haben einen gemeinsamen Punkt, da sie den gleichen Ortsvektor haben."

☐ „Es muss überprüft werden, ob die Gleichung $\begin{pmatrix} 4 \\ 2 \\ 3 \end{pmatrix} + s\begin{pmatrix} -2 \\ 3 \\ 2 \end{pmatrix} = \begin{pmatrix} 4 \\ 2 \\ -1 \end{pmatrix} + t\begin{pmatrix} 3 \\ -2 \\ 2 \end{pmatrix}$ eine einzige Lösung hat."

☐ „Wenn P(4 | 2 | −1) auf der Geraden h liegt, dann beschreiben die beiden Gleichungen dieselbe Gerade."

☐ „Der Vektorgleichung entspricht das lineare Gleichungssystem:
$-2s - 3t = 0$
$3s + 2t = 0$
$2s - 2t = -4$
Das Gleichungssystem hat keine Lösung."

☐ „Die Betrachtung der Gleichung $\begin{pmatrix} 4 \\ 2 \\ -1 \end{pmatrix} = \begin{pmatrix} 4 \\ 2 \\ 3 \end{pmatrix} + s\begin{pmatrix} -2 \\ 3 \\ 2 \end{pmatrix}$ zeigt, dass diese nicht lösbar ist. Also liegt P nicht auf der Geraden h."

☐ „Der gemeinsame Punkt ist S(4 | 2 | −1)."

☐ „Die beiden Geraden sind zueinander parallel."

☐ „Die beiden Geraden sind zueinander windschief."

☐ „Die beiden Geraden schneiden sich im Punkt S."

2 Bestimmen Sie die Koordinaten des Schnittpunktes S der Geraden g und h.

a) $g: \vec{x} = \begin{pmatrix} 5 \\ 0 \\ 3 \end{pmatrix} + r\begin{pmatrix} 2 \\ 4 \\ -2 \end{pmatrix}$, $h: \vec{x} = \begin{pmatrix} -1 \\ -2 \\ 6 \end{pmatrix} + s\begin{pmatrix} 4 \\ -2 \\ -1 \end{pmatrix}$

b) $g: \vec{x} = \begin{pmatrix} 0 \\ 1 \\ 1 \end{pmatrix} + r\begin{pmatrix} 1 \\ 0 \\ 1 \end{pmatrix}$, $h: \vec{x} = \begin{pmatrix} 6 \\ 3 \\ 5 \end{pmatrix} + s\begin{pmatrix} 2 \\ 1 \\ 1 \end{pmatrix}$

3 Die Richtungsvektoren $\vec{u}$ und $\vec{v}$ zweier Geraden sind nicht parallel. Mit dem Rechner wurde die Gleichung $\vec{p} + r \cdot \vec{u} = \vec{q} + s \cdot \vec{v}$ in Matrixschreibweise gelöst.

a) $\text{rref}\left(\begin{bmatrix} 4 & 1 & 1 \\ 2 & -3 & 0 \\ 4 & 4 & 4 \end{bmatrix}\right) \begin{bmatrix} 1 & 0 & 0 \\ 0 & 1 & 0 \\ 0 & 0 & 1 \end{bmatrix}$

b) $\text{rref}\left(\begin{bmatrix} 2 & -1 & 2 \\ 3 & 1 & -2 \\ 0 & -1 & 2 \end{bmatrix}\right) \begin{bmatrix} 1 & 0 & 0 \\ 0 & 1 & -2 \\ 0 & 0 & 0 \end{bmatrix}$

c) $\text{rref}\left(\begin{bmatrix} 3 & 1 & 3 \\ 1 & 2 & 6 \\ 0 & 0 & 1 \end{bmatrix}\right) \begin{bmatrix} 1 & 0 & 0 \\ 0 & 1 & 0 \\ 0 & 0 & 1 \end{bmatrix}$

Geben Sie die Lagebeziehung der beiden Geraden an, indem Sie zunächst das zur Lösungsmatrix des Rechners gehörende Gleichungssystem interpretieren. [T1]

[T1] Notieren Sie das zur Lösungsmatrix gehörende lineare Gleichungssystem. Beachten Sie dabei, dass in der ersten Spalte die Koeffizienten der ersten Variable, also z. B. r und in der zweiten Spalte die Koeffizienten der zweiten Variable, also von s, stehen. Gleichungen der Form 0 = 1 liefern keine Lösung, also keinen gemeinsamen Schnittpunkt der beiden Geraden.

1 Wahr oder falsch? Kreuzen Sie an.

	W	F
$E: \vec{x} = \begin{pmatrix}1\\0\\0\end{pmatrix} + r \cdot \begin{pmatrix}0\\1\\0\end{pmatrix} + s \cdot \begin{pmatrix}0\\0\\1\end{pmatrix}$ ist parallel zur x_1x_2-Ebene.		
E ist parallel zur x_1x_3-Ebene.		
E ist parallel zur x_2x_3-Ebene.		
Drei Punkte im Raum legen immer eine Ebene fest.		
Zwei parallele Geraden im Raum legen immer eine Ebene fest.		
Die Ebene $F: \vec{x} = r \cdot \begin{pmatrix}1\\1\\0\end{pmatrix} + s \cdot \begin{pmatrix}0\\0\\1\end{pmatrix}$ enthält den Ursprung.		
F enthält die x_3-Achse.		
F schneidet die x_1-Achse unter einem Winkel von 45°.		

2 Stellen Sie eine Parametergleichung der Ebene durch die Punkte A(1 | 0 | 2), B(3 | 2 | 5) und C(−2 | 1 | 3) auf.

Wählt man als Stützvektor $\overrightarrow{OA} = \begin{pmatrix}\\\\\end{pmatrix}$ und als Spannvektoren $\overrightarrow{AB} = \begin{pmatrix}\\\\\end{pmatrix}$ und $\overrightarrow{AC} = \begin{pmatrix}\\\\\end{pmatrix}$, so ergibt sich

$E: \vec{x} =$ ______________________________ .

Da die Spannvektoren $\overrightarrow{AB}$ und $\overrightarrow{AC}$ nicht ______________ sind, erhält man eine Ebenengleichung.

Ein weiterer Punkt der Ebene ist D(0 | 3 | ___).

3 a) Überprüfen Sie, ob die Punkte A(3 | 2 | 9) und B(1 | 2 | 5) in der Ebene $E: \vec{x} = \begin{pmatrix}1\\2\\3\end{pmatrix} + r \cdot \begin{pmatrix}0\\0\\1\end{pmatrix} + s \cdot \begin{pmatrix}2\\0\\3\end{pmatrix}$ liegen.

b) Überprüfen Sie, ob die Punkte A(3 | 2 | 9), B(2 | 1 | 3), C(3 | 1 | 1) und D(2 | 2 | 1) in einer Ebene liegen.

c) Prüfen Sie, ob die Geraden $g: \vec{x} = \begin{pmatrix}1\\0\\3\end{pmatrix} + r \cdot \begin{pmatrix}2\\7\\5\end{pmatrix}$ und $h: \vec{x} = \begin{pmatrix}3\\7\\8\end{pmatrix} + s \cdot \begin{pmatrix}1\\3\\4\end{pmatrix}$ sich schneiden.

Geben Sie, falls möglich, eine Parametergleichung der Ebene an, die durch die Geraden g und h festgelegt wird.

4 Gegeben ist die Ebene $E: \vec{x} = \begin{pmatrix}2\\0\\5\end{pmatrix} + r \cdot \begin{pmatrix}1\\5\\2\end{pmatrix} + s \cdot \begin{pmatrix}0\\-2\\7\end{pmatrix}$. Begründen Sie, warum die Gerade $g: \vec{x} = \begin{pmatrix}3\\5\\7\end{pmatrix} + t \cdot \begin{pmatrix}1\\3\\9\end{pmatrix}$ in E liegt.

5 Ein Würfel hat die diagonal liegenden Eckpunkte A(0 | 0 | 0) und G(1 | 1 | 1). Geben Sie die übrigen Koordinaten der Eckpunkte an.
Geben Sie eine Parametergleichung der Ebene E an, die durch A und G geht und den Würfel halbiert.

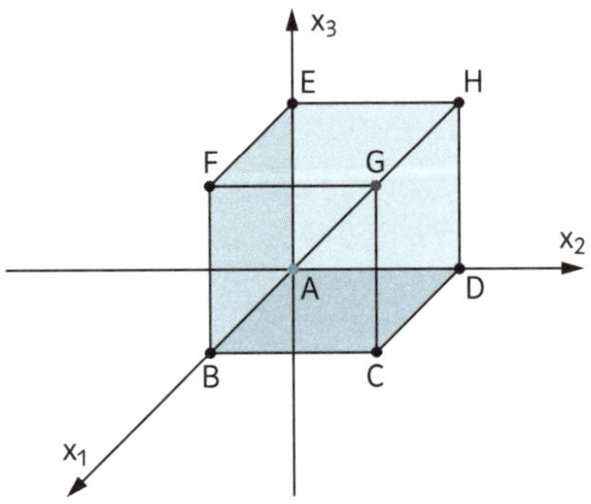

V Zueinander orthogonale Vektoren – Skalarprodukt

1 Ordnen Sie orthogonale Vektoren einander zu.

$\begin{pmatrix} 2 \\ 1 \\ 9 \end{pmatrix}$ $\begin{pmatrix} -13 \\ 7 \\ -7 \end{pmatrix}$ $\begin{pmatrix} -3 \\ 2 \\ -5{,}5 \end{pmatrix}$ $\begin{pmatrix} 0 \\ 1 \\ 2 \end{pmatrix}$ $\begin{pmatrix} 10 \\ 1 \\ 1 \end{pmatrix}$ $\begin{pmatrix} 1 \\ 7 \\ 2 \end{pmatrix}$ $\begin{pmatrix} 7 \\ -2 \\ 1 \end{pmatrix}$ $\begin{pmatrix} -1 \\ 2 \\ 0 \end{pmatrix}$

2 Überprüfen Sie, ob das Dreieck ABC mit A(3 | 2 | 9), B(1 | −2 | 5) und C(−3 | −1 | 6) bei B einen rechten Winkel hat.

$\overrightarrow{BA} = \begin{pmatrix} \; \\ \; \\ \; \end{pmatrix}$, $\overrightarrow{BC} = \begin{pmatrix} \; \\ \; \\ \; \end{pmatrix}$,

$\overrightarrow{BA} \cdot \overrightarrow{BC} =$ ____________________ = ____________________

Antwort: ____

3 Kreuzen Sie für das Dreieck ABC und Viereck ABCD richtig an.

	W	F
Wenn $\overrightarrow{AB} = \overrightarrow{BC}$, dann ist ABC ein gleichschenkliges Dreieck.		
Wenn $\lvert\overrightarrow{AB}\rvert = \lvert\overrightarrow{BC}\rvert$, dann ist ABC ein gleichschenkliges Dreieck.		
Wenn $\overrightarrow{AB} \cdot \overrightarrow{AC} = 0$, dann ist ABC ein rechtwinkliges Dreieck.		
Wenn $\overrightarrow{AB} + \overrightarrow{AC} = \vec{0}$, dann ist ABC ein rechtwinkliges Dreieck.		
Wenn $\overrightarrow{AB} = \overrightarrow{DC}$ und $\overrightarrow{AD} = \overrightarrow{BC}$, dann ist ABCD eine Raute.		
Wenn $\overrightarrow{AB} = \overrightarrow{DC}$ und $\lvert\overrightarrow{BC}\rvert = \lvert\overrightarrow{AB}\rvert$, dann ist ABCD eine Raute.		
Wenn $\overrightarrow{AB} = \overrightarrow{DC}$, dann ist ABCD ein Parallelogramm. [T1]		
Wenn $\overrightarrow{AB} = r \cdot \overrightarrow{DC}$ für ein $r \in \mathbb{R}$, dann ist ABCD ein Trapez. [T2]		
Wenn $\overrightarrow{AB} = \overrightarrow{DC}$, $\overrightarrow{BC} = \overrightarrow{AD}$ und $\overrightarrow{AB} \cdot \overrightarrow{AD} = 0$, dann ist ABCD ein Quadrat.		
Wenn $\overrightarrow{AB} = \overrightarrow{DC}$, $\lvert\overrightarrow{AB}\rvert = \lvert\overrightarrow{AD}\rvert$ und $\overrightarrow{CB} \cdot \overrightarrow{CD} = 0$, dann ist ABCD ein Quadrat.		

4 a) Geben Sie drei Vektoren an, die zu $\vec{a} = \begin{pmatrix} 1 \\ 3 \\ 2 \end{pmatrix}$ orthogonal sind und in verschiedene Richtungen zeigen.

b) Geben Sie drei Vektoren an, die zu $\vec{a} = \begin{pmatrix} 2 \\ 1 \\ 3 \end{pmatrix}$ und $\vec{b} = \begin{pmatrix} 1 \\ 0 \\ 2 \end{pmatrix}$ orthogonal sind.

c) Bestimmen Sie die fehlenden Koordinaten so, dass die Vektoren $\vec{a} = \begin{pmatrix} 1 \\ a_2 \\ 1 \end{pmatrix}$ und $\vec{b} = \begin{pmatrix} b_1 \\ 1 \\ -2 \end{pmatrix}$ zu $\vec{c} = \begin{pmatrix} 2 \\ 3 \\ 1 \end{pmatrix}$ orthogonal sind. [T3]

5 Untersuchen Sie, welche besonderen Eigenschaften das Viereck ABCD mit den Eckpunkten A(3 | 5 | 7), B(6 | 1 | 7), C(6 | −2 | 3) und D(3 | 2 | 3) besitzt.

[T1] Ist in einem Viereck eine zu einer Seite gegenüberliegende Seite parallel und gleich lang, so gilt diese Beziehung auch für die anderen beiden Seiten. [T2] In einem Trapez sind zwei sich gegenüberliegende Seiten parallel. [T3] Bilden Sie das Skalarprodukt von $\vec{a}$ und $\vec{c}$ sowie von $\vec{b}$ und $\vec{c}$.

V Winkel zwischen Vektoren

1 Ein Dreieck hat die Eckpunkte A(4 | 5 | 3), B(6 | 2 | − 1) und C(− 2 | 3 | − 2).
Es soll die Größe der Innenwinkel bestimmt werden. Geben Sie die Vektoren $\overrightarrow{AB}$, $\overrightarrow{BC}$ und $\overrightarrow{CA}$ an.

$\overrightarrow{AB}$ = ________________ , $\overrightarrow{BC}$ = ________________ , $\overrightarrow{CA}$ = ________________

Ergänzen Sie den Ansatz.

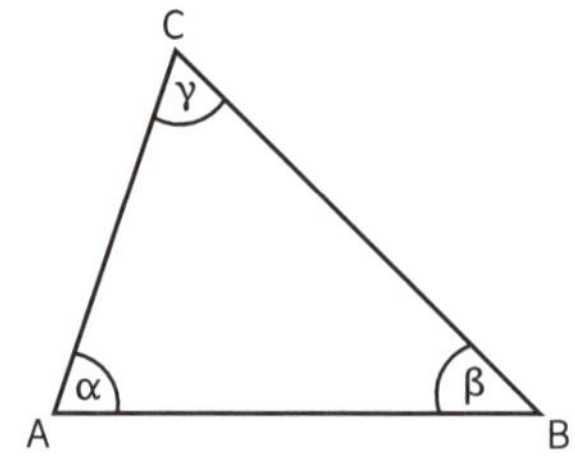

$\cos(\alpha) = \frac{\overrightarrow{AB} \cdot \quad}{\quad \cdot \quad}$ = ________________

α = ________________

Markieren Sie die Fehler im Ansatz und berechnen Sie die Winkel.

$\cos(\beta) = \frac{\overrightarrow{AB} \cdot \overrightarrow{BC}}{|\overrightarrow{AB}| \cdot |\overrightarrow{BC}|}$ cos (β) = ———— = ________________ , β = ________

$\cos(\gamma) = \frac{\overrightarrow{CA} \cdot \overrightarrow{BC}}{|\overrightarrow{CA} \cdot \overrightarrow{BC}|}$ cos (γ) = ———— = ________________ , γ = ________

2 Prüfen Sie, welcher Winkel von den Vektoren $\vec{a}$ und $\vec{b}$ eingeschlossen wird.

a) $\vec{a} = \begin{pmatrix} 3 \\ 4 \\ 2 \end{pmatrix}$, $\vec{b} = \begin{pmatrix} -1 \\ 5 \\ -2 \end{pmatrix}$

b) $a = \begin{pmatrix} -3 \\ 6 \\ 1 \end{pmatrix}$, $\vec{b} = \begin{pmatrix} 4 \\ -2 \\ 3 \end{pmatrix}$

α = 125,1°

α = 54,9°

α = 116,2°

α = 63,8°

3 Ergänzen Sie.

Wenn das Skalarprodukt zweier Vektoren positiv ist, schließen die beiden Vektoren einen ____________ Winkel ein. Wenn das Skalarprodukt zweier Vektoren negativ ist, schließen sie einen ____________ Winkel ein.

4 Der Winkel zwischen den Vektoren $\vec{a}$ und $\vec{b}$ ist α. Bestimmen Sie die fehlende Koordinate des Vektors. [T1]

a) $\vec{a} = \begin{pmatrix} 5 \\ 1 \\ 9 \end{pmatrix}$, $\vec{b} = \begin{pmatrix} b_1 \\ 8 \\ -2 \end{pmatrix}$, α = 90°   b) $\vec{a} = \begin{pmatrix} 1 \\ 0 \\ a_3 \end{pmatrix}$, $\vec{b} = \begin{pmatrix} 0 \\ 0 \\ -3 \end{pmatrix}$, α = 45°   c) $\vec{a} = \begin{pmatrix} 1 \\ 0 \\ 1 \end{pmatrix}$, $\vec{b} = \begin{pmatrix} 0 \\ b_2 \\ 1 \end{pmatrix}$, α = 60°

5 Gegeben sind die Punkte A(1 | 2 | 1), B(− 2 | 1 | 3) und C(− 3 | − 2 | 4).
a) Bestimmen Sie die Koordinaten eines Punktes D so, dass ABCD ein Parallelogramm ist. [T2]
b) Berechnen Sie die Größe der Innenwinkel des Parallelogramms. [T3]
c) Ermitteln Sie den Schnittpunkt und den Schnittwinkel der Diagonalen. [T4]

6 a) Untersuchen Sie, ob das Viereck ABCD mit A(2 | 0 | − 3), B(6 | 3,5 | 2), C(6 | 2 | 5) und D(4 | − 0,5 | 4) ein besonderes Viereck ist. [T5]
b) Bestimmen Sie die Größe der Innenwinkel des Vierecks.

[T1] Wählen Sie den Ansatz wie in Aufgabe 1. Da die Winkelgröße bekannt ist, ergibt sich eine Gleichung mit einer Unbekannten.
[T2] Fertigen Sie eine Skizze an. Nutzen Sie die Parallelität zur Bestimmung der Koordinaten von D mithilfe eines Vektors zwischen zwei benachbarten Punkten. [T3] Beachten Sie, dass im Parallelogramm bestimmte Winkel die gleiche Größe haben.
[T4] Beachten Sie, dass der Schnittwinkel der kleinere Winkel zwischen zwei Geraden ist. [T5] Überprüfen Sie, ob die vier Punkte in einer Ebene liegen, indem Sie aus drei Punkten eine Ebenengleichung aufstellen. Wenn dies der Fall ist, kann die Besonderheit des Vierecks durch Betrachtung der Längen der Viereckseiten und der Innenwinkel untersucht werden.

1 Bestimmen Sie für P(1 | 4 | 2), Q(0 | −2 | 1) und R(4 | −4 | 3) die Koordinaten der Vektoren $\overrightarrow{PQ}$, $\overrightarrow{QP}$, $\overrightarrow{PR}$ und $\overrightarrow{OP} + \overrightarrow{PR}$.

2 Gegeben sind der Punkt A(2 | −1 | 5) und die Vektoren $\overrightarrow{AB} = \begin{pmatrix} 2 \\ 1 \\ -3 \end{pmatrix}$ und $\overrightarrow{BC} = \begin{pmatrix} 0 \\ 3 \\ 3 \end{pmatrix}$.

a) Bestimmen Sie die Ortsvektoren von B und C sowie deren Betrag. Beschreiben Sie die geometrische Bedeutung dieses Betrags.
b) Stellen Sie den Vektor $\overrightarrow{AC}$ als Linearkombination aus dem Vektor $\overrightarrow{AB}$ und dem Gegenvektor von $\overrightarrow{BC}$ dar.
c) Stellen Sie den Nullvektor als Linearkombination der Ortsvektoren von A und B und einem der gegebenen Vektoren dar.

3 Geben Sie zwei verschiedene Vektoren an, die zum Vektor $\vec{v} = \begin{pmatrix} 0 \\ 2 \\ -3 \end{pmatrix}$ kollinear sind. Beschreiben Sie, was Kollinearität geometrisch bedeutet.

4 Geben Sie den Vektor $\vec{c}$ als Linearkombination von $\vec{a}$ und $\vec{b}$ an.

a)
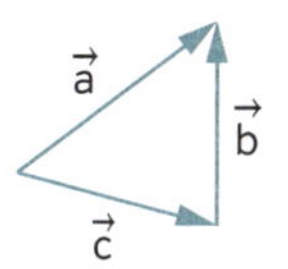

b)
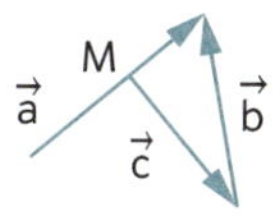

c)
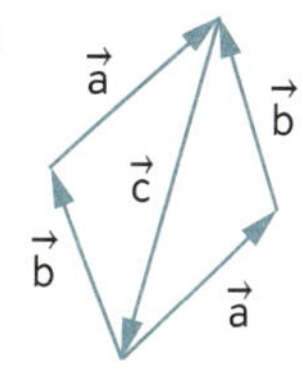

5 a) Berechnen Sie die Koordinaten des Vektors $\vec{x}$, der durch die Linearkombination
$\begin{pmatrix} 2 \\ 1 \\ -13 \end{pmatrix} - 3 \cdot \begin{pmatrix} 1 \\ 1 \\ -6 \end{pmatrix} + \frac{1}{3} \cdot \begin{pmatrix} 15 \\ -30 \\ -6 \end{pmatrix}$ gegeben ist.
b) Berechnen Sie die Länge des Vektors $\vec{x}$.
c) Geben Sie alle Punkte auf der Geraden $g\colon \vec{x} = \begin{pmatrix} 2 \\ 3 \\ 1 \end{pmatrix} + t \cdot \begin{pmatrix} 4 \\ -12 \\ 3 \end{pmatrix}$ an, die vom Punkt A(2 | 3 | 1) den Abstand 39 haben.

6 Das Dreieck ABC wird durch die Vektoren $\vec{a} = \overrightarrow{AB}$ und $\vec{b} = \overrightarrow{AC}$ aufgespannt. M sei die Mitte der Strecke $\overline{BC}$. Geben Sie die Vektoren $\overrightarrow{AM}$ und $\overrightarrow{BM}$ als Linearkombination von $\vec{a}$ und $\vec{b}$ an.

7 a) Geben Sie eine Parametergleichung der Geraden g durch die Punkte A(7 | 2 | −1) und B(3 | 1 | 2) an.
b) Überprüfen Sie, ob der Punkt P(−1 | 0 | 4) auf g liegt.
c) Geben Sie eine Parametergleichung der zu g parallelen Geraden h an, die durch den Ursprung verläuft.
d) Geben Sie eine Parametergleichung der Geraden i an, auf der B liegt und die orthogonal zur x_1x_3-Ebene verläuft. [T1]
e) Der Punkt C(5 | 4 | 3) wird am Punkt A gespiegelt. Bestimmen Sie die Koordinaten von C′. [T2]

8 Untersuchen Sie die gegenseitige Lage von g und h. Berechnen Sie gegebenenfalls die Koordinaten des Schnittpunkts.

a) $g\colon \vec{x} = \begin{pmatrix} 2 \\ 2 \\ -1 \end{pmatrix} + r \cdot \begin{pmatrix} 4 \\ -1 \\ 2 \end{pmatrix}$; $h\colon \vec{x} = \begin{pmatrix} 1 \\ 1 \\ 0 \end{pmatrix} + s \cdot \begin{pmatrix} -2 \\ 0{,}5 \\ -1 \end{pmatrix}$

b) $g\colon \vec{x} = \begin{pmatrix} 1 \\ 2 \\ 3 \end{pmatrix} + r \cdot \begin{pmatrix} -1 \\ 2 \\ 5 \end{pmatrix}$; $h\colon \vec{x} = \begin{pmatrix} -6 \\ 16 \\ 38 \end{pmatrix} + s \cdot \begin{pmatrix} 3 \\ -6 \\ -15 \end{pmatrix}$

c) $g\colon \vec{x} = \begin{pmatrix} 1 \\ 2 \\ 3 \end{pmatrix} + r \cdot \begin{pmatrix} -1 \\ 2 \\ 5 \end{pmatrix}$; $h\colon \vec{x} = \begin{pmatrix} 10 \\ 2 \\ 0 \end{pmatrix} + s \cdot \begin{pmatrix} 1 \\ 1 \\ 2 \end{pmatrix}$

d) $g\colon \vec{x} = \begin{pmatrix} 1 \\ 0 \\ 1 \end{pmatrix} + r \cdot \begin{pmatrix} 1 \\ -3 \\ 2 \end{pmatrix}$; $h\colon \vec{x} = \begin{pmatrix} 3 \\ 2 \\ 0 \end{pmatrix} + s \cdot \begin{pmatrix} 1 \\ 5 \\ -1 \end{pmatrix}$

[T1] Der Richtungsvektor von i muss orthogonal zu den Spannvektoren der x_1x_3-Ebene sein – das sind die Richtungsvektoren der Achsen. [T2] A ist dann Mittelpunkt von $\overline{CC'}$.

9 Gegeben ist eine gerade Pyramide mit quadratischer Grundfläche ABCD und Spitze S mit A(−1 | −2 | 0), B(3 | −2 | 0) und C(3 | 2 | 0).

a) Geben Sie die Koordinaten von D und des Mittelpunkts M der Grundfläche an.
b) Bestimmen Sie mögliche Koordinaten von S, wenn das Volumen der Pyramide 32 VE beträgt. [T1]
c) Zeichnen Sie die Pyramide in ein Koordinatensystem ein.
d) Berechnen Sie den Oberflächeninhalt der Pyramide. [T2]

10 Durch die Koordinaten der Eckpunkte A(4 | 1 | −1), B(4 | 5 | −1), D(−2 | 1 | −1) und E(4 | 1 | 0,5) wird ein Quader festgelegt.

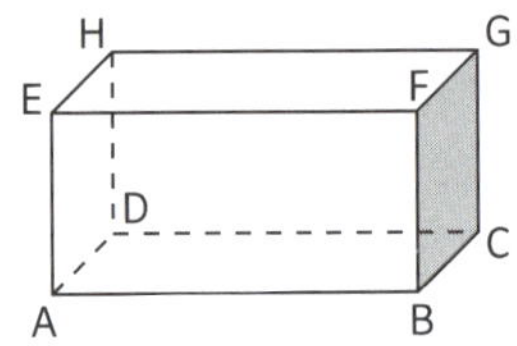

a) Geben Sie die Koordinaten der fehlenden Eckpunkte C, F, G und H an.
b) Berechnen Sie die Länge der Kante $\overline{AE}$.
c) Der Punkt R(s | 5 | −1) liegt auf der Geraden durch die Punkte A und M, wobei M der Mittelpunkt von $\overline{BD}$ ist. Bestimmen Sie die fehlende Koordinate s.

11 a) Bestimmen Sie den Scharparameter a so, dass die Geraden

$g_a: \vec{x} = \begin{pmatrix} 4 \\ 2 \\ -1 \end{pmatrix} + t \cdot \begin{pmatrix} 1 \\ a \\ -2 \end{pmatrix}$ und $h_a: \vec{x} = \begin{pmatrix} 1 \\ 1 \\ 1 \end{pmatrix} + s \cdot \begin{pmatrix} 4a \\ 1 \\ 4 \end{pmatrix}$ zueinander parallel sind. [T3]

b) Bestimmen Sie den Scharparameter a so, dass die Geraden

$g_a: \vec{x} = \begin{pmatrix} 1 \\ a \\ 0 \end{pmatrix} + t \cdot \begin{pmatrix} 1 \\ 0 \\ -2 \end{pmatrix}$ und $h_a: \vec{x} = \begin{pmatrix} 3 \\ 2 \\ 3a \end{pmatrix} + s \cdot \begin{pmatrix} 0 \\ 3 \\ 1 \end{pmatrix}$ sich schneiden. [T4]

Geben Sie für diesen Fall die Koordinaten des Schnittpunkts S an.

12 Geben Sie eine Parametergleichung der Ebene E: $\vec{x} = \begin{pmatrix} 1 \\ 5 \\ 2 \end{pmatrix} + r \begin{pmatrix} 1 \\ 0 \\ 0 \end{pmatrix} + s \begin{pmatrix} 0 \\ -1 \\ 1 \end{pmatrix}$ mit anderen Stütz- und Spannvektoren an. [T5]

13 Zeigen Sie, dass die beiden Parametergleichungen

$\vec{x} = \begin{pmatrix} 0 \\ 1 \\ 2 \end{pmatrix} + r \begin{pmatrix} 4 \\ 1 \\ 0 \end{pmatrix} + s \begin{pmatrix} 2 \\ -3 \\ 5 \end{pmatrix}$; $\vec{x} = \begin{pmatrix} 2 \\ 5 \\ -3 \end{pmatrix} + r \begin{pmatrix} 0 \\ 7 \\ -10 \end{pmatrix} + s \begin{pmatrix} 6 \\ -2 \\ 5 \end{pmatrix}$ dieselbe Ebene beschreiben. [T6]

14 Gegeben sind die Punkte A(−1 | 2 | −1), B(3 | 0 | 4) und C(0 | 1 | 1).

a) Geben Sie eine Parametergleichung der Ebene E_1 durch A, B und C an.
b) Geben Sie eine Parametergleichung der Ebene E_2 an die zu E_1 parallel ist und den Ursprung enthält.
c) Zeigen Sie, dass der Punkt D(4 | −1 | 6) in der gleichen Ebene wie A, B und C liegt.
d) Geben Sie eine Parametergleichung einer Geraden durch A an, die orthogonal zu E_1 verläuft. [T7]

15 Bestimmen Sie den Winkel zwischen den beiden Vektoren $\begin{pmatrix} 3 \\ 4 \\ -1 \end{pmatrix}$ und $\begin{pmatrix} -2 \\ 0 \\ 3 \end{pmatrix}$.

16 Bestimmen Sie a so, dass die beiden Vektoren $\begin{pmatrix} a \\ 1 \\ -1 \end{pmatrix}$ und $\begin{pmatrix} 3 \\ 2a \\ 2 \end{pmatrix}$ zueinander orthogonal sind.

[T1] Lösen Sie die Formel zu Berechnung des Volumens einer Pyramide nach h auf; die Höhe h entspricht der x_3-Koordinate von S; die beiden anderen Koordinaten stimmen mit denen von M überein. [T2] Die vier flächeninhaltsgleichen Manteldreiecksflächen sind gleichschenklig. Der Abstand des Mittelpunkts der Basiskante von der Spitze S liefert die Höhe im gleichschenkligen Dreieck. [T3] Die Richtungsvektoren der beiden Geraden müssen Vielfache voneinander sein. [T4] Stellen Sie ein geeignetes LGS auf und fassen Sie dabei den Scharparameter a als dritte Variable auf. Lösen Sie das LGS und setzen Sie den Wert von a und t bzw. a und s in die Parametergleichung von g_a bzw. h_a ein. [T5] Man erhält neue Spannvektoren durch Linearkombination der gegebenen Spannvektoren. Achten Sie darauf, dass die Spannvektoren keine Vielfache voneinander sind. [T6] Zeigen Sie z. B., dass sich jeder der Spannvektoren der einen Darstellung durch die Spannvektoren der anderen Darstellung linear kombinieren lässt und der Stützvektor der einen Gleichung die andere Gleichung erfüllt. [T7] Der Richtungsvektor der Geraden ist orthogonal zu den Spannvektoren von E_1. Stellen Sie ein Gleichungssystem für die Koordinaten des Richtungsvektors auf.

VI Normalen- und Koordinatengleichung einer Ebene

ab Lerneinheit 1

1 Ordnen Sie passende Kärtchen zu.

$E_1: \left[\vec{x} - \begin{pmatrix}5\\0\\3\end{pmatrix}\right] \cdot \begin{pmatrix}1\\-1\\0\end{pmatrix} = 0$

$E_2: \left[\vec{x} - \begin{pmatrix}5\\3\\0\end{pmatrix}\right] \cdot \begin{pmatrix}0\\0\\1\end{pmatrix} = 0$

$E_3:\ x_1 - x_2 = 5$

E_4 ist parallel zur x_1x_2-Ebene

$E_5:\ x_3 = 5$

$E_6: \vec{x} = \begin{pmatrix}5\\0\\0\end{pmatrix} + r \cdot \begin{pmatrix}0\\0\\1\end{pmatrix} + s \cdot \begin{pmatrix}1\\1\\0\end{pmatrix}$

E_7 ist parallel zur x_3-Achse

2 Wahr oder falsch? Kreuzen Sie an.

	W	F
Unterscheiden sich die Koordinatengleichungen der Form $ax_1 + bx_2 + cx_3 = d$ zweier Ebenen nur in der Konstanten d, dann sind die Ebenen parallel.		
Sind zwei Ebenen parallel, so sind bei den zugehörigen Koordinatengleichungen die Koeffizienten a, b und c gleich.		
Die Gerade $g: \vec{x} = \begin{pmatrix}3\\0\\1\end{pmatrix} + t \cdot \begin{pmatrix}2\\-1\\3\end{pmatrix}$ und die Ebene $E: -6x_1 + 3x_2 - 9x_3 = 0$ sind parallel.		
Die Ebenen der Schar $E_a: -2x_2 = a$ sind orthogonal zur x_2-Achse.		
Die Ebenen der Schar $E_a: -2x_2 = a$ sind parallel zur x_1x_3-Ebene.		
Sind zwei Koordinatengleichungen äquivalent, dann beschreiben sie die gleiche Ebene.		
Die Ebenen der Schar $E_a: x_1 + 3x_2 = a$ (mit $a \neq 0$) sind parallel zur x_3-Achse.		
Die Ebenen der Schar $E_a: x_1 + 3x_2 = a$ (mit $a \neq 0$) sind parallel zur x_1x_2-Ebene.		

3 Bestimmen Sie für die Ebene E in nebenstehender Figur eine Normalen- und Koordinatengleichung. Bestimmen Sie anschließend die gemeinsamen Punkte von E mit den Koordinatenachsen.

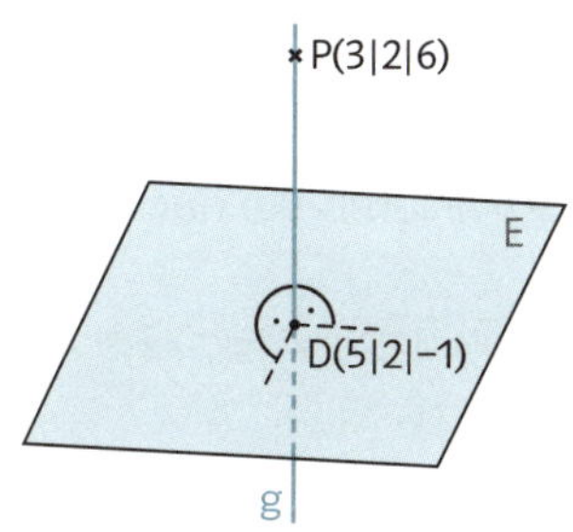

4 Gegeben ist der Punkt P(2 | 5 | 3) und der Vektor $\vec{n} = \begin{pmatrix}1\\2\\9\end{pmatrix}$. Bestimmen Sie eine Normalen- und Koordinatengleichung der Ebene E, die senkrecht zu $\vec{n}$ liegt und den Punkt P enthält.

5 Eine Pyramide mit quadratischer Grundfläche und Kantenlänge 4 m hat eine Höhe von 6 m. Der Punkt D liegt im Ursprung eines kartesischen Koordinatensystems mit der Längeneinheit 1 m.

a) Geben Sie die Koordinaten der Punkte A, B, C und S an.
b) Bestimmen Sie eine Koordinatengleichung der Ebene E, die die Punkte B, C und S enthält.
c) Im Umkreismittelpunkt des Dreiecks BCS wird senkrecht zu dieser Dreiecksfläche ein Loch gebohrt. Die Bohrung wird bis zur Bodenfläche in der x_1x_2-Ebene durchgeführt. Berechnen Sie die Koordinaten des Endpunktes P der Bohrung und begründen Sie, ob P innerhalb oder außerhalb der Pyramidengrundfläche ABCD liegt. [T1]

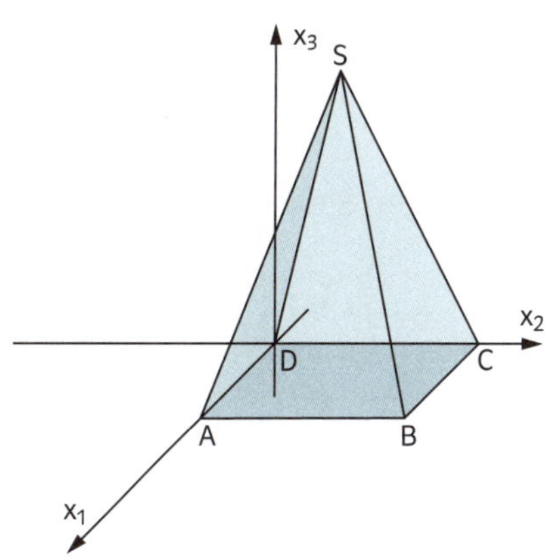

[T1] Der Umkreismittelpunkt ist der Schnittpunkt der Mittelsenkrechten der Seiten eines Dreiecks. Als Richtungsvektor der Bohrung kann der Normalenvektor der Ebene verwendet werden. Überlegen Sie, was für die x_3-Koordinate von Punkten in der x_1x_2-Ebene gilt.

1 Bestimmen Sie einen Vektor $\vec{c}$, der orthogonal zu den beiden Vektoren $\vec{a}$ und $\vec{b}$ ist.

$\vec{a} = \begin{pmatrix} 3 \\ 1 \\ -1 \end{pmatrix}$ und $\vec{b} = \begin{pmatrix} -2 \\ 5 \\ 1 \end{pmatrix}$. $\vec{c} = \vec{a} \times \vec{b} = \begin{pmatrix} 1 \cdot \_\_ - (-1) \cdot \_\_ \\ \_\_\_\_\_\_ \\ \_\_\_\_\_\_ \end{pmatrix} = \begin{pmatrix} \_\_ \\ \_\_ \\ \_\_ \end{pmatrix}$.

2 Bestimmen Sie mithilfe des Vektorprodukts einen Normalenvektor der Ebene E.

$E: \vec{x} = \begin{pmatrix} 1 \\ 0 \\ -1 \end{pmatrix} + r \begin{pmatrix} 2 \\ -1 \\ 2 \end{pmatrix} + s \begin{pmatrix} 0 \\ 1 \\ 1 \end{pmatrix}$. Normalenvektor $\vec{n} = \_\_\_\_ = \begin{pmatrix} \_\_\_\_\_\_ \\ \_\_\_\_\_\_ \\ \_\_\_\_\_\_ \end{pmatrix} = \begin{pmatrix} \_\_ \\ \_\_ \\ \_\_ \end{pmatrix}$.

3 Bestimmen Sie eine mögliche Koordinatengleichung von E.

a) Die Ebene E ist parallel zur x_2x_3-Ebene und enthält den Punkt P(97 | 83 | 101).
b) Die Ebene E ist parallel zur x_1x_2-Ebene und hat von dieser den Abstand 3.
c) E ist festgelegt durch die zwei parallelen Geraden $g: \vec{x} = \begin{pmatrix} -2 \\ 1 \\ 5 \end{pmatrix} + t \cdot \begin{pmatrix} 1 \\ 1 \\ -1 \end{pmatrix}$ und $h: \vec{x} = \begin{pmatrix} 5 \\ 0 \\ 1 \end{pmatrix} + s \cdot \begin{pmatrix} -1 \\ -1 \\ 1 \end{pmatrix}$. [T1]
d) Die Gerade g durch P(1 | 5 | −2) und Q(3 | 1 | 6) schneidet E orthogonal, wobei P und Q denselben Abstand von E haben. [T2]

4 Gegeben sind die Punkte A(2 | 3 | 0), B(1 | 5 | 2) und C(0 | 7 | −1), die in einer Ebene E liegen. Bestimmen Sie eine

a) Parametergleichung [T3] b) Normalengleichung [T4] c) Koordinatengleichung von E. [T5]

5 Prüfen Sie nach, ob der Punkt A(2 | 9 | 3) auf

a) $E: 3x_1 + 2x_2 - x_3 = 20$ b) $E: \vec{x} = \begin{pmatrix} 0 \\ 1 \\ 7 \end{pmatrix} + r \cdot \begin{pmatrix} 1 \\ 1 \\ 3 \end{pmatrix} + s \cdot \begin{pmatrix} 3 \\ 9 \\ -1 \end{pmatrix}$ c) $E: \left[\vec{x} - \begin{pmatrix} 3 \\ 0 \\ 6 \end{pmatrix}\right] \cdot \begin{pmatrix} 3 \\ 2 \\ 5 \end{pmatrix} = 0$ liegt.

6 Geben Sie eine Normalen- und eine Koordinatengleichung der Ebene E an, die den Punkt P(5 | 1 | 0) und

a) die x_1-Achse enthält. b) die x_2-Achse enthält. c) senkrecht zur x_3-Achse ist.

7 Die beiden Geraden $g: \vec{x} = \begin{pmatrix} 1 \\ 3 \\ -2 \end{pmatrix} + s \cdot \begin{pmatrix} 4 \\ -1 \\ 0 \end{pmatrix}$ und $h: \vec{x} = \begin{pmatrix} 0 \\ -1 \\ 5 \end{pmatrix} + t \cdot \begin{pmatrix} 9 \\ 2 \\ -7 \end{pmatrix}$ schneiden sich. Bestimmen Sie eine Normalengleichung der Ebene, die die beiden Geraden enthält.

8 Zeigen Sie jeweils an einem Beispiel, dass das Vektorprodukt weder kommutativ noch assoziativ ist.

$\vec{a} = \begin{pmatrix} \_\_ \\ \_\_ \\ \_\_ \end{pmatrix}$, $\vec{b} = \begin{pmatrix} \_\_ \\ \_\_ \\ \_\_ \end{pmatrix}$, $\vec{a} \times \vec{b} = \begin{pmatrix} \_\_ \\ \_\_ \\ \_\_ \end{pmatrix}$, $\vec{b} \times \vec{a} = \begin{pmatrix} \_\_ \\ \_\_ \\ \_\_ \end{pmatrix}$;

$\vec{a} = \begin{pmatrix} \_\_ \\ \_\_ \\ \_\_ \end{pmatrix}$, $\vec{b} = \begin{pmatrix} \_\_ \\ \_\_ \\ \_\_ \end{pmatrix}$, $\vec{c} = \begin{pmatrix} \_\_ \\ \_\_ \\ \_\_ \end{pmatrix}$, $(\vec{a} \times \vec{b}) \times \vec{c} = \begin{pmatrix} \_\_ \\ \_\_ \\ \_\_ \end{pmatrix} \times \vec{c} = \begin{pmatrix} \_\_ \\ \_\_ \\ \_\_ \end{pmatrix}$,

$\vec{a} \times (\vec{b} \times \vec{c}) = \vec{a} \times \begin{pmatrix} \_\_ \\ \_\_ \\ \_\_ \end{pmatrix} = \begin{pmatrix} \_\_ \\ \_\_ \\ \_\_ \end{pmatrix}$.

[T1] Der sich aus den beiden Stützvektoren ergebende Verbindungsvektor ist ein möglicher zweiter Spannvektor von E. [T2] Der Mittelpunkt der Strecke $\overline{PQ}$ ist ein Punkt von E. Ein Normalenvektor von E ist z. B. $\overrightarrow{PQ}$. [T3] Verwenden Sie als Stützvektor z. B. den Vektor $\overrightarrow{0A}$ und als Spannvektoren $\overrightarrow{AB}$ und $\overrightarrow{AC}$. [T4] Bestimmen Sie einen Normalenvektor $\vec{n}$, indem sie das LGS bestehend aus $\overrightarrow{AB} \cdot \vec{n} = 0$ und $\overrightarrow{AC} \cdot \vec{n} = 0$ lösen. Eine Normalengleichung ist z. B. $(\vec{x} - \overrightarrow{0A}) \cdot \vec{n} = 0$. [T5] Ausmultiplizieren der Normalengleichung liefert eine Koordinatengleichung.

1 Welche besondere Lage hat die Ebene E? Kreuzen Sie an.

	parallel zur x_1-Achse	parallel zur x_2-Achse	parallel zur x_3-Achse	parallel zur x_1x_2-Ebene	parallel zur x_1x_3-Ebene	parallel zur x_2x_3-Ebene
E: $2x_1 + 3x_2 = -7$						
E: $x_3 = 5$						
E: $x_1 - x_3 = 15$						
E: $x_2 = -2$						
E: $5x_2 + 2x_3 = 0$						
E: $3x_1 = -22$						

2 Füllen Sie die Lücken aus.

Eine Ebene schneidet mindestens ______ und höchstens ______ Koordinatenachse(n). Schneidet sie genau ______ Koordinatenachse(n), dann ist sie parallel zu einer Koordinatenachse; schneidet sie genau ______ Koordinatenachse(n), so ist sie parallel zu einer Koordinatenebene. Eine Ebene hat mindestens ______ und höchstens ______ Spurgeraden. Die Spurpunkte einer Ebene sind Ecken eines gleichschenkligen Dreiecks, falls in der Koordinatengleichung von E: $ax_1 + bx_2 + cx_3 = d$ gilt [T1]: ______________________.

3 Bestimmen Sie eine Koordinatengleichung von E.

a)
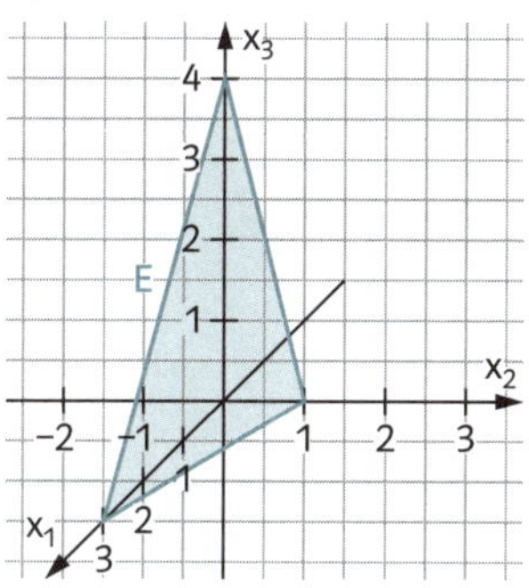

b)
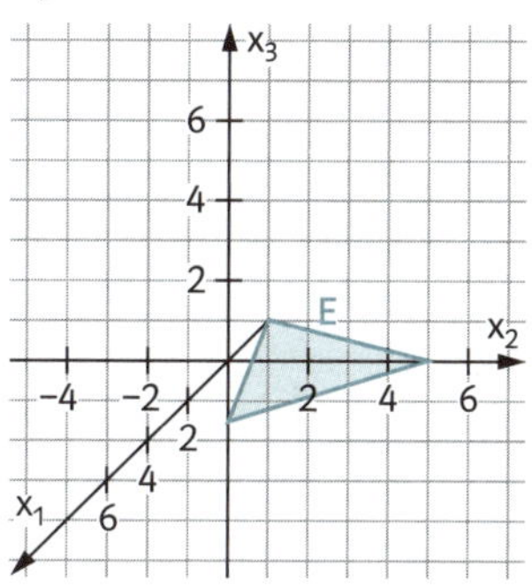

c)
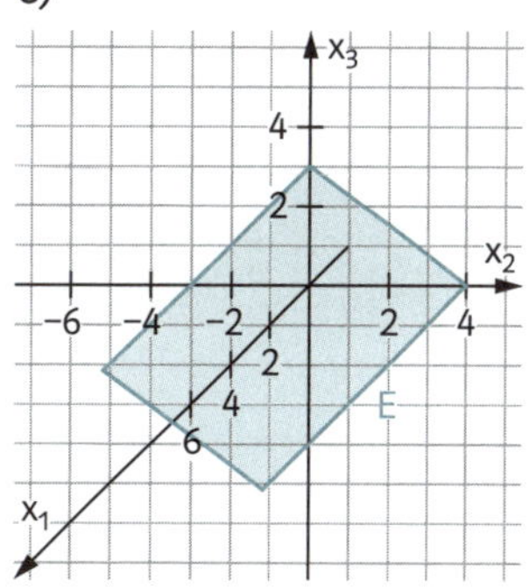

d)
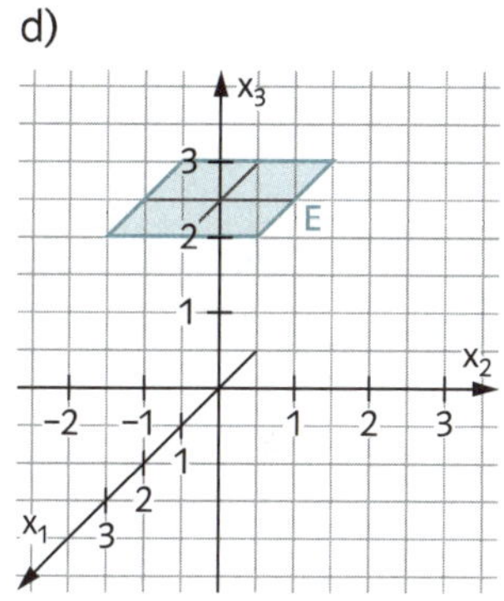

4 Veranschaulichen Sie die Ebene E in einem Koordinatensystem.

a) E: $2x_1 + 3x_2 - x_3 = 6$

b) E: $5x_1 - 2x_2 = 10$

c) E: $2x_3 = -5$

d) E: $-3x_1 + 2x_2 - 4x_3 = 12$

5 Bestimmen Sie aus den Spurpunkten oder Spurgeraden eine Koordinatengleichung der zugehörigen Ebene E.

a) $S_2(0|2|0)$, $S_3(0|0|5)$ (kein weiterer Spurpunkt)

b) $S_1(0|1|0)$ (einziger Spurpunkt)

c) $S_1(3|0|0)$, $S_2(0|2|0)$, $S_3(0|0|5)$

d) $S_1(4|0|0)$ und $g: \vec{x} = \begin{pmatrix} 0 \\ 2 \\ 0 \end{pmatrix} + r \cdot \begin{pmatrix} 0 \\ 3 \\ 3 \end{pmatrix}$

e) $g: \vec{x} = \begin{pmatrix} 1 \\ 0 \\ 0 \end{pmatrix} + r \cdot \begin{pmatrix} 0 \\ 1 \\ 0 \end{pmatrix}$ und $h: \vec{x} = \begin{pmatrix} 1 \\ 0 \\ 0 \end{pmatrix} + s \cdot \begin{pmatrix} 0 \\ 0 \\ 1 \end{pmatrix}$

[T1] Fertigen Sie eine Skizze an und tragen Sie die Koordinaten der Spurpunkte ein.

1 Füllen Sie die Kärtchen in Bezug auf die Lagebeziehung der beiden geometrischen Objekte geeignet aus. Gegeben sind die Geraden g: $\vec{x} = \vec{p} + t \cdot \vec{u}$ und die Ebene E: $\vec{x} = \vec{q} + r \cdot \vec{v} + s \cdot \vec{w}$.

Das Gleichungssystem $t \cdot \vec{u} - r \cdot \vec{v} - s \cdot \vec{w} = \vec{q} - \vec{p}$ hat für r, s, t

genau eine Lösung:	keine Lösung:	unendlich viele Lösungen:
______	______	______

Die Koordinaten des Durchstoßpunktes bestimmt man, indem man

____

2 Ordnen Sie geeignete Kärtchen einander zu.

A Der Richtungsvektor von g lässt sich nicht aus den Spannvektoren von E linear kombinieren.

B Setzt man einen allgemeinen Punkt von g mit dem Parameter t in die Koordinatengleichung von E ein, dann erhält man eine Gleichung, die keine Lösung hat.

C g schneidet E

D g liegt in E

E Der Stützvektor von g ist der Ortsvektor eines Punktes von E und der Richtungsvektor von g ist ein möglicher Spannvektor von E.

F Setzt man einen allgemeinen Punkt von g mit dem Parameter t in die Koordinatengleichung von E ein, dann erhält man genau eine Lösung für t.

G Setzt man einen allgemeinen Punkt von g mit dem Parameter t in die Koordinatengleichung von E ein, dann erhält man eine Gleichung, die unendlich viele Lösungen hat.

H g ist parallel zu E

3 Untersuchen Sie die Lagebeziehung der Gerade durch P(2 | 1 | 3) und Q(7 | 1 | 5) mit der Ebene E. Bestimmen Sie gegebenenfalls die Koordinaten des Durchstoßpunktes.

a) E: $\vec{x} = \begin{pmatrix} 1 \\ 2 \\ -2 \end{pmatrix} + r \begin{pmatrix} 1 \\ 2 \\ 3 \end{pmatrix} + s \begin{pmatrix} 1 \\ 0 \\ 1 \end{pmatrix}$

b) E: $\vec{x} = r \begin{pmatrix} 1 \\ 0 \\ 0 \end{pmatrix} + s \begin{pmatrix} 0 \\ 1 \\ 0 \end{pmatrix}$

c) E: $\vec{x} = \begin{pmatrix} -3 \\ -2 \\ 0 \end{pmatrix} + r \begin{pmatrix} 0 \\ 1 \\ 0 \end{pmatrix} + s \begin{pmatrix} 5 \\ 1 \\ 2 \end{pmatrix}$

d) E: $\vec{x} = \begin{pmatrix} 0 \\ -8 \\ -17 \end{pmatrix} + r \begin{pmatrix} 2 \\ 0 \\ 5 \end{pmatrix} + s \begin{pmatrix} 1 \\ 3 \\ 4 \end{pmatrix}$

4 Die Ebene E hat die Gleichung E: $2x - 5z = d$. Sie enthält den Punkt R(−3 | 1 | 1). Untersuchen Sie die Lagebeziehung der Geraden g durch P(1 | 1 | 3) und Q(6 | 3 | 5) mit der Ebene E.

Punktprobe mit R in E ergibt d = ____________ = ____.

Ein möglicher Richtungsvektor der Geraden g ist $\vec{u} = \begin{pmatrix} \square \\ \square \\ \square \end{pmatrix}$.

Die Koordinaten der Geradenpunkte haben die Form x = ___ + ___t, y = ___ + ___t, z = ___ + ___t.

Eingesetzt in die Ebenengleichung ergibt sich: ______________________________ = ________.

Zusammengefasst: ____________ = ____. Also gilt: ______________________________. [T1]

5 Geben Sie eine Gleichung der Ebene E an, in der die Gerade g: $\vec{x} = \begin{pmatrix} 1 \\ -2 \\ 1 \end{pmatrix} + t \begin{pmatrix} 1 \\ 0 \\ 1 \end{pmatrix}$ und der Punkt P(4 | −1 | −2) liegen. [T2]

[T1] Wenn t in der Gleichung nicht vorkommt, gibt es entweder keine oder unendlich viele Lösungen. [T2] Den zweiten Spannvektor der Ebene erhalten Sie aus einem Geradenpunkt und P.

VI Gegenseitige Lage von Ebenen

1 Gegeben sind die Gleichungen zweier Ebenen.
Füllen Sie die Kärtchen in Bezug auf die Lagebeziehung der beiden Ebenen geeignet aus.

Man setzt die beiden Gleichungen gleich. Das zugehörige lineare Gleichungssystem hat

- **keine Lösung** ______
- **unendlich viele Lösungen**
  - **Die eine Ebenengleichung ist kein Vielfaches der anderen Ebenengleichung** ______
  - **Die eine Ebenengleichung ist ein Vielfaches der anderen Ebenengleichung** ______

Die Gleichung der Schnittgerade bestimmt man, indem

______

2 Untersuchen Sie die gegenseitige Lage der beiden Ebenen

$E_1\colon \vec{x} = \begin{pmatrix} 1 \\ 3 \\ -1 \end{pmatrix} + r\begin{pmatrix} 1 \\ -1 \\ 2 \end{pmatrix} + s\begin{pmatrix} 0 \\ 1 \\ -1 \end{pmatrix}$ und $E_2\colon \vec{x} = \begin{pmatrix} -1 \\ 5 \\ 0 \end{pmatrix} + u\begin{pmatrix} 1 \\ -1 \\ 1 \end{pmatrix} + v\begin{pmatrix} 1 \\ 3 \\ 0 \end{pmatrix}$.

Gleichsetzen der beiden Ebenengleichungen ergibt das Gleichungssystem:

$r \quad - u - v =$ ____	(1)	mithilfe des ______	das Gleichungssystem hat
$-r + s$ ____ $=$ ____	(2)	Gauß-Verfahrens ______	______ Lösungen.
$2r - s$ ____ $=$ ____	(3)	erhält man ______	

Die Schnittgerade erhält man ______.

Gleichung der Schnittgeraden $\vec{x} = \begin{pmatrix} \square \\ \square \\ \square \end{pmatrix} + t\begin{pmatrix} \square \\ \square \\ \square \end{pmatrix}$.

3 Bestimmen Sie die Schnittgerade der beiden Ebenen $E_1\colon \vec{x} = \begin{pmatrix} 2 \\ 3 \\ 5 \end{pmatrix} + r\begin{pmatrix} 1 \\ 0 \\ 3 \end{pmatrix} + s\begin{pmatrix} -1 \\ 2 \\ 1 \end{pmatrix}$ und
$E_2\colon \vec{x} = \begin{pmatrix} 1 \\ -1 \\ 1 \end{pmatrix} + r\begin{pmatrix} 3 \\ 2 \\ -1 \end{pmatrix} + s\begin{pmatrix} 0 \\ 0 \\ 1 \end{pmatrix}$. [T1]

4 Gegeben sind die Ebenen $E_1\colon \vec{x} = r\begin{pmatrix} 3 \\ 1 \\ -2 \end{pmatrix} + s\begin{pmatrix} 2 \\ 1 \\ -1 \end{pmatrix}$ und $E_2\colon x - y + z = 1$.

Bestimmen Sie die gegenseitige Lage der beiden Ebenen.

Man schreibt einen allgemeinen Punkt der Ebene E_1. P(______ | ______ | ______) und setzt ihn in die Gleichung der Ebene E_2 ein: ______.

Es ergibt sich die Gleichung ______ = ______. [T2]

Also ______.

[T1] Gehen Sie wie in Aufg. 2 vor. [T2] Eigentlich sollte man nach r oder s auflösen. Wenn aber beide aus der Gleichung verschwinden, dann haben die beiden Ebenen entweder keinen Schnittpunkt oder sie sind identisch.

1 Gegeben ist der Quader ABCDEFGH mit A(1 | 0 | 0), B(1 | 5 | 0), C(−2 | 5 | 0) und E(1 | 0 | 4).

a) Bestimmen Sie die Koordinaten der anderen Ecken.
D(___ | ___ | ___), F(___ | ___ | ___), G(___ | ___ | ___), H(___ | ___ | ___).

b) Mit der Abbildungsmatrix $M = \begin{pmatrix} -0{,}3 & 1 & 0 \\ -0{,}4 & 0 & 1 \end{pmatrix}$ wird ein Schrägbild des Quaders in der x_2x_3-Ebene erzeugt.

Bestimmen Sie die Bildkoordinaten der Eckpunkte und zeichnen Sie das Schrägbild.

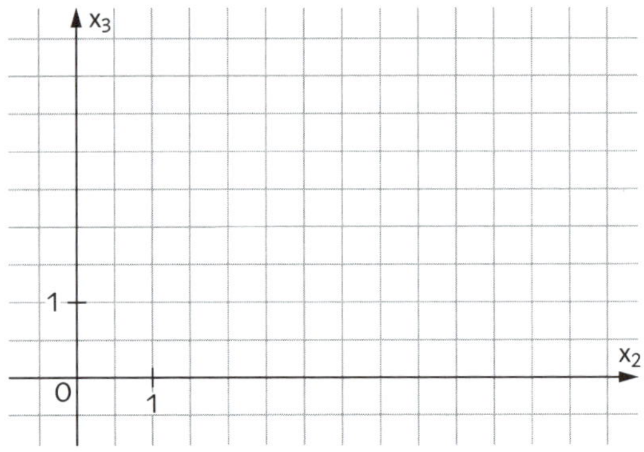

$\vec{a}' = M \cdot \overrightarrow{OA} = \begin{pmatrix} -0{,}3 & 1 & 0 \\ -0{,}4 & 0 & 1 \end{pmatrix} \cdot \begin{pmatrix} 1 \\ 0 \\ 0 \end{pmatrix} = \begin{pmatrix} \_\_ \\ \_\_ \end{pmatrix}$; also ergibt sich A′(___ | ___).

Entsprechend erhält man B′(___ | ___), C′(___ | ___), D′(___ | ___), E′(___ | ___), F′(___ | ___), G′(___ | ___), H′(___ | ___).

c) Messen Sie in der Zeichnung den Winkel, den die Projektion der x_1-Achse mit der x_2-Achse bildet. Berechnen Sie ihn anschließend.
Als Winkel erhält man α = ______°.

Den Winkel kann man auch aus dem blauen Dreieck berechnen: $\tan(180° - \alpha)$ = ______; α = ______

d) Berechnen Sie den Verkürzungsfaktor, den man beim Zeichnen der x_1-Koordinaten verwendet.
Der Verkürzungsfaktor kann aus den Koordinaten von A′ berechnet werden, weil A auf der ______________ liegt und die ______________________________ hat. [T1]

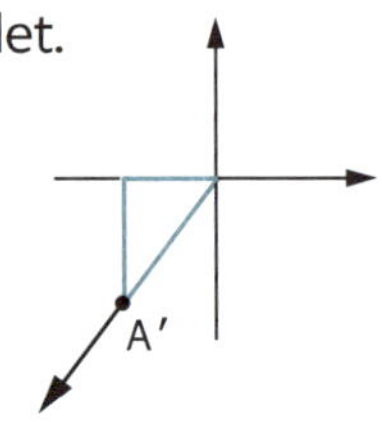

Es ist k^2 = ______________ = ______; k = ______.

e) Bestimmen Sie einen Vektor, der die Projektionsrichtung in die x_2x_3-Ebene beschreibt.

$\vec{v} = \overrightarrow{A\_\_} = \begin{pmatrix} \_\_ \\ \_\_ \\ \_\_ \end{pmatrix}$.

2 Gegeben ist der Punkt P(8 | −3 | 7). Er wird in Richtung des Vektors $\vec{v} = \begin{pmatrix} -4 \\ 3 \\ 1 \end{pmatrix}$ in die x_2x_3-Ebene projiziert.

Bestimmen Sie die zugehörige Abbildungsmatrix und bilden Sie den Punkt Q(4 | 2 | −2) mit dieser Abbildung in die x_2x_3-Ebene ab.

Die Gerade g durch P mit Richtungsvektor $\vec{v}$ hat die Gleichung g: $\vec{x} = \begin{pmatrix} \_\_ \\ \_\_ \\ \_\_ \end{pmatrix} + t \cdot \begin{pmatrix} \_\_ \\ \_\_ \\ \_\_ \end{pmatrix}$.

Für den Schnittpunkt mit der x_2x_3-Ebene erhält man t = ______. [T2] Es ist also P′(___ | ___).

Ansatz für die Abbildungsmatrix $A = \begin{pmatrix} a & 1 & 0 \\ b & 0 & 1 \end{pmatrix}$. Dann gilt: $\begin{pmatrix} a & 1 & 0 \\ b & 0 & 1 \end{pmatrix} \cdot \begin{pmatrix} \_\_ \\ \_\_ \\ \_\_ \end{pmatrix} = \begin{pmatrix} \_\_ \\ \_\_ \end{pmatrix}$

Daraus erhält man a = ______ und b = ______, also $A = \begin{pmatrix} \_\_ & \_\_ & \_\_ \\ \_\_ & \_\_ & \_\_ \end{pmatrix}$. Angewandt auf $\vec{q}$ ergibt sich Q′(___ | ___).

3 Bestimmen Sie die Abbildungsmatrix für die Projektion in die x_2x_3-Ebene, die P(3 | −1 | 4) auf den Punkt P′(2 | −2) abbildet und bilden Sie das Dreieck ABC mit A(3 | 2 | 0), B(−2 | 5 | 1) und C(1 | −4 | 2) ab.

4 Zeigen Sie: Für eine Projektion in die x_2x_3-Ebene gilt,
a) dass Strecken, die parallel zur x_2x_3-Ebene verlaufen, unverzerrt abgebildet werden. [T3]
b) dass nicht alle Strecken im Raum unverzerrt abgebildet werden. [T4]
c) dass im Allgemeinen Winkelgrößen nicht erhalten bleiben.

[T1] Der Punkt A hat die x_1-Koordinate 1. Deshalb erhält man den Verkürzungsfaktor aus der Länge der Hypotenuse in dem blauen Dreieck. Die Länge der Katheten erhält man aus den Koordinaten von A′. [T2] Punkte in der x_2x_3-Ebene haben die x_1-Koordinate 0. Daraus kann man t bestimmen. [T3] Bilden Sie einen geeigneten Vektor mit der allgemeinen Abbildungsmatrix ab und vergleichen Sie die Beträge der beiden Vektoren. [T4] Hier genügt ein geeignetes Beispiel.

1 Gegeben ist die Ebene E: $\vec{x} = \begin{pmatrix} 1 \\ -5 \\ 2 \end{pmatrix} + r \begin{pmatrix} 2 \\ 1 \\ 2 \end{pmatrix} + s \begin{pmatrix} 1 \\ 3 \\ -2 \end{pmatrix}$. Bestimmen Sie eine Normalen- und eine Koordinatengleichung von E.

2 Stellen Sie eine Koordinatengleichung der Ebene durch die Punkte $A(4|3|-1)$, $B(2|5|2)$ und $C(6|-4|0)$ auf.

3 Bestimmen Sie eine Gleichung der Ebene, die orthogonal zu der Geraden $g: \vec{x} = \begin{pmatrix} 0 \\ 5 \\ -3 \end{pmatrix} + t \begin{pmatrix} 0 \\ 1 \\ 4 \end{pmatrix}$ ist und den Ursprung enthält.

4 Bestimmen Sie die Schnittgerade der beiden Ebenen $E_1: \vec{x} = \begin{pmatrix} 2 \\ -1 \\ 0 \end{pmatrix} + r \begin{pmatrix} 1 \\ 1 \\ -2 \end{pmatrix} + s \begin{pmatrix} -1 \\ 4 \\ 2 \end{pmatrix}$ und $E_2: x_1 - x_2 + 3x_3 = 5$.

5 Gegeben sind die Geraden $g: \vec{x} = \begin{pmatrix} 4 \\ 2 \\ -16 \end{pmatrix} + t \cdot \begin{pmatrix} 1 \\ 1 \\ -8 \end{pmatrix}$ und $h: \vec{x} = \begin{pmatrix} 0 \\ 4 \\ -8 \end{pmatrix} + s \cdot \begin{pmatrix} -1 \\ 2 \\ -4 \end{pmatrix}$ sowie die Ebene $E_1: 2x_1 + 4x_2 + x_3 = 8$.

a) Berechnen Sie die Schnittpunkte der Ebene E_1 mit den Koordinatenachsen und veranschaulichen Sie die Lage der Ebene in einem kartesischen Koordinatensystem.
b) Berechnen Sie den Schnittpunkt von g und h.
c) Die Ebene E_2 wird durch die Geraden g und h aufgespannt. Geben Sie eine Gleichung von E_2 an. Untersuchen Sie die gegenseitige Lage von E_1 und E_2 und berechnen Sie gegebenenfalls eine Gleichung der Schnittgeraden.

6 a) Die Ebene E enthält den Punkt $P(-3|4|7)$ und ist orthogonal zu den Ebenen $E_1: 2x_1 - 3x_3 = -1$ und $E_2: x_1 + 4x_2 - 3x_3 = 7$. Geben Sie eine Parameterdarstellung von E an. [T1]
b) Bestimmen Sie eine Gleichung der zu E_1 orthogonalen Geraden g durch P. Begründen Sie, warum g in E aus Teilaufgabe a) liegt. Berechnen Sie anschließend die Koordinaten des Durchstoßpunktes D dieser Geraden mit E_1.

7 Gegeben sind die Ebenen $E_1: x_1 - 3x_2 + 10x_3 = 7$ und $E_2: 3x_1 + x_2 = 11$. Bestimmen Sie eine Gleichung der Schnittgeraden der beiden Ebenen und zeigen Sie, dass sich E_1 und E_2 orthogonal schneiden.

8 Gegeben ist das Dreieck ABC durch die Eckpunkte $A(1|4|3)$, $B(3|6|4)$ und $C(1|4|6)$.
a) Zeigen Sie, dass ABC ein gleichschenkliges Dreieck ist.
b) Stellen Sie eine Koordinatengleichung der Ebene E_1 auf, in der das Dreieck ABC liegt.
c) ABC soll zu einem Prisma mit der Kante AD mit $D(3|2|3)$ ergänzt werden. Bestimmen Sie die Koordinaten der beiden anderen Eckpunkte E und F sowie eine Gleichung der Ebene E_2, in der D, E und F liegen.
d) Innerhalb des Prismas soll eine gerade Pyramide bestimmt werden, deren Grundfläche das Viereck BCFE ist und deren Spitze S in der Ebene E_3 liegt, die die Punkte A, B, D und E enthält. Bestimmen Sie die Koordinaten von S. Zeigen Sie, dass S auf der Geraden durch A und D liegt. [T2]

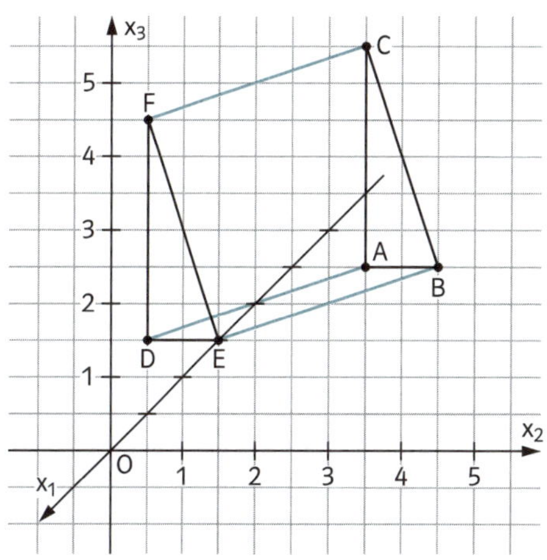

e) In der Abbildung ist das Prisma dieser Aufgabe als Schrägbild gezeichnet. Bestimmen Sie eine Abbildungsmatrix, die dieses Schrägbild erzeugt.

[T1] Die Normalenvektoren von E_1 und E_2 sind mögliche Spannvektoren von E. [T2] Die Spitze S liegt senkrecht über dem Diagonalenschnittpunkt des Vierecks BCFE. Da das Viereck ein Parallelogramm ist, halbiert dieser die Diagonalen. Bestimmen Sie eine Gleichung der Geraden durch diesen Punkt, die senkrecht zur Ebene E_3 verläuft.

9 Durch A(2 | 0 | 3), B(−1 | 2 | 6) und C(9 | 1 | 4) ist eine Ebene E_1 festgelegt. Die Ebene E_2 hat die Gleichung E_2: $2x_1 - 48x_2 + 34x_3 = 9$. Untersuchen Sie die gegenseitige Lage von E_1 und E_2 und berechnen Sie gegebenenfalls eine Gleichung der Schnittgeraden.

10 In untenstehenden Figuren ist jeweils ein Ausschnitt einer Ebene gezeichnet. Bestimmen Sie für die Ebenen E_1, E_2 und E_3 jeweils eine Gleichung.

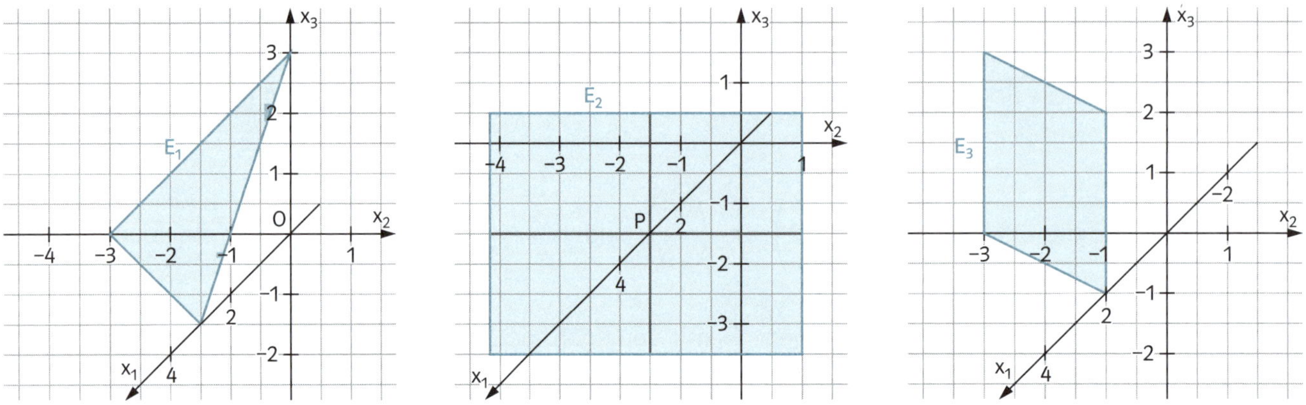

11 Gegeben sind die Ebenen E und F mit E: $\left[\vec{x} - \begin{pmatrix} 0 \\ 2 \\ 2 \end{pmatrix}\right] \cdot \begin{pmatrix} 3 \\ 2 \\ 2 \end{pmatrix} = 0$ und F: $\vec{x} = \begin{pmatrix} 4 \\ 4 \\ 1 \end{pmatrix} + r\begin{pmatrix} 0 \\ -2 \\ 2 \end{pmatrix} + s\begin{pmatrix} -2 \\ 0 \\ 3 \end{pmatrix}$.

Zeigen Sie, dass E und F parallel sind. [T1]

12 a) Der Punkt A(−1 | 2 | 1) wird am Punkt Z(3 | 4 | −3) gespiegelt. Berechnen Sie die Koordinaten des Bildpunktes A'. [T2]
b) Die Punkte B(−1 | −4 | −9) und B'(3 | −8 | −7) sind symmetrisch zur Ebene E. Bestimmen Sie eine Gleichung der Ebene E. [T3]

13 Gegeben ist ein Viereck ABCD mit A(4 | −3 | 2), B(2 | 1 | −2), C(0 | 1 | 5), D(2 | −3 | 9).
a) Zeigen Sie, dass das Viereck ein Parallelogramm ist.
b) Bestimmen Sie eine Abbildungsmatrix für die Projektion in die x_2x_3-Ebene, bei der die Seite AB unverzerrt abgebildet wird. [T4]
c) Zeigen Sie, dass das projizierte Viereck wieder ein Parallelogramm ist.

14 Auf einen 5 m hohen Laternenmast, dessen Fuß die Koordinaten P(1 | 1 | 0) hat (Koordinaten in m), fallen Sonnenstrahlen aus der Richtung $\begin{pmatrix} 2 \\ -2 \\ -1 \end{pmatrix}$.

a) Bestimmen Sie eine Koordinatengleichung der Ebene E, in der die Sonnenstrahlen und der Laternenmast liegen.
b) Berechnen Sie die Länge des Schattens auf dem Boden (in der x_1x_2-Ebene), den der Laternenmast wirft, und geben Sie die Gleichung einer Geraden an, in der der Schatten des Laternenmasts liegt. [T5]

[T1] Überlegen Sie, wie der Normalenvektor der einen Ebene und die Spannvektoren der anderen Ebene zueinander stehen, wenn die beiden Ebenen parallel sind. Außerdem müssen Sie ausschließen, dass die beiden Ebenen identisch sind. [T2] Die Punkte A, Z und A' liegen auf einer Geraden und es gilt: $\overrightarrow{OA'} = \overrightarrow{OZ} + \overrightarrow{AZ}$. [T3] Der Mittelpunkt der Strecke $\overline{BB'}$ ist ein Punkt der Ebene E und der Vektor $\overrightarrow{BB'}$ steht orthogonal zur Ebene E. [T4] Bestimmen Sie die Abbildungsmatrix so, dass das Bild des Vektors $\overrightarrow{AB}$ parallel zur x_2-Achse ist und den gleichen Betrag wie $\overrightarrow{AB}$ hat. [T5] Die Richtung des Mastes ist ein möglicher zweiter Spannvektor von E. Die Gerade des Sonnenstrahls durch die Laternenspitze trifft den Boden in einem wichtigen Punkt mit $x_3 = 0$.

VII Abstand eines Punktes von einer Ebene

ab Lerneinheit 1

1 Der Abstand des Punktes P(2 | −1 | 2) von der Ebene $E: 2x_1 + x_2 + 2x_3 = 1$ soll bestimmt werden.
a) Wählen Sie die zur Abstandbestimmung gehörigen Karten aus, nummerieren Sie diese und ergänzen Sie dort die Lücken.

- Als Richtungsvektor der Lotgeraden dient der ________ von E, als Stützvektor kann der Ortsvektor von ______ gewählt werden.
- Bestimmen der Gleichung der Lotgeraden, d.h. der zu E ________ Geraden g durch P
- Berechnen der Koordinaten des Lotfußpunktes F als ________ von g und E
- Einsetzen der Punktkoordinaten in die ________
- Umwandeln der Koordinatengleichung der Ebene in eine ________
- Der Abstand von P zur Ebene E ergibt sich als Betrag des Vektors $\overrightarrow{\_\_\_}$.

b) Vervollständigen Sie die notwendigen Rechenschritte.

(1) Lotgerade g zu E durch P

Stützvektor ____ = $\begin{pmatrix} \_\_ \\ \_\_ \\ \_\_ \end{pmatrix}$

Richtungsvektor $\vec{u} = \begin{pmatrix} \_\_ \\ \_\_ \\ \_\_ \end{pmatrix}$

$g: \vec{x} = \begin{pmatrix} \_\_ \\ \_\_ \\ \_\_ \end{pmatrix} + r\begin{pmatrix} \_\_ \\ \_\_ \\ \_\_ \end{pmatrix}$

(2) ________

(3) ________

2 Gegeben ist die Ebene $E: \vec{x} = \begin{pmatrix} 2 \\ -1 \\ 2 \end{pmatrix} + r\begin{pmatrix} -2 \\ 2 \\ 8 \end{pmatrix} + s\begin{pmatrix} 1 \\ 1 \\ 0 \end{pmatrix}$.

a) Bestimmen Sie eine Gleichung der zu E orthogonalen Gerade g durch den Punkt P(4 | 8 | −5). [T1]
b) Bestimmen Sie die Punkte auf g, die von der Ebene E den Abstand 10 haben. [T2]

3 Eine Pyramide hat die Grundfläche ABCD mit A(1 | 3 | 2), B(−5 | 3 | 1), C(−5 | −3 | 0) und D(1 | −3 | 1). Der Diagonalenschnittpunkt der Grundfläche ist M. Bestimmen Sie eine Spitze S so, dass $\overline{MS}$ senkrecht zur Grundfläche ist und die Pyramide die Höhe $\sqrt{38}$ hat. [T3]

4 a) Zeigen Sie, dass die Gerade $g: \vec{x} = \begin{pmatrix} 1 \\ -2 \\ -1 \end{pmatrix} + r\begin{pmatrix} 2 \\ 1 \\ 3 \end{pmatrix}$ parallel zur Ebene $E: 2x_1 + 2x_2 - 2x_3 = 6$ verläuft. [T4]

b) Bestimmen Sie den Abstand von g zur Ebene E. [T5]

[T1] Richtungsvektor der gesuchten Gerade g ist ein Normalenvektor der Ebene. Ein Normalenvektor $\vec{n}$ steht senkrecht zu den Spannvektoren $\vec{u}$ und $\vec{v}$ der Ebene, daher gilt für die Skalarprodukte: $\vec{n} \cdot \vec{u} = 0$ und $\vec{n} \cdot \vec{v} = 0$. [T2] Es muss zwei Punkte auf g mit dem Abstand 10 von E geben. Ausgangspunkt der Abstandsberechnung ist der Durchstoßpunkt der Geraden durch die Ebene. Zur Bestimmung der beiden Punkte benötigen Sie den Normaleneinheitsvektor. [T3] Bestimmen Sie zuerst den Diagonalenschnittpunkt M der Grundfläche als Schnittpunkt zweier Geraden. Dann lässt sich mithilfe des Normalenvektors der Ebene ABCD eine Gerade durch den Mittelpunkt aufstellen, auf der die möglichen Spitzen S(!) der Pyramide liegen. Erinnerung: Zur Berechnung von S muss der Einheitsvektor zum Normalenvektor gewählt werden. [T4] Wenn g parallel zu E verläuft, dann steht der leicht ablesbare Normalenvektor der Ebene senkrecht zum Richtungsvektor der Geraden. [T5] Da die Gerade überall denselben Abstand zur Ebene E hat, genügt es, einen Punkt der Geraden zu wählen, z.B. den durch den Stützvektor gegebenen Punkt P. Stellen Sie die Gleichung der orthogonal zu g und E verlaufenden Geraden h durch P auf, als Richtungsvektor eignet sich der Normalenvektor von E. Der Schnittpunkt dieser Geraden h mit der Ebene liefert den Lotfußpunkt F. Den Abstand von g zu E erhält man durch die Bestimmung von $|\overrightarrow{PF}|$.

1 Der Abstand des Punktes A(5 | 4 | 3) zur Geraden $g\colon \vec{x} = \begin{pmatrix} -4 \\ 6 \\ 6 \end{pmatrix} + t\begin{pmatrix} 1 \\ 0 \\ -2 \end{pmatrix}$ wurde auf zwei Wegen berechnet. Ergänzen Sie die Lücken.

Der Punkt $P_t(-4+t \mid 6 \mid \underline{\quad\quad})$ mit $t \in \mathbb{R}$ liegt auf der Geraden g.

Der Betrag des Vektors $\overrightarrow{AP_t} = \begin{pmatrix} -4+t-\underline{\quad} \\ \underline{\quad\quad} \\ \underline{\quad\quad} \end{pmatrix} = \begin{pmatrix} \underline{\quad} \\ \underline{\quad} \\ \underline{\quad} \end{pmatrix}$ gibt die Entfernung von Punkt A zum Punkt P_t an.

Von allen Vektoren $\overrightarrow{AP_t}$ mit $t \in \mathbb{R}$ wird der gesucht, dessen Betrag am kleinsten ist.

a) Gesucht wird das Minimum der Funktion d:

$d(t) = \left|\overrightarrow{AP_t}\right| = \left|\begin{pmatrix} \underline{\quad} \\ \underline{\quad} \\ \underline{\quad} \end{pmatrix}\right|$

$= \sqrt{(\underline{\quad\quad})^2 + \underline{\quad\quad\quad\quad}}$

$= \sqrt{\underline{\quad\quad\quad\quad}}$

$= \sqrt{\underline{\quad\quad\quad\quad}}$

Der Rechner liefert mit dem Befehl fmin oder über den Graphen: Die Funktion d(t) nimmt das Minimum für $t = \underline{\quad}$ mit $d(\underline{\quad}) = \underline{\quad}$ an.

b) Der gesuchte Vektor $\overrightarrow{AP_t}$ ist orthogonal zum Richtungsvektor der Geraden g, also gilt:

$\begin{pmatrix} \underline{\quad} \\ \underline{\quad} \\ \underline{\quad} \end{pmatrix} \cdot \begin{pmatrix} \underline{\quad} \\ \underline{\quad} \\ \underline{\quad} \end{pmatrix} = 0$

Daraus ergibt sich: $\underline{\quad\quad\quad\quad} = 0$.

Die Lösung der Gleichung ist $t = \underline{\quad}$.

$\left|\overrightarrow{AP_{\underline{\quad}}}\right| = \left|\begin{pmatrix} \underline{\quad} \\ \underline{\quad} \\ \underline{\quad} \end{pmatrix}\right| = \sqrt{\underline{\quad\quad\quad}} = \underline{\quad}$

2 Ein Verfahren zur Abstandsbestimmung von zwei parallelen Geraden $g\colon \vec{x} = \vec{p} + r\vec{u}$ und $h\colon \vec{x} = \vec{q} + s\vec{v}$ im Raum soll beschrieben werden. Bringen Sie die notwendigen Schritte in die richtige Reihenfolge. [T1]

☐ Der Abstand von g zu h ist gleich den Betrag des Vektors $\overrightarrow{PS}$.	☐ Man berechnet den Schnittpunkt S der Ebene E mit der Geraden h.	☐ Der Abstand von g zu h ist gleich dem Betrag des Vektors $\overrightarrow{QS}$.
☐ Man berechnet den Schnittpunkt S der Ebene E mit der Geraden g.	☐ Man bestimmt eine Hilfsebene E, die orthogonal zu g und durch den Punkt Q verläuft.	☐ Der Richtungsvektor von g ist Normalenvektor von E.

3 Berechnen Sie den Abstand der parallelen Geraden $g\colon \vec{x} = \begin{pmatrix} 1 \\ 3 \\ 3 \end{pmatrix} + r\begin{pmatrix} 2 \\ -1 \\ 3 \end{pmatrix}$ und $h\colon \vec{x} = \begin{pmatrix} 6 \\ 2 \\ 4 \end{pmatrix} + s\begin{pmatrix} -4 \\ 2 \\ -6 \end{pmatrix}$. [T2]

4 Berechnen Sie den Flächeninhalt des Dreiecks ABC mit A(4 | 3 | 2), B(0 | −1 | 8) und C(5 | 2 | 2). [T3]

5 Bestimmen Sie den Abstand des Punktes P(5 | −3) von der Geraden $g\colon y = -2x + 1$ in der Ebene.

Ein Punkt von g ist z. B. der Schnittpunkt mit der y-Achse $Q(\underline{\quad} \mid \underline{\quad})$.

Ein Normalenvektor von g lautet $\vec{n} = \begin{pmatrix} \underline{\quad} \\ \underline{\quad} \end{pmatrix}$. Der Normalen-Einheitsvektor von g ist dann $\vec{n_0} = \frac{1}{\sqrt{\underline{\quad}}}\begin{pmatrix} \underline{\quad} \\ \underline{\quad} \end{pmatrix}$.

Damit ergibt sich für den Abstand d des Punktes P von g:

$d = \left|\left[\begin{pmatrix} \underline{\quad} \\ \underline{\quad} \end{pmatrix} - \begin{pmatrix} \underline{\quad} \\ \underline{\quad} \end{pmatrix}\right] \cdot \frac{1}{\sqrt{\underline{\quad}}}\begin{pmatrix} \underline{\quad} \\ \underline{\quad} \end{pmatrix}\right| = \left|\frac{1}{\sqrt{\underline{\quad}}}\begin{pmatrix} \underline{\quad} \\ \underline{\quad} \end{pmatrix} \cdot \begin{pmatrix} \underline{\quad} \\ \underline{\quad} \end{pmatrix}\right| = \left|\frac{1}{\sqrt{\underline{\quad}}} \cdot \underline{\quad\quad}\right| = \underline{\quad\quad\quad}$

[T1] Zwei Karten bleiben über. [T2] Verfahren Sie wie in Aufgabe 2. Stellen Sie für die Ebene eine Koordinatengleichung auf.
[T3] Legen Sie zuerst fest, welche Dreiecksseite Sie als Grundseite betrachten wollen. Die Länge dieser Seite erhalten Sie als Betrag des zugehörigen Vektors. Die Höhe des Dreiecks können Sie über den Abstand des dritten Punktes zur Geraden durch die beiden anderen Punkte bestimmen.

1 Welche der Aussagen treffen zu, wenn die Geraden g und h windschief zueinander sind?

	wahr	falsch
a) Es gibt keine Ebene, in der beide Geraden liegen.	☐	☐
b) Es gibt eine Ebene, in der g liegt und zu der h parallel ist.	☐	☐
c) Der Abstand von g und h kann null sein.	☐	☐
d) Jede zu g parallele Gerade ist auch zu h windschief. [T1]	☐	☐
e) Schneidet eine Gerade k die Gerade g, dann ist k zu h windschief.	☐	☐
f) Sei E eine Ebene, deren Normalenvektor zu g und h orthogonal ist. Dann sind g oder h parallel zu E.	☐	☐
g) Es gibt Ebenen, zu denen g und h parallel sind.	☐	☐

2 Bestimmen Sie den Abstand der beiden Geraden $g\colon \vec{x} = \begin{pmatrix} 4 \\ -1 \\ 0 \end{pmatrix} + s\begin{pmatrix} 3 \\ -1 \\ 1 \end{pmatrix}$ und $h\colon \vec{x} = \begin{pmatrix} -4 \\ 5 \\ -1 \end{pmatrix} + t\begin{pmatrix} -6 \\ 2 \\ 0 \end{pmatrix}$.

Man stellt eine Gleichung der Ebene E auf, in der die Gerade g liegt und ______________________.

Ein Normalenvektor von E ist $\vec{n} = \begin{pmatrix} \square \\ \square \\ \square \end{pmatrix} \times \begin{pmatrix} \square \\ \square \\ \square \end{pmatrix} = \begin{pmatrix} \_\_\_ \\ \_\_\_ \\ \_\_\_ \end{pmatrix} = \begin{pmatrix} \square \\ \square \\ \square \end{pmatrix}$.

Eine Normalengleichung der Ebene E lautet dann $E\colon \left[\vec{x} - \begin{pmatrix} \square \\ \square \\ \square \end{pmatrix}\right] \cdot \begin{pmatrix} \square \\ \square \\ \square \end{pmatrix} = 0$.

Die Lotgerade l zu E durch einen Punkt Q(___|___|___) von h wird durch die Gleichung

$l\colon \vec{x} = \begin{pmatrix} \square \\ \square \\ \square \end{pmatrix} + r\begin{pmatrix} \square \\ \square \\ \square \end{pmatrix}$ beschrieben.

Ein allgemeiner Punkt von l hat die Koordinaten (_____|_____|_____). Setzt man diesen allgemeinen Punkt von l in die Gleichung von E ein, dann erhält man ______________________ = 0; r = _____.

Die Koordinaten des Schnittpunkts F von l und E sind dann F(___|___|___).

Der Abstand von g und h ist der Abstand $|\overrightarrow{\_\_\_}| = \left|\begin{pmatrix} \square \\ \square \\ \square \end{pmatrix}\right| = \sqrt{\_\_\_\_\_\_\_\_\_\_} = \_\_\_\_$.

3 Bestimmen Sie den Abstand der beiden windschiefen Geraden

$g\colon \vec{x} = \begin{pmatrix} 2 \\ 1 \\ 3 \end{pmatrix} + s\begin{pmatrix} 1 \\ -1 \\ 0 \end{pmatrix}$ und $h\colon \vec{x} = \begin{pmatrix} -4 \\ 1 \\ 6 \end{pmatrix} + t\begin{pmatrix} 3 \\ 2 \\ 0 \end{pmatrix}$.

Die beiden Geraden sind offensichtlich parallel zu der Ebene $E\colon \vec{x} \cdot \begin{pmatrix} \square \\ \square \\ \square \end{pmatrix} = 0$. [T2]

Der Punkt P(2|1|3) hat von E den Abstand _____. Der Punkt Q(−4|1|6) hat von E den Abstand _____. [T3]

Damit haben die beiden Geraden den Abstand _____.

4 Bestimmen Sie den Abstand der Raumdiagonalen eines Würfels mit Kantenlänge a von derjenigen Kante des Würfels, die zur Raumdiagonalen windschief ist. [T4]

[T1] Der Stützvektor beeinflusst die Lage erheblich. [T2] Es handelt sich um eine Koordinatenebene. [T3] Für den Abstand eines Punktes von einer Koordinatenebene ist nur die Achse maßgeblich, die orthogonal zur Koordinatenebene ist. Alle Punkte der zu einer Koordinatenebene parallelen Geraden haben von dieser den gleichen Abstand. [T4] Wählen Sie ein Koordinatensystem, dessen Ursprung in einer Ecke des Würfels liegt und bei dem die Kanten des Würfels jeweils auf einer Achse liegen oder parallel zu dieser sind. Stellen Sie nun die Gleichungen einer Raumdiagonalen und einer passenden Kante auf und berechnen Sie den Abstand.

1 Die Karten zeigen die Ansätze zur Bestimmung einiger Schnittwinkel zwischen den Geraden g und h und den Ebenen E_1 und E_2 mit $g: \vec{x} = \begin{pmatrix} 3 \\ 2 \\ -5 \end{pmatrix} + r \begin{pmatrix} 2 \\ 1 \\ -3 \end{pmatrix}$, $h: \vec{x} = \begin{pmatrix} -3 \\ -1 \\ 4 \end{pmatrix} + t \begin{pmatrix} 3 \\ 4 \\ 1 \end{pmatrix}$, $E_1: \left[\vec{x} - \begin{pmatrix} 0 \\ 3 \\ 5 \end{pmatrix}\right] \cdot \begin{pmatrix} -3 \\ -2 \\ 1 \end{pmatrix} = 0$ und $E_2: 3x_1 + 2x_2 + x_3 = 20$.

a) Notieren Sie auf den Karten, um welchen Schnittwinkel es sich handelt.

Schnittwinkel α von ____ und ____:

$$\sin(\alpha) = \frac{\left|\begin{pmatrix} 3 \\ 4 \\ 1 \end{pmatrix} \cdot \begin{pmatrix} -3 \\ -2 \\ 1 \end{pmatrix}\right|}{\left|\begin{pmatrix} 3 \\ 4 \\ 1 \end{pmatrix}\right| \cdot \left|\begin{pmatrix} -3 \\ -2 \\ 1 \end{pmatrix}\right|}$$

Schnittwinkel β von ____ und ____:

$$\cos(\beta) = \frac{\left|\begin{pmatrix} 3 \\ 4 \\ 1 \end{pmatrix} \cdot \begin{pmatrix} 2 \\ 1 \\ -3 \end{pmatrix}\right|}{\sqrt{26} \cdot \sqrt{14}}$$

Schnittwinkel γ von ____ und ____:

$$\cos(\gamma) = \frac{\left|\begin{pmatrix} -3 \\ -2 \\ 1 \end{pmatrix} \cdot \begin{pmatrix} 3 \\ 2 \\ 1 \end{pmatrix}\right|}{\left|\begin{pmatrix} -3 \\ -2 \\ 1 \end{pmatrix}\right| \cdot \left|\begin{pmatrix} 3 \\ 2 \\ 1 \end{pmatrix}\right|}$$

b) Berechnen Sie den Schnittwinkel δ von g und E_2.

____ (δ) =

2 Der Winkel zwischen den Vektoren $\vec{a} = \begin{pmatrix} 6 \\ -4 \\ 4 \end{pmatrix}$ und $\vec{b} = \begin{pmatrix} 2 \\ 5 \\ 3 \end{pmatrix}$ ist α.

a) Gesucht sind zwei Geraden g_1 und g_2 mit dem Schnittwinkel α. Begründen Sie, warum die angegebenen Geradengleichungen nicht geeignet sind. Notieren Sie dann zwei geeignete Geradengleichungen.

$g_1: \vec{x} = \begin{pmatrix} 6 \\ -4 \\ 4 \end{pmatrix} + r \begin{pmatrix} 2 \\ 5 \\ 3 \end{pmatrix}$, $g_2: \vec{x} = \begin{pmatrix} 2 \\ 5 \\ 3 \end{pmatrix} + t \begin{pmatrix} 2 \\ 5 \\ 3 \end{pmatrix}$ ________________

h_1 und h_2 mit h_1: ____________ und h_2: ____________ schließen den Winkel α ein.

b) Notieren Sie Gleichungen zweier Ebenen mit dem Schnittwinkel α.

E_1: ________________ und E_2: ________________

c) Berechen Sie den Schnittwinkel α. α = ________

d) Gegeben ist die Ebene $E_3: 3x_1 - 2x_2 + 2x_3 = 10$ und die Gerade $g_1: \vec{x} = \begin{pmatrix} 6 \\ -4 \\ 4 \end{pmatrix} + r \begin{pmatrix} 2 \\ 5 \\ 3 \end{pmatrix}$. Geben Sie die Größe des Schnittwinkels β zwischen der Ebene E_3 und der Gerade g_1 an. ________________

3 Die Skizze zeigt ein Architektenhaus mit rechteckiger Grundfläche.

a) Bestimmen Sie die Größe des Winkels zwischen den Dachflächen. [T1]

b) Berechnen Sie jeweils die Größe der Winkel zwischen einer Dachfläche und der angrenzenden Hauswand. [T2]

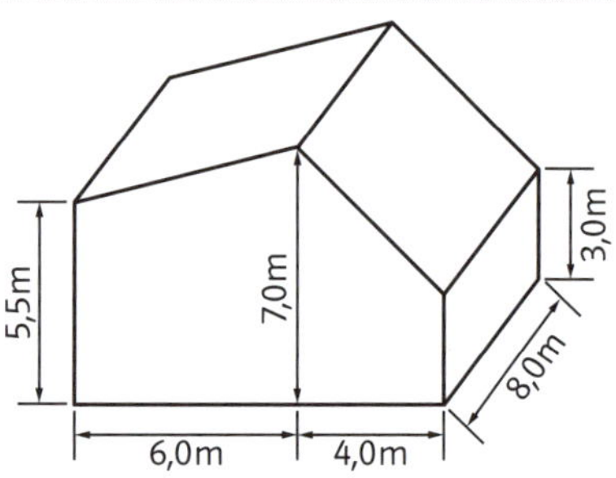

[T1] Es handelt sich um den Schnittwinkel zweier Ebenen. Überlegen Sie zuerst, ob es zwingend erforderlich ist, für beide Dachflächen Ebenengleichungen aufzustellen oder ob es zwei Geraden gibt, die sich unter demselben Winkel schneiden wie die Dachflächen. Betrachten Sie geeignete Kanten der Flächen. [T2] Auch hier lässt sich der Schnittwinkel zwischen den zwei Ebenen durch den Schnitt zweier Geraden bzw. Vektoren berechnen.

1 Berechnen Sie den Abstand des Punktes P von der Ebene E.

a) P(2 | 10 | −6), E: $\left[\vec{x} - \begin{pmatrix} 5 \\ 1 \\ 0 \end{pmatrix}\right] \cdot \begin{pmatrix} 2 \\ -2 \\ 1 \end{pmatrix} = 0$

b) P(5 | 6 | 3), E: $6x_1 + 17x_2 - 6x_3 = 19$

2 Gegeben sind die Ebenen E und F mit E: $\left[\vec{x} - \begin{pmatrix} 0 \\ 2 \\ 2 \end{pmatrix}\right] \cdot \begin{pmatrix} 3 \\ 2 \\ 2 \end{pmatrix} = 0$ und F: $\vec{x} = \begin{pmatrix} 4 \\ 4 \\ 1 \end{pmatrix} + r\begin{pmatrix} 0 \\ -2 \\ 2 \end{pmatrix} + s\begin{pmatrix} -2 \\ 0 \\ 3 \end{pmatrix}$.

a) Zeigen Sie, dass E und F parallel sind.

b) Bestimmen Sie den Abstand zwischen E und F.

3 Untersuchen Sie die gegenseitige Lage der Geraden g und h. Bestimmen Sie ihren Abstand.

a) g: $\vec{x} = \begin{pmatrix} 3 \\ 2 \\ 5 \end{pmatrix} + r\begin{pmatrix} 1 \\ -3 \\ 2 \end{pmatrix}$, h: $\vec{x} = \begin{pmatrix} 3 \\ 2 \\ 5 \end{pmatrix} + r\begin{pmatrix} -2 \\ 1 \\ 5 \end{pmatrix}$

b) g: $\vec{x} = \begin{pmatrix} -4 \\ 1 \\ 3 \end{pmatrix} + r\begin{pmatrix} 4 \\ 2 \\ -6 \end{pmatrix}$, h: $\vec{x} = \begin{pmatrix} -4 \\ 0 \\ 3 \end{pmatrix} + r\begin{pmatrix} -2 \\ -1 \\ 3 \end{pmatrix}$

4 Beschreiben Sie ein Verfahren zur Bestimmung des Abstandes zweier windschiefer Geraden.

5 Entscheiden Sie begründet, ob die Aussage wahr ist.

a) Wenn die Vektoren $\vec{a}$ und $\vec{b}$ einen Winkel von 50° einschließen, dann beträgt der Schnittwinkel zwischen zwei Ebenen mit den Normalenvektoren $\vec{a}$ und $\vec{b}$ 40°. [T1]

b) Wenn die Vektoren $\vec{a}$ und $\vec{b}$ einen Winkel von 50° einschließen, dann beträgt der Schnittwinkel zwischen einer Geraden mit dem Richtungsvektor $\vec{a}$ und einer Ebene mit dem Normalenvektor $\vec{b}$ 40°. [T2]

c) Die Gerade g mit g: $\vec{x} = \begin{pmatrix} 2 \\ 1 \\ 2 \end{pmatrix} + t\begin{pmatrix} 2 \\ 1 \\ 0 \end{pmatrix}$ und die Ebene E mit E: $x_1 - 2x_2 + x_3 = 4$ schneiden sich unter einem Winkel von 0°.

6 Gegeben ist das Dreieck ABC mit A(0 | 0 | 0), B(0 | 4 | 0) und C$(-2\sqrt{3} \,|\, 2 \,|\, 0)$.

a) Zeigen Sie, dass das Dreieck ABC gleichseitig ist.

b) Bestimmen Sie die Koordinaten einer Ecke D so, dass ABCD ein Tetraeder ist. [T3]

c) Berechnen Sie das Volumen des Tetraeders.

7 Gegeben ist die Ebene E_1: $x_1 + 2x_2 - 2x_3 = 3$ und der Punkt P(−7 | 2 | 0).

a) Bestimmen Sie den Abstand des Punktes P von der Ebene E_1. Geben Sie eine Koordinatengleichung der Ebene E_2 an, die parallel zu E_1 liegt und den Punkt P beinhaltet. [T4]

b) Bestimmen Sie die Gleichung einer weiteren Ebene E_3, die von E_1 denselben Abstand hat wie E_2. [T5]

8 Gegeben sind die Geraden g: $\vec{x} = \begin{pmatrix} 1 \\ 0 \\ 6 \end{pmatrix} + r \cdot \begin{pmatrix} 1 \\ 1 \\ -1 \end{pmatrix}$ und h: $\vec{x} = \begin{pmatrix} 2 \\ -2 \\ 5 \end{pmatrix} + s \cdot \begin{pmatrix} -1 \\ -1 \\ 1 \end{pmatrix}$.

a) Zeigen Sie, dass die beiden Geraden parallel zueinander und nicht identisch sind.

b) Zeigen Sie, dass die Gerade k: $\vec{x} = \begin{pmatrix} 1 \\ -3 \\ 6 \end{pmatrix} + t \cdot \begin{pmatrix} 0 \\ 1 \\ 0 \end{pmatrix}$ g und h schneidet und bestimmen Sie die Schnittwinkel von k mit g und h.

[T1] Beachten Sie die exakte Berechung der Winkel zwischen Vektoren bzw. der Schnittwinkel und bedenken Sie, wann das Skalarprodukt zweier Vektoren positiv ist. [T2] Beachten Sie zusätzlich den Zusammenhang zwischen Sinus- und Kosinusfunktion. [T3] Ein Tetraeder ist eine Pyramide mit dreieckiger Grundfläche, bei der alle Kanten gleich lang sind. Die Höhe des Tetraeders hat als Fußpunkt den Schwerpunkt der Dreiecksgrundfläche. Dieser teilt die Höhe der Grundfläche im Verhältnis 1 : 2. Stellen Sie dann D als allgemeinen Punkt auf der Tetraeder-Höhe auf und bestimmen Sie die fehlende Koordinate aus der Bedingung über die Kantenlänge. [T4] Parallele Ebenen kann man mit dem gleichen Normalenvektor angeben. Dann muss man nur noch die Koordinaten von P in die Gleichung einsetzen. [T5] Vergleichen Sie die Koordinatengleichungen von E_1 und E_2 und schließen sie so auf die Gleichung von E_3.

VIII Wahrscheinlichkeit, Zufallsgröße, Erwartungswert

ab Lerneinheit 1

1 In einer Urne befinden sich genau fünf Kugeln, drei goldfarbene und zwei silberfarbene. Der Urne werden so lange ohne Zurücklegen zufällig einzelne Kugeln entnommen, bis zum ersten Mal eine goldfarbene gezogen wird. Tragen Sie die Wahrscheinlichkeiten in das folgende Baumdiagramm ein und ermitteln Sie, wie viele Ziehungen durchschnittlich zu erwarten sind.

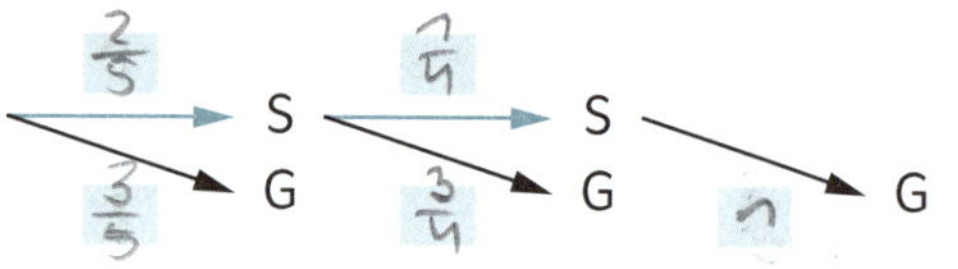

Wahrscheinlichkeitsverteilung:

Anzahl der Ziehungen x_i	1	2	3
$P(X = x_i)$	$\frac{3}{5}$	$\frac{3}{10}$	$\frac{2}{5} \cdot \frac{1}{4} \cdot 1$

Erwartungswert: $\mu = 1 \cdot \frac{3}{5} + 2 \cdot \frac{3}{10} + 3 \cdot \frac{1}{10} = 1{,}5$

2 Gegeben ist die vollständige Wahrscheinlichkeitsverteilung einer Zufallsgröße X.

x_i	0	1	2	3
$P(X = x_i)$	0,05	0,15	0,25	0,35

Berechnen Sie den Erwartungswert der Zufallsgröße X.

$E(X) = \mu = 0 \cdot 0{,}05 + 1 \cdot 0{,}15 + 2 \cdot 0{,}25 + 3 \cdot 0{,}35 = 2{,}1$

3 In einer Schachtel befinden sich neun Chips im Wert von je 2 €, fünf Chips im Wert von je 1 € und sechs Chips im Wert von je 50 Cent. Der Schachtel wird ein Chip zufällig entnommen. Die Zufallsgröße X beschreibt den Wert des gezogenen Chips.
Ermitteln Sie den Erwartungswert der Zufallsgröße X.

9 2€, 5 1€, 6 0,50€ } 20

9	5	6
2	1	0,5
$\frac{9}{20}$	$\frac{5}{20}$	$\frac{6}{20}$

4 Ein Spieler zahlt 1 € Einsatz und wirft 3 ideale Würfel. Erscheint dabei die 6 ein-, zwei bzw. dreimal, so erhält er seinen Einsatz zurück und außerdem einen Gewinn von 1 €, 2 € bzw. 3 €. Erscheint keine 6, ist der Einsatz verloren. Geben Sie die Wahrscheinlichkeitsverteilung für die Zufallsgröße „Gewinn" an. [T1]

Gewinn g	−1	1	2	3
$P(G = g)$	$\frac{125}{216}$	$\frac{75}{216}$	$\frac{15}{216}$	$\frac{1}{216}$

Weisen Sie rechnerisch nach, dass dieses Spiel nicht fair ist. [T2]

$\mu = -1 \cdot \left(\frac{125}{216}\right) + 1 \cdot \left(\frac{75}{216}\right) + 2\left(\frac{15}{216}\right) + 3\left(\frac{1}{216}\right) = -0{,}08$

Welchen Gewinn wird der Spieler im Durchschnitt erzielen?

−8ct

Welchen Einsatz müsste der Spieler bezahlen, damit ein faires Spiel entsteht?

$\mu = -x \cdot \left(\frac{125}{216}\right) + \left(\frac{75}{216}\right) + 2 \cdot \left(\frac{15}{216}\right) + 3 \cdot \left(\frac{1}{216}\right)$

$\mu = -x \cdot \left(\frac{125}{216}\right) + \left(\frac{75}{216}\right) + \left(\frac{30}{216}\right) + \left(\frac{3}{216}\right)$

$\mu = -x\left(\frac{125}{216}\right) + \frac{108}{216} \quad \left| -\frac{108}{216}\right.$

$-\frac{108}{216} = -x\left(\frac{125}{216}\right) \quad \left| : \left(\frac{125}{216}\right)\right.$

$-0{,}86 = -x \quad |\cdot(-1)$

$0{,}86 = x$

5 a) Ein Dreh am Glücksrad kostet 5 Euro. Welchen Betrag muss der Betreiber des Glücksrads bei „Weiß" auszahlen, damit das Spiel fair ist?
Bestimmen Sie die Wahrscheinlichkeitsverteilung für die Zufallsvariable X, die den Gewinn eines Spielers in Euro beschreibt.

AUSZAHLUNG:
Weiß: ?
Blau: 3 Euro
Grau: 2 Euro

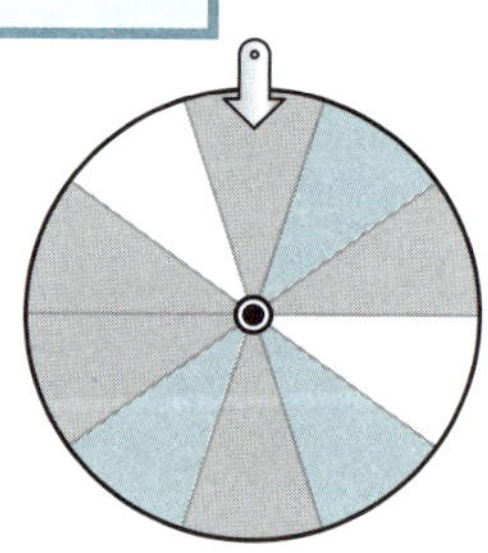

Farbe	Blau	Grau	Weiß
Gewinn g (in €)	−2	−3	z
$P(X = g)$	$\frac{3}{10}$	$\frac{5}{10}$	$\frac{2}{10}$

b) Welchen Betrag muss der Betreiber des Glücksrads bei „Weiß" auszahlen, damit er pro Spiel einen Gewinn von 50 ct erwarten kann?

$-\frac{6}{10} - \frac{15}{10} + z \cdot \frac{2}{10} = -0{,}5 \Rightarrow -\frac{21}{10} + z \cdot \frac{2}{10} = -0{,}5 \Rightarrow z \cdot \frac{2}{10} = \frac{8}{5} \Rightarrow z = 8$

[T1] Gewinn = Auszahlung − Einsatz. [T2] Ein Spiel ist fair, wenn der Erwartungswert des Gewinns null ist.

1 In einer Urne befinden sich 5 rote und 3 blaue Kugeln. Nacheinander werden zwei Kugeln ohne Zurücklegen gezogen. Ergänzen Sie das Baumdiagramm und berechnen Sie die Wahrscheinlichkeit für das Ereignis A, zwei gleichfarbige Kugeln zu ziehen.

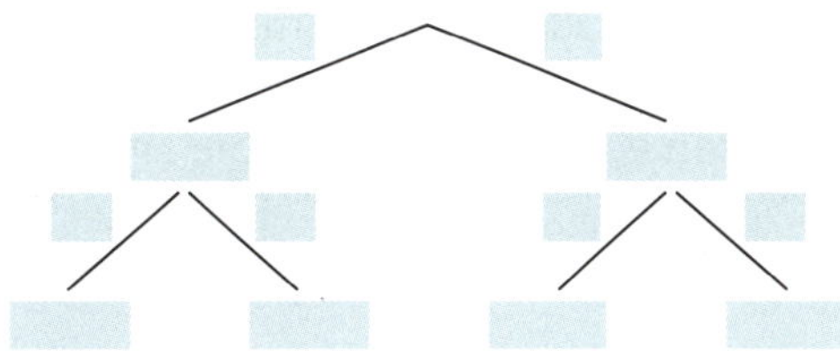

P(A) = ______ + ______ = ______

2 Bei einer bestimmten Patientengruppe kommen drei Krankheitsursachen U1, U2 und U3 in Frage, die mit unterschiedlichen Wahrscheinlichkeiten auftreten. Es ist P(U1) = 0,05, P(U2) = 0,35 und P(U3) = 0,60.
Bei neu hinzukommenden Patienten beobachtet man ein Symptom S, welches bei der Krankheitsursache U1 in 25 %, bei U2 in 20 % und bei U3 in 10 % aller Fälle vorkommt.
Zeichnen Sie ein Baumdiagramm und ermitteln Sie die Wahrscheinlichkeit für das Vorliegen des Symptoms. [T1]

3 In einer Urne befinden sich 2 rote und 3 schwarze Kugeln. Ohne Zurücklegen wird dreimal je eine Kugel entnommen.
a) Zeichnen Sie ein Baumdiagramm und geben Sie die Wahrscheinlichkeitsverteilung an.
b) Berechnen Sie die Wahrscheinlichkeit dafür, dass beim zweiten Zug eine schwarze Kugel gezogen wird.
c) Berechnen Sie die Wahrscheinlichkeit dafür, dass beim dritten Zug eine rote Kugel gezogen wird.

e	rrs	rsr	rss	srr	srs	ssr	sss
P(e)							

b) P(2. Zug schwarz) = ______ = ______

c) P(3. Zug rot) = ______ = ______

4 Der Hausmeister einer Schule hat fünf Schlüssel lose in der Tasche, von denen nur einer zum Schloss des Chemieraums passt. Er zieht blindlings einen nach dem anderen aus der Tasche, ohne ihn zurückzulegen. Vervollständigen Sie das Baumdiagramm für diesen Vorgang:

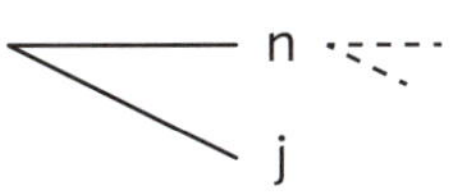

Berechnen Sie die Wahrscheinlichkeit für folgende Ereignisse:
a) Der richtige Schlüssel wird erst beim zweiten Griff gezogen.
b) Der richtige Schlüssel wird als letzter gezogen.

5 In einer Urne befinden sich nur schwarze und rote Kugeln. Von den insgesamt zwanzig Kugeln werden zwei ohne Zurücklegen gezogen. Bestimmen Sie die Anzahl der schwarzen Kugeln in dieser Urne, wenn die Wahrscheinlichkeit, mindestens eine schwarze unter den gezogenen Kugeln zu haben, $\frac{27}{38}$ beträgt. [T2]

[T1] Teilen Sie zunächst in der ersten Stufe in die Krankheitsursachen und erst in der zweiten Stufe in das Vorliegen des Symptoms auf. [T2] Ist X die Anzahl schwarzer Kugeln, dann kann der gegebene Wert als $P(X \geq 1)$ interpretiert werden.

1 Bei einem Zufallsversuch wird dreimal gewürfelt und die Anzahl der Sechsen notiert. In der folgenden Wahrscheinlichkeitsverteilung bezeichnet die Zufallsgröße X die Anzahl der Sechsen. Tragen Sie die jeweiligen Wahrscheinlichkeiten ein und berechnen Sie Erwartungswert, Varianz und Standardabweichung. [T1]

x_i	0	1	2	3
$P(X = x_i)$				

μ = ______ = ______

V = ______ = ______

σ = ______

2 Es wird mit zwei Würfeln geworfen und jeweils die Augensumme ermittelt. Die möglichen Ergebnisse tragen Sie bitte in die Tabelle 1 ein und ermitteln daraus die Anzahl der Ergebnisse für die Tabelle 2. Bei einem Spieleinsatz von 4 € ist der Erwartungswert für den Gewinn G zu berechnen.

	1	2	3	4	5	6
1						
2			5			
3						
4						
5		7				
6						

Tabelle 1

Augensumme	Gerade Primzahl	Ungerade Primzahl	Gerade Nicht-Primzahl	Ungerade Nicht-Primzahl
Anzahl				
Auszahlung in €	9	5	3	0
Gewinn g in €				
P(G = g)				

Tabelle 2

E(G) = ______ = ______

3 Ein Glücksrad mit den Zahlen von 1 bis 16 in gleichgroßen Sektoren wird gedreht. Mike und Anna verabreden folgendes Spiel: Mike zahlt an Anna 3 €, wenn die Sektornummer eine Primzahl ist. Anna zahlt an Mike 2 €, wenn die Sektornummer gerade ist. Erstellen Sie einen Gewinnplan für Anna und entscheiden Sie, ob das Spiel fair ist. [T2], [T3]
Füllen Sie die Lücken und tragen Sie die Werte ein.

Von 1 bis 16 gibt es ______ Primzahlen und ______ gerade Zahlen. Die Zahl ______ ist sowohl Primzahl, als auch gerade.

Gewinn g von Anna in €				
P(G = g)				

μ = ______ = ______

V = ______ = ______

Das Spiel ist nicht fair, weil ______

______

4 Ein Schütze erzählt, dass er bei zwei Schüssen im Mittel 1,6 Treffer erwartet.

a) Von welcher Trefferwahrscheinlichkeit geht er dabei aus? $\mu = 1{,}6$ = ______ = ______

p = ______

b) Ermitteln Sie die dazugehörige Varianz.

Trefferzahl x_i	0	1	2
$P(X = x_i)$			p^2

$V = \sigma^2$ = ______ = ______

5 Aus einer Urne mit zwei weißen und vier schwarzen Kugeln werden drei Kugeln nacheinander ohne Zurücklegen gezogen. Die Zufallsvariable X stellt die Anzahl der gezogenen schwarzen Kugeln dar. Berechnen Sie den Erwartungswert und die Standardabweichung der Zufallsvariablen X.

[T1] Verwenden Sie die dritte Zeile für $(x_i - \mu)^2$. [T2] Ein Spiel ist fair, wenn der Erwartungswert des Gewinns null ist.
[T3] Fertigen Sie ein Baumdiagramm für den Gewinn von Anna an und tragen Sie die unbekannten Wahrscheinlichkeiten p und 1 − p ein.

1 In einer Vierfeldertafel werden Wahrscheinlichkeiten eingetragen. Füllen Sie die noch freien Felder entsprechend aus.

	B	$\overline{B}$	
A			
$\overline{A}$			

$P(A)$ $P(\overline{A} \cap B)$ $P(B)$ $P(A \cap B)$ $P(\overline{A} \cap \overline{B})$ $P(\overline{B})$ $P(A \cap \overline{B})$ $P(\overline{A})$

2 Ein Baumarkt verkaufte im Vorjahr 117 Bohrmaschinen zweier Hersteller, von denen 9 Bohrmaschinen von den Kunden reklamiert wurden. Der Hersteller 1 lieferte doppelt so viele Bohrmaschinen wie der Hersteller 2. Bei Hersteller 1 wurde jede 13. Bohrmaschine reklamiert. Füllen Sie die nachstehende Vierfeldertafel vollständig aus und prüfen Sie, ob die Anzahl der Reklamationen vom Hersteller abhängt.

	Hersteller H_1	Hersteller H_2	
Reklamiert R			
Nicht reklamiert $\overline{R}$			

$P(R \cap H_1) =$ ______

$P(H_1) =$ ______

$P(R) =$ ______

$P(H_1) \cdot P(R) =$ ______

3 Wahr oder falsch?

	W	F
a) Jede Vierfeldertafel lässt sich auch als Baumdiagramm veranschaulichen.	☐	☐
b) Im zweistufigen Baumdiagramm findet man stets bedingte Wahrscheinlichkeiten.	☐	☐
c) Mit $P_A(B)$ wird das gleiche ausgesagt wie mit $P_B(A)$.	☐	☐
d) Man kann $P_B(A)$ aus $P_A(B)$, $P(A)$ und $P(B)$ berechnen.	☐	☐

4 Die Vertriebsfirma eines Nahrungsergänzungsmittels will ihren Umsatz erhöhen. Dazu verteilt sie Werbesendungen an Haushalte, obwohl ihr bewusst ist, dass 95 % davon ungelesen im Altpapier landen. 4 % der Haushalte bestellen das Nahrungsergänzungsmittel bei der Vertriebsfirma. 30 % der Besteller geben an, dass sie die Werbesendung gelesen haben.

a) Füllen Sie nebenstehende Vierfeldertafel aus und verwenden Sie dabei folgende Bezeichnungen:
G … Werbesendung gelesen; B … Produkt bestellt

b) Berechnen Sie die folgenden Wahrscheinlichkeiten und formulieren Sie ihre Bedeutung in Worten.

	B	$\overline{B}$	
G			
$\overline{G}$			

(1) $P_G(B) = \frac{P(G \cap B)}{P(G)} = \frac{\quad}{\quad} = \quad$ ist die Wahrscheinlichkeit, dass ______

______

(2) $P_{\overline{B}}(G) = \frac{\quad}{\quad} = \quad$ ist die Wahrscheinlichkeit, dass ______

______

(3) $P_{\overline{G}}(\overline{B}) = \frac{\quad}{\quad} = \quad$ ist die Wahrscheinlichkeit, dass ______

______

5 Eine Firma stellt Überdruckventile her. Zur Qualitätssicherung werden diese durch jeweils einen der zwei Kontrolleure geprüft. Kontrolleur K_1 prüft 65 % und Kontrolleur K_2 prüft 35 % der Produkte. Bekannt ist, dass Mängel durch den Kontrolleur K_1 mit einer Wahrscheinlichkeit von 0,85 und durch den Kontrolleur K_2 mit einer Wahrscheinlichkeit von 0,90 entdeckt werden.

a) Entwerfen Sie eine Vierfeldertafel für diese Situation. [T1]

b) Ermitteln Sie die Wahrscheinlichkeit dafür, dass ein mangelhaftes Überdruckventil nicht erkannt wird.

$P(\overline{E}) =$ ____________

	E	$\overline{E}$	
K_1			
K_2			

c) Ermitteln Sie die Wahrscheinlichkeit dafür, dass ein bei der Kontrolle nicht erkanntes mangelhaftes Überdruckventil von Kontrolleur K_1 geprüft wurde.

$P_{\overline{E}}(K_1) = \frac{\quad}{\quad} = \quad$

d) Ermitteln Sie die Wahrscheinlichkeit dafür, dass ein mangelhaftes Überdruckventil von Kontrolleur K_2 gefunden wurde.

6 Von zwei Ereignissen A und B ist bekannt, dass $P(A) \cdot P(B) = P(A \cap B)$ gilt. Dabei ist $P(A) = 0{,}3$ und $P(A \cap \overline{B}) = 0{,}285$. Erstellen Sie für diese Ereignisse eine vollständige Vierfeldertafel. [T2]

	B	$\overline{B}$	
A			
$\overline{A}$			

7 Hinweistafeln werden aus Kunststoff hergestellt. 30 % davon werden aus recyceltem Kunststoff hergestellt. Die Wahrscheinlichkeit für einen Materialfehler bei einer Tafel aus nicht-recyceltem Kunststoff beträgt 0,3 %. Die Wahrscheinlichkeit dafür, dass eine Tafel einen Materialfehler besitzt, beträgt 1,5 %.

a) Berechnen Sie die Wahrscheinlichkeit dafür, dass eine Hinweistafel aus nicht-recyceltem Kunststoff besteht und keinen Materialfehler besitzt.

b) Wie groß ist die Wahrscheinlichkeit, dass eine Tafel mit Materialfehler aus recyceltem Kunststoff hergestellt wurde.

8 Ein Betrieb stellt auf zwei Montagebändern Farbdisplays des gleichen Typs für Smartwatches her. Montageband F_1 produziert 65 % der Displays, wobei der Ausschussanteil 1 % beträgt.
Bei Montageband F_2 beträgt der Ausschussanteil 2,5 %.
Wie groß ist die Wahrscheinlichkeit, dass ein in diesem Betrieb produziertes Farbdisplay Ausschuss ist?
Ein zufällig der Produktion entnommenes Display ist Ausschuss. Mit welcher Wahrscheinlichkeit wurde es auf Montageband F_2 produziert? [T2]

9 Bei der Produktion eines Elektromotors für den Antrieb eines E-Bikes wird ein Bauteil verwendet, das von zwei Zulieferern Z_1 und Z_2 gefertigt wird. Ist dieses Bauteil fehlerhaft, so verursacht es einen materiellen Schaden. Im Nachhinein ist nicht mehr feststellbar, ob ein Bauteil vom Zulieferer Z_1 oder vom Zulieferer Z_2 diesen Schaden verursacht hat. Daher einigten sich die Zulieferer auf anteiligen Schadenersatz. Bekannt ist, dass Zulieferer Z_1 einen Lieferanteil von 30 % und eine nachweisliche Fehlerquote von 5 % hat. Die nachweisliche Fehlerquote bei Zulieferer Z_2 liegt bei 8 %.
Berechnen Sie die prozentuale Aufteilung der Schadenersatzlieferung der Zulieferer Z_1 und Z_2 nach diesem Modell.

[T1] Überlegen Sie, auf welchen Grundwert sich die prozentualen Angaben beziehen. [T2] Beachten Sie die Unabhängigkeit beider Ereignisse.

1 In einer Vierfeldertafel sind die beiden stochastisch unabhängigen Ereignisse A und B sowie ihre Gegenereignisse mit ihren Wahrscheinlichkeiten erfasst. Füllen Sie die leeren Felder aus und geben Sie die Wahrscheinlichkeit an. [T1] $P(\overline{A})$ =

	B	$\overline{B}$	
A	0,36		
$\overline{A}$			
		0,1	

2 Eine Sparkassenfiliale ist in der Nacht durch eine Alarmanlage gesichert. Die Wahrscheinlichkeit, dass in der Nacht ein Einbruch verübt wird, liegt bei 0,05 %. Bei einem Einbruchsversuch in der Nacht schlägt die Anlage mit einer Wahrscheinlichkeit von 98,5 % Alarm. Findet in der Nacht kein Einbruchsversuch statt, kommt es mit einer Wahrscheinlichkeit von 0,2 % zu einem Alarm.
Betrachtet werden die Ereignisse E und A.
E: In der Nacht wird ein Einbruch versucht. A: In der Nacht wird ein Alarm ausgelöst.
Weisen Sie nach, dass A und E stochastisch abhängig sind. [T1], [T2]
Lösen Sie die Aufgabe sowohl mit einem Baumdiagramm als auch mit einer Vierfeldertafel.

Baumdiagramm:

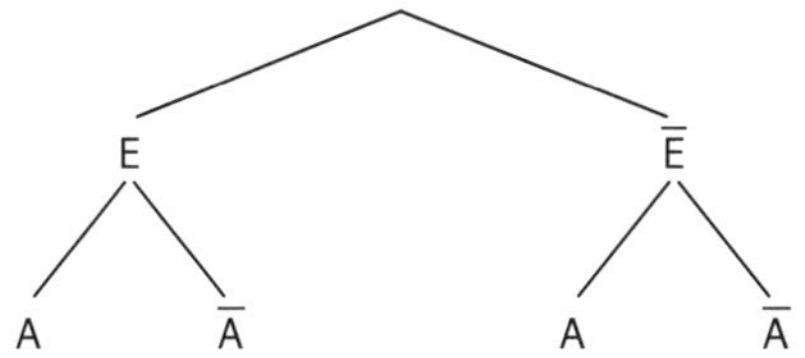

$P(E) \cdot P(A)$ = =
$P(E \cap A)$ =

Vierfeldertafel:

	E	$\overline{E}$	
A			
$\overline{A}$			

$P(E) \cdot P(A)$ = =
$P(E \cap A)$ =

Schlussfolgerung: ______

3 Eine elektronische Schaltung verwendet genau zwei Bauteile A und B. Die Schaltung funktioniert nur, wenn beide Bauteile funktionieren. Das Bauteil A fällt mit einer Wahrscheinlichkeit von 3 % und das Bauteil B fällt mit einer Wahrscheinlichkeit von p aus. Die Schaltung funktioniert mit einer Wahrscheinlichkeit von 91,18 %.
Betrachtet werden die stochastisch unabhängigen Ereignisse E_A und E_B.
E_A: Das Bauteil A arbeitet einwandfrei.
E_B: Das Bauteil B arbeitet einwandfrei.
Berechnen Sie die Wahrscheinlichkeit $P(E_B)$.

4 In einem Beutel befinden sich drei rote, zwei weiße und fünf schwarze Kugeln. Zufällig werden nacheinander ohne Zurücklegen zwei Kugeln entnommen. Betrachtet werden die Ereignisse
Ereignis A: Keine der beiden gezogenen Kugeln ist schwarz,
Ereignis B: Beide gezogene Kugeln haben die gleiche Farbe.
Untersuchen Sie, ob die Ereignisse A und B stochastisch abhängig sind. [T1]

5 Eine beliebte Freizeitbeschäftigung der deutschen Bevölkerung ist Lesen. Eine Untersuchung hat ergeben, dass 72,6 % aller Personen über 14 Jahre Bücher, Zeitschriften oder Zeitungen lesen. Das betrifft 76 % der weiblichen und 69 % der männlichen Bevölkerung.
Berechnen Sie den Anteil der Frauen in der deutschen Bevölkerung. Verwenden Sie dabei eine Vierfeldertafel mit den Merkmalen L für Anteil der Leser und F für Anteil der Frauen. [T3]

	L	$\overline{L}$	
F			
$\overline{F}$			

[T1] Bei stochastischer Unabhängigkeit gilt $P(A) \cdot P(B) = P(A \cap B)$. [T2] Berechnen Sie zunächst die Wahrscheinlichkeiten beider Ereignisse. [T3] Setzen Sie für P(F) den Wert p an.

1 Ein Glücksrad wird in sechs gleich große Sektoren eingeteilt.
Die Sektoren sind mit den Zahlen 2, 3, 3, 6, 6, 6 versehen. Bei jeder Drehung wird genau ein Sektor markiert.

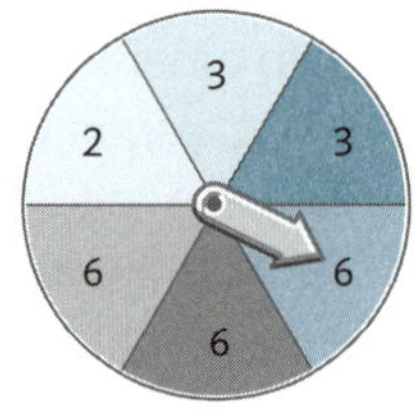

a) Das Glücksrad wird zweimal gedreht. Bestimmen Sie die Wahrscheinlichkeiten folgender Ereignisse: [T1]
- A: Zwei gleiche Zahlen werden markiert.
- B: Die Summe der beiden Zahlen ist kleiner als 6 oder die Zahlen sind gleich.
- C: Die Zahlen sind verschieden und die Summe ist größer als 6.

b) Wie viele Sechsen kann man im Mittel erwarten, wenn man viele Serien von 20 Drehungen mit diesem Glücksrad ausführt?

2 Einer Klasse von 25 Schülerinnen und Schülern werden fünf Freikarten für ein Rockkonzert zur Verfügung gestellt. Um diese zu verteilen, werden Lose gezogen. In der Lostrommel befinden sich neben fünf Gewinnlosen auch zwanzig Nieten. Prüfen Sie, ob der Zweite, der zieht, die gleiche Chance auf eine Freikarte hat wie der Erste.

3 In einer Urne befinden sich 4 rote und 3 blaue Kugeln. Man zieht nacheinander 3 Kugeln ohne Zurücklegen. Erstellen Sie eine Wahrscheinlichkeitsverteilung, wenn die Anzahl der gezogenen roten Kugeln interessiert und berechnen Sie dafür den Erwartungswert.

4 Eine Firma stellt Produkte in zwei Werken A und B unabhängig voneinander her. Dabei werden 40 % der Produkte im Werk A hergestellt, wobei 20 % dieser Produkte erfahrungsgemäß fehlerhaft sind. 86 % aller Produkte, die in der Firma hergestellt werden sind fehlerfrei. Ermitteln Sie, wie viel Prozent der im Werk B hergestellten Produkte fehlerfrei sind.

5 Peter bietet Anna folgendes Spiel an: Anna soll 20 € auf den Tisch legen und zweimal ein Glücksrad drehen. Das Glücksrad trägt mit $\alpha = 180°$ die Bezeichnung 2 und im übrigen Bereich den Wert $\frac{1}{2}$.
Zeigt der Zeiger auf 2, so verdoppelt Peter den gerade auf dem Tisch liegenden Betrag. Weist er auf $\frac{1}{2}$, so halbiert er ihn. Anna erhält schließlich den Betrag, der auf dem Tisch liegt, nachdem das Rad zweimal gedreht wurde. Berechnen Sie den Erwartungswert des Gewinns von Anna.
Wie groß muss der Winkel α gewählt werden, damit das Spiel fair ist? [T2]

6 Beim Würfelspiel „Pentagramm" wird mit drei Würfeln gespielt. Fällt eine Fünf, so erhält der Spieler 5 €, bei zwei Fünfen erhält er 10 € und bei drei Fünfen 30 €.

a) Berechnen Sie den Erwartungswert der Zufallsgröße „Auszahlung" bei diesem Spiel.
b) Wie hoch müsste der Einsatz für dieses Spiel sein, damit der Spielleiter bei jedem Spiel im Durchschnitt mehr als 2 € erzielen würde?

7 Ein Glücksrad ist in zwei Kreissektoren eingeteilt. Ein Kreissektor ist rot, der andere blau. Bei einem Glücksspiel wird das Rad zweimal gedreht. Der Einsatz beträgt 1 €. Wird zweimal der rote Sektor getroffen, so erhält der Spieler 2 €. Wird zweimal der blaue Sektor getroffen, so erhält der Spieler 1 €. In allen anderen Fällen wird nichts ausgezahlt.
a) Geben Sie eine Wahrscheinlichkeitsverteilung der Zufallsgröße „Gewinn" für den Fall an, dass die Wahrscheinlichkeit für den roten Sektor den Wert p besitzt.
b) Wie würden Sie das Glücksrad in Kreissektoren einteilen, damit das Spiel fair ist?
Begründen Sie Ihre Entscheidung.

[T1] Beachten Sie die Bedeutung der Wörter „und" und „oder" für die Wahrscheinlichkeiten. [T2] Berechnen Sie zunächst die Trefferwahrscheinlichkeit p.

IX Binomialkoeffizienten

ab Lerneinheit 2

1 a) Der Binomialkoeffizient $\binom{4}{2}$ gibt an, wie viele Pfade bei einer vierfachen Versuchswiederholung genau zwei Treffer beinhalten.
Schreiben Sie sämtliche Pfade in der angegebenen Form auf (T = Treffer; N = Niete).

TTNN, TNTN, ________________ Also: $\binom{4}{2} =$ ____

b) Verfahren Sie genauso bei dem Binomialkoeffizienten $\binom{5}{2}$. ________________

________________ Also: $\binom{5}{2} =$ ____

2 Bei welcher der dargestellten Situationen lässt sich die Anzahl der Möglichkeiten mithilfe eines Binomialkoeffizienten berechnen?

a) Eine Münze wird 12-mal geworfen. Bei wieviel Möglichkeiten erhält man genau viermal Wappen?
b) Bei Lotto „6 aus 49" werden von einem Tipp genau 4 der 6 der getippten Zahlen gezogen.
c) Aus einem Beutel mit 10 roten und 4 weißen Kugeln werden nacheinander vier Kugeln ohne Zurücklegen gezogen und die Anzahl der gezogenen roten Kugeln ermittelt.
d) Aus einem Beutel mit 10 roten und 4 weißen Kugeln werden nacheinander vier Kugeln mit Zurücklegen gezogen und die Anzahl der gezogenen roten Kugeln ermittelt.
e) Bei einer Stichprobe werden einer Kiste 10 baugleiche Teile entnommen und die Anzahl defekter Teile in der Stichprobe ermittelt.

3 Berechnen Sie die folgenden Binomialkoeffizienten:

a) $\binom{8}{3} = \frac{\square}{1 \cdot 2 \cdot 3} = \square$

b) $\binom{5}{2} = \frac{\square}{1 \cdot 2} = \square$

c) $\binom{10}{3} = \frac{\square}{\square} = \square$

d) $\binom{10}{8} = \frac{\square}{\square} = \square$

e) $\binom{100}{99} = \frac{\square}{\square} = \square$

4 Ein Ausschuss aus vier Frauen und drei Männern wählt einen Vorsitzenden bzw. eine Vorsitzende und einen Stellvertreter bzw. eine Stellvertreterin.

a) Wie viele Möglichkeiten gibt es insgesamt?
b) Wie viele Möglichkeiten gibt es, wenn beide gleichen Geschlechts sind?
c) Wie viele Möglichkeiten gibt es, wenn mindestens eine Frau dabei ist?

5 Peter schlussfolgert aus Aufgabe 3, dass die Binomialkoeffizienten $\binom{20}{18}$ und $\binom{20}{\square}$ gleich sind und rechnet $\binom{20}{18} = \binom{20}{\square} = \frac{\square}{\square} = \square$.

Beweisen Sie, dass allgemein gilt: $\binom{n}{k} = \binom{n}{n-k}$, indem Sie die Formel $\binom{n}{k} = \frac{n!}{k! \cdot (n-k)!}$ verwenden.

6 Ein Prüfling soll von 10 Aufgaben genau 8 Aufgaben lösen.

a) Wie viele Möglichkeiten der Auswahl hat er damit?

$\binom{\square}{\square} = \binom{\square}{\square} = \frac{\square}{\square} = \square$.

b) Die ersten drei Aufgaben sind verpflichtend zu lösen. Wie viele Auswahlmöglichkeiten hat er dann noch?

$\binom{\square}{\square} = \binom{\square}{\square} = \frac{\square}{\square} = \square$. [T1]

[T1] Verwenden Sie die Erkenntnisse aus Aufgabe 5.

1 Handelt es sich um eine Bernoulli-Kette?

Aussage	ja	nein
a) Ein Würfel wird zehnmal geworfen und jeweils wird geprüft, ob eine Sechs fällt.	○	○
b) Ein Würfel wird zehnmal geworfen und anschließend wird notiert, wie viele Sechsen gefallen sind.	○	○
c) Die Lottozahlen der letzten Ziehung werden nacheinander darauf untersucht, ob sie gerade sind.	○	○
d) Die Lottozahlen der letzten 10 Wochen werden jeweils darauf untersucht, ob es mit der Tippreihe 3; 15; 17; 29; 35; 45 mindestens 3 Übereinstimmungen gab.	○	○
e) Bei den letzten 10 Heimspielen von Hannover 96 wird jeweils geprüft, ob es einen Heimsieg gab.	○	○

2 Bei Fifty-fifty-Experimenten (zum Beispiel beim Münzwurf) haben Treffer und

Niete dieselbe Wahrscheinlichkeit, nämlich ________ . Jeder Pfad hat dann bei fünfmaliger Versuchswiederholung die Wahrscheinlichkeit ____________ .

Die Wahrscheinlichkeit für genau k Treffer in fünf Versuchen berechnet sich dann so: $\binom{5}{k} \cdot \square^{5}$.

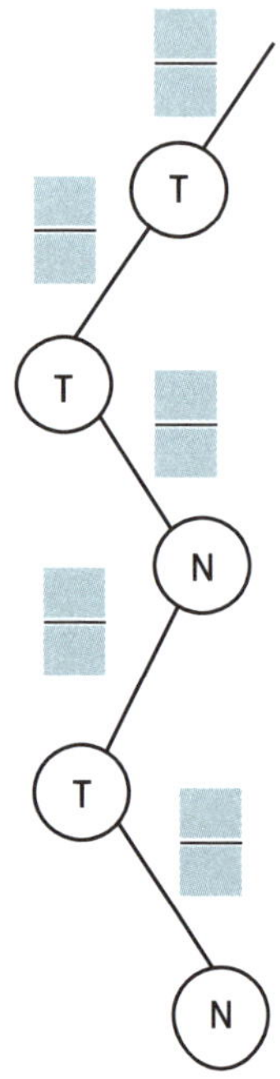

Berechnen Sie mit dieser Formel die zugehörige Wahrscheinlichkeit.

k: Anzahl der Treffer	0	1	2	3	4	5
Wahrscheinlichkeit	0,03125					

3 Bei einer Bernoulli-Kette benutzt man die Bernoulli-Formel

$P(X = k) = \binom{n}{k} \cdot p^k \cdot (1-p)^{n-k}$. Dabei steht n für die Anzahl der ____________________ , p für die ____________________________ und k für die Anzahl der ________________ .

Berechnen Sie wie im Beispiel.

a) Bei fünffachem Münzwurf genau zweimal Wappen: $P(X=2) = \binom{5}{2} \cdot 0{,}5^2 \cdot 0{,}5^3 = 0{,}3125$

b) Bei viermaligem Würfeln genau dreimal eine Sechs: ____________________

c) Bei zehnmaligem Drehen genau dreimal Blau: ____________________

d) Bei fünfmaligem Drehen genau viermal Grau: ____________________

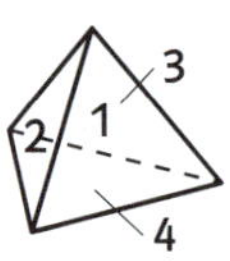

e) Bei neunmaligem Würfeln genau einmal die Eins: ____________________

f) Bei sechsmaligem Würfeln genau dreimal die Vier: ____________________

4 Richtig oder falsch?

a) Ein Bernoulli-Versuch hat stets genau zwei Versuchsausgänge.

b) Bernoulli-Versuche kann man mit einer Urne simulieren, indem man jeweils genau eine Kugel ohne Zurücklegen zieht.

c) Die Wahrscheinlichkeit, eine bestimmte Anzahl von Treffern in der Bernoulli-Kette zu haben, kann mit der Bernoulli-Formel berechnet werden.

d) Stellt man Bernoulli-Versuche als Baumdiagramm dar und hat die Bernoulli-Kette die Länge n, dann gibt der Binomialkoeffizient $\binom{n}{k}$ die Anzahl der Pfade an, bei der genau k Treffer zu verzeichnen sind.

1 Zwanzig zufällig ausgesuchte Personen werden befragt, ob sie an einem Sonntag geboren wurden. X ist die Anzahl der Personen, die an einem Sonntag geboren wurden.

a) Mit welcher Wahrscheinlichkeit trifft dies auf genau 2 Personen zu? $P(X = 2) \approx$ ______

b) Mit welcher Wahrscheinlichkeit trifft dies auf höchstens zwei Personen zu? $P(X \leq 2) \approx$ ______

c) Mit welcher Wahrscheinlichkeit trifft dies auf mindestens 3 Personen zu? ______

d) Mit welcher Wahrscheinlichkeit trifft dies auf mindestens 5 Personen zu? ______

2 Die Zufallsgröße X ist binomialverteilt mit den Parametern $n = 6$ und $p = 0{,}4$. Jeweils drei Karten beschreiben die Wahrscheinlichkeit des gleichen Ereignisses. Finden Sie zusammengehörige Karten und berechnen Sie deren Wahrscheinlichkeit.

$P(X \leq 3)$ | $P(1 \leq X \leq 5)$ | $1 - 0{,}4^6 - 0{,}6^6$ | $P(2 \leq X \leq 4)$ | $1 - P(X \leq 4)$ | $P(X \leq 4) - P(X \leq 1)$ | $P(X < 4)$ | $P(X \geq 5)$ | $1 - P(X \geq 4)$ | $1 - P(X = 0) - P(X = 6)$ | $P(X = 5) + P(X = 6)$ | $1 - P(X \geq 5) - P(X < 6)$

$P(X \leq 3) = P(\quad)$ ______ = ______ Ergebnis: ______

P(______) = ______ = ______ Ergebnis: ______

P(______) = ______ = ______ Ergebnis: ______

P(______) = ______ = ______ Ergebnis: ______

3 Ein Markthändler wird von einem Biobauern mit Eiern beliefert. Aus Erfahrung weiß er, dass ein geliefertes Ei mit einer Wahrscheinlichkeit von 60 % braun und sonst weiß ist.
Mit welcher Wahrscheinlichkeit sind in einem Karton mit 10 Eiern

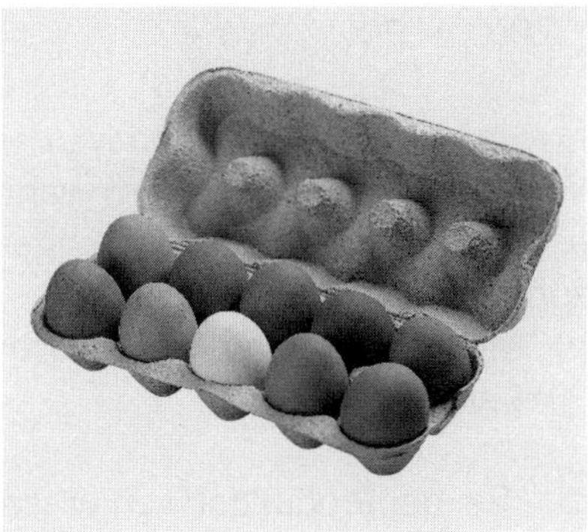

a) genau 4 braune Eier? ______

b) mindestens 4 braune Eier? ______

c) mindestens 4 weiße Eier? ______

d) mehr braune als weiße Eier? ______

e) mindestens 4, aber höchstens 7 weiße Eier? ______

f) von jeder Farbe mindestens drei Eier? ______

4 Ein idealer Würfel wird achtmal geworfen und jeweils das Ergebnis notiert. X sei dabei die Anzahl der Fünfen.

a) Begründen Sie, dass X eine binomialverteilte Zufallsgröße ist.

b) Berechnen Sie die folgenden Wahrscheinlichkeiten und formulieren Sie diese in einem Satz.

$P(X > 0) =$ ______

$P(X = 8) =$ ______

$P(X < 2) =$ ______

$P(X \leq 7) =$ ______ [T1]

[T1] Manchmal ist der Weg über das Gegenereignis der kürzere.

1 Ein Automat packt Streichhölzer ab. Dabei weicht durchschnittlich bei 2 von 100 Schachteln die Anzahl der Streichhölzer in der Schachtel von der vorgeschriebenen Anzahl ab. Mit welcher Wahrscheinlichkeit sind unter 100 Schachteln höchstens 3 Schachteln, die nicht die vorgesehene Anzahl Streichhölzer enthalten? [T1]

Die Anzahl X der ______________________ ist binomialverteilt

mit n = __________ und p = __________ : P(X ≤ __________) ≈ __________

2 Ein Parasitenbefall bei Hausschweinen kann durch besonderes Futter mit der Erfolgsaussicht von 80 % bekämpft werden. Mit welcher Wahrscheinlichkeit werden in einem Schweinezuchtbetrieb, deren 100 Schweine von Parasiten befallen sind, durch dieses Futter

a) mindestens 70 Schweine,

P(X ___) = ___

b) weniger als 80 Schweine geheilt? [T1]

P(X ___) = ___

3 Ein Fachgeschäft erhält eine Lieferung von 166 gleichartigen Handys. Leider hat die Lieferfirma bei 5 Verpackungen versäumt, das Netzteil beizulegen. Aus der Lieferung wird eine Stichprobe von 10 Handys genommen und auf Vollständigkeit überprüft.
Bestimmen Sie die Wahrscheinlichkeit folgender Ereignisse: [T1]

Ereignis A: In der Stichprobe sind höchstens 2 unvollständige Packungen. [T2]
Ereignis B: In der Stichprobe sind mindestens 4 unvollständige Packungen.
Ereignis C: Alle Packungen in der Stichprobe sind vollständig.

P(A) = P(X ___) = ___

P(B) = P(X ___) = ___

P(C) = P(X ___) = ___

4 In einer Werkskantine werden freitags ein Fischgericht und zwei weitere Menüs angeboten.
Von 100 Kantinenbenutzern wählt erfahrungsgemäß jeder dritte das Fischgericht.

a) Die Küche bereitet 33 Fischgerichte vor. Wie groß ist die Wahrscheinlichkeit, dass weitere Fischgerichte zubereitet werden müssen?

b) Wie viele Fischgerichte müssen vorbereitet werden, damit sie mit einer Wahrscheinlichkeit von mindestens 90 % ausreichen?

5 Bei der Produktion von wissenschaftlichen Taschenrechnern tritt ein bestimmter Fehler mit der Wahrscheinlichkeit von 0,25 % auf. Ein Kontrolleur benötigt für die Fehleranalyse einen fehlerhaften Taschenrechner. Wie viele Geräte müssen der Produktion mindestens entnommen werden, damit der Kontrolleur mit einer Wahrscheinlichkeit von mindestens 99 % wenigstens einen solchen Rechner findet?

Die Zufallsgröße X (Anzahl der Rechner mit diesem Fehler) ist __________ -verteilt mit p = ______ .

Zu berechnen ist n aus dem Ansatz P(X ≥ 1) ≥ ___ .

Es ist P(X ≥ 1) = 1 − ___ ≥ ___ , also P(X = ___) ≤ ___ . [T1], [T2]

6 Bei Polizeikontrollen auf der Autobahn stellt man fest, dass 15 % der Wohnwagen überladen sind. Für eine Öffentlichkeitskampagne eines Rundfunksenders will man mit drei Fahrern, die mit einem überladenen Wohnwagen unterwegs sind, ins Gespräch kommen.
Berechnen Sie die Mindestanzahl der zu kontrollierenden Wohnwagengespanne, damit mit einer Wahrscheinlichkeit von mindestens 90 % mindestens drei überladene Wohnwagen gefunden werden. [T3]

Die Anzahl X der überladenen Wohnwagen ist binomialverteilt mit p = ___ . Ansatz: P(X ___) ≥ ___

Lösung: ______________________

[T1] Legen Sie die Zufallsgröße fest. Schreiben Sie: Die Anzahl X der … ist binomialverteilt mit n = … und p = …
[T2] Manchmal ist der Weg über das Gegenereignis der kürzere. [T3] Setzen Sie für die gesuchte Größe probeweise geeignete Werte ein.

7 Für den Losverkauf während einer Benefizveranstaltung sollen 2000 Lose gedruckt werden. Das Festkomitee legte fest, dass ein Käufer von 10 Losen mit einer Wahrscheinlichkeit von mindestens 95 % mindestens ein Gewinnlos haben soll.

a) Ermitteln Sie durch schrittweise Näherung, wie viele Gewinnlose sich unter den gedruckten Losen befinden müssen, damit diese Forderung realisiert wird. [T1]

p	$B_{10;p}(0)$

b) Beschreiben Sie einen Weg zur Berechnung dieser Anzahl und berechnen Sie diese.

8 Für ein bestimmtes Spiel soll ein Würfel so manipuliert werden, dass die Sechs mit einer Wahrscheinlichkeit von 20 % fällt.
a) Wie oft muss man mit diesem Würfel mindestens würfeln, um mit einer Wahrscheinlichkeit von mindestens 99 % mindestens eine Sechs zu erhalten? [T2], [T3]
b) Wie müsste die Wahrscheinlichkeit für eine Sechs manipuliert werden, damit man bei 50 Würfen mit einer Wahrscheinlichkeit von mindestens 99 % mindestens eine Sechs erhält?

9 Auf einem Rummelplatz wird auf Röhrchen geschossen. Trifft man bei 10 Schuss mindestens k-mal, so erhält man einen Gewinn. Dabei soll die Gewinnwahrscheinlichkeit den Wert von 10 % nicht übersteigen, wenn der Schütze im Mittel von 3 Schüssen zweimal trifft. Wie sollte dafür der Wert von k festgelegt werden?

10 Bei der Fertigung von Spielzeugautos weist durchschnittlich jedes 35. Auto Mängel auf.
a) Mit wie vielen mängelbehafteten Autos muss man bei 220 Arbeitstagen pro Jahr rechnen, wenn pro Arbeitstag 630 Stück produziert werden?
b) Mit welcher Wahrscheinlichkeit ist unter 30 zufällig herausgegriffenen Autos höchstens eines mit Mängeln behaftet?
c) Wie viele Autos kann man der laufenden Produktion höchstens entnehmen, wenn man mit einer Wahrscheinlichkeit von 90 % nur einwandfreie Exemplare haben will?

11 Ein Flugzeug hat 94 Plätze. Die Fluggesellschaft verkauft aber 100 Tickets, weil laut ihrer Statistik durchschnittlich nur 90 % aller Gäste, die gebucht haben, zum Flug erscheinen,
a) Mit welcher Wahrscheinlichkeit finden alle erscheinenden Fluggäste einen Platz?

Die Anzahl X der erscheinenden Fluggäste ist binomialverteilt mit n = ___ und p = ___. ___
Treffer bedeutet, dass ein Fluggast zum Flug erscheint.

$P(X \leq \_\_) \approx$ ___

Mit einer Wahrscheinlichkeit von etwa ___ % erhält jeder Fluggast einen Platz.

b) Mit welcher Wahrscheinlichkeit muss mehr als ein Fluggast entschädigt werden?

$P(X \geq \_\_) \approx$ ___

Mit einer Wahrscheinlichkeit von mehr als ___ % muss mehr als ein Fluggast entschädigt werden.

[T1] Setzen Sie für die gesuchte Größe probeweise geeignete Werte ein. [T2] Beachten Sie, dass die Logarithmusfunktion negative Werte hat. [T3] Setzen Sie für die gesuchte Größe probeweise geeignete Werte ein.

1 In den folgenden Histogrammen sind binomialverteilte Zufallsgrößen X mit den Parametern n, p, μ und σ dargestellt. Ermitteln Sie die jeweils fehlenden Parameter. [T1]

(1)

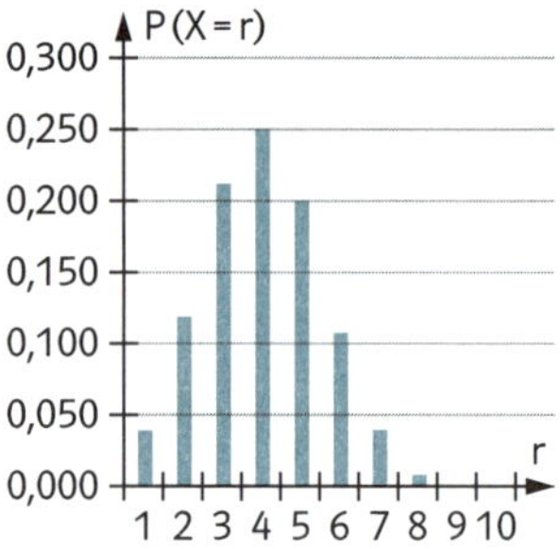

$p = 0{,}4;\ \mu = 4$

$\sigma =$ ___ ; $V =$ ___

(2)

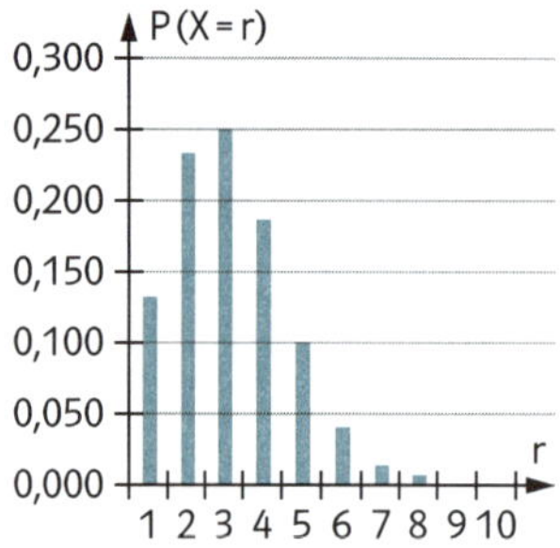

$n = 15;\ p = 0{,}2$

$\sigma =$ ___ ; $V =$ ___

(3)

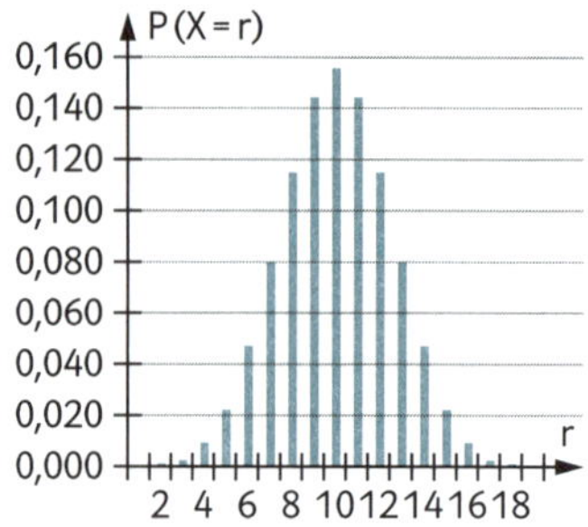

$V = 6{,}5$

$n =$ ___ ; $p =$ ___ ; $\sigma =$ ___

(4)

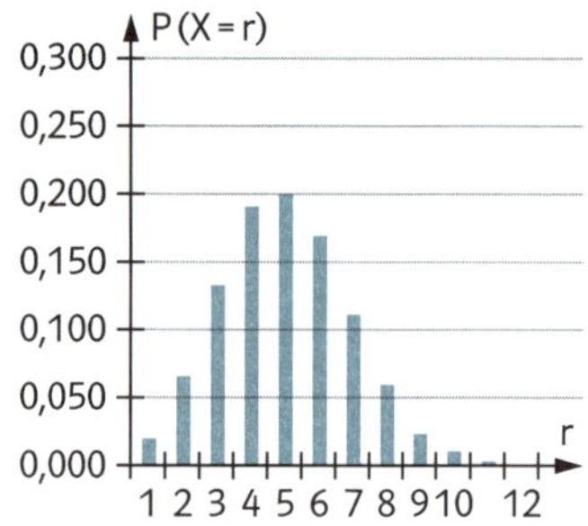

$p = 0{,}25$

$n =$ ___ ; $\sigma =$ ___ ; $V =$ ___

2 Sigma-Regeln sind bei der Binomialverteilung für den Praktiker wichtig. Die 1σ-Regel beschreibt die ______________________ der Zufallsgröße für das Intervall [__________ , __________]).
Man nennt P(________ ≤ X ≤ ________) ≈ 0,955 die ____________ und P(________ ≤ X ≤ ________) ≈ 0,997 die ____________. [T2]

3 Gegeben ist eine binomialverteilte Zufallsgröße mit $n = 1000$ und $p = 0{,}04$. Ermitteln Sie mithilfe der 3σ-Regel den Bereich, in dem sich 99,7% der Realisierungen dieser Zufallsgröße befinden.

$\mu =$ ___ $=$ ___ ; $\sigma =$ ___ $\approx$ ___

$\mu - 3\sigma \approx$ ___ ; $\mu + 3\sigma \approx$ ___ ; 3σ-Vertrauensbereich [___ ; ___]

4 Durch einen Produktionsfehler von Mikrochips geht man bei einem größeren Posten von einer Ausschusswahrscheinlichkeit von 10% aus. Dieser Posten wird zu einem günstigen Sonderpreis angeboten. Ein weiterverarbeitender Betrieb kauft 800 dieser Chips und hofft, dass er damit die von ihm benötigten 750 einwandfreien Chips erworben hat.
Prüfen Sie, ob diese Einschätzung mit einer 95%igen Sicherheit verträglich ist.

$n =$ ___ ; $p =$ ___

95%ige Sicherheit: $z =$ ___

σ-Intervall: ___ ≤ X ≤ ___

Die Annahme ist mit diesem Vertrauensintervall ______________________.

5 Rolf prahlt in seiner Klasse, dass er beim Torwandschießen im Durchschnitt mit jedem 4. Schuss trifft. In welchem Intervall kann man die Anzahl der Treffer bei einer Sicherheitswahrscheinlichkeit von 90% erwarten, wenn er zur Probe 40 Schüsse abgeben soll?
Rolf schafft 6 Treffer. Prüfen Sie, ob das mit seiner Behauptung verträglich ist.

$n =$ ___ ; $p =$ ___ ; $\mu =$ ___ ; $\sigma =$ ___ ; $z =$ ___

Sigma-Intervall: ______________________ bezogen auf die Zufallsgröße ist I [___ ; ___]

Die Aussage ist ______________, weil ______________________________.

[T1] Den Erwartungswert finden Sie bei der höchsten Säule. [T2] Die 3σ-Regel beschreibt die Wahrscheinlichkeit, dass die Zufallsgröße höchstens um das Dreifache vom Erwartungswert abweicht.

1 Vor dem Fußballspiel wird das Elfmeterschießen geübt. Der Torwart hält in 20 % der Fälle den Ball. Es wird fünfmal auf das Tor geschossen.
(1) Mit welcher Wahrscheinlichkeit hält er die ersten beiden Bälle?
(2) Mit welcher Wahrscheinlichkeit hält er keinen der fünf Bälle?
(3) Mit welcher Wahrscheinlichkeit hält er genau vier der fünf Bälle? [T1]

2 An einem Gymnasium steht es mit der Schulbesuchsmoral nicht zum Besten. Die Erfahrung zeigt, dass ein Schüler mit einer Wahrscheinlichkeit von $p = 0{,}05$ an einem Tag fehlt. Es besuchen 950 Schüler dieses Gymnasium.
a) Wie groß ist die Wahrscheinlichkeit, dass an einem bestimmten Tag weniger als 900 Schüler anwesend sind? Wie viele Schüler werden durchschnittlich täglich in der Schule sein?
b) In der Klasse von Herrn Heftig fehlen die Schüler sogar mit der Wahrscheinlichkeit von 0,1.
Wie groß ist die Wahrscheinlichkeit, dass Herr Heftig in seiner Klasse mit 26 Schülern an einem Tag weniger als 18 Schüler antrifft?
Herr Heftig hat sich vorgenommen, den Eltern jedes Schülers, der in seinem Unterricht fehlt, einen Brief zu schreiben. Wie viele Briefe muss er voraussichtlich schreiben, wenn er an 120 Schultagen in seiner Klasse unterrichtet? [T2]
Mit welcher Wahrscheinlichkeit sind erst an seinem 5. Unterrichtstag in der Klasse alle Schüler gleichzeitig anwesend? [T3]
Wie groß ist die Wahrscheinlichkeit, dass Herr Heftig höchstens 5 Tage warten muss, um seine komplette Klasse anzutreffen? [T3]
Wie viele Tage muss Herr Heftig warten, bis er mit einer Wahrscheinlichkeit von mindestens 90 % seine komplette Klasse antrifft? [T4]

3 Eine Schraubenfabrik liefert Schrauben der Länge 30 mm in Packungen zu 60 Stück aus. Erfahrungsgemäß sind 0,5 % aller in der Firma hergestellten Schrauben dieser Art fehlerhaft.
a) Geben Sie die Wahrscheinlichkeit dafür an, dass eine solche Packung keine fehlerhafte Schraube enthält.
b) Ermitteln Sie, wie viele Packungen wenigstens kontrolliert werden müssen, um mit einer Wahrscheinlichkeit von mindestens 95 % insgesamt wenigstens zwei fehlerhafte Schrauben zu finden. [T5]

4 Bei einem Wettbewerb wird von den Teilnehmern auf Basketballkörbe geworfen.
Pauls Trefferwahrscheinlichkeit liegt bei 0,4.
a) Bestimmen Sie die Wahrscheinlichkeit dafür, dass Paul bei 10 Würfen mindestens 5 Körbe wirft.
Wie oft muss Paul mindestens werfen, damit er mit einer Wahrscheinlichkeit von mindestens 0,9 wenigstens einmal trifft?
b) Maria und Lina aus der Klassenstufe 11 sehen sich die zehn Würfe von Paul an. Sie verabreden folgendes Spiel: Maria gibt Lina 3 €, wenn Paul mehr als 2 und weniger als 5 Treffer erzielt. Andernfalls erhält Maria von Lina 2 €. Ist dieses Spiel fair? Begründen Sie Ihre Entscheidung durch eine Berechnung.

5 Bei einer Lieferung von Transistoren wird von Hersteller eine Ausschussquote von 8 % angegeben.
a) Mit wie viel defekten Transistoren muss man bei einer Lieferung von 500 Transistoren rechnen, wenn man von einer Sicherheitswahrscheinlichkeit von 90 % ausgeht. Geben Sie dafür ein Intervall an.
b) Wie viel Transistoren müssen bestellt werden, damit man mit Sicherheitswahrscheinlichkeit von 99 % mindestens 480 funktionsfähige Transistoren erhält? [T6]

[T1] Die Anzahl der gehaltenen Bälle ist binomialverteilt mit $n = 5$ und $p = 0{,}2$. [T2] Wie viele Briefe pro Tag zu erwarten sind, gibt der Erwartungswert an. [T3] Günstig ist hier ein Baumdiagramm. [T4] Verwenden Sie die Anwesenheitswahrscheinlichkeit für die ganze Klasse, nicht für den einzelnen Schüler. [T5] Bezeichnen Sie mit n die Anzahl der kontrollierten Schrauben und schließen Sie dann auf die Anzahl der Packungen. [T6] Beachten Sie, dass die linke Grenze des Sigma-Intervalls $\le n - 480$ sein muss.

X Die Normalverteilung (1)

ab Lerneinheit 1

1 Berechnen Sie für die Gauß'sche Glockenfunktion $\varphi_{\mu;\sigma}(x) = \frac{1}{\sqrt{2\pi\cdot\sigma^2}} \cdot e^{-\frac{(x-\mu)^2}{2\sigma^2}}$ den Extrempunkt für die Standardwerte $\mu = 0$ und $\sigma = 1$ und weisen Sie nach, dass es sich um einen Hochpunkt handelt.

2 Berechnen Sie die Koordinaten der Wendepunkte für die Gauß'sche Glockenfunktion für die Standardwerte $\mu = 0$ und $\sigma = 1$.

3 Der Graph einer Funktion φ mit $\varphi_{\mu;\sigma}(x) = \frac{1}{\sqrt{2\pi\cdot\sigma^2}} \cdot e^{-\frac{(x-\mu)^2}{2\sigma^2}}$ ist in der nebenstehenden Fig. 1 abgebildet. Berechnen Sie aus den Koordinaten des Hochpunktes die Werte von μ und σ.

Der x-Wert des Hochpunktes ist ____ und der Funktionswert des Hochpunktes ist $\varphi_{\mu;\sigma}($ __ $) =$ ____.

Am Graphen liest man den Hochpunkt H(____ | ____) ab.

Es ist also $\mu =$ ____. Aus $\varphi(\mu) =$ ____ folgt die Gleichung $\frac{1}{\_\_\_\_} =$ ____ mit der Lösung $\sigma =$ ____.

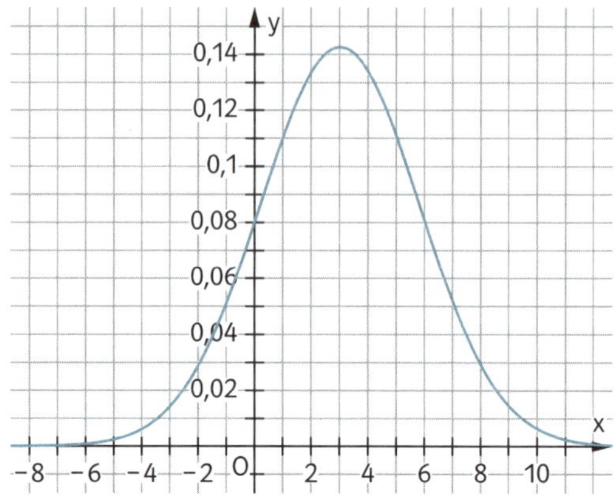

Fig. 1

4 Schätzen Sie die Werte für μ und σ in den folgenden Graphen der Funktion $\varphi_{\mu;\sigma}(x)$. Verwenden Sie dazu die Extrem- und Wendestellen. Berechnen Sie anschließend die Werte der jeweiligen Standardabweichung aus den Koordinaten der Hochpunkte.

a)

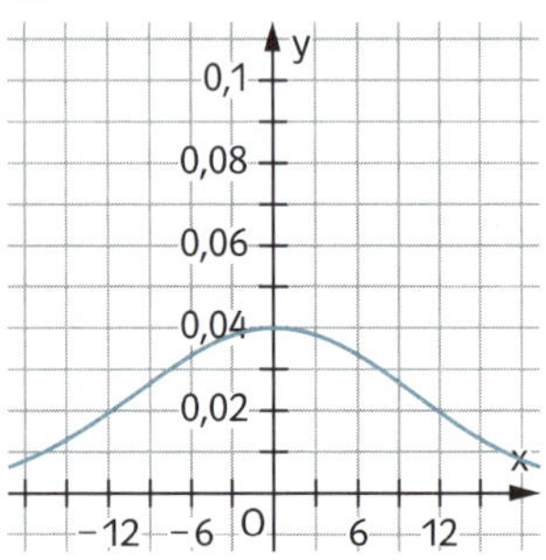

Fig. 2

b)

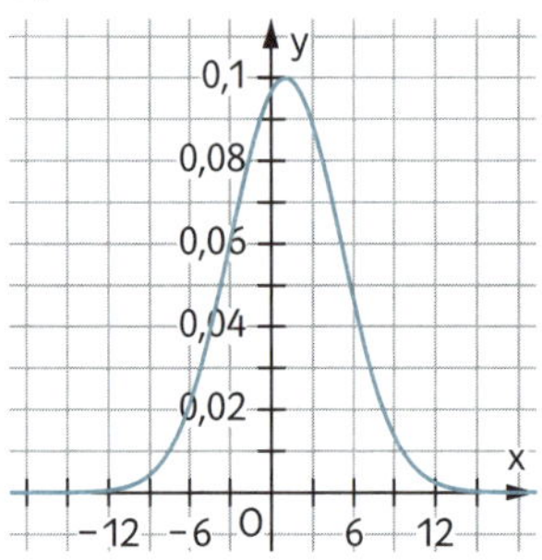

Fig. 3

c)

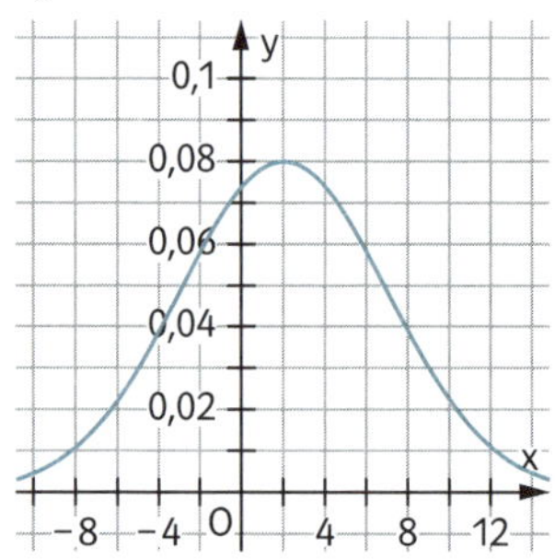

Fig. 4

d)

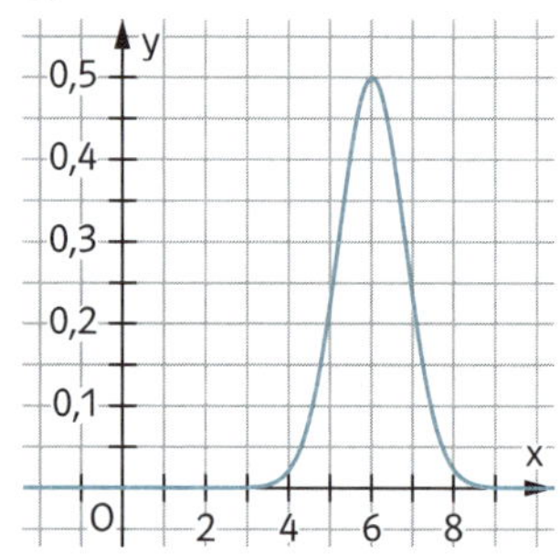

Fig. 5

Berechnen Sie nun die Werte der jeweiligen Standardabweichung aus den Koordinaten der Hochpunkte.

5 Eine Zufallsgröße X sei normalverteilt mit $\mu = 0$ und $\sigma = 1$. Ermitteln Sie

a) $P(X \le 1{,}2)$
b) $P(X \ge 1{,}15)$
c) $P(X > 0{,}92)$
d) $P(X < -0{,}9)$
e) $P(|X| < 0{,}4)$
f) $P(|X| > 1{,}6)$
g) $P(-0{,}88 < X < 0{,}44)$
h) $P(X = 0)$
i) den Wert u, wenn gilt $P(u < X) = 0{,}2$
j) den Wert u $(u > 0)$, wenn gilt $P(-u < X < u) = 0{,}4$.

6 Zu berechnen sind die Werte der Normalverteilung als Fläche unter der Funktion $\varphi_{\mu;\sigma}$ im Intervall I.

a) $\mu = 4;\ \sigma = 2;\ I(-\infty; 3)$: $P(X < 3) =$ ______________________

b) $\mu = 2;\ \sigma = 0{,}5;\ I(1{,}5; 2{,}5)$: $P(1{,}5 < X < 3) =$ ______________________

c) $\mu = -5;\ \sigma = 3;\ I(-4; \infty)$: $P(X > -4) =$ ______________________

7 Berechnen Sie die Wahrscheinlichkeit, dass bei einer normalverteilten Zufallsgröße X mit $\mu = 4{,}8$ und $\sigma = 2$ die Abweichung vom Erwartungswert kleiner als 0,3 ist.

8 Bei geologischen Untersuchungen an einer Gesteinsschicht stellte man über eine Vielzahl von Bohrproben gleicher Masse fest, dass die Masse m reinen Kupfers annähernd normalverteilt ist mit $\mu = 20{,}0\,g$ und der Standardabweichung $\sigma = 8\,g$.
Ermitteln Sie die Wahrscheinlichkeit, dass die Masse m an reinem Kupfer einer zufällig ausgewählten Probe im Bereich $15{,}0\,g < m < 25{,}0\,g$ liegt.

9 Das Geburtsgewicht G (in Gramm) von Jungen wird als normalverteilt mit den Parametern $\mu = 3300$ und $V = 640\,000$ angenommen.

a) Gesucht ist die Wahrscheinlichkeit eines „leichtgewichtigen" Jungen (G < 2200 g).

P(G ______) = ______

b) Berechnen Sie die Wahrscheinlichkeit eines „schweren" Jungen (G > 4000 g).

P(G ______) = ______

c) Berechnen Sie die Wahrscheinlichkeit für die Geburt eines Jungen, dessen Geburtsgewicht um mehr als 300 Gramm vom Erwartungswert abweicht.

P(|X − ______ | > ______) = 2 · P(G < ______) = ______

10 Bei der Produktion von Nägeln geht man davon aus, dass ihre Länge annähernd normalverteilt ist. Bei einer Überprüfung einer größeren Anzahl von Nägeln wurde festgestellt, dass in 1 % der Fälle die Länge dieser Nägel geringer als 85 mm und in 1 % aller Fälle die Länge der Nägel größer als 99 mm ist.
Berechnen Sie aus diesen Angaben den Erwartungswert der Länge der Nägel und die Standardabweichung.
[T1]

σ	P(X < 85)

Aus der ______________ der Glockenkurve folgt der Wert

$\mu =$ ______ .

P(X < 85) = ______ mit $\mu =$ ______ und unbekanntem σ.

Lösung: σ = ______

11 Für die Befüllung von Ampullen benutzt eine chemische Fabrik Automaten. Die Masse der Flüssigkeit in einer befüllten Ampulle ist annähernd normalverteilt mit dem Erwartungswert 1,62 g und der Standardabweichung 0,02 g.
Ermitteln Sie die Wahrscheinlichkeit dafür, dass die Masse der eingefüllten Flüssigkeit einer zufällig ausgewählten befüllten Ampulle zwischen 1,59 g und 1,63 g liegt.

$\mu =$ ______ ; $\sigma =$ ______ ; P(______ < X < ______) = ______

12 Die Zufallsgröße X beschreibe den Durchmesser von Kugeln (in mm) für ein Kugellager.
X sei normalverteilt mit $\mu = 5{,}12$ und $\sigma = 0{,}089$. Unter der Güteklasse A versteht man Kugeln, deren Durchmesser höchstens um σ vom Erwartungswert abweichen, für die Güteklassen B bzw. C gelten die Abweichungen 2σ und 3σ. Andere Kugeln sind unbrauchbar. Geben Sie die Toleranzintervalle für die einzelnen Güteklassen an und berechnen Sie die erwartete Anzahl in den einzelnen Güteklassen bei 10 000 überprüften Kugeln.

Güteklasse A: [5,12 − 1 · ______ ; ______]; [______ ; ______]; ______ % also etwa ______ Kugeln

Güteklasse B: [5,12 − 2 · ______ ; ______]; [______ ; ______]; ______ % also etwa ______ Kugeln

Güteklasse C: [5,12 − 3 · ______ ; ______]; [______ ; ______]; ______ % also etwa ______ Kugeln

Als ungeeignet werden ______________ = ______________ Kugeln erwartet.

[T1] Nutzen Sie die Symmetrie der Glockenkurve zur Bestimmung von μ. Die inverse Normalverteilung kann man dann als Funktion der Standardabweichung darstellen.

1 Eine Zufallsgröße X ist binomialverteilt mit $n = 100$ und $p = 0{,}2$.

a) Die Standardabweichung wird mit $\sigma =$ ____________ = ____________ berechnet.

b) Geben Sie $P(X \le 14)$ mithilfe der Binomialverteilung an: ____________

c) Prüfen Sie, ob die Laplace-Bedingung ________ erfüllt ist: ____________ [T1]

d) Nähern Sie den Wert von $P(X \le 14)$ durch die Normalverteilung an und berechnen Sie den prozentualen Fehler gegenüber dem Wert der Binomialverteilung.

Es ist $\mu =$ ______ und $\sigma =$ ______. Näherung: $P(X \le 14) =$ ______

Prozentualer Fehler: ______

2 Eine Druckerei druckt täglich 10 000 Formulare. Davon sind 4 % Ausschuss. Ausschussstücke treten unabhängig voneinander auf. Die Zufallgröße X beschreibe die Anzahl der Formulare einer Tagesproduktion, die nicht Ausschuss sind.

a) Prüfen Sie, ob die Laplace-Bedingung für die Näherung der Binomialverteilung durch die Normalverteilung erfüllt ist. [T1]

$n =$ ______ $p =$ ______ $\mu =$ ______ $\sigma =$ ______ Ergebnis: ____________

b) Berechnen Sie die Wahrscheinlichkeit dafür, dass mehr als 9580 Formulare einer Tagesproduktion kein Ausschuss sind.

i) mithilfe der Binomialverteilung

ii) mithilfe der Normalverteilung

c) Berechnen Sie die Wahrscheinlichkeit dafür, dass die Anzahl der Formulare einer Tagesproduktion, die nicht Ausschuss sind, um mehr als 10 Stück vom Erwartungswert der Zufallsgröße X abweichen.

Ansatz: ____________ Lösung: P(____________) = ______

3 Eine Klausur besteht aus 50 Testfragen, 8 kann der Kandidat richtig beantworten, bei den restlichen muss er raten. Mit welcher Wahrscheinlichkeit ungefähr erzielt er insgesamt mindestens 20, höchstens 30 richtige Antworten, wenn er mit $p = \frac{1}{3}$ richtig rät?

a) Lösen Sie die Aufgabe mithilfe der Binomialverteilung.

b) Zeigen Sie, dass die Voraussetzung für eine recht gute Näherungslösung mithilfe der Normalverteilung möglich ist und berechnen Sie diese.

4 Durch einen medizinischen Großversuch wurde festgestellt, dass in einer Bevölkerung durchschnittlich jede zehnte Person die Blutgruppe B hat. Bei einer Reihenuntersuchung werden 100 Personen auf ihre Blutgruppe untersucht. Die Wahrscheinlichkeit dafür, dass die Anzahl der Personen mit der Blutgruppe B zwischen 5 und 15 liegt (je ausschließlich), soll näherungsweise berechnet werden, indem die vorliegende Binomialverteilung durch eine geeignete Normalverteilung ersetzt wird. Berechnen Sie dann diese Wahrscheinlichkeit mit der Binomialverteilung und diskutieren Sie die Differenz beider Ergebnisse.

5 Mit einem idealen Würfel wird 10-mal gewürfelt.

a) Berechnen Sie die Wahrscheinlichkeit, dass mindestens eine Sechs fällt, mithilfe der Binomialverteilung und mithilfe der Normalverteilung. Stellen Sie beide Berechnungen gegenüber.

b) Begründen Sie, warum die Annäherung der Binomialverteilung durch die Normalverteilung keine sinnvollen Ergebnisse bringt.

[T1] Die Laplace-Bedingung ist $\sigma > 3$.

1 Ein Glücksrad ist in drei gleich große Sektoren eingeteilt, zwei blaue und ein gelber Sektor. Bei einem Experiment dreht man das Rad 200-mal und zählt, wie oft der gelbe Sektor angezeigt wird. Ermitteln Sie das β-Prognoseintervall für die relative Häufigkeit für β = 95,4 % auf zwei verschiedenen Wegen und vergleichen Sie das Ergebnis.

a) Berechnung mithilfe der Sigma-Regeln

Wegen β = 95,4 % verwendet man das ___ -Sigma-intervall.
Die Anzahl X der gezeigten gelben Sektoren ist binomialverteilt mit n = ___ und p = ___ .

$\mu =$ ___ $\quad \sigma = \sqrt{\frac{\_\_\_}{\_\_\_}} =$ ___

$\mu \pm$ ___ $\sigma =$ ___ $\pm$ ___ $\cdot$ ___

β-Prognoseintervall der ___

Häufigkeiten von X: [___ ; ___], das entspricht den relativen Häufigkeiten [___ ; ___].

b) Berechnung mit Formel für das Prognoseintervall

Die Anzahl X der gezeigten gelben Sektoren ist binomialverteilt n = ___ und p = ___ .

Wegen β = 95,4 % verwendet man z = ___ .

Das β-Prognoseintervall der ___

Häufigkeiten ist $\left[p - z \cdot \frac{\sqrt{p \cdot (1-p)}}{\sqrt{n}};\ p + z \cdot \frac{\sqrt{p \cdot (1-p)}}{\sqrt{n}}\right]$

= [___ ; ___] = [___ ; ___]

2 Der Zusammenhang zwischen dem Wert z im Sigmaintervall und der Sicherheitswahrscheinlichkeit β ist am Beispiel der Standardnormalverteilung (μ = 0; σ = 1) leicht zu sehen.

a) Zeigen Sie, dass dafür der Zusammenhang $2 \cdot \Phi_{0;1}(z) - 1 = \beta$ besteht.

$$2 \cdot \Phi_{0;1}(z) - 1 = 2 \cdot \left(\Phi_{0;1}(z) - \frac{\_\_\_}{\_\_\_}\right) = 2 \cdot \left(\int_{-\infty}^{\_\_\_} \varphi_{0;1}(x)\,dx - \int_{-\infty}^{\_\_\_} \varphi_{0;1}(x)\,dx\right) = 2 \cdot \int_{0}^{\_\_\_} \varphi_{0;1}(x)\,dx$$

$$= \int_{-z}^{z} \varphi_{0;1}(x)\,dx = P(-z < X < z) = \beta$$

b) Prüfen Sie, ob das in der Tabelle gegebene Zahlenpaar (z ; β) die Gleichung $2 \cdot \Phi_{0;1}(z) - 1 = \beta$ erfüllt und berechnen Sie alle fehlende Werte der Tabelle: [T1]

z	1	1,5			0,5	3		
β	0,683		0,95	0,8			0,90	0,6

3 Bei einen medizinischem Großversuch wurde festgestellt, dass in einer Bevölkerung durchschnittlich jede zehnte Person die Blutgruppe B hat. Bei einer Reihenuntersuchung werden 200 Personen auf ihre Blutgruppe untersucht.

a) Berechnen Sie: n = ___ p = ___ μ = ___ σ = ___

b) Wie viele Personen mit der Blutgruppe B sind dabei zu erwarten? Ergebnis: ___

c) Prüfen Sie, ob die vorliegende Binomialverteilung der Anzahl der Personen mit Blutgruppe B sinnvoll durch eine Normalverteilung angenähert werden kann. [T2]

Es ist σ ___ , also ist ___ .

d) Berechnen Sie das Prognoseintervall der relativen Häufigkeit dieser Blutgruppe bei dieser Reihenuntersuchung mit einer Sicherheitswahrscheinlichkeit von 90 %. [T3]

Prognoseintervall: ___

[T1] Für die Berechnung der Größe z eignet sich die inverse Normalverteilung. [T2] Prüfen Sie die Laplace-Bedingung.
[T3] Nutzen Sie die Erkenntnisse aus Aufgabe 2.

1 Bei einer Lieferung von Transistoren soll deren Ausschussprozentsatz untersucht werden. Eine Stichprobe vom Umfang $n = 500$ ergab $k = 40$ defekte Transistoren. In der Stichprobe sind also 8 % Ausschuss. Zwischen welchen Grenzen ist die Ausschussquote der gesamten Lieferung zu erwarten, wenn man von einem Konfidenzniveau $\beta = 0{,}90$ $(z = 1{,}645)$ ausgeht? [T1]
Wie verändern sich die Grenzen, wenn man ein Konfidenzniveau von 99 % $(z = 2{,}576)$ fordert?

n = k = z = $I_{90\%}$ = [;]

n = k = z = $I_{99\%}$ = [;]

2 Eine Werbefirma möchte wissen, wie hoch etwa der Anteil der Bevölkerung ist, der nach einer Werbekampagne für ein neues Produkt dieses schon ausprobiert hat. Von 1000 zufällig ausgewählten Personen geben 130 an, das neue Produkt bereits gekauft zu haben. Zur Sicherheitswahrscheinlichkeit $\beta = 0{,}90$ $(z = 1{,}645)$ soll ein Konfidenzintervall ermittelt werden. [T1]

n = k = z = $I_{90\%}$ = [;]

3 Bei einer Qualitätskontrolle eines Massenartikels waren von 200 überprüften Teilen 12 defekt. Ermitteln Sie ein Konfidenzintervall $(\beta = 0{,}95)$ für die unbekannte Ausschussquote. [T1], [T2]

n = k = z = $I_{95\%}$ = [;]

4 Bei einer Untersuchung an Schulanfängern ergab sich ein Anteil von 12 % Linkshändern. Ermitteln Sie ein Konfidenzintervall zur Sicherheitswahrscheinlichkeit $\beta = 0{,}95$, wenn
a) 100, b) 500, c) 1000, d) 2000, e) 5000 Schulanfänger
untersucht werden. [T1]

a) [;] b) [;] c) [;] d) [;] e) [;]

5 a) Um den Bekanntheitsgrad eines neuen Reinigungsmittels zu ermitteln, werden 700 Haushalte befragt. 123 befragte Haushalte geben an, diesen Artikel zu kennen. Geben Sie ein 95 %-Konfidenzintervall an. [T2]

n = k = z = Konfidenzintervall: [;]

b) Der Hersteller schlussfolgert aus der relativen Häufigkeit aufgrund der Stichprobengröße, dass die Wahrscheinlichkeit bei 19 % liegt. Berechnen Sie das Prognoseintervall und prüfen Sie diesen Ansatz auf Verträglichkeit.

n = k = z = Konfidenzintervall: [;]

Prognoseintervall: [;]

6 Ein defekter Parkscheinautomat eines Parkhauses codiert ca. 20 % aller Parkkarten so falsch, dass eine Ausfahrt nicht möglich ist. An einem Samstagvormittag möchten zwischen 9.30 Uhr und 10 Uhr 100 Autofahrer mit ihren Autos das Parkhaus verlassen.
In Arbeitsgruppen sollen die Schülerinnen und Schüler des Leistungskurses abschätzen, wie viele dieser Pkw-Fahrer mit einer Wahrscheinlichkeit von 0,955 entsprechende Probleme bei der Ausfahrt haben.
Die Arbeitsgruppe 1 löst das Problem mithilfe des 2σ-Intervalls. Die Arbeitsgruppe 2 ermittelt das Konfidenzintervall und schlussfolgert damit auf die Anzahl der Pkw-Fahrer, die entsprechende Probleme haben.
a) Berechnen Sie auf beiden Wegen das entsprechende Intervall für die Anzahl dieser Pkw-Fahrer.
b) Vergleichen Sie die Ergebnisse und suchen Sie nach einer Begründung für die Abweichung.
Welche Arbeitsgruppe hat damit die richtige Lösung gefunden?

[T1] Verwenden Sie in Ihrem Rechner das Intervall als Liste $\left\{p - z \cdot \frac{\sqrt{p \cdot (1-p)}}{\sqrt{n}}, p + z \cdot \frac{\sqrt{p \cdot (1-p)}}{\sqrt{n}}\right\}$. [T2] Für $\beta = 0{,}95$ gilt $z = 1{,}96$.

1 Zu berechnen sind die Flächeninhalte unter der Dichtefunktion im gegebenen Intervall.
a) $\mu = 6;\ \sigma = 0{,}6;\ I = (-\infty, 5)$
b) $\mu = 12;\ \sigma = 4;\ I = (10, \infty)$

2 Berechnen Sie den Wert von a mithilfe der Normalverteilung mit $\mu = 12$ und $\sigma = 4$, wenn gilt:
a) $P(X < a) = 0{,}5$
b) $P(1 < X < a) = 0{,}2$
c) $P(|X - \mu| < a) = 0{,}4$

3 Die Körpergröße (in cm) von Kindern eines bestimmten Alters ist etwa normalverteilt mit $\mu = 90$ und $\sigma = 8$.
a) Wie viel Prozent dieser Kinder sind höchstens 87 cm groß?
b) Wie viel Prozent dieser Kinder sind mindestens 86 cm und höchstens 95 cm groß?

4 Die Beschäftigten einer Firma sind zu 60 % weiblich und zu 40 % männlich. Die Körpergröße X der Frauen ist angenähert normalverteilt mit $\mu_x = 165\,\text{cm}$ und $\sigma_x = 4\,\text{cm}$, die Körpergröße Y der Männer ist angenähert normalverteilt mit $\mu_y = 173\,\text{cm}$ und $\sigma_y = 8\,\text{cm}$. Mit welcher Wahrscheinlichkeit ist ein zufällig ausgesuchter Beschäftigter dieser Firma größer als 170 cm?

5 Eine Zufallsgröße X ist normalverteilt mit unbekanntem μ und $\sigma = 0{,}4$. Berechnen Sie den Wert von μ wenn $P(X < 2) = 0{,}6$ ist.

6 Eine Zufallsgröße Y ist normalverteilt mit $\mu = 8$ und unbekanntem σ. Berechnen Sie den Wert von σ wenn $P(Y \geq 7) = 0{,}7$ ist.

7 Eine Klausur besteht aus 20 Testfragen mit jeweils 5 Auswahlantworten, von denen genau eine richtig ist. Der Kandidat kreuzt willkürlich ohne Nachdenken jeweils eine Auswahlantwort an. Erstellen Sie ein Prognoseintervall zur Sicherheitswahrscheinlichkeit $\beta = 90\,\%$ für die Anzahl richtig beantworteter Fragen dieser Klausur. Mit welcher Wahrscheinlichkeit wird er mindestens 10 Fragen richtig beantworten?

8 Die Brenndauer einer speziellen Beamerlampe (in Stunden) sei angenähert normalverteilt mit der Standardabweichung $\sigma = 10$. Eine Stichprobe von 100 Stück ergab die mittlere Brenndauer von 1152 Stunden. Berechnen Sie ein Vertrauensintervall für μ zu $\beta = 0{,}95$.

9 In einem Fahrzeugsimulator wurden an Testpersonen Reaktionszeitmessungen durchgeführt. Nach 165 Messungen hatte man 28-mal festgestellt, dass der Proband die übliche „Schrecksekunde" überschreitet. Ermitteln Sie das Konfidenzintervall zur Sicherheitswahrscheinlichkeit $\beta = 0{,}95$ für die Wahrscheinlichkeit, dass eine zufällig ausgewählte Person die Schrecksekunde überschreitet.

Lineare Gleichungssysteme (LGS)

Gauß-Verfahren zum Lösen von LGS mit n Variablen

1. Man entfernt die Variable x_1 mithilfe einer Gleichung durch Äquivalenzumformungen (Multiplikation einer Gleichung mit $c \neq 0$; Ersetzen einer Gleichung durch die Summe oder Differenz dieser Gleichung und einer anderen Gleichung; Vertauschen von zwei Gleichungen) aus allen anderen Gleichungen.
2. Mit den restlichen Gleichungen verfährt man nun schrittweise nach dem gleichen Verfahren für die Variablen x_2, x_3 usw. Man erhält damit eine Stufenform.
3. Man löst die Gleichungen der Stufenform schrittweise nach den Variablen $x_n, \ldots, x_1$ auf.

Beispiel:

$$\left|\begin{array}{rcl} 1x_1 + 1x_2 + 2x_3 &=& 7 \\ -1x_1 + 0x_2 + 3x_3 &=& 10 \\ 2x_1 - 1x_2 - 2x_3 &=& -1 \end{array}\right|$$

$$\left|\begin{array}{rcl} 1x_1 + 1x_2 + 2x_3 &=& 7 \\ +1x_2 + 5x_3 &=& 17 \\ -3x_2 - 6x_3 &=& -15 \end{array}\right|$$

1. Gleichung wird übernommen
2. + 1. Gleichung: x_1 wird entfernt
3. − 2 · 1. Gleichung: x_1 wird entfernt

$$\left|\begin{array}{rcl} 1x_1 + 1x_2 + 2x_3 &=& 7 \\ +1x_2 + 5x_3 &=& 17 \\ 9x_3 &=& 36 \end{array}\right|$$

3. + 3 · 2. Gleichung: x_2 wird entfernt

$x_3 = 4;\ x_2 = -3;\ x_1 = 2$

$L = \{(2; -3; 4)\}$

Anzahl der Lösungen

Ein lineares Gleichungssystem hat entweder genau eine Lösung, keine Lösung oder unendlich viele Lösungen.

Ein LGS hat keine Lösung, wenn sich in einer Gleichung durch Äquivalenzumformungen ein Widerspruch ergibt.

Beispiel:
Durch Umformungen eines LGS ergibt sich:

$$\left|\begin{array}{rcl} 1x_1 + 2x_2 + 5x_3 &=& 8 \\ +1x_2 - 1x_3 &=& 0 \\ 0 &=& 6 \end{array}\right|$$

Widerspruch in der dritten Gleichung

$L = \{\ \}$

Ein LGS hat unendlich viele Lösungen, wenn das LGS nach vollständiger Umformung in die Stufenform mehr Variablen als Gleichungen hat.

Beispiel:
Durch Umformungen eines LGS ergibt sich:

$$\left|\begin{array}{rcl} 1x_1 + + 3x_3 &=& 5 \\ 2x_2 + 1x_3 &=& 4 \\ 0 &=& 0 \end{array}\right|$$

Man setzt für eine Variable einen Parameter ein.

Setze $x_3 = t$

$x_2 = 2 - \frac{1}{2}t;\ x_1 = 5 - 3t$

$L = \left\{\left(5 - 3t; 2 - \frac{1}{2}t; t\right) \middle|\, t \in \mathbb{R}\right\}$

Steigung von Funktionsgraphen

Steigung des Graphen einer Funktion f an der Stelle x_0
Gemeint ist die Steigung m der Tangente: $m = f'(x_0)$
1. Schritt: $f'(x)$ ermitteln
2. Schritt: x_0 einsetzen, also $m = f'(x_0)$ berechnen

Beispiel: $f(x) = x^2$; $x_0 = 3$
$f'(x) = 2x$
$m = f'(3) = 2 \cdot 3 = 6$

An welchen Stellen x_0 hat der Graph von f die Steigung m?
Gegeben: $m = f'(x_0)$
1. Schritt: $f'(x)$ ermitteln
2. Schritt: $m = f'(x_0)$ ansetzen und nach x_0 auflösen

Beispiel: $f(x) = -x^2 + 3x$; $m = -1$
$f'(x) = -2x + 3$
$-1 = f'(x_0) = -2x_0 + 3 \quad x_0 = 2$

Monotonie
1. Schritt: $f'(x)$ ermitteln
2. Schritt: Bedingung $f'(x_0) \geq 0$ nach x_0 auflösen, um das Intervall zu erhalten, in dem der Graph von f streng monoton wächst
3. Schritt: Monotonie im gesamten Definitionsbereich von f angeben

Beispiel: $f(x) = x^2$
$f'(x) = 2x \begin{cases} > 0, & \text{wenn } x > 0 \\ < 0, & \text{wenn } x < 0 \end{cases}$
streng monoton fallend $(-\infty, 0]$
streng monoton wachsend $[0, \infty)$

Tangente und Normale

Gleichung der Tangente an den Graph von f im Punkt $P(x_0 \mid f(x_0))$
1. Schritt: $f'(x)$ ermitteln, x_0 für x einsetzen
$f'(x_0) = m_t$
2. Schritt: $y_0 = f(x_0)$ berechnen
3. Schritt: Tangente mit errechnetem Anstieg ansetzen

$y = m_t x + b$ geht durch $(x_0 \mid y_0)$

$\Rightarrow b = \ldots$

4. Schritt: Tangentengleichung angeben

oder alternativ zur Schrittfolge die allgemeine Tangentengleichung $y = f'(x_0) \cdot (x - x_0) + f(x_0)$ verwenden

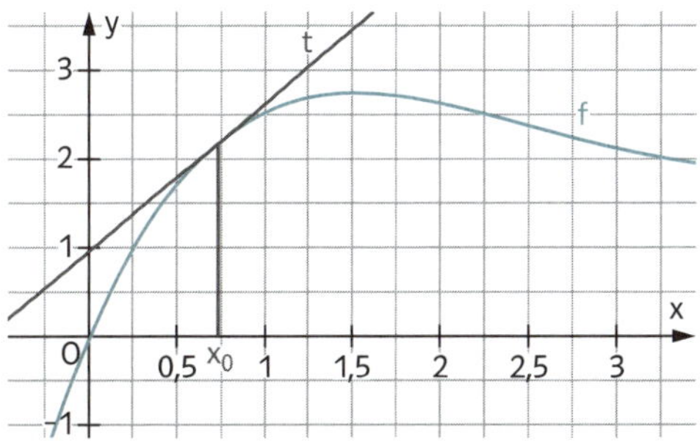

Beispiel: $f(x) = x^2$; $x_0 = 3$
$f'(x) = 2x$; $m = f'(3) = 6$; $f(3) = 9$
$y = 6x + b$ geht durch $(3 \mid 9)$
$9 = 6 \cdot 3 + b \quad b = -9$
Tangente t: $y = 6x - 9$

Gleichung der Tangente durch einen Punkt außerhalb des Graphen
Gegeben: $P(a \mid b)$, $f(x)$
Gesucht: Berührstelle x_0, Tangentengleichung
1. Schritt: m in Anhängigkeit von x_0 ermitteln: $m = f'(x_0)$
2. Schritt: $x = a$ und $y = b$ in die allgemeine Tangentengleichung $y = f'(x_0) \cdot (x - x_0) + f(x_0)$ einsetzen, x_0 berechnen
3. Schritt: x_0 in die allgemeine Tangentengleichung einsetzen

Beispiel: $f(x) = \sqrt{x}$; $P(-1 \mid 0)$
$m = f'(x_0) = \frac{1}{2 \cdot \sqrt{x_0}}$
$0 = \frac{1}{2 \cdot \sqrt{x_0}}(-1 - x_0) + \sqrt{x_0} \quad x_0 = 1$
$y = \frac{1}{2 \cdot \sqrt{1}}(x - 1) + \sqrt{1} = \frac{1}{2}x + \frac{1}{2}$

Gleichung der Normalen
Die Normale ist eine Gerade, die den Graphen der Funktion senkrecht schneidet.
1. Schritt: die Steigung m_n mit $m_n = -\frac{1}{m_t}$ aus der Steigung der Tangente m_t berechnen
2. Schritt: die Koordinaten des Punktes $P(x_0 \mid f(x_0))$ in $y = m_n x + b$ mit $x = x_0$ und $y = f(x_0)$ einsetzen und nach b auflösen
3. Schritt: Normalengleichung in der Form $y = m_n x + b$ angeben

Beispiel: $f(x) = x^2 - 3x \quad x_0 = 1$
$f'(x) = 2x - 3$
$m = -\frac{1}{f'(1)} = -\frac{1}{-1} = 1$
$y = x + b$ geht durch $(1 \mid -2)$
$-2 = 1 + b \quad b = -3$
Normale n: $y = x - 3$

Zwei Funktionen

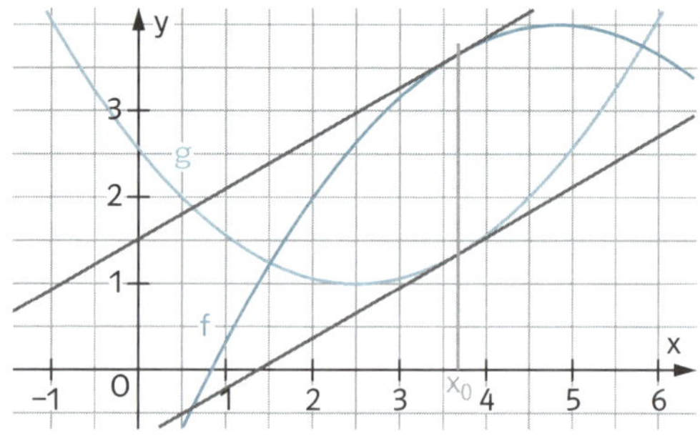

Stelle x_0 mit gleicher Steigung der Graphen von f und g
Es muss für diesen Wert x_0 gelten, dass die Steigung der beiden Graphen an dieser Stelle gleich groß ist.
1. Schritt: $f'(x_0) = g'(x_0)$ ansetzen
2. Schritt: Gleichung nach x_0 auflösen

Beispiel: $f(x) = 4x^2$; $g(x) = \frac{1}{x}$

Ansatz: $8x_0 = -\frac{1}{x_0^2}$ mit der Lösung $x_0 = -\frac{1}{2}$

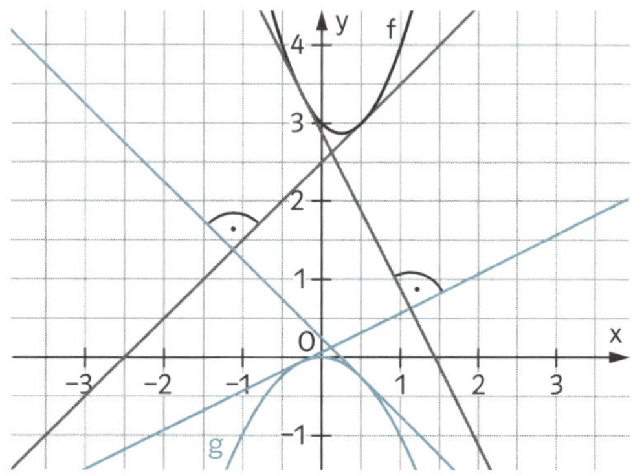

Stelle x_0 mit zueinander senkrechten Tangenten
1. Schritt: Ansatz $f'(x_0) = -\frac{1}{g'(x_0)}$
2. Schritt: Gleichung nach x_0 auflösen

Beispiel: $f(x) = 2x^2 - x + 3$; $g(x) = -x^2$
Ansatz: $4x_0 - 1 = \frac{1}{2x_0}$ mit den Lösungen $x_1 = \frac{1}{2}$ und $x_2 = -\frac{1}{4}$

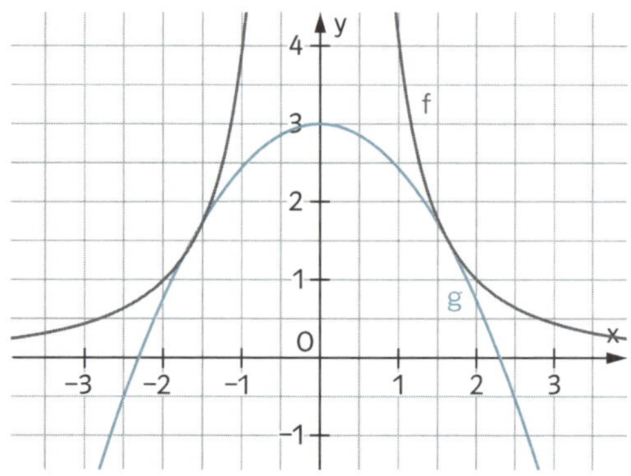

Die Graphen von f und g berühren sich bei x_0
(Es muss $f'(x_0) = g'(x_0)$ und $f(x_0) = g(x_0)$ gelten)
1. Schritt: aus $f'(x_0) = g'(x_0)$ Stellen x_0 mit gleicher Steigung ermitteln
2. Schritt: prüfen, ob an den Stellen x_0 die Gleichung $f(x_0) = g(x_0)$ für gleiche Funktionswerte erfüllt ist

Beispiel: $f(x) = \frac{4}{x^2}$; $g(x) = 3 - \frac{9}{16}x^2$

$f'(x_0) = g'(x_0)$ $\quad -\frac{8}{x_0^3} = -\frac{9}{8}x_0$ $\quad x_0^4 = \frac{64}{9}$ $\quad x_0 = \pm\sqrt{\frac{8}{3}}$

$f\left(\pm\sqrt{\frac{8}{3}}\right) = 4 \cdot \frac{3}{8} = \frac{3}{2}$; $g\left(\pm\sqrt{\frac{8}{3}}\right) = 3 - \frac{9}{16} \cdot \frac{8}{3} = \frac{3}{2}$

Die Funktionen f und g berühren sich an der Stellen $-\sqrt{\frac{8}{3}}$ und $\sqrt{\frac{8}{3}}$.

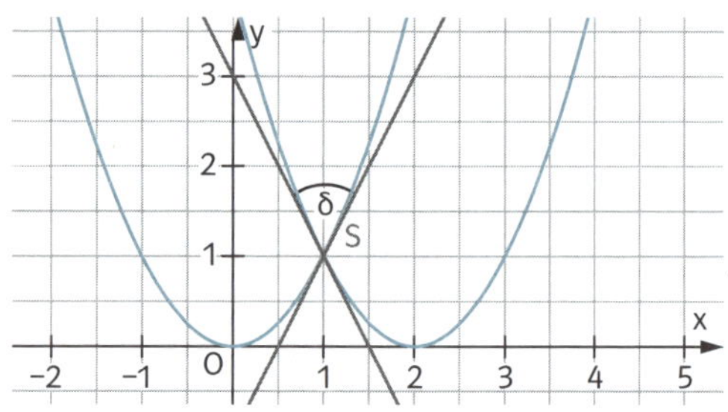

Schnittpunkt und -winkel der Graphen zweier Funktionen
1. Schritt: Schnittstelle x_S mit $f(x_S) = g(x_S)$ berechnen
2. Schritt: $y_S = f(x_S)$ berechnen und Schnittpunkt $S(x_S \mid y_S)$ angeben
3. Schritt: $f'(x)$ und $g'(x)$ berechnen: $m_1 = f'(x_S)$; $m_2 = g'(x_S)$
4. Schritt: mit $\tan(\delta) = \left|\frac{m_2 - m_1}{1 + m_1 \cdot m_2}\right|$ den Winkel berechnen

Beispiel: $f(x) = x^2$; $g(x) = x^2 - 4x + 4$
Schnittstelle: $x_S = 1$; Schnittpunkt $(1 \mid 1)$

$m_1 = f'(1) = 2$; $m_2 = g'(1) = -2$

$\tan\delta = \left|\frac{-2-2}{1+2\cdot(-2)}\right| = \frac{4}{3}$ $\qquad \delta = 53{,}13°$

Charakteristische Punkte des Graphen einer Funktion

Schnittpunkte mit den Koordinatenachsen

Schnitt mit der y-Achse: $f(0)$ berechnen; Schnittpunkt $(0 \mid f(0))$

Schnitt mit der x-Achse:

1. Schritt: Ansatz $f(x_0) = 0$
2. Schritt: x_0 ermitteln

Methoden: Auflösen nach x_0, Lösungsformel für quadratische Gleichungen, Substitution, Polynomdivision, Darstellung als Nullprodukt, um die Faktoren einzeln zu betrachten

Beispiel: $f(x) = (x - 3) \cdot (x^2 + 2x + 1)$
Umformung: $f(x) = (x - 3) \cdot (x + 1)^2$
Schnitt mit der y-Achse: $f(0) = -3$;
$P_0(0 \mid -3)$
Schnitt mit der x-Achse: $f(x_0) = 0$
$x_1 = 3$; $x_2 = -1$
$P_1(3 \mid 0)$; $P_2(-1 \mid 0)$

Lokale Extrempunkte

1. Schritt: aus $f'(x_0) = 0$ als notwendiger Bedingung Stellen x_0 ermitteln
2. Schritt: $f''(x_0) \neq 0$ oder Vorzeichenwechsel der 1. Ableitung sind hinreichend für die Existenz einer lokalen Extremstelle.
3. Schritt: Funktionswert an der Stelle x_0 berechnen und Punkt angeben

Beispiel: $f(x) = x^3 - 3x^2 - 24x + 3$
$f'(x) = 3x^2 - 6x - 24$
$f''(x) = 6x - 6$
Mit Lösungsformel: $x_1 = -2$; $x_2 = 4$
$f''(-2) = -18 < 0$; $f''(4) = 18 > 0$
$H(-2 \mid 31)$; $T(4 \mid -77)$

Wendepunkte

1. Schritt: Aus $f''(x_0) = 0$ als notwendiger Bedingung Stellen x_0 ermitteln
2. Schritt: $f'''(x_0) \neq 0$ oder Vorzeichenwechsel der 2. Ableitung sind hinreichend für die Existenz einer Wendestelle.
3. Schritt: Funktionswert an der Stelle x_0 berechnen und Punkt angeben

Beispiel: $f(x) = x^3 - 3x^2 - 24x + 3$
$f'(x) = 3x^2 - 6x - 24$
$f''(x) = 6x - 6 = 0$; $f'''(x) = 6$
$x_0 = 1$
$f'''(1) = 6 \neq 0$
$f(1) = -23$; $W(1 \mid -23)$

Sattelpunkte

Wendepunkt mit waagerechter Tangente.

1. Schritt: Aus $f''(x_0) = 0$ mögliche Wendestellen ermitteln.
2. Schritt: Gilt bei x_0 auch: $f'(x_0) = 0$ und ist x_0 Nullstelle von f' ohne Vorzeichenwechsel, so ist $(x_0 \mid f(x_0))$ Sattelpunkt.

Beispiel: $f(x) = x^4 - 2x^3 + 1$
Aus $f''(x_0) = 0$ folgt $x_1 = 0$ und $x_2 = 1$.
An der Stelle $x_0 = 0$ hat f einen Sattelpunkt, weil $f'(0) = 0$ und $f'(x) = 4x^3 - 6x^2 = 2x^2 \cdot (2x - 3)$ bei 0 eine Nullstelle ohne Vorzeichenwechsel hat.

Integrale berechnen

Berechnung von Integralen der Form $\int_a^b f(x)\,dx$

1. Schritt: eine Stammfunktion F von f bestimmen
2. Schritt: das Integral hat den Wert $F(b) - F(a)$

Beispiel:

$$\int_1^5 \left(1 + \frac{2}{x^2}\right) dx = \left[x - \frac{2}{x}\right]_1^5 = \left(5 - \frac{2}{5}\right) - \left(1 - \frac{2}{1}\right) = 5{,}6$$

Berechnung einer Integrationsgrenze bei gegebenem Integralwert

1. Schritt: eine Stammfunktion F von f bestimmen
2. Schritt: den Integralwert mit $F(b) - F(a)$ gleichsetzen

Beispiel: $\int_2^b \left(\frac{20}{x^2}\right) dx = 3$ $\quad F(x) = -\frac{20}{x}$;

$F(b) - F(2) = -\frac{20}{b} - \left(-\frac{20}{2}\right) = 10 - \frac{20}{b} = 3$;

$b = \frac{20}{7}$

Uneigentliche Integrale berechnen

1. Schritt: eine Grenze durch den Parameter z ersetzen
2. Schritt: Integral in Abhängigkeit von z berechnen
3. Schritt: für z eine Grenzbetrachtung durchführen

Beispiel: $\int_2^\infty \left(\frac{20}{x^2}\right) dx$

$$\int_2^z \left(\frac{20}{x^2}\right) dx = \left[-\frac{20}{x}\right]_2^z = -\frac{20}{z} - (-10) = 10 - \frac{20}{z};$$

$$\int_2^z \left(\frac{20}{x^2}\right) dx \to 10 \text{ für } z \to \infty$$

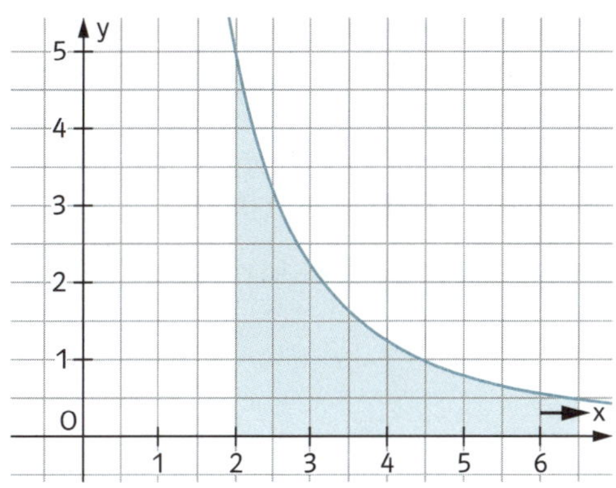

Flächenberechnungen

Berechnung des Inhalts der vom Graphen von f und der x-Achse eingeschlossenen Fläche

1. Schritt: Schnittstellen mit der x-Achse bestimmen
2. Schritt: Zwischen benachbarten Schnittstellen integrieren. Liegt die Fläche unterhalb der x-Achse, so ist der Betrag des Integrals zu nehmen.

Beispiel: $f(x) = x^3 - 8x^2 + 15x$

$x^3 - 8x^2 + 15x = 0;\quad x \cdot (x^2 - 8x + 15) = 0;\quad x_1 = 0;\quad x_2 = 3;\quad x_3 = 5$

$\int_0^3 (x^3 - 8x^2 + 15x)\,dx = \left[\frac{1}{4}x^4 - \frac{8}{3}x^3 + \frac{15}{2}x^2\right]_0^3 = \frac{81}{4} - 72 + \frac{135}{2} - 0 = 15\frac{3}{4}$

Der Flächeninhalt beträgt $15\frac{3}{4} + 5\frac{1}{3} = 21\frac{1}{12}$.

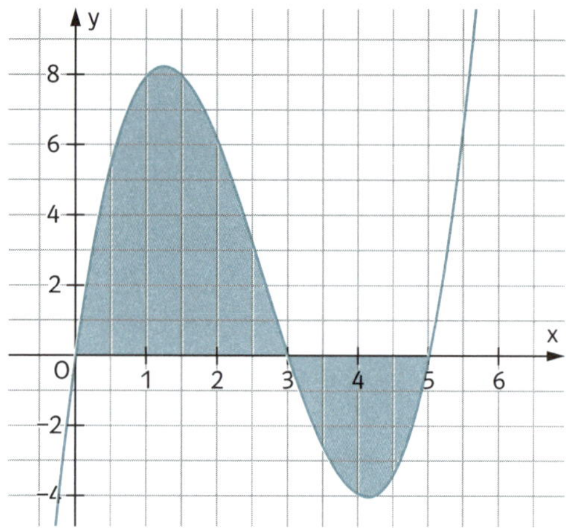

Berechnung des Inhalts der von den Graphen von f und g eingeschlossenen Fläche

1. Schritt: Schnittstellen mithilfe des Ansatzes $f(x) = g(x)$ bestimmen
2. Schritt: A ist der Betrag des Integrals der Differenzfunktion $f - g$ zwischen den Schnittstellen. (Bei mehr als zwei Schnittstellen ist A die Summe dieser Beträge zwischen benachbarten Schnittstellen.)

Beispiel: $f(x) = -x + 7;\quad g(x) = -x^2 + 6x - 3$

$-x + 7 = -x^2 + 6x - 3;\quad -x^2 + 7x - 10 = 0;\quad x_1 = 2;\quad x_2 = 5$

$\int_2^5 (x^2 - 7x + 10)\,dx = \left[\frac{1}{3}x^3 - \frac{7}{2}x^2 + 10x\right]_2^5 = \frac{125}{3} - \frac{175}{2} + 50 - \left(\frac{8}{3} - \frac{28}{2} + 20\right)$

$= -4{,}5$

Der Flächeninhalt beträgt $+4{,}5$.

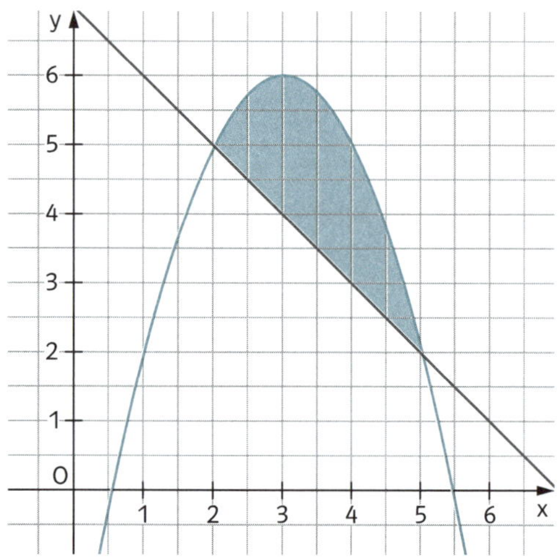

Rekonstruieren einer Größe

Integralfunktion I_a zur unteren Grenze a bestimmen

1. Schritt: Stammfunktion F von f bestimmen
2. Schritt: $I_a(x) = F(x) - F(a)$ berechnen

Beispiel: $f(x) = 3x^2 - 4x;\quad a = 3$

Stammfunktion: $F(x) = x^3 - 2x^2$

Intergralfunktion: $I_3(x) = x^3 - 2x^2 - (27 - 18)$

$I_3(x) = x^3 - 2x^2 - 9$

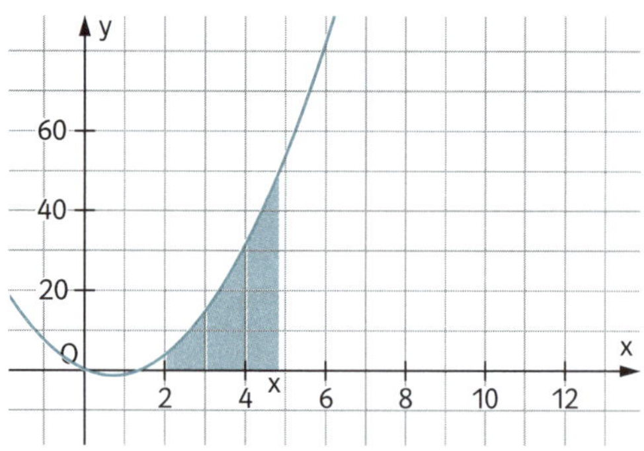

Gesamtänderung einer Größe berechnen

Ist f die Änderungsrate einer Größe, so ist $F(b) - F(a) = \int_a^b f(x)\,dx$ die Gesamtänderung der Größe F im Intervall [a; b].

Beispiel:

Geschwindigkeit eines Fahrzeugs:

$v(t) = 0{,}6t^2\quad (v(t) \text{ in } \frac{m}{s};\ t \text{ in s})$:

Zurückgelegte Strecke in m: $s(t) = \int_0^t (0{,}6x^2)\,dx = [0{,}2x^3]_0^t = 0{,}2t^3$

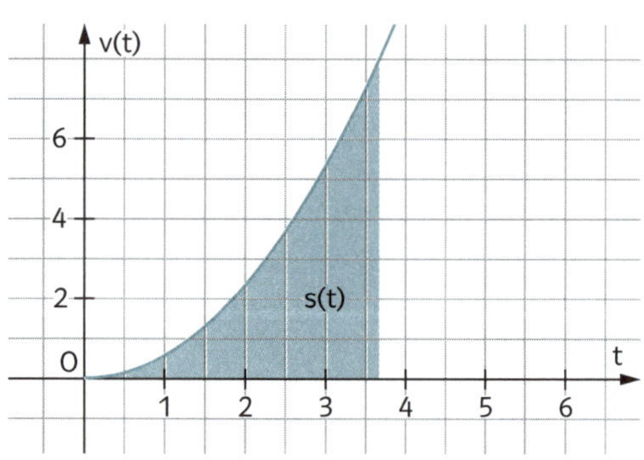

Rotationsvolumen

Volumen eines rotationssymmetrischen Körpers berechnen

Wenn die Fläche zwischen dem Graph von f und der x-Achse über dem Intervall [a; b] um die x-Achse rotiert, entsteht ein rotationssymmetrischer Körper mit dem Volumen $V = \pi \int_a^b (f(x))^2\,dx$.

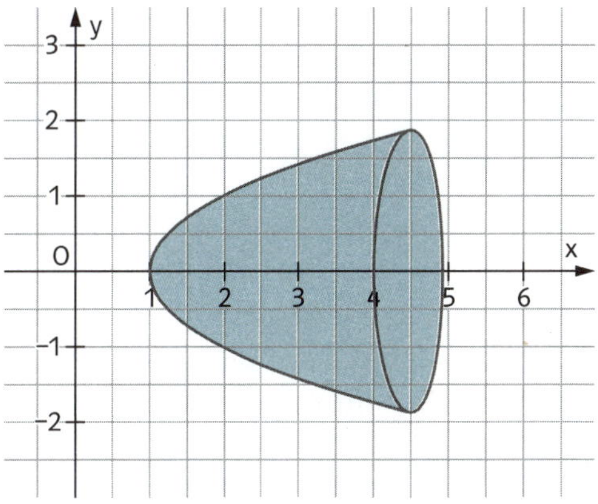

Beispiel: Die Fläche zwischen dem Graphen der Funktion f mit $f(x) = \sqrt{x-1}$ und der x-Achse rotiert im Intervall [1; 4,5] um die x-Achse.

$$V = \pi \cdot \int_1^{4,5} (\sqrt{x-1})^2\,dx = \pi \cdot \int_1^{4,5} (x-1)\,dx = \pi \cdot \left[\tfrac{1}{2}x^2 - x\right]_1^{4,5}$$

$$= \pi \cdot \left[\left(\tfrac{81}{8} - 4,5\right) - \left(\tfrac{1}{2} - 1\right)\right] = \tfrac{49}{8}\pi \,(\approx 19,24)$$

Wenn die Fläche zwischen den Graphen von f und g über dem Intervall [a; b] um die x-Achse rotiert, entsteht ein rotationssymmetrischer Körper mit dem Volumen

$$V = \left|\pi \cdot \int_a^b (f(x))^2\,dx - \pi \cdot \int_a^b (g(x))^2\,dx\right|$$

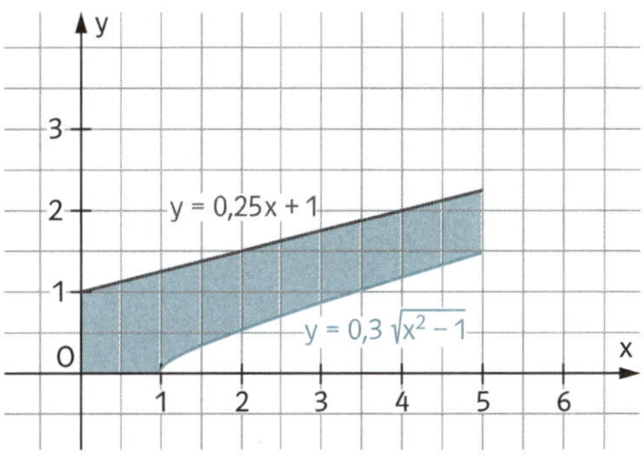

Beispiel: Rotiert die dargestellte Fläche um die x-Achse, so entsteht ein Eierbecher. Für dessen Materialvolumen gilt (1 LE ≙ 1 cm):

$$V = \pi \cdot \int_0^5 (0,25x+1)^2\,dx - \pi \cdot \int_1^5 \left(0,3\sqrt{x^2-1}\right)^2 dx \approx 32,97$$

Das Materialvolumen des Eierbechers beträgt ca. $33\,cm^3$.

Schneiden sich die Graphen der Funktionen f und g im Intervall [a; b], ist die Summe der Inhalte der entsprechenden Teilkörper zu berechnen.

Funktionenscharen

Der Graph welcher der Funktionen f_t geht durch P?

1. Schritt: Koordinaten von P für x und $f_t(x)$ einsetzen
2. Schritt: Variable t aus dieser Gleichung berechnen

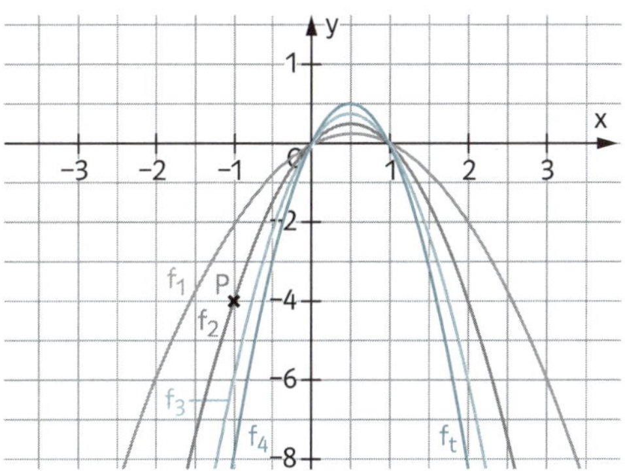

Beispiel: Für welchen Wert von t geht f_t mit $f_t(x) = t \cdot (x - x^2)$ durch $P(-1\,|\,-4)$?

Aus $-4 = t \cdot (-1 - (-1)^2)$ folgt $t = 2$.

Für welche der Funktionen f_t liegt der Tiefpunkt auf der Geraden g?

1. Schritt: Koordinaten von $T(x_0\,|\,y_0)$ in Abhängigkeit von t ermitteln
2. Schritt: x_0 und y_0 für x und y in die Geradengleichung einsetzen
3. Schritt: aus dieser Gleichung die einzige Variable t berechnen

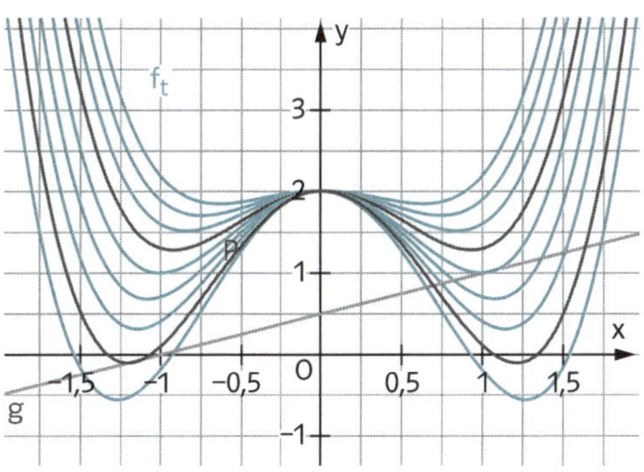

Beispiel: Für welchen Wert von t liegt der Tiefpunkt $T(2t\,|\,t^2+1)$ auf der Geraden $y = x$?

$x_0 = 2t$ und $y_0 = t^2 + 1$ in die Geradengleichung einsetzen:

$t^2 + 1 = 2t$, d.h., $t^2 - 2t + 1 = 0$ hat die einzige Lösung $t = 1$.

Punkte und Vektoren

Mittelpunkt einer Strecke

1. Schritt: Ortsvektoren der Randpunkte erstellen
2. Schritt: $\overrightarrow{OM} = \frac{1}{2}(\overrightarrow{OB} + \overrightarrow{OA})$

Beispiel: A(3 | 5 | 2); B(1 | −3 | 6)

$$\overrightarrow{OM} = \frac{1}{2} \cdot \left(\begin{pmatrix}1\\-3\\6\end{pmatrix} + \begin{pmatrix}3\\5\\2\end{pmatrix}\right) = \begin{pmatrix}2\\1\\4\end{pmatrix} \quad M(2 | 1 | 4)$$

Überprüfen ob ein Viereck ABCD ein Parallelogramm bzw. eine Raute ist

1. Schritt: Aufstellen der Vektoren $\overrightarrow{AB}$ und $\overrightarrow{DC}$.
2. Schritt: Überprüfen, ob $\overrightarrow{AB} = \overrightarrow{DC}$.
3. Schritt: Für eine Raute gilt: $|\overrightarrow{AB}| = |\overrightarrow{AD}|$

Beispiel: A(0 | 1 | 7), B(4 | 3 | 2), C(4 | 5 | 0), D(0 | 3 | 5)

$$\overrightarrow{AB} = \begin{pmatrix}4\\2\\-5\end{pmatrix}; \ \overrightarrow{DC} = \begin{pmatrix}4\\2\\-5\end{pmatrix}; \ \overrightarrow{AD} = \begin{pmatrix}0\\2\\-2\end{pmatrix}$$

ABCD ist ein Parallelogramm, da $\overrightarrow{AB} = \overrightarrow{DC}$.

$|\overrightarrow{AB}| = \sqrt{45}$; $|\overrightarrow{AD}| = \sqrt{8}$; also ist ABCD keine Raute.

Spurpunkte einer Ebene

1. Schritt: Koordinatengleichung der Ebene angeben
2. Schritt: Schnitt mit der x_1-Achse; $x_2 = 0$ und $x_3 = 0$
3. Schritt: Analoge Punkte auf den beiden anderen Achsen berechnen

Beispiel:

$$E: \left[\vec{x} - \begin{pmatrix}3\\1\\2\end{pmatrix}\right] \cdot \begin{pmatrix}1\\-2\\2\end{pmatrix} = 0 \quad x_1 - 2x_2 + 2x_3 = 5$$

$x_1 = 5$; $x_2 = -\frac{5}{2}$; $x_3 = \frac{5}{2}$, also (5 | 0 | 0);

$\left(0 \middle| -\frac{5}{2} \middle| 0\right)$, $\left(0 \middle| 0 \middle| \frac{5}{2}\right)$

Spurpunkte einer Geraden

1. Schritt: $\vec{x}$ in der Geradengleichung nacheinander mit $\begin{pmatrix}x_1\\x_2\\0\end{pmatrix}$; $\begin{pmatrix}x_1\\0\\x_3\end{pmatrix}$; $\begin{pmatrix}0\\x_2\\x_3\end{pmatrix}$ ersetzen
2. Schritt: Jeweils den Parameterwert berechnen
3. Schritt: Spurpunkte angeben

Beispiel:
Spurpunkt von $\vec{x} = \begin{pmatrix}1\\3\\-2\end{pmatrix} + t \cdot \begin{pmatrix}8\\4\\0\end{pmatrix}$ in der x_2x_3-Ebene

$$\begin{pmatrix}0\\x_2\\x_3\end{pmatrix} = \begin{pmatrix}1\\3\\-2\end{pmatrix} + t \cdot \begin{pmatrix}8\\0\\4\end{pmatrix} \quad \begin{matrix}0 = 1 + 8t & t = -\frac{1}{8}\\ x_2 = 3 & \\ x_3 = -2 + 4t & x_3 = -2 - \frac{4}{8} = -2{,}5\end{matrix}$$

$S_{x_2x_3}(0 | 3 | -2{,}5)$

Spurgerade in einer Koordinatenebene ermitteln

1. Schritt: Spurpunkte in dieser Koordinatenebene ermitteln
2. Schritt: Geradengleichung aus diesen beiden Punkten aufstellen

Beispiel: Spurgerade in der x_1x_3-Ebene von E mit E: $3x_1 + 4x_2 + x_3 = 12$; Spurpunkte (4 | 0 | 0) und (0 | 0 | 12)

$$\text{Spurgerade: } \vec{x} = \begin{pmatrix}4\\0\\0\end{pmatrix} + t \cdot \begin{pmatrix}4\\0\\-12\end{pmatrix}$$

Parametergleichung einer Ebene in Koordinatengleichung umwandeln

1. Schritt: Normalenvektor mit dem Vektorprodukt aus den Spannvektoren ermitteln
2. Schritt: Normalengleichung aus Normalenvektor und Stützvektor aufstellen
3. Schritt: Koordinatengleichung durch Ausmultiplizieren ermitteln.

Beispiel: $E: \vec{x} = \begin{pmatrix}1\\3\\5\end{pmatrix} + s\begin{pmatrix}1\\2\\-1\end{pmatrix} + t\begin{pmatrix}3\\-2\\4\end{pmatrix}$

$$\vec{n} = \begin{pmatrix}1\\2\\-1\end{pmatrix} \times \begin{pmatrix}3\\-2\\4\end{pmatrix} = \begin{pmatrix}2 \cdot 4 - (-1) \cdot (-2)\\(-1) \cdot 3 - 1 \cdot 4\\1 \cdot (-2) - 2 \cdot 3\end{pmatrix} = \begin{pmatrix}6\\-7\\-8\end{pmatrix}$$

$$E: \left[\vec{x} - \begin{pmatrix}1\\3\\5\end{pmatrix}\right] \cdot \begin{pmatrix}6\\-7\\-8\end{pmatrix} = 0; \ E: \ 6x_1 - 7x_2 - 8x_3 = -55$$

Berechnung des Lotfußpunktes von P auf der Ebene E

1. Schritt: Eine Gerade g durch P senkrecht zu E bestimmen (Richtungsvektor von g ist Normalenvektor von E)
2. Schritt: Schnittpunkt von g mit E ist der Fußpunkt.

Beispiel:
E: $2x_1 + 3x_2 - 5x_3 = 77$ P(4 | 1 | 2)

$$\vec{x} = \begin{pmatrix}4\\1\\2\end{pmatrix} + t \cdot \begin{pmatrix}2\\3\\-5\end{pmatrix}$$

$2 \cdot (4 + 2t) + 3 \cdot (1 + 3t) - 5 \cdot (2 - 5t) = 77$

$t = 2$ F(8 | 7 | −8)

Lagebeziehungen

Liegt der Punkt P auf der Geraden g?

1. Schritt: den Ortsvektor von P für x in g einsetzen
2. Schritt: prüfen, ob es genau eine Lösung für den Wert der bzw. des Parameters gibt

Beispiel: $\vec{x} = \begin{pmatrix} 3 \\ 5 \\ 2 \end{pmatrix} + t \cdot \begin{pmatrix} -2 \\ 8 \\ 4 \end{pmatrix}$ $P(1|-3|6)$

$$\begin{pmatrix} 1 \\ -3 \\ 6 \end{pmatrix} = \begin{pmatrix} 3 \\ 5 \\ 2 \end{pmatrix} + t \cdot \begin{pmatrix} -2 \\ 8 \\ 4 \end{pmatrix} \quad \begin{matrix} t = 1 \\ t = -1 \\ t = 1 \end{matrix}$$

P liegt nicht auf g.

Liegt der Punkt P in der Ebene E?

1. Schritt: Koordinatengleichung von E angeben
2. Schritt: die Koordinaten von P für x_1, x_2 und x_3 einsetzen und prüfen, ob eine wahre Aussage entsteht.

Beispiel: $E: 3x_1 + 4x_2 + x_3 = 12$ $P(2|1|2)$

$3 \cdot 2 + 4 \cdot 1 + 1 \cdot 2 = 12$

Der Punkt P liegt in der Ebene E.

Lagebeziehung zweier Geraden g und h

Parallelität:

1. Schritt: Sind die Richtungsvektoren kollinear?
2. Schritt: Liegt der Punkt zum Stützvektor von g in h?

Schnittpunkt oder windschief:

1. Schritt: Sind die Richtungsvektoren nicht kollinear?
2. Schritt: LGS für den Schnittpunkt aufstellen.
3. Schritt: Hat das LGS keine Lösung, dann sind g und h windschief, sonst haben sie einen Schnittpunkt.

Beispiel: $g: \vec{x} = \begin{pmatrix} 1 \\ 0 \\ -1 \end{pmatrix} + s \begin{pmatrix} 1 \\ 2 \\ 1 \end{pmatrix}$; $h: \vec{x} = \begin{pmatrix} 2 \\ 8 \\ 2 \end{pmatrix} + t \begin{pmatrix} 1 \\ -4 \\ -1 \end{pmatrix}$

Die Richtungsvektoren sind nicht kollinear.

Lösung des LGS:

$$\text{linSolve}\left(\begin{cases} 1+s=2+t \\ 2 \cdot s=8-4 \cdot t \\ -1+s=2-t \end{cases}, \{s,t\}\right) \quad \{2,1\}$$

$s = 2$ in die Gleichung von g eingesetzt: $S(3|4|1)$

Schnittpunkt von Gerade und Ebene

1. Schritt: allgemeinen Geradenpunkt in die Koordinatenform der Ebenengleichung einsetzen
2. Schritt: Parameterwert berechnen
3. Schritt: Parameterwert in den allgemeinen Geradenpunkt einsetzen

Beispiel:

$E: x_1 - 2x_2 + 2x_3 = 7$ $g: \vec{x} = \begin{pmatrix} 3 \\ 5 \\ 2 \end{pmatrix} + t \cdot \begin{pmatrix} -2 \\ 8 \\ 4 \end{pmatrix}$

$G_t(3 - 2t|5 + 8t|2 + 4t)$

$(3 - 2t) - 2 \cdot (5 + 8t) + 2 \cdot (2 + 4t) = 7$

$-3 - 10t = 7$

$t = -1$ $S(5|-3|-2)$

Schnittgerade zweier Ebenen ermitteln

(Koordinatengleichung und Parametergleichung)

1. Schritt: Allgemeinen Ebenenpunkt aus der Parametergleichung in die Koordinatengleichung einsetzen
2. Schritt: Nach einer Variablen auflösen
3. Schritt: Term für diese Variable in die Parameterform einsetzen und zusammenfassen

Beispiel: $E_1: 3x_1 - 5x_2 + 2x_3 = -5$

$E_2: \vec{x} = \begin{pmatrix} 4 \\ 1 \\ 1 \end{pmatrix} + r \cdot \begin{pmatrix} -3 \\ 1 \\ 0 \end{pmatrix} + s \cdot \begin{pmatrix} -10 \\ 0 \\ 1 \end{pmatrix}$

$P_{E_2}(4 - 3r - 10s|1 + r|1 + s)$

in E_1:

$3(4 - 3r - 10s) - 5(1 + r) + 2(1 + s) = -5$; $r = 1 - 2s$

in E_2:

$$\vec{x} = \begin{pmatrix} 4 \\ 1 \\ 1 \end{pmatrix} + (1 - 2s) \cdot \begin{pmatrix} -3 \\ 1 \\ 0 \end{pmatrix} + s \cdot \begin{pmatrix} -10 \\ 0 \\ 1 \end{pmatrix} = \begin{pmatrix} 1 \\ 2 \\ 1 \end{pmatrix} + s \cdot \begin{pmatrix} -4 \\ -2 \\ 1 \end{pmatrix}$$

(Zwei Koordinatengleichungen)

1. Schritt: Sind die Normalenvektoren nicht kollinear?
2. Schritt: Die beiden Koordinatengleichungen als LGS auffassen und in den Rechner eingeben.
3. Schritt: Lösung des LGS als allgemeinen Punkt der Schnittgeraden auffassen und als Geradengleichung angeben.

Beispiel: $E_1: 3x_1 - 5x_2 + 2x_3 = -5$

$E_2: x_1 + 3x_2 + 10x_3 = 17$

Normalenvektoren sind nicht kollinear.

$$\text{linSolve}\left(\begin{cases} 3 \cdot x1-5 \cdot x2+2 \cdot x3=-5 \\ x1+3 \cdot x2+10 \cdot x3=17 \end{cases}, \{x1,x2,x3\}\right)$$
$$\{-(4 \cdot c2-5), -2 \cdot (c2-2), c2\}$$

$$\vec{x} = \begin{pmatrix} -4t + 5 \\ -2t + 4 \\ t \end{pmatrix} = \begin{pmatrix} 5 \\ 4 \\ 0 \end{pmatrix} + t \cdot \begin{pmatrix} -4 \\ -2 \\ 1 \end{pmatrix}$$

Abstände

Abstand zweier Punkte P und Q

1. Schritt: Vektor $\overrightarrow{PQ} = \overrightarrow{OQ} - \overrightarrow{OP}$ bilden
2. Schritt: Abstand als Betrag des Vektors $\overrightarrow{PQ}$ berechnen

Beispiel: P(−1 | 2 | 3); Q(4 | −2 | 0)

$$\overrightarrow{PQ} = \begin{pmatrix} 5 \\ -4 \\ -3 \end{pmatrix} \quad \left|\overrightarrow{PQ}\right| = \sqrt{5^2 + (-4)^2 + (-3)^2} = \sqrt{50} = 5 \cdot \sqrt{2}$$

Abstand Punkt – Gerade

1. Schritt: Ebene durch P senkrecht zu g bestimmen
2. Schritt: Schnittpunkt von g und E ist F
3. Schritt: Abstand ist $\left|\overrightarrow{PF}\right|$

Beispiel: P(9 | 8 | 5) $\quad g: \vec{x} = \begin{pmatrix} 1 \\ 0 \\ 1 \end{pmatrix} + t \cdot \begin{pmatrix} 4 \\ 1 \\ 3 \end{pmatrix}$

$E: 4x_1 + x_2 + 3x_3 = 59 \quad 4(1 + 4t) + t + 3(1 + 3t) = 59$

$26t = 52 \quad t = 2 \quad F(9 | 2 | 7) \quad \left|\overrightarrow{PF}\right| = \sqrt{40}$

Abstand Punkt – Ebene

1. Schritt: Gerade durch P senkrecht zu E ist g
2. Schritt: Schnittpunkt von g und E ist F
3. Schritt: Abstand ist $\left|\overrightarrow{PF}\right|$

Beispiel: P(3 | −3 | 6) $\quad E: 2x_1 - 5x_2 + 3x_3 = 1$

$$g: \vec{x} = \begin{pmatrix} 3 \\ -3 \\ 6 \end{pmatrix} + t \cdot \begin{pmatrix} 2 \\ -5 \\ 3 \end{pmatrix}$$

$2(3 + 2t) - 5(-3 - 5t) + 3(6 + 3t) = 1$

$38t = -38 \quad t = -1 \quad F(1 | 2 | 3) \quad \left|\overrightarrow{PF}\right| = \sqrt{38}$

oder:

1. Schritt: Einen Normalenvektor $\overrightarrow{n_0}$ von E mit dem Betrag 1 bestimmen.
2. Schritt: Formel $d(P;E) = \left|(\vec{p} - \vec{q}) \cdot \overrightarrow{n_0}\right|$ anwenden, wobei Q ein beliebiger Punkt der Ebene ist.

oder:

$\overrightarrow{n_0} = \frac{1}{\sqrt{38}} \begin{pmatrix} 2 \\ -5 \\ 3 \end{pmatrix}$; z.B.: Q(−1 | 0 | 1)

$$d(P;E) = \left|\left(\begin{pmatrix} 3 \\ -3 \\ 6 \end{pmatrix} - \begin{pmatrix} -1 \\ 0 \\ 1 \end{pmatrix}\right) \cdot \frac{1}{\sqrt{38}} \begin{pmatrix} 2 \\ -5 \\ 3 \end{pmatrix}\right| = \frac{1}{\sqrt{38}}(8 + 15 + 15) = \sqrt{38}$$

Abstand windschiefer Geraden

1. Schritt: einen zu den beiden Richtungsvektoren senkrechten Vektor als Normalenvektor der Hilfsebene E ermitteln
2. Schritt: festen Punkt von g_1 als festen Punkt von E verwenden
3. Schritt: Abstand des festen Punktes von g_2 und der Ebene E ermitteln (Formel aus der Formelsammlung)

Beispiel: $g_1: \vec{x} = \begin{pmatrix} 4 \\ 1 \\ 2 \end{pmatrix} + t \cdot \begin{pmatrix} 1 \\ 1 \\ 0 \end{pmatrix} \quad g_2: \vec{x} = \begin{pmatrix} 1 \\ 0 \\ 2 \end{pmatrix} + s \cdot \begin{pmatrix} 0 \\ 1 \\ 1 \end{pmatrix}$

$$\begin{pmatrix} 1 \\ 1 \\ 0 \end{pmatrix} \times \begin{pmatrix} 0 \\ 1 \\ 1 \end{pmatrix} = \begin{pmatrix} 1 \\ -1 \\ 1 \end{pmatrix} \quad E: \frac{1}{\sqrt{3}}\left[\vec{x} - \begin{pmatrix} 4 \\ 1 \\ 2 \end{pmatrix}\right] \cdot \begin{pmatrix} 1 \\ -1 \\ 1 \end{pmatrix} = 0$$

$$d = \left|\frac{1}{\sqrt{3}}\left[\begin{pmatrix} 1 \\ 0 \\ 2 \end{pmatrix} - \begin{pmatrix} 4 \\ 1 \\ 2 \end{pmatrix}\right] \cdot \begin{pmatrix} 1 \\ -1 \\ 1 \end{pmatrix}\right| = \left|\frac{1}{\sqrt{3}}\begin{pmatrix} -3 \\ -1 \\ 0 \end{pmatrix} \cdot \begin{pmatrix} 1 \\ -1 \\ 1 \end{pmatrix}\right| = \frac{2}{\sqrt{3}}$$

Abstand paralleler Geraden

1. Schritt: Ebene E senkrecht zu den Geraden durch den festen Punktes P der Geraden g_2
2. Schritt: Durchstoßpunkt F der Geraden g_1 mit der Ebene ermitteln
3. Schritt: Abstand $\left|\overrightarrow{PF}\right|$ berechnen

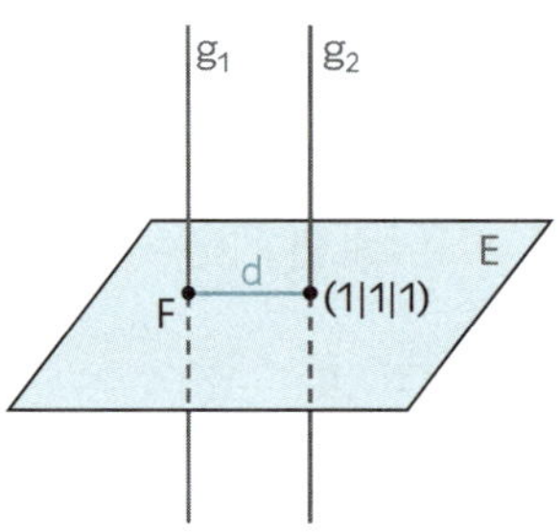

Beispiel:

$$g_1: \vec{x} = \begin{pmatrix} 5 \\ 11 \\ 1 \end{pmatrix} + t_1 \cdot \begin{pmatrix} 4 \\ 1 \\ 3 \end{pmatrix} \quad g_2: \vec{x} = \begin{pmatrix} 1 \\ 1 \\ 1 \end{pmatrix} + t_2 \cdot \begin{pmatrix} 8 \\ 2 \\ 6 \end{pmatrix}$$

Ebene durch (1 | 1 | 1) senkrecht zu g_1:

$4x_1 + x_2 + 3x_3 = 8$

$4(5 + 4t_1) + (11 + t_1) + 3(1 + 3t_1) = 8$

$26\,t_1 = -26 \quad t_1 = -1 \quad F(1 | 10 | -2)$

$d = \left|\overrightarrow{PF}\right| = \sqrt{90}$

Analysieren gegebener Aufgaben

Schlüsselbegriffe erkennen	Beispiel	Lösungsansätze
Aussagenverknüpfung mit „und"	… beim 1. Wurf eine 6 und beim 2. Wurf eine 1 …	A und B $P(A) \cdot P(B)$ (wenn sich A und B nicht gegenseitig beeinflussen)
Aussagenverknüpfung mit „oder"	… beim Würfeln eine 6 oder eine ungerade Zahl …	A oder B $P(A) + P(B)$ (wenn kein Ergebnis für A und für B gilt)
Anzahl der Möglichkeiten	… dreimal nacheinander eine 6	Urnenmodell, Baumdiagramm
Anzahl als Zufallsgröße mit „genau", „mindestens", „höchstens", „weniger als…"	… genau zwei Teile sind defekt … … von 10 Teilen der Stichprobe sind mindestens 6 brauchbar …	Binomialverteilung
„… wird durchschnittlich erwartet" „Erwartungswert"	Wie viele gerade Ergebnisse sind bei 100-mal Würfeln zu erwarten?	Wahrscheinlichkeitsverteilung, für Binomialverteilung $\mu = n \cdot p$
„Faires Spiel"	Wie hoch muss der Einsatz sein, damit das Spiel fair ist?	Wahrscheinlichkeitsverteilung mit $\mu = 0$
stetige Verteilung	… Masse zwischen … … Größe zwischen …	Normalverteilung mit μ und σ Sigmaintervalle
Prognoseintervall	von p zur relativen Häufigkeit	
Konfidenzintervall	von der relativen Häufigkeit zu p	

Berechnung von Wahrscheinlichkeiten mit dem Baumdiagramm

Wahrscheinlichkeiten für Ereignisse

1. Schritt: Festlegen der Stufen im Baum entsprechend der Aufgabe
2. Schritt: Eintragen der Wahrscheinlichkeit jeder Verzweigung
3. Schritt: Multiplizieren der Wahrscheinlichkeiten jedes Pfades
4. Schritt: Summieren aller für das Ereignis zutreffenden Pfadwahrscheinlichkeiten

Beispiel:
Eine Münze wird zweimal nacheinander geworfen. Zu berechnen ist die Wahrscheinlichkeit, dass unterschiedliche Ergebnisse geworfen werden.

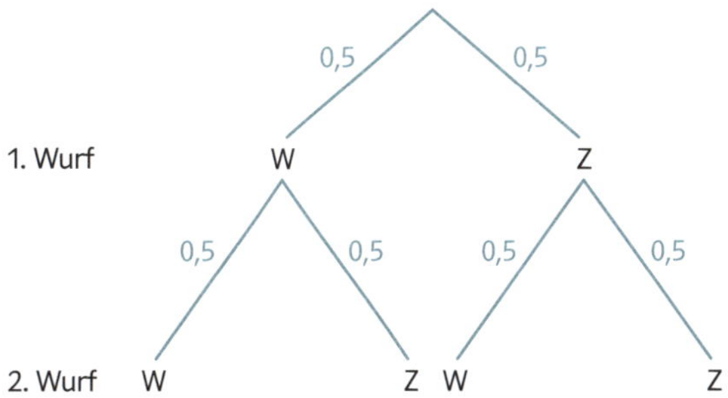

$P(\{WZ, ZW\}) = 0{,}5 \cdot 0{,}5 + 0{,}5 \cdot 0{,}5 = 0{,}5$

Wahrscheinlichkeit für eine bestimmte Anzahl einer Zufallsgröße

Binomialverteilte Zufallsgrößen – Einzelwahrscheinlichkeit

1. Schritt: prüfen, ob Binomialverteilung vorliegt
2. Schritt: „Treffer" geeignet definieren, Parameter n und p der Binomialverteilung festlegen
3. Schritt: die gesuchte Wahrscheinlichkeit in mathematischer Schreibweise ausdrücken
4. Schritt: Einzelwahrscheinlichkeit angeben

Beispiel: Ein idealer Würfel wird fünfmal geworfen. Gesucht ist die Wahrscheinlichkeit, dass genau dreimal eine Zahl größer 4 fällt.
X: Anzahl der geworfenen Fünfen oder Sechsen
X ist binomialverteilt, weil jedes Ergebnis der $n = 5$ Bernoulli-Experimente die gleiche Wahrscheinlichkeit $p = \frac{1}{3}$ gilt.
$P(X = 3) = B_{5;\,1/3}(3) \approx 0{,}1646$

Binomialverteilte Zufallsgrößen – Intervallwahrscheinlichkeit

1. Schritt: prüfen, ob Binomialverteilung vorliegt
2. Schritt: „Treffer" geeignet definieren, Parameter n und p der Binomialverteilung festlegen
3. Schritt: die gesuchte Wahrscheinlichkeit in mathematischer Schreibweise ausdrücken
3. Schritt: Intervallwahrscheinlichkeit angeben

Beispiel: Ein idealer Würfel wird zehnmal geworfen. Gesucht ist die Wahrscheinlichkeit, dass mindestens drei Sechsen geworfen werden.
X: Anzahl der geworfenen Sechsen
X ist binomialverteilt, weil für jedes Ergebnis der $n = 10$ Bernoulli-Experimente die gleiche Wahrscheinlichkeit $p = \frac{1}{6}$ gilt.
$P(X \geq 3) = 1 - P(X \leq 2) \approx 0{,}2248$

Wahrscheinlichkeiten mit Baumdiagramm

1. Schritt: Wahrscheinlichkeiten für Erfolg und Misserfolg in den einzelnen Stufen des Baumdiagramms festlegen
2. Schritt: Anzahl der Pfade mit der gewünschten Anzahl von Erfolgen mit dem Urnenmodell berechnen
3. Schritt: Wahrscheinlichkeit längs eines Pfades als Multiplikation der Einzelwahrscheinlichkeiten mit der Anzahl der Pfade multiplizieren

Beispiel: In einer Urne sind 4 weiße und 3 rote Kugeln. Berechnen Sie die Wahrscheinlichkeit, bei fünfmaligem Ziehen mit Zurücklegen genau 2 rote Kugeln zu ziehen.
P(Ziehen einer roten Kugel) $= \frac{3}{7}$
P(Ziehen einer weißen Kugel) $= \frac{4}{7}$
Anzahl der Pfade mit genau 2 roten Kugeln: $\binom{5}{2} = 10$
P(genau 2 rote Kugeln) $= 10 \cdot \left(\frac{3}{7}\right)^2 \cdot \left(\frac{4}{7}\right)^3 = \frac{5760}{16807}$
$\approx 0{,}3427$

Wahrscheinlichkeitsverteilung und Erwartungswert

1. Schritt: alle möglichen Ergebnisse in eine Tabelle schreiben
2. Schritt: jedem Ergebnis seine Wahrscheinlichkeit zuordnen
3. Schritt: prüfen, ob die Summe dieser Wahrscheinlichkeiten den Wert 1 hat
4. Schritt: der Erwartungswert E(X) ist die Summe der Produkte aus den Ergebnissen und ihren Wahrscheinlichkeiten

Beispiel: Wie viel Einsen erhält man durchschnittlich, wenn man einen nicht idealen Würfel fünfmal wirft?
Wahrscheinlichkeitsverteilung:

x_i	0	1	2	3	4	5
$P(X = x_i)$	0,132	0,329	0,329	0,165	0,041	0,004

Erwartungswert:
$\mu = 0 \cdot 0{,}132 + 1 \cdot 0{,}329 + 2 \cdot 0{,}329 + 3 \cdot 0{,}165 + 4 \cdot 0{,}041 + 5 \cdot 0{,}004 = 1{,}798 \approx 1{,}8$
Es sind also durchschnittlich 1,8 Einsen zu erwarten.

Faires Spiel

1. Schritt: Wahrscheinlichkeitsverteilung für den Gewinn des betrachteten Spielers und die jeweiligen Wahrscheinlichkeiten aufstellen
2. Schritt: Erwartungswert dieses Gewinns berechnen und dieses Ergebnis interpretieren
3. Schritt: die Spielbedingungen so festlegen, dass das Spiel fair ist, also E(G) = 0 ist oder das gewünschte Ergebnis zeigt

Beispiel: e = 2 € Spieleinsatz
Betrachten des Gewinns von Spieler A

Auszahlung an A	0 €	1 €	2 €	3 €	4 €
Gewinn g_i	−2 €	−1 €	0 €	1 €	2 €
$P(G = g_i)$	0,2	0,2	0,4	0,1	0,1

$\mu = -0{,}3$, d.h., Spieler A verliert pro Spiel im Durchschnitt 30 ct.
Damit das Spiel fair ist, wird der Einsatz verändert.

Bedingte Wahrscheinlichkeiten

Unabhängigkeit von Ereignissen überprüfen
1. Schritt: Aufstellen einer Vierfeldertafel
2. Schritt: Vergleich von $P(A) \cdot P(B)$ mit $P(A \cap B)$

Beispiel:
Die Hälfte der Jungen und Mädchen einer Klasse ist kleiner als 1,30 m. Davon sind 60 % Mädchen. 60 % aller Schüler dieser Klasse sind Jungen. Besteht eine Abhängigkeit zwischen den Ereignissen „Mädchen“ und „kleiner als 1,30 m“?

Lösung:

Vierfeldertafel	< 1,30 m	≥ 1,30 m	
Mädchen	0,3	0,1	0,4
Jungen	0,2	0,4	0,6
	0,5	0,5	1

Vergleich:
P(„Mädchen“ ∩ „< 1,30“) = 0,3
P(Mädchen) = 0,4; P(< 1,30) = 0,5; $0{,}4 \cdot 0{,}5 \neq 0{,}3$
Beide Ereignisse sind stochastisch abhängig.

Vertauschen von Bedingung und Ereignis in Wahrscheinlichkeiten
Aus der Gleichung
$P(A \cap B) = P(A) \cdot P_A(B) = P(B) \cdot P_B(A)$ ist das Vertauschen von Bedingung und Ereignis als

$P_A(B) = \frac{P(B) \cdot P_B(A)}{P(A)}$ bzw. $P_B(A) = \frac{P(A) \cdot P_A(B)}{P(B)}$ möglich.

Im nebenstehenden Beispiel ist $P_{A_3}(A) = 0{,}05$ gegeben und $P_A(A_3)$ gesucht.

$$P_A(A_3) = \frac{P(A_3) \cdot P_{A_3}(A)}{P(A)} = \frac{0{,}25 \cdot 0{,}05}{0{,}0385} \approx 0{,}325$$

Ergebnis: 32,5 % der Ausschussteile stammen vom Automaten 3.

Beispiel: Ein Betrieb produziert auf drei unterschiedlichen Automaten gleiche elektronische Bauelemente. Die Automaten 1, 2 und 3 produzieren 40 %, 35 % bzw. 25 % der Gesamtproduktion und haben einen Ausschussanteil von 3 %, 4 % bzw. 5 %.
Berechnen Sie die Ausschusswahrscheinlichkeit des Betriebes und die Wahrscheinlichkeit, dass ein bestimmtes Ausschussteil der Produktion vom Automaten 3 produziert wurde.

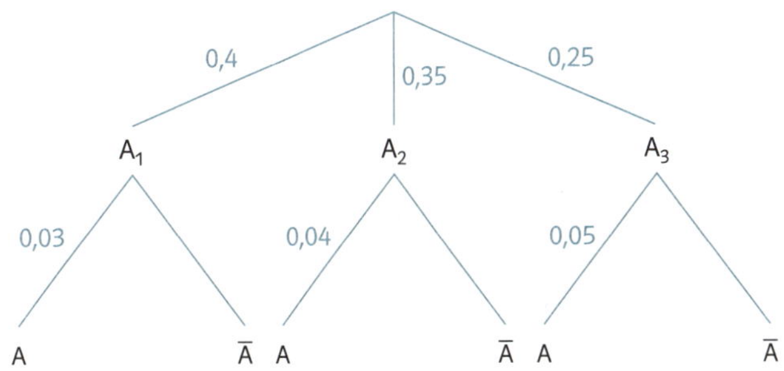

Gesamtwahrscheinlichkeit:
$P(A) = 0{,}4 \cdot 0{,}03 + 0{,}35 \cdot 0{,}04 + 0{,}25 \cdot 0{,}05 = 0{,}0385$

$$P_A(A_3) = \frac{P(A_3 \cap A)}{P(A)} = \frac{0{,}25 \cdot 0{,}05}{0{,}0385} \approx 0{,}325$$

Wahrscheinlichkeiten stetiger Zufallsgrößen

Intervallwahrscheinlichkeiten mit der Normalverteilung

1. Schritt: μ und σ bestimmen
2. Schritt: Gesuchte Wahrscheinlichkeit mithilfe der Fläche unter der Dichtefunktion im Intervall $]-\infty, x]$ ausdrücken

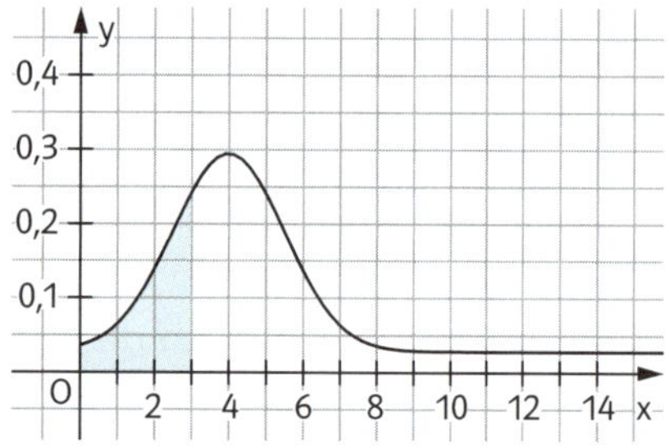

Beispiel:
Gegeben: $\mu = 4$; $\sigma = 1{,}5$
z. B. folgende Werte mit dem Rechner bestimmen:

a) $P(X < 3) \approx 0{,}2525$
b) $P(1 < X < 6) = P(X < 6) - P(X < 1)$
$\approx 0{,}9088 - 0{,}0228 = 0{,}8860$
c) $P(X > 5) = 1 - P(X \leqq 5) \approx 1 - 0{,}7475$
$= 0{,}2525$
d) $P(|X - \mu| < 0{,}2) = P(X < 4{,}2) - P(X < 3{,}8)$
$\approx 0{,}5530 - 0{,}4470 = 0{,}1060$

Näherung der Binomialverteilung mithilfe der Normalverteilung

1. Schritt: μ und σ bestimmen
2. Schritt: Prüfen, ob die Laplace-Bedingung $\sigma > 3$ erfüllt ist
3. Schritt: Rechnereingabe

Beispiel:
Gesucht ist die Wahrscheinlichkeit $P(X < 50)$ einer binomialverteilten Zufallsgröße mit $n = 200$ und $p = 0{,}3$.
$\mu = n \cdot p = 200 \cdot 0{,}3 = 60$
$\sigma = \sqrt{n \cdot p \cdot (1 - p)} = \sqrt{200 \cdot 0{,}3 \cdot 0{,}7} \approx 6{,}48 > 3$
$P(X < 50) = 0{,}0614$

Prognoseintervalle (n, p gegeben, h_n gesucht)

1. Schritt: Sicherheitswahrscheinlichkeit β festlegen
2. Schritt: z aus β ermitteln
(Tabelle oder $\Phi(z) = \frac{\beta + 1}{2}$)
3. Schritt: Intervallgrenzen aus $p \pm z \cdot \frac{\sqrt{p \cdot (1-p)}}{\sqrt{n}}$ berechnen

Beispiel:
Ein Experiment mit der Trefferwahrscheinlichkeit 0,5 wird 100-mal durchgeführt.
Berechnen Sie für die relative Häufigkeit ein 90%-Prognoseintervall.

Aus $\beta = 0{,}9$ folgt $z = 1{,}64$.

$$\left.\begin{array}{l} 0{,}5 - 1{,}64 \cdot \frac{\sqrt{0{,}5^2}}{\sqrt{100}} = 0{,}418 \\ 0{,}5 + 1{,}64 \cdot \frac{\sqrt{0{,}5^2}}{\sqrt{100}} = 0{,}582 \end{array}\right\} \quad I_{0,9} = (0{,}418; 0{,}582)$$

Konfidenzintervall (h_n gegeben, p gesucht)

1. Schritt: Relative Häufigkeit h ermitteln
2. Schritt: z aus β ermitteln
3. Schritt: Lösungen der Gleichungen
$p \pm z \cdot \frac{\sqrt{p \cdot (1-p)}}{\sqrt{100}} = h$
sind die Intervallgrenzen.

Beispiel:
Ein Experiment wird 100-mal durchgeführt und es werden 42 Treffer festgestellt.
Berechnen Sie ein 0,9-Konfidenzintervall für die Wahrscheinlichkeit p dieses Experiments.

$h = 0{,}42$; $p \pm 1{,}64 \cdot \frac{\sqrt{p \cdot (1-p)}}{\sqrt{100}} = 0{,}42$

$I_{0,9} = (0{,}3422; 0{,}5020)$

Prüfungsvorbereitung ohne Hilfsmittel 1

1 Der Graph einer ganzrationalen Funktion vierten Grades ist achsensymmetrisch zur y-Achse. Zudem besitzt er einen Hochpunkt bei H(0 | 2) und eine Tiefpunkt bei T(5 | − 2).

a) Treffen Sie begründete Aussagen zu der Anzahl der Nullstellen, der Anzahl der Extrempunkte und der Anzahl der Wendepunkte.

b) Skizzieren Sie den Graphen der Funktion.

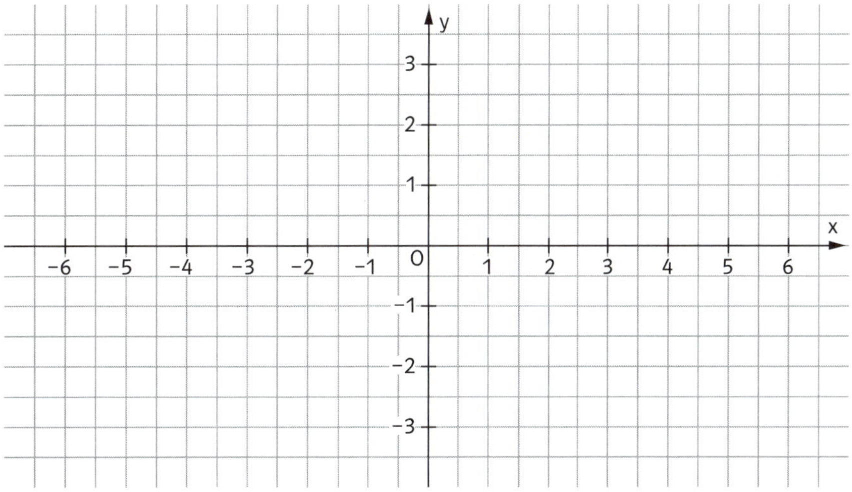

2 a) Bilden Sie die Ableitung der Funktion f mit $f(x) = 4x \cdot e^{x^2+1}$ und vereinfachen Sie so weit wie möglich. [T1]

b) Lösen Sie die Gleichung $1 = \frac{1}{e^x} + \frac{2}{e^{2x}}$. [T2]

3 Die Abbildung zeigt den Graphen einer Stammfunktion F der Funktion f. [T3]

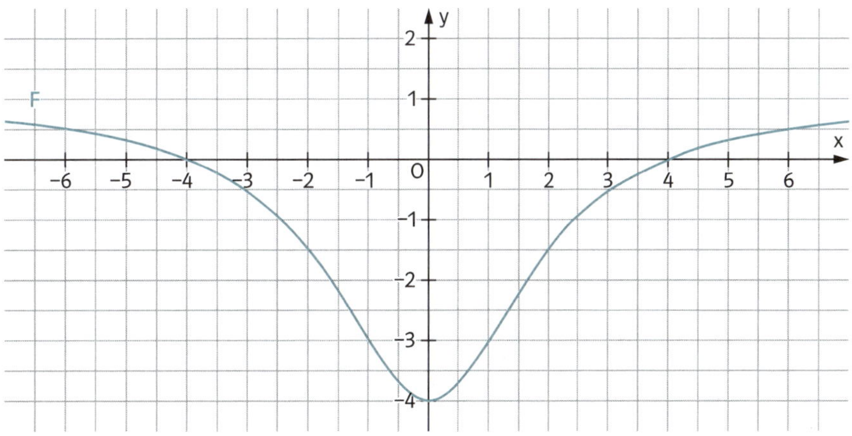

a) Geben Sie einen Näherungswert für f(4) an.

b) Bestimmen Sie das Integral $\int_1^4 f(x)\,dx$.

Untersuchen Sie folgende Aussagen auf ihre Richtigkeit und begründen Sie Ihre Antworten.

c) $f(x) < 0$ für $-6 < x < 0$.

d) f hat im Bereich $0 < x < 4$ eine Extremstelle. Geben Sie auch die Art der Extremstelle an.

4 Gegeben sind die Gerade g und die Ebene E durch g: $\vec{x} = \begin{pmatrix} 0 \\ 2 \\ 1 \end{pmatrix} + t \cdot \begin{pmatrix} -4 \\ 4 \\ 2 \end{pmatrix}$ $(t \in \mathbb{R})$ und E: $2x_1 - 2x_2 - 1x_3 = 31$.

a) Prüfen Sie, ob der Punkt P(− 2 | 4 | 2) auf der Geraden g liegt.

b) Zeigen Sie, dass die Gerade g orthogonal zur Ebene E ist. [T4]

c) Bestimmen Sie den Punkt Q in der Ebene E, der vom Punkt P(− 2 | 4 | 2) den kleinsten Abstand hat. [T5]

5 Ein Basketballspieler trainiert Freiwürfe. Erfahrungsgemäß trifft er bei 90 % seiner Würfe den Korb. [T6]

a) Mit welcher Wahrscheinlichkeit trifft er mit den ersten beiden Würfen den Korb zweimal?

b) Geben Sie ein Ereignis A und ein Ereignis B an, sodass gilt:

$P(A) = 0{,}9^{10}$ $\qquad$ $P(B) = \binom{20}{18} \cdot 0{,}9^{18} \cdot 0{,}1^2$

[T1] Verwenden Sie die Produktregel sowie die Kettenregel. [T2] Multiplizieren Sie beide Seiten der Gleichung mit e^{2x} und substituieren Sie dann $u = e^x$. [T3] Es ist $F'(x) = f(x)$. [T4] Vergleichen Sie den Richtungsvektor der Geraden g mit dem Normalenvektor der Ebene E. [T5] Berechnen Sie den Schnittpunkt des Lotes vom Punkt P auf die Ebene E. Der Lotfußpunkt ist der gesuchte Punkt Q. [T6] Die Zufallsgröße „Anzahl der Treffer" ist binomialverteilt mit p = 0,9.

1 Gegeben ist die Funktion f mit $f(x) = x^3 - 2x^2$.
a) Zeigen Sie, dass $P(0\,|\,0)$ ein Extrempunkt von f ist.
b) Bestimmen Sie die Gleichung der Tangenten in P.
c) Bestimmen Sie die Gleichung der Normalen in P.

2 Abgebildet ist der Graph der Funktion f mit
$f(x) = 3 \cdot \sin\left(\frac{1}{2}x\right) + 3$.
Berechnen Sie den Inhalt der markierten Fläche.

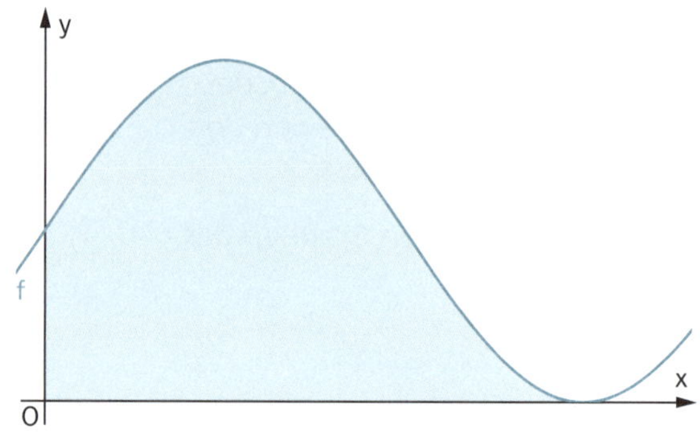

3 Eine Funktion f ist durch $f(x) = 3 \cdot e^{-\frac{1}{3}x} - 1$ gegeben. Der Graph von f wird mit G bezeichnet.
a) Bestimmen Sie die Schnittpunkte von G mit den Koordinatenachsen.
b) Die Tangente t an G im Punkt $P(0\,|\,f(0))$ begrenzt mit den Koordinatenachsen ein Dreieck.
Geben Sie an, um welche Art des Dreiecks es sich handelt, und berechnen Sie den Flächeninhalt des Dreiecks.

4 Gegeben sind die Punkte $A(1\,|\,3\,|\,2)$, $B(5\,|\,5\,|\,-2)$ und $C(6\,|\,2\,|\,2)$.
a) Begründen Sie, dass der Vektor $\vec{n} = \begin{pmatrix} 2 \\ 10 \\ 7 \end{pmatrix}$ ein Normalenvektor der Ebene E ist, die das Dreieck ABC enthält.
Bestimmen Sie eine Koordinatengleichung von E.
b) Bestimmen Sie den Flächeninhalt des Dreiecks ABC. [T1]

5 Ein Glücksrad hat drei farbige Sektoren: Blau, Gelb und Rot.
Die Wahrscheinlichkeit, dass das Glücksrad bei einem Durchgang die Farbe Blau zeigt, beträgt p.
Das Glücksrad wird n-mal gedreht. Die Zufallsgröße X gibt an, wie oft das Glücksrad Blau anzeigt.
a) Begründen Sie, dass die Zufallsgröße X binomialverteilt ist.
b) Die Wahrscheinlichkeit dafür, dass das Glücksrad bei vier Durchgängen stets Blau zeigt, beträgt $\frac{1}{81}$.
Berechnen Sie die Wahrscheinlichkeit dafür, dass das Glücksrad bei vier Durchgängen nie Blau zeigt.
c) Betrachtet wird das Ereignis A: Bei sechs Durchgängen zeigt das Glücksrad genau zweimal Blau an.
Geben Sie einen Term zur Berechnung der Wahrscheinlichkeit des Ereignisses A an.
d) Berechnen Sie den Erwartungswert von X, wenn das Glücksrad sechsmal gedreht wird.

[T1] Bestimmen Sie den Betrag von $\overrightarrow{AB}$ und den Abstand des Punktes C von der Geraden durch A und B.

1 Die vier Abbildungen zeigen die Graphen von Funktionen. Einer dieser Funktionsgraphen gehört zur Funktion f mit $f(x) = (3x - a) \cdot e^x$, $a > 0$.

(1)

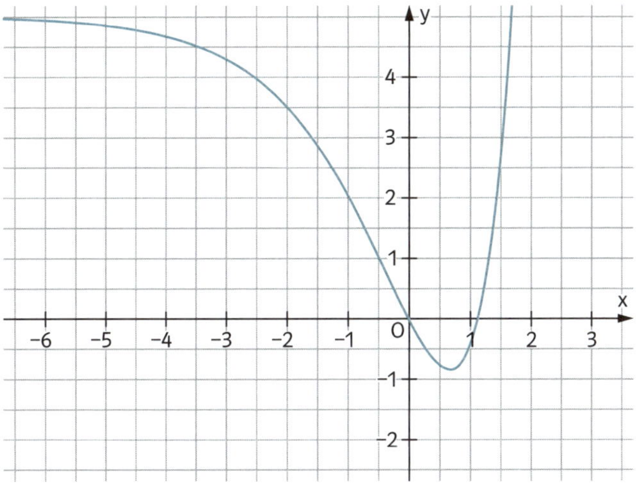

(2)

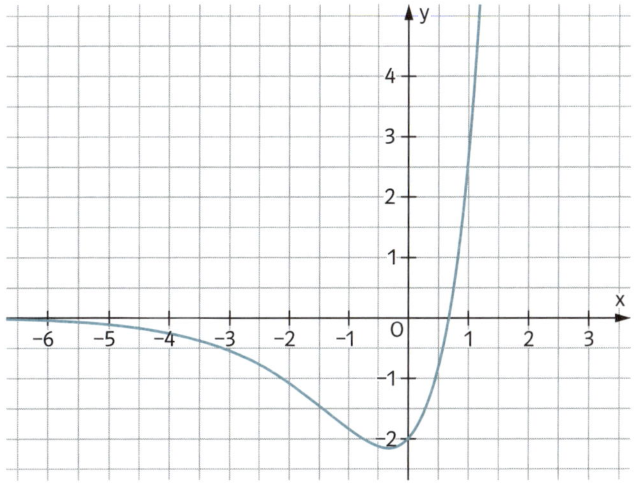

(3)

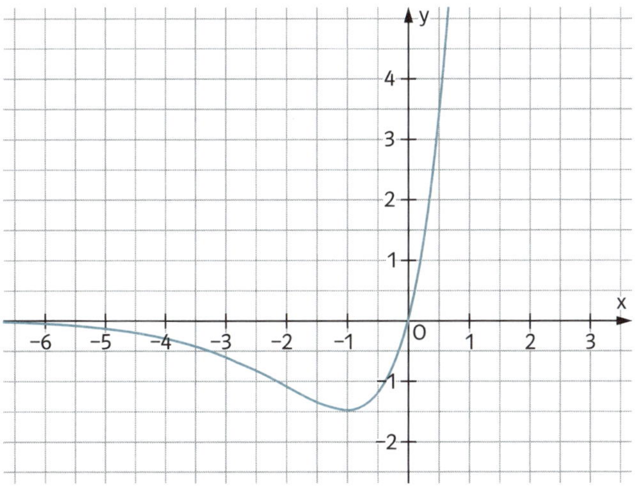

(4)

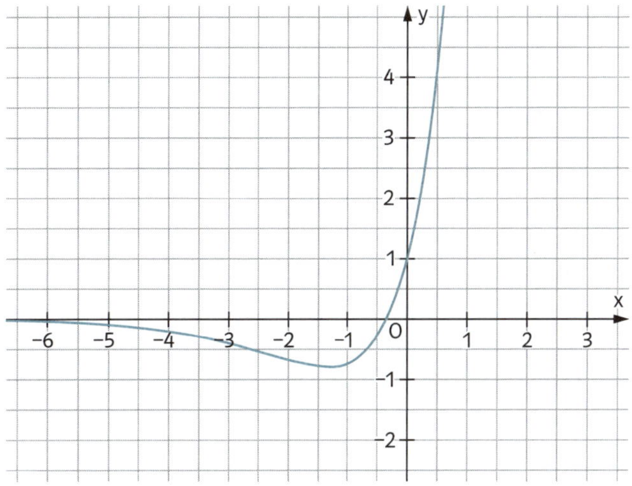

a) Begründen Sie, dass Abbildung (2) zur Funktion f gehört. [T1] Bestimmen Sie den Wert von a. [T2]

b) Von den drei anderen Abbildungen gehört eine zur Ableitungsfunktion f′ und eine zur Integralfunktion I mit $I(x) = \int_0^x f(t)\,dt$. Ordnen Sie diesen beiden Funktionen die zugehörigen Abbildungen zu und begründen Sie jeweils Ihre Entscheidung. [T3]

2 Für jedes $t > 0$ ist eine Funktion f_t mit $f_t(x) = x^2(x - t)$ gegeben.

a) Zeigen Sie, dass jeder Graph von f_t genau eine Wendestelle hat.

b) Berechnen Sie die Koordinaten des Wendepunktes.

c) Bestimmen Sie $\int_0^t f_t(x)\,dx$.

[T1] Überlegen Sie, in welchem Bereich der Graph von f die y-Achse schneidet. [T2] Zur Bestimmung von a lesen Sie die Koordinaten eines charakteristischen Punktes des Graphen von f ab und setzen diese in die Funktionsgleichung ein. [T3] Der Graph von f hat bei $x \approx -0{,}3$ einen Tiefpunkt. Überlegen Sie, was dies für den Graphen von f′ bedeutet. Überlegen Sie, an welchen Stellen die Integralfunktion I eine Nullstelle bzw. eine Extremstelle hat.

3 a) Bilden Sie die erste Ableitung der Funktion f mit $f(x) = \frac{e^{-4x+1}}{x}$. [T1]

b) Berechnen Sie das Integral $\int_0^{\ln(3)} e^{3x}\,dx$. [T2]

4 Gegeben ist eine Ebene E. Gesucht ist eine Ebene F, die parallel zu E ist und von dieser den Abstand 4 hat. Beschreiben Sie ein Verfahren, wie man eine Gleichung der Ebene F bestimmen kann. [T3]

5 Die Zufallsgröße X ist binomialverteilt mit den Parametern $n = 12$ und $p = \frac{2}{3}$.

(1)

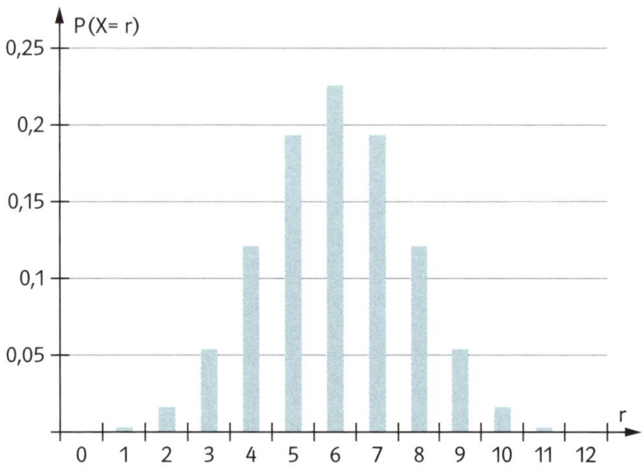

(2)

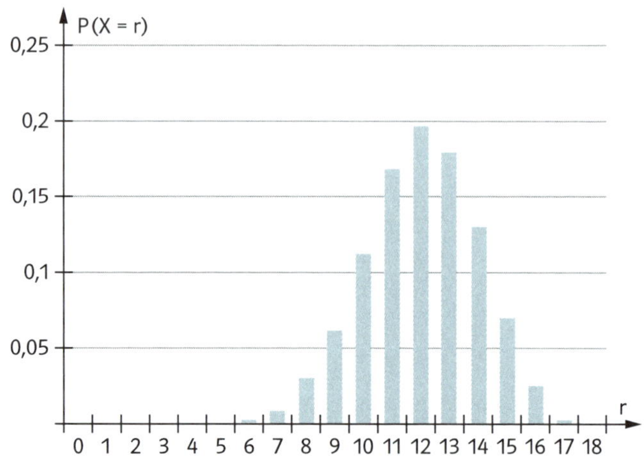

(3)

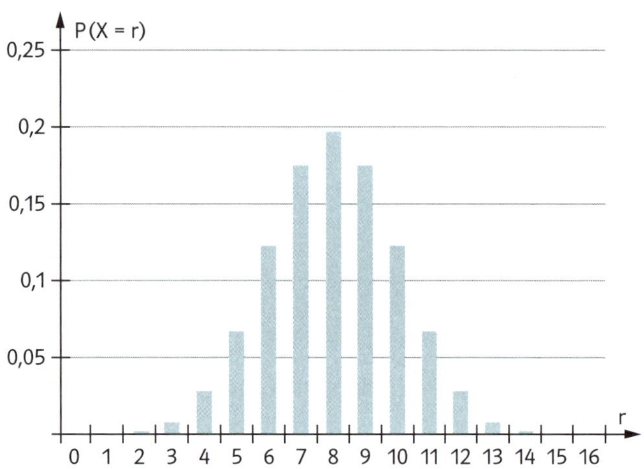

(4)

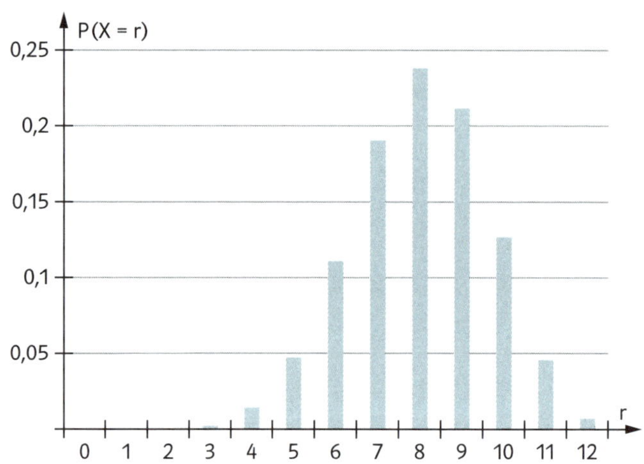

a) Welche der Abbildungen zeigt die Verteilung von X? Begründen Sie Ihre Antwort. [T4]
b) Bestimmen Sie mithilfe der Abbildung näherungsweise $P(6 \le X \le 8)$ und $P(X < 10)$
c) Beschreiben Sie ein Zufallsexperiment zu dieser Wahrscheinlichkeitsverteilung.
d) Bestimmen Sie für die Zufallsgröße X den Erwartungswert und die Standardabweichung.

[T1] Schreiben Sie diesen Quotienten als Produkt und verwenden Sie dann die Produktregel sowie die Kettenregel. [T2] Beachten Sie die Regel für lineare Substitution: „äußere Stammfunktion geteilt durch innere Ableitung". [T3] Bestimmen Sie den Normalenvektor mit Betrag 1 der Ebene E und dann einen Punkt Q, der von der Ebene E den Abstand 4 hat. [T4] Überlegen Sie, welche Werte die Zufallsgröße X annehmen kann und welcher Wert die größte Eintrittswahrscheinlichkeit hat.

1 An einer Baustelle an einer Bundesstraße kommt es jeden Werktag aufgrund des Verkehrsaufkommens zu einer Stauentwicklung. Ab 6:00 Uhr morgens beginnen sich die Fahrzeuge zu stauen. Die momentane Änderungsrate der Staulänge kann näherungsweise durch die Funktionenschar f_a mit $f_a(t) = 0{,}5t^3 - 1{,}5at^2 + a^2t$, $0 \le t \le 2a$ (t in Stunden nach 6:00 Uhr; $f_a(t)$ in Kilometern je Stunde) beschrieben werden, wobei $a > 0$ ein vom Verkehrsaufkommen abhängiger Wert ist.

a) Erklären Sie die Bedeutung positiver und negativer Funktionswerte von f_2 für die Stauentwicklung. Bestimmen Sie für $a = 2$, zu welcher Uhrzeit die Staulänge am schnellsten zunimmt und wann der Stau die maximale Länge erreicht. [T1]
Geben Sie für $a = 2$ die maximale Staulänge an. [T2]

b) Bestimmen Sie in Abhängigkeit von a, zu welcher Uhrzeit der Verkehrsstau die maximale Länge erreicht. [T3]
Bestimmen Sie einen Term für die Staulänge zum Zeitpunkt t in Abhängigkeit von a. [T4]
Für welche Werte von a beträgt um 8:00 Uhr die Staulänge 3,0 km? [T5]

c) An einer anderen Baustelle beginnt der Verkehrsstau um 16:00 Uhr (t = 0) und endet um 19:00 Uhr (t = 3).
Begründen Sie, warum es nicht möglich ist, die momentane Änderungsrate der Staulänge an dieser Baustelle durch die ganzrationale Funktion g zu beschreiben, deren Graph dargestellt ist. [T6]

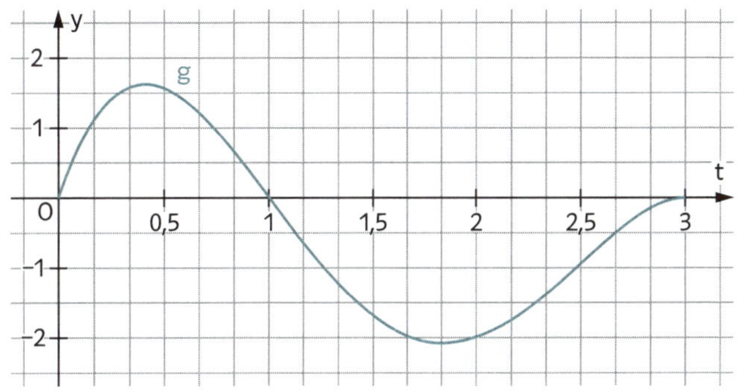

d) Vor einer weiteren Straßenbaustelle stauen sich um 9:00 Uhr die Fahrzeuge auf einer Länge von 4,0 km. Der Stau soll bis 11:00 Uhr vollständig abgebaut sein. Eine Funktion h soll die momentane Änderungsrate dieser Staulänge modellhaft beschreiben (t in Stunden nach 9:00 Uhr; h(t) in Kilometern je Stunde). Ermitteln Sie eine notwendige Bedingung, damit die Forderung erfüllt wird. [T7]

2 Die Abbildung zeigt die Graphen einer Funktion f und deren Ableitungsfunktion f'.

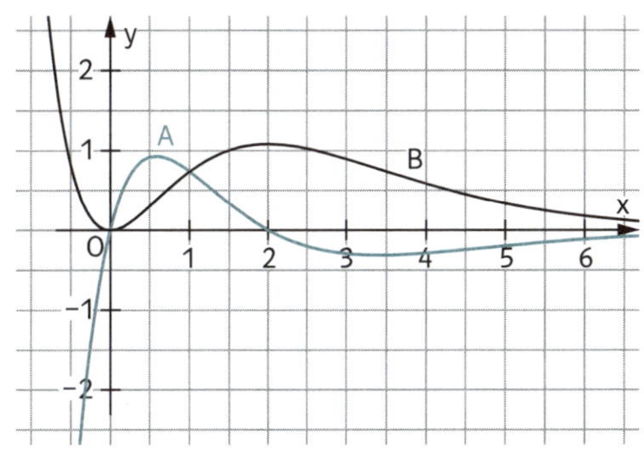

a) Geben Sie an, welcher Graph zur Funktion f gehört und begründen Sie ihre Antwort. [T8]
b) Die Funktion f ist durch $f(x) = 2x^2 \cdot e^{-x}$ gegeben. Bestimmen Sie die Koordinaten des Hochpunkts des Graphen von f.
c) Geben Sie an, für welche Werte von a die Gleichung $f(x) = a$ keine, eine bzw. mehrere Lösungen hat. [T9]
d) Zeigen Sie, dass F mit $F(x) = 2(-x^2 - 2x - 2) \cdot e^{-x}$ eine Stammfunktion von f ist. [T10]
e) Die Graphen von f und f' schließen im 1. Quadranten eine Fläche ein. Bestimmen Sie deren Inhalt. [T11]

[T1] Bestimmen Sie die Zeitpunkte, an denen die Stauänderungsrate das Maximum erreicht bzw. an dem die Staulänge nicht mehr weiter zunimmt. [T2] Ermitteln Sie die Staulänge als Integral der Stauänderungsrate f_2. [T3] Bestimmen Sie den Zeitpunkt, an dem die Staulänge nicht mehr weiter zunimmt. Dies ist die Nullstelle von f_a, an der f_a einen Vorzeichenwechsel von + nach − hat. [T4] Die Staulänge wird durch eine Stammfunktion $F_a(t)$ von $f_a(t)$ angegeben. Bestimmen Sie die Stammfunktion $F_a(t)$ so, dass bei t = 0 die Staulänge 0 km beträgt. [T5] Stellen Sie eine Gleichung auf und lösen Sie diese mit der Lösungsformel für quadratische Gleichungen. [T6] Untersuchen Sie die Staulänge in Abhängigkeit von der Zeit. [T7] Ist H eine Stammfunktion von h, so gibt H die Länge des Staus an. Bestimmen Sie Bedingungen für die Funktion H. [T8] Die Extremstellen von f sind Nullstellen von f'. [T9] Zeichnen Sie in die Abbildung für verschiedene Werte von a die Geraden $y = a$ ein. Bestimmen Sie die Anzahl der Schnittpunkte der Geraden mit dem Graphen von f in Abhängigkeit von a. [T10] Es ist F eine Stammfunktion von f, wenn $F'(x) = f(x)$ gilt. [T11] Es ist f eine Stammfunktion von f' und F eine Stammfunktion von f.

1 Ein Medikament wird in unterschiedlichen Wirkstoffdosierungen hergestellt.
Durch die Funktion f_a mit $f_a(t) = a \cdot t \cdot e^{-0{,}25t}$ wird die Konzentration dieses Medikamentenwirkstoffs im Blut eines Patienten beschrieben. Der Parameter $a > 0$ berücksichtigt die Höhe der Wirkstoffdosierung.
Dabei wird die Zeit t in Stunden seit der Einnahme und die Wirkstoffkonzentration $f_a(t)$ im Blut in Milligramm pro Liter $\left(\frac{mg}{l}\right)$ gemessen.

a) Die Wirkstoffkonzentration im Blut des Patienten beträgt vier Stunden nach der Einnahme $8{,}83\frac{mg}{l}$.
Berechnen Sie den Parameter a. [T1]
Skizzieren Sie den Graphen der Funktion f_6 für die ersten 24 Stunden nach der Einnahme. [T2]

Den Mittelwert m einer Funktion f im Intervall $[t_1; t_2]$ kann man mit der Formel $m = \frac{1}{t_2 - t_1} \cdot \int_{t_1}^{t_2} f(t)\,dt$ berechnen.
Wie hoch ist für $a = 6$ die mittlere Wirkstoffkonzentration des Medikaments in den ersten 24 Stunden?
Damit das Medikament wirksam ist, sollte die Wirkstoffkonzentration im Blut mindestens $3\frac{mg}{l}$ betragen.
Wie lange ist dies bei dieser Dosierung der Fall? [T3]
Zu welchem Zeitpunkt wird das Medikament für $a = 6$ am stärksten abgebaut? [T4]

b) Zeigen Sie, dass die Wirkstoffkonzentration im Blut unabhängig vom Parameter a vier Stunden nach der Einnahme maximal ist. [T5]
Um eine Gefährdung des Patienten auszuschließen, sollte eine Wirkstoffkonzentration von mehr als $15\frac{mg}{l}$ vermieden werden. Ermitteln Sie die Dosierung a, die nicht überschritten werden sollte. [T6]

c) Zu welchem Zeitpunkt wird das Medikament am stärksten abgebaut? [T7]
Begründen Sie, dass dieser Zeitpunkt unabhängig von der Wirkstoffdosierung ist. [T8]

d) Weisen Sie nach, dass die Funktion F_a mit $F_a(t) = -4a \cdot (t + 4) \cdot e^{-0{,}25t}$ eine Stammfunktion von f_a ist. [T9]
Wie hoch ist für $a = 6$ die mittlere Wirkstoffkonzentration des Medikaments in den ersten 24 Stunden? [T10]
Die mittlere Wirkstoffkonzentration in den ersten s Stunden nach der Einnahme des Medikaments wird mit $m_a(s)$ bezeichnet. Bestimmen Sie $m_a(s)$ in Abhängigkeit von s.
Bestimmen Sie den Wert für den Parameter a so, dass die mittlere Wirkstoffdosierung in den ersten 12 Stunden $5{,}0\frac{mg}{l}$ beträgt.

2 Die Länge L des von einer Funktion g beschriebenen Kurvenstücks im Intervall [a; b] berechnet sich nach der Formel $L = \int_a^b \sqrt{1 + (g'(x))^2}\,dx$.
Berechnen Sie die Kurvenlänge des Graphen der Funktion g mit $g(x) = 1 - \cos(x)$ zwischen zwei benachbarten Schnittpunkten mit der x-Achse. [T11]

[T1] Setzen Sie die Werte in die Funktionsgleichung ein und lösen Sie diese. [T2] Skizzieren Sie den Funktionsgraphen zuerst mit dem Rechner. Achten Sie dabei auf den richtigen Darstellungsbereich. [T3] Bestimmen Sie die Schnittpunkte des Graphen von f_6 und der Geraden $y = 3$. Die Zeitspanne ergibt sich aus der Differenz der ermittelten Zeiten. [T4] Zur Bestimmung des Zeitpunktes, an dem der Wirkstoff am stärksten abgebaut wird, bestimmen Sie das Minimum der Ableitungsfunktion f_a' mithilfe des Rechners. [T5] Zeigen Sie, dass die Ableitungsfunktion f_a' unabhängig vom Parameter a für $t = 4$ den Wert 0 annimmt und an dieser Stelle einen Vorzeichenwechsel von + nach – aufweist. [T6] Bestimmen Sie den Parameter a so, dass der maximale Funktionswert 15 ist. [T7] Zur Bestimmung des Zeitpunktes t_0, an dem der Wirkstoff am stärksten abgebaut wird, bestimmen Sie das Minimum der Ableitungsfunktion f_a', d.h. bestimmen Sie t_0 so, dass $f_a''(t_0) = 0$ und f_a'' an dieser Stelle einen Vorzeichenwechsel von – nach + aufweist. [T8] Formen Sie den Term der zweiten Ableitung so um, dass Sie den Parameter a als Faktor ausklammern können. [T9] Ordnen Sie die Faktoren t und $e^{-0{,}25t}$ den Faktoren g'(t) und h(t) geeignet zu. [T10] Bestimmen Sie einen Term für den Mittelwert mithilfe der Stammfunktion F_a. [T11] Bestimmen Sie zuerst zwei benachbarte Schnittpunkte mit der x-Achse. Dies sind die Grenzen des Integrals. Berechnen Sie dann das Integral mithilfe des Rechners.

In einem Forschungslabor wird die Entwicklung von Bakterienkulturen unter verschiedenen Bedingungen untersucht. In drei Versuchsreihen werden die von den Bakterien überdeckten Flächeninhalte gemessen. Zu Beobachtungsbeginn überdecken alle drei Kulturen jeweils eine Fläche von $40\,mm^2$.

Versuchsreihe 1

Bei ungehinderter Vermehrung der Bakterien wird die momentane Änderungsrate der von der Bakterienkultur überdeckten Fläche während der ersten zwei Tage beschrieben durch die Funktion f mit $f(t) = 2 \cdot e^{0,05t}$ (t in Stunden nach Beobachtungsbeginn, f(t) in $\frac{mm^2}{h}$).

a) Bestimmen Sie die Änderungsrate drei Stunden nach Beobachtungsbeginn.

b) Bestimmen Sie den Zeitpunkt, an dem die Änderungsrate $5{,}0\,\frac{mm^2}{h}$ beträgt.

c) Berechnen Sie $\int_0^5 f(t)\,dt$ und interpretieren Sie das Ergebnis im Sachzusammenhang.

d) Geben Sie einen integralfreien Term an, der den von der Bakterienkultur überdeckten Flächeninhalt t Stunden nach Beobachtungsbeginn beschreibt, und bestimmen Sie damit den Flächeninhalt der Kultur zwanzig Stunden nach Beobachtungsbeginn. [T1]

Versuchsreihe 2

Die Vermehrung der Bakterien wird durch eine Verknappung des Nährstoffangebots eingeschränkt. Der von dieser Bakterienkultur überdeckte Flächeninhalt kann durch ein logistisches Wachstum modellhaft beschrieben werden durch die Funktion G mit $G(t) = \frac{600}{1 + a \cdot e^{-0,05t}}$ (t in Stunden nach Beobachtungsbeginn, G(t) in mm^2).

e) Bestimmen Sie den Parameter a aus den Anfangsbedingungen. [T2]

f) Bestimmen Sie den Zeitpunkt, an dem die Zunahme der Fläche am größten ist und den Zeitpunkt, an dem der Flächeninhalt 90 % des Maximalwertes erreicht.

Versuchsreihe 3

Zu einer Bakterienkultur wird ein Antibiotikum hinzugegeben. Der von dieser Bakterienkultur überdeckte Flächeninhalt wird beschrieben durch die Funktion H mit $H(t) = 40 \cdot e^{0,05t - 0,005t^2}$ (t in Stunden nach Beobachtungsbeginn, H(t) in mm^2).

g) Der Flächeninhalt nimmt zu einem bestimmten Zeitpunkt seinen größten Wert an. Bestimmen Sie diesen Wert. Zeigen Sie, dass nach diesem Zeitpunkt der Flächeninhalt immer kleiner wird. [T3]

h) Bestimmen Sie den Zeitpunkt, zu dem der Flächeninhalt wieder gleich groß ist wie zu Beobachtungsbeginn.

i) Betrachtet wird die Funktion K mit $K(t) = H(t + 5)$. Für jede reelle Zahl t gilt: $K(-t) = K(t)$.
Erläutern Sie, welche geometrische Eigenschaft des Graphen von H damit begründet werden kann.

[T1] Bestimmen Sie die Integralfunktion F, die Stammfunktion von f ist und die Anfangsbedingung $F(0) = 40$ erfüllt.

[T2] Es ist $G(0) = 40$. [T3] Zeigen Sie, dass die Ableitungsfunktion von H für $t > t_0$ negativ ist.

Gegeben sind die Ebene $E\colon\ 4x_1 + 2x_2 + 5x_3 = 20$ und die Punkte $A(2\,|\,6\,|\,0)$ und $B(0\,|\,5\,|\,2)$.

a) Geben Sie eine Gleichung der Geraden g durch A und B an und zeigen Sie, dass g in E liegt.

Bestimmen Sie die Länge der Strecke $\overline{AB}$ und die Koordinaten des Mittelpunktes von $\overline{AB}$.

b) Zeichnen Sie die Ebene E mit ihren Spurpunkten in ein Koordinatensystem (1 LE = 1 cm).

Bestimmen Sie die Koordinaten des Punktes C auf E, der mit A und B ein gleichschenkliges Dreieck mit der Basis AB und dem Flächeninhalt $3\sqrt{5}\,\text{cm}^2$ bildet und dessen x_1-Koordinate positiv ist. [T1]

Zeichnen Sie das Dreieck in das Koordinatensystem ein.

c) Das Dreieck ABC bildet zusammen mit dem Punkt $D(2\,|\,1{,}5\,|\,0)$ eine Pyramide. Bestimmen Sie den Rauminhalt der Pyramide. [T2]

d) Gegeben ist die Gerade $h\colon\ \vec{x} = \begin{pmatrix} 3 \\ 1{,}5 \\ 1 \end{pmatrix} + t \begin{pmatrix} 1 \\ 0 \\ 1 \end{pmatrix};\ t \in \mathbb{R}$. Bestimmen Sie den Schnittpunkt T von h mit E.

Die Spitze S der dreieckigen Pyramide ABCS bewege sich auf der Geraden h. Berechnen Sie den Rauminhalt V(t) der Pyramide ABCS. [T3]

e) Zeigen Sie, dass das Dreieck ABS für jede Lage von S gleichschenklig ist. Für welchen Punkt S ist der Flächeninhalt des Dreiecks ABS minimal? [T4] Welchen Winkel hat dieses Dreieck an der Spitze S?

f) Die Pyramide aus Aufgabe c) wird längs der Ebene $F\colon\ \vec{x} = \begin{pmatrix} 3 \\ 4 \\ 0 \end{pmatrix} + r \begin{pmatrix} 2 \\ 1 \\ -2 \end{pmatrix} + s \begin{pmatrix} 1 \\ 1 \\ -3 \end{pmatrix}$ in zwei Körper zerschnitten. Beschreiben Sie die beiden Körper möglichst genau. [T5]

[T1] Ein gleichschenkliges Dreieck ist symmetrisch zur Mittelsenkrechten der Strecke $\overline{AB}$. Stellen Sie eine Gerade durch M auf, deren Richtungsvektor orthogonal zu $\overrightarrow{AB}$ und in E liegt. [T2] Bestimmen Sie den Abstand des Punktes D von E und wenden Sie die Volumenformel für die Pyramide an. [T3] Stellen Sie die Koordinaten von S in Abhängigkeit von t dar und berechnen Sie den Abstand von S zur Ebene E. Gehen Sie dabei wie in Teilaufgabe c) vor. [T4] Stellen Sie den Punkt S in Abhängigkeit des Parameters t dar. Bestimmen Sie nun den Flächeninhalt F des Dreiecks in Abhängigkeit von t und bestimmen Sie das Minimum mit dem Rechner. [T5] Bestimmen Sie die Koordinaten der Schnittpunkte der Pyramidenkanten mit F. Verwenden Sie den Satz von der Mittelparallele im Dreieck und die in den vorhergehenden Aufgaben bestimmten Eigenschaften der Seitenflächen der Pyramide.

Ein Getränkekarton hat die Form einer Pyramide mit dreieckiger Grundfläche.
Gegeben sind die Koordinaten von drei Ecken der Grundfläche $A(1\,|\,-1\,|\,1)$, $B(7\,|\,5\,|\,4)$, $C(7\,|\,2\,|\,-3{,}5)$ und der Pyramidenspitze $D(1{,}5\,|\,7\,|\,-2{,}5)$. (1 LE = 1 cm)

a) Zeigen Sie, dass ABC ein gleichschenkliges Dreieck ist.

b) Geben Sie eine Koordinatengleichung der Ebene E an, in der A, B und C liegen. [T1]
Bestimmen Sie die Schnittpunkte der Ebene E mit den Koordinatenachsen.
Bestimmen Sie die Koordinaten des Lotfußpunkts der Senkrechten von D auf E. [T2]

c) Berechnen Sie das Volumen der Pyramide. [T3]

d) Ein Strohhalm soll im Punkt $P(2\,|\,6\,|\,-1{,}5)$ in die Packung eingesteckt werden. Weisen Sie nach, dass der Punkt P in der Ebene liegt, die durch die Punkte A, B und D bestimmt wird.
Wie lange muss der Strohhalm sein, dass er auch bei ungünstigster Lage noch 1 cm aus der Getränkeverpackung herausragt? [T4]

e) Wie weit ragt der Strohhalm maximal heraus, wenn er auf dem der Ecke D gegenüberliegenden Boden anstößt? Zeichnen Sie den Getränkekarton mit so eingestecktem Strohhalm in ein Koordinatensystem (LE = 1 cm). [T5]

f) Die Gerade, die die Kante $\overline{AB}$ des Getränkekartons enthält, und die Gerade, die die Kante $\overline{CD}$ des Getränkekartons enthält, sind zueinander windschief. Bestimmen Sie den Abstand der beiden Geraden.

[T1] Es ist günstig, eine Normalen- oder Koordinatenform zu bestimmen. Verwenden Sie das Vektorprodukt. [T2] Stellen Sie die Gerade durch D auf, deren Richtungsvektor ein Normalenvektor von E ist. [T3] Die Höhe auf der Basis im gleichschenkligen Dreieck ist die Seitenhalbierende. [T4] Die ungünstigste Lage erhält man, wenn der Strohhalm in der am weitesten vom Punkt P entfernten Ecke des Kartons endet. [T5] Nun muss der Strohhalm senkrecht auf der gegenüberliegende Fläche stehen.

Ein Betrieb stellt Rauchmelder als Massenprodukt zum kleinen Preis her. Ein Rauchmelder zeigt eine existierende Brandgefahr mit der Wahrscheinlichkeit p an.

a) Zur Erhöhung der Sicherheit wird vorgeschlagen, nebeneinander zwei dieser Rauchmelder zu installieren, die unabhängig voneinander reagieren. Berechnen Sie die Wahrscheinlichkeit dafür, dass eine existierende Brandgefahr damit erkannt wird. [T1]
Welchen Wert nimmt diese Wahrscheinlichkeit für $p = 0{,}90$ an?

b) Bei der Qualitätskontrolle hat sich gezeigt, dass 8 % der Rauchmelder nicht funktionieren, also ein Materialfehler oder ein Montagefehler vorliegt.
Berechnen Sie die Wahrscheinlichkeit für einen Montagefehler, wenn 2 % des Materials fehlerhaft sind. [T2]

c) Der laufenden Produktion werden 50 Rauchmelder entnommen und auf Funktionalität überprüft.
Begründen Sie, dass die Anzahl defekter Rauchmelder in der Stichprobe binomialverteilt ist.
Berechnen Sie die Wahrscheinlichkeit, dass

A: genau 4 Rauchmelder defekt sind,
B: weniger als 3 Rauchmelder defekt sind,
C: mindestens 45 Rauchmelder einwandfrei funktionieren.

Die Anzahl defekter Rauchmelder in der Stichprobe von 50 Stück wird mit X bezeichnet.
Berechnen Sie $P(|X - \mu| < 3)$ und beschreiben Sie, was mit diesem Ausdruck berechnet wird.

d) Wie viele dieser Rauchmelder müsste ein Bauträger mindestens bestellen, damit mit mindestens 95 %-iger Wahrscheinlichkeit mindestens 80 funktionierende Rauchmelder in der Lieferung sind? [T3]

e) Die Rauchmelder werden auf drei Montagebändern zusammengebaut. Die Bänder 1, 2 und 3 montieren 20 %, 30 % bzw. 50 % der Rauchmelder und haben eine Fehlerquote von 10 %, 9 % bzw. 7 %.
Berechnen Sie die Wahrscheinlichkeit, dass ein defekter Rauchmelder auf dem Band 3 montiert wurde. [T4]

f) Nach einer Schulung des Personals geht man nur noch von einer Fehlerquote von 5 % aus. Ein Kunde kauft 100 Rauchmelder und stellt fest, dass 8 Rauchmelder nicht funktionieren.
Prüfen Sie mithilfe des Konfidenzintervalls zur Sicherheitswahrscheinlichkeit $\beta = 0{,}683$ $(z = 1)$, ob die Annahme des Herstellers damit verträglich ist.
Ermitteln Sie das Prognoseintervall für die Anzahl nicht funktionierender Rauchmelder bei einer Lieferung von 100 Rauchmeldern, wenn die Fehlerquote tatsächlich 5 % beträgt.
(Hinweis: Für das Prognoseintervall sind die Grenzen bei $p \pm z \cdot \frac{\sqrt{(p \cdot (1-p)}}{\sqrt{n}}$, das Konfidenzintervall entsteht aus den Lösungen der Gleichung $p \pm z \cdot \frac{\sqrt{(p \cdot (1-p)}}{\sqrt{100}} = h$.)

[T1] Wählen Sie den Weg über das Gegenereignis. [T2] Das Gerät funktioniert nur, wenn beide Fehler nicht auftreten. Formulieren Sie einen Ansatz für die Wahrscheinlichkeit funktionierender Geräte. [T3] Formulieren Sie eine Gleichung für die Wahrscheinlichkeit nicht funktionierender Rauchmelder. Interpretieren Sie die Zahlen in der Tabelle für diese Aufgabe. [T4] Verdeutlichen Sie sich die Situation mit einem zweistufigen Baumdiagramm, das in der ersten Stufe die Anteile der Bänder und in der zweiten Stufe die Fehlerquoten enthält.

Das Bildermuseum in Kunststadt zeigt neben seiner ständigen Ausstellung auch themen- oder künstlerorientierte Sonderausstellungen. Im Eingangsbereich befindet sich noch vor dem Kassenbereich eine Buchhandlung, die sich auf künstlerische Werke spezialisiert hat. Alle Besucher werden in den unterschiedlichen Bereichen elektronisch gezählt. Bei der Sonderausstellung der Werke von Max Beckmann stellte man fest, dass von den Besuchern des Bildermuseums 85 % die Sonderausstellung, 28 % die ständige Ausstellung und 15 % beide Ausstellungsteile besuchen. [T1]

a) Berechnen Sie die Wahrscheinlichkeit dafür, dass ein beliebiger Besucher des Bildermuseums nur die Buchhandlung aufsucht.

b) Für eine Befragung werden 20 Museumsbesucher zufällig ausgewählt. Berechnen Sie die Wahrscheinlichkeit der Ereignisse:

A: Mindestens drei dieser Befragten haben die Beckmannausstellung nicht besucht.
B: Die Anzahl der Befragten, die nur die Buchhandlung besucht haben, beträgt höchstens eins.

c) Berechnen Sie, wie viele Besucher mindestens zufällig ausgewählt werden müssen, um mit mindestens 99 %-iger Wahrscheinlichkeit mindestens einen Besucher der Sonderausstellung befragen zu können. [T2]

d) Geben Sie im dargestellten Zusammenhang zwei Ereignisse C und D an, die die Wahrscheinlichkeit

$P(C) = \binom{20}{3} \cdot 0{,}15^3 \cdot 0{,}85^{17}$ und $P(D) = \dfrac{\binom{11}{0} \cdot \binom{9}{6} + \binom{11}{1} \cdot \binom{9}{5}}{\binom{20}{6}}$ besitzen. [T3]

e) Für die Bezahlung der Eintrittsgebühr gibt es zwei Schalter. Der Vorgang für einen zahlenden Besucher dauert jeweils drei Minuten, für Besucher mit Jahreskarte ist es nur eine Minute. Gleichzeitig treffen acht Besucher ein, die sich rein zufällig zu je 4 Personen auf die beiden Schalter aufteilen.
Herr Schmidt und drei weitere Besucher haben eine Jahreskarte. Berechnen Sie den Erwartungswert für die Zufallsgröße X: „Zufällige Zeit bis Herr Schmidt den Schalter verlassen kann, wenn dieser als Letzter an seinem Schalter steht". [T4]

f) Für Ausstellungsbesucher sind Garderobeschränke vorgesehen. Um den Schlüssel abziehen zu können, muss man ein Zwei-Euro-Stück in den vorgesehen Schlitz werfen. Diese Einrichtung verursachte Ärger bei Besuchern, die nicht darauf vorbereitet waren. Die Museumsleitung hat sich deshalb entschlossen, statt des 2-Euro-Stücks jedem Besucher eine Metallscheibe, die vom Automaten akzeptiert wird, zur Verfügung zu stellen. Dazu bestellt sie bei einem Anbieter 5000 Stück dieser Scheiben. Produktionsbedingt weicht die Masse einer Metallscheibe mitunter etwas von der Sollmasse ab. Der Hersteller gibt die Masse mit $\mu = 3{,}06\,g$ und $\sigma = 0{,}08$ an. Der Türautomat funktioniert nur dann störungsfrei, wenn die Abweichung vom Erwartungswert (also der Masse einer 2-Euro-Münze von 3,06 g) kleiner als 0,2 g ist.
Wie groß ist die Wahrscheinlichkeit, dass ein Besucher mit einer solchen Metallscheibe die Schranktür nicht schließen kann?
Wie viele dieser 5000 Scheiben müssen im Laufe der Zeit ausgesondert werden?

[T1] Verwenden Sie den Additionssatz für Wahrscheinlichkeiten mit $P(S \cup B) = P(S) + P(B) - P(S \cap B)$. [T2] Der Weg über das Gegenereignis ist hier günstiger. [T3] 20 Personen werden befragt. Teilen Sie diese in Männer und Frauen ein. [T4] Erfassen Sie alle möglichen Fälle in der Tabelle der Wahrscheinlichkeitsverteilung.

Lambacher Schweizer

Mathematik für Gymnasien

Lösungen zum Arbeitsheft

I Lineare Gleichungssysteme

I Das Gauß-Verfahren, Seite 4

1 a) $(-6; 1; 2)$; b) $(13; 3; -4)$; c) $(-12{,}4; 3{,}8; -1{,}2)$

2 a) alle Gleichungen erfüllt; b) 2. Gleichung $-51 = 51$;
c) alle Gleichungen erfüllt

3 a) $L = \{(5, -1, 2)\}$ b) $L = \{(-1, 1, 2)\}$
c) $L = \{(3, 2, 1)\}$

4 a) $(0; -2; 0)$; b) $(-2; 3; -2)$; c) $(3; 1; 2)$

5 a) Vorzeichenfehler: $4x_2 - 6x_2$ ergibt $-2x_2$.
Es wurde statt mit $4x_2$ mit $-4x_2$ gerechnet.
b) Man darf eine Gleichung nicht durch die Summe zweier anderer ersetzen.
c) x_3 ist nicht 0, es gibt keine Lösung für dieses LGS.
d) Die zweite und dritte Gleichung wurden durch die Differenz der beiden Gleichungen ersetzt.

6

z.B.: $\left|\begin{array}{r} x_1 + x_2 + 3x_3 = 12 \\ 2x_1 + x_2 + 2x_3 = 7 \\ x_1 + x_2 + x_3 = 6 \end{array}\right|$

I Lösbarkeit linearer Gleichungssysteme, Seite 5

1 a) $L = \{\ \}$
b) Das LGS hat unendlich viele Lösungen. Man setzt $x_3 = t$.
Eingesetzt in Gleichung 2 $x_2 + t = -1$; $x_2 = -t - 1$; $x_1 = 4$;
$L = \{(4; -t-1; t) | t \in \mathbb{R}\}$
c) $x_3 = t$; $x_2 = 1 + t$; $x_1 = -1 - t$; $L = \{(-1-t; 1+t; t) | t \in \mathbb{R}\}$

2 a) $L = \{(25; 2; 3)\}$ b) $L = \{(39; 9; -6)\}$
c) $L = \{\ \}$ d) $L = \{(-4; t; -1) | t \in \mathbb{R}\}$

3 A – II; B – I; C – III

4

$\left|\begin{array}{r} 2x_1 + x_3 = -1 \\ -2x_2 + 3x_3 = -1 \\ -2x_2 + 3x_3 = -1 \end{array}\right|$ Stufenform: $\left|\begin{array}{r} 2x_1 + x_3 = -1 \\ -2x_2 + 3x_3 = -1 \\ 0 = 0 \end{array}\right|$

Es gibt unendlich viele Lösungen. Setzt man $x_3 = t$, dann erhält man aus Gleichung 2a $x_2 = 0{,}5(1 + 3t)$ und aus Gleichung 1
$x_1 = 0{,}5(-1 - t)$
Ergebnis $L = \{(0{,}5(-1-t); 0{,}5(1+3t); t) | t \in \mathbb{R}\}$

5 a) $L = \{0; 4; 5\}$; b) $L = \left\{\left(-\frac{t}{3} - 2; -\frac{t}{2} - 5; t\right) \middle| t \in \mathbb{R}\right\}$; c) $L = \{\ \}$

6 a) $\left|\begin{array}{r} x_1 + x_2 + x_3 = 1 \\ x_1 + 2x_2 + 2x_3 = 1 \\ x_1 + x_2 - x_3 = 1 \end{array}\right|$ b) $\left|\begin{array}{r} x_1 + x_2 + x_3 = 1 \\ x_1 + 2x_2 + 2x_3 = 1 \\ 2x_1 + 3x_2 + 3x_3 = 1 \end{array}\right|$

c) $\left|\begin{array}{r} x_1 + x_2 - x_3 = 1 \\ x_1 + 2x_2 - 2x_3 = 1 \\ 2x_1 + 3x_2 - 3x_3 = 2 \end{array}\right|$ d) $\left|\begin{array}{r} x_1 + x_2 - 2x_3 = 0 \\ x_1 + 2x_2 - 3x_3 = 1 \\ 2x_1 + 3x_2 - 5x_3 = 1 \end{array}\right|$

I Bestimmen ganzrationaler Funktionen, Seite 6

1

1. Aufstellen des allgemeinen Funktionsterms und Angeben der Ableitungen:
$f(x) = ax^3 + bx^2 + cx + d$; $f'(x) = 3ax^2 + 2bx + c$;
$f''(x) = 6ax + 2b$; $f'''(x) = 6a$.

2. Formulieren der gegebenen Bedingungen mit f, f′ und f″:
Wendepunkt $W(0 | 1)$:
$f(0) = 1$ (1. Gleichung)
$f''(0) = 0$ (2. Gleichung)
Hochpunkt $H(-1 | 5)$:
$f(-1) = 5$ (3. Gleichung)
$f'(-1) = 0$ (4. Gleichung)

3. Aufstellen des linearen Gleichungssystems

1. Gl.: $\left|\begin{array}{l} d = 1 \\ b = 0 \\ -a + b - c + d = 5 \\ 3a - 2b + c = 0 \end{array}\right|$
2. Gl.:
3. Gl.:
4. Gl.:

4. Lösen des linearen Gleichungssystems:
Das Gleichungssystem hat die Lösung
$a = 2$; $b = 0$; $c = -6$; $d = 1$. $f(x) = 2x^3 - 6x + 1$.

5. Überprüfen, ob alle angegebenen Bedingungen erfüllt sind:
$f'''(0) = 12 \neq 0$, also Wendepunkt $W(0 | 1)$; $f''(-1) = -12 < 0$, also Hochpunkt $H(-1 | 5)$.

2 $f(x) = ax^3 + bx^2 + cx + d$; $f'(x) = 3ax^2 + 2bx + c$;
1. Bedingung: $f(0) = 1$; Gleichung: $d = 1$;
2. Bedingung: $f(-1) = 0$; Gleichung: $-a + b - c + d = 0$;
3. Bedingung: $f(2) = 0$; Gleichung: $8a + 4b + 2c + d = 0$;
4. Bedingung: $f'(2) = 0$; Gleichung: $12a + 4b + c = 0$;

Lösung: $a = \frac{1}{4}$; $b = -\frac{3}{4}$; $c = 0$; $d = 1$; $f(x) = \frac{1}{4}x^3 - \frac{3}{4}x^2 + 1$

3 Mit etwas Erfahrung erkennt man ohne Rechnung, dass es keine Lösung gibt, weil die Nullstellen nicht symmetrisch zum Scheitel liegen. Auch die Rechnung ergibt dies: $f'(x) = 2ax + b$;
$f(5) = 0$; $25a + 5b + c = 0$; $f(-4) = 0$; $16a - 4b + c = 0$;
$f'(0) = 0$; $b = 0$; Lösung: $a = 0$; $b = 0$; $c = 0$; Es gibt keine ganzrationale Funktion 2. Grades, die die Bedingungen erfüllt.

4 $f(x) = ax^3 + bx$ (wegen Symmetrie);
Bedingungen $f(1) = -1$; $f'(1) = 0$; $a = \frac{1}{2}$; $b = -\frac{3}{2}$; $f(x) = \frac{1}{2}x^3 - \frac{3}{2}x$.

I Klausurtraining, Seite 7

1 a) $L = \{(5; -3; 2)\}$ b) $L = \{(-7; 12; 1)\}$
c) $L = \{(0{,}5; 0; 1)\}$ d) $L = \{(1; -1; 1; -1)\}$

2 a) $L = \{(11; -9; -1)\}$ b) $L = \left\{\left(3 - t; \frac{(1+t)}{5}; t\right) \middle| t \in \mathbb{R}\right\}$
c) $L = \{\ \}$ d) $L = \left\{\left(\frac{1}{3} + 2r; -\frac{2}{3} - r; 0\right) \middle| r \in \mathbb{R}\right\}$

3 Wegen $f(4) = 0$ scheidet das zweite System aus. $f'(4) = 0$ erfüllen die verbliebenen Systeme. Wegen $f(-1) = -3$ scheidet das erste System aus (Vorzeichenfehler). Wegen $f'(-1) = 2$ scheidet das vierte System aus. Richtig ist das dritte System.

4 Ansatz $y = ax + b$ und $y = cx + d$ ergibt folgendes Gleichungssystem:

$$\left|\begin{array}{l} 4a + b = -2 \\ 4c + d = -2 \\ b - d = 8 \\ a + c = 2 \end{array}\right|$$

Lösung: $d = -10$; $c = 2$; $b = -2$; $a = 0$; Gleichungen der Geraden: $y = -2$ und $y = 2x - 10$

5

Winkelsumme im Viereck
Gegenwinkel 180°
Benachbarte Winkel 120°

$$\left|\begin{array}{r} \alpha + \beta + \gamma + \delta = 360^\circ \\ \alpha + \gamma = 180^\circ \\ \alpha + \beta = 120^\circ \\ \beta + \gamma = 120^\circ \end{array}\right|$$

Lösung: $\delta = 150^\circ$; $\gamma = 90^\circ$; $\beta = 30^\circ$; $\alpha = 90^\circ$

6 Diese Aufgabe ist überbestimmt.

1. Aufstellen der Funktionsgleichung und Angeben der Ableitungen
$f(x) = ax^3 + bx^2 + cx + d$; $f'(x) = 3ax^2 + 2bx + c$;
$f''(x) = 6ax + 2b$; $f'''(x) = 6a$.

2. Formulieren der gegebenen Bedingungen mit f, f' und f''.

Hochpunkt $H\left(2\middle|\frac{10}{3}\right)$:
$f(2) = \frac{10}{3}$ (1. Gleichung)
$f'(2) = 0$ (2. Gleichung)
Wendepunkt $W\left(1\middle|\frac{8}{3}\right)$:
$f(1) = \frac{8}{3}$ (3. Gleichung)
$f''(1) = 0$ (4. Gleichung)

Wendetangente t:
$y = x + \frac{5}{3}$; $f'(1) = 1$ (5. Gleichung)

3. Aufstellen des linearen Gleichungssystems

$$\left|\begin{array}{rl} 8a + 4b + 2c + d &= \frac{10}{3} \\ 12a + 4b + c &= 0 \\ a + b + c + d &= \frac{8}{3} \\ 6a + 2b &= 0 \\ 3a + 2b + c &= 1 \end{array}\right|$$

4. Lösen des linearen Gleichungssystems

Man erhält $a = -\frac{1}{3}$; $b = 1$; $c = 0$ und $d = 2$.
Es muss noch der y-Achsenabschnitt der Wendetangente geprüft werden. Punktprobe mit $W\left(1\middle|\frac{8}{3}\right)$ ergibt: $\frac{8}{3} = 1 + \frac{5}{3}$.

Stimmt! Ergebnis $f(x) = -\frac{1}{3}x^3 + x^2 + 2$.

7

1. Aufstellen der Funktionsgleichung und Angeben der Ableitungen
Da der Graph symmetrisch zur y-Achse ist, kann man ansetzen:
$f(x) = ax^4 + bx^2 + c$; $f'(x) = 4ax^3 + 2bx$

2. Formulieren der gegebenen Bedingungen mit f, f' und f''.
Hochpunkt $H(0\,|\,-1)$:
$f(0) = 1$ (1. Gleichung)
$f'(0) = 0$ (2. Gleichung)
Tiefpunkt $T(2\,|\,-3)$:
$f(2) = -3$ (3. Gleichung)
$f'(2) = 0$ (4. Gleichung)

3. Aufstellen des linearen Gleichungssystems

$$\left|\begin{array}{rl} c &= 1 \\ 0 &= 0 \\ 16a + 4b + c &= -3 \\ 32a + 4b &= 0 \end{array}\right|$$

4. Lösen des linearen Gleichungssystems
Ergebnis: $a = \frac{1}{4}$; $b = -2$; $c = 1$
$f(x) = \frac{1}{4}x^4 - 2x^2 + 1$
Überprüfen unnötig, weil der Graph gegeben ist.

II Verknüpfung von Funktionen und Wachstum

II Die natürliche Exponentialfunktion und ihre Ableitung, Seite 8

1

	Funktion	Ableitung
$f(x) = 2^x$	C	F
$f(x) = e^x$	B	E
$f(x) = 3^x$	A	D

2

a) $f(x) = 6 \cdot e^x + 3x$
$f'(x) = 6 \cdot e^x + 3$; $f''(x) = 6 \cdot e^x$

b) $f(x) = -3e^x + \cos(x)$
$f'(x) = -3e^x - \sin(x)$ $f''(x) = -3e^x - \cos(x)$

c) $f(x) = -\frac{1}{4x^2} + 2e^x$
$f'(x) = \frac{1}{2x^3} + 2e^x$ $f''(x) = -\frac{3}{2x^4} + 2e^x$

d) $f(x) = 3e \cdot e^x$
$f'(x) = 3e \cdot e^x$ $f''(x) = 3e \cdot e^x$

3 a) f_1: Graph C; f_2: Graph A; f_3: Graph B; f_4: siehe Schaubild; f_5: Graph D; f_6: Graph E
b) … um 2 Einheiten in positive x-Richtung …
… um 2 Einheiten in positive y-Richtung …
… an der y-Achse …

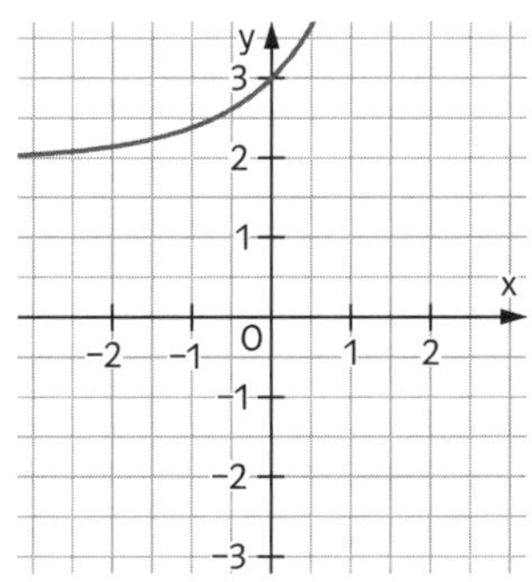

4 a) Den Graphen der Funktion g erhält man aus dem Graphen der natürlichen Exponentialfunktion e^x, indem man den Graphen um 3 Einheiten in positive x-Richtung verschiebt, um den Faktor 2 in y-Richtung streckt und um 4 Einheiten in positive y-Richtung verschiebt.
b) $g(x) = 3 \cdot e^{x+5} - 4$

5

a) $f'(x) = -e^x \neq f(x)$ stimmt nicht überein
b) $f'(x) = 4e^x + 6x^2 \neq f(x)$ stimmt nicht überein
c) $f'(x) = 5e^x = f(x)$ stimmt überein

6

a) $f'(x) = \frac{1}{2}e^x$
$f'(1) = \frac{1}{2}e$ $f(1) = \frac{1}{2}e$
t: $y = \frac{1}{2}e \cdot (x - 1) + \frac{1}{2}e = \frac{1}{2}e \cdot x$

b) $f'(x) = e^x + 2$
$f'(0) = 1 + 2 = 3$ $f(0) = 1 + 0 + 1 = 2$
t: $y = 3 \cdot (x - 0) + 2 = 3 \cdot x + 2$

c) $f'(x) = \frac{2}{e^2} \cdot e^x$
$f'(3) = \frac{2}{e^2} \cdot e^3 = 2e$ $f(3) = 2e + 1$
t: $y = 2e \cdot (x - 3) + 2e + 1 = 2e \cdot x - 4e + 1$

II Verkettung mit linearen Funktionen, Seite 9

1 Dabei bezeichnet man die Funktion v als die innere Funktion und u als die äußere Funktion.
Bei der Verkettung wendet man auf die Variable x zuerst die Zuordnungsvorschrift v und danach auf dieses Zwischenergebnis v(x) die zweite Zuordnungsvorschrift u an.

2 a) $f(3) = u(v(3)) = u(2) = 3$
b) $u(a) = 4$ für $a = 1$ und $v(x_0) = 1$ für $x_0 = 2$,
also $f(2) = u(v(2)) = u(1) = 4$
c), e)

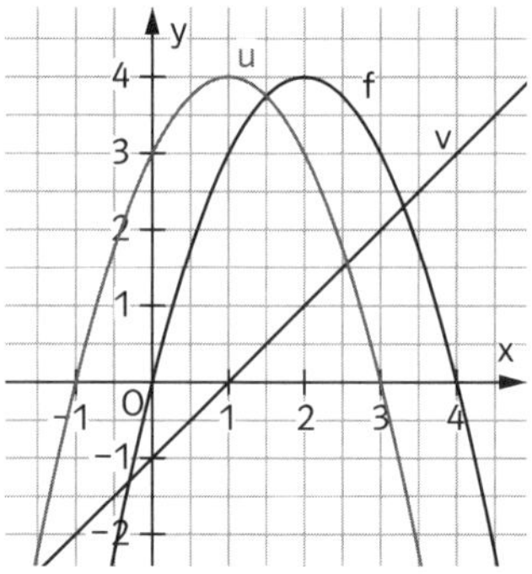

d) $f(x) = -x^2 + 4x$

3
a) $f'(x) = 3 \cdot e^{0{,}5x}$
b) $f'(x) = -0{,}5 \cdot e^{-2x} - 0{,}5 \cdot e^{0{,}25x}$
c) $f'(x) = 3 \cdot e^{2x+4} + 6x \cdot e^{2x+4}$

4
a) $f(x) = e^{2x+1}$
$f'(x) = 2e^{2x+1}$; $\quad f''(x) = 4e^{2x+1}$
b) $f(x) = 2\sin\left(\frac{1}{2}x\right)$
$f'(x) = \cos\left(\frac{1}{2}x\right)$; $\quad f''(x) = -\frac{1}{2}\sin\left(\frac{1}{2}x\right)$
c) $f(x) = 8e^{-0{,}25x}$
$f'(x) = -2e^{-0{,}25x}$; $\quad f''(x) = 0{,}5e^{-0{,}25x}$
d) $f(x) = (2 - 3x)^4$
$f'(x) = -12 \cdot (2 - 3x)^3$; $\quad f''(x) = 108 \cdot (2 - 3x)^2$

5
a) $f(x) = e^{-\frac{1}{2}x+2}$; $x_0 = 2$
$f'(x) = -\frac{1}{2}e^{-\frac{1}{2}x+2}$; $\quad f'(2) = -\frac{1}{2}e$; $\quad f(2) = e$
$t\colon\ y = -\frac{1}{2}e \cdot (x - 2) + e = -\frac{1}{2}e \cdot x + 2e$
b) $f(x) = \sin\left(\frac{\pi}{2}x\right)$; $x_0 = -1$
$f'(x) = \frac{\pi}{2} \cdot \cos\left(\frac{\pi}{2}x\right)$; $\quad f'(-1) = 0$; $\quad f(-1) = -1$
$t\colon\ y = 0 \cdot (x + 1) - 1 = -1$
c) $f(x) = (-2x + 5)^4$; $x_0 = 3$
$f'(x) = -8 \cdot (-2x + 5)^3$; $\quad f'(3) = -8 \cdot (-1)^3 = 8$; $\quad f(3) = 1$
$t\colon\ y = 8 \cdot (x - 3) + 1 = 8x - 23$
d) $f(x) = 3 - e^{\frac{2}{5}x}$; $x_0 = 2{,}5$
$f'(x) = 3 - \frac{2}{5}e^{\frac{2}{5}x}$; $\quad f'(2{,}5) = 3 - \frac{2}{5}e^1 = 3 - \frac{2}{5}e$; $\quad f(2{,}5) = 3 - e$
$t\colon\ y = \left(3 - \frac{2}{5}e\right) \cdot (x - 2{,}5) + 3 - e = \left(3 - \frac{2}{5}e\right) \cdot x - 4{,}5$

6
a) $f(x) = -\frac{1}{2}e^{x-2}$

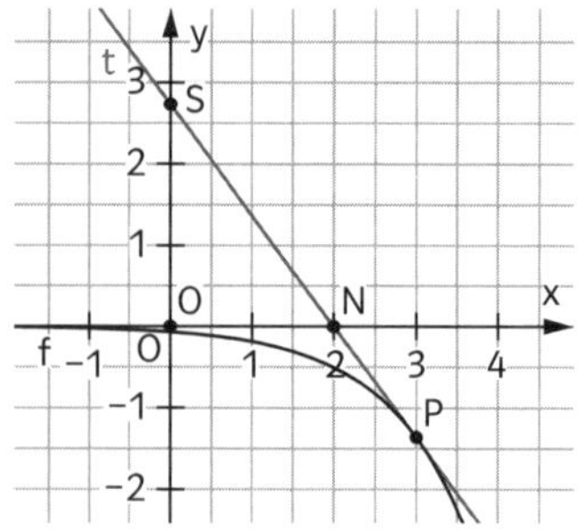

b) $f'(x) = -\frac{1}{2}e^{x-2}$
$f'(3) = -\frac{1}{2}e$; $\quad f(3) = -\frac{1}{2}e$
Tangente t: $y = -\frac{1}{2}e \cdot (x - 3) - \frac{1}{2}e = -\frac{1}{2}e \cdot x + e$
Tangente schneidet die Koordinatenachsen in N(2 | 0) und S(0 | e).
Flächeninhalt des rechtwinkligen Dreiecks ONS:
$A = \frac{1}{2} \cdot 2 \cdot e = e$

II Verkettung von beliebigen Funktionen, Seite 10

1
a) $f(g(2)) = 7$ b) $f(g(-3)) = 17$ c) $g(f(2)) = 9$
d) $g(f(-1)) = 9$ e) $f\left(g\left(-\frac{1}{2}\right)\right) = -0{,}5$ f) $g\left(f\left(\frac{1}{3}\right)\right) = \frac{1}{9}$

2

	u(x)	v(x)	f(x)
a)	$x^3 + 1$	$4x - 3$	$(4x - 3)^3 + 1$
b)	$\sqrt{x}$	$x^2 - 9$	$\sqrt{x^2 - 9}$
c)	$\sin(3x)$	$0{,}5x + 2$	$\sin(1{,}5x + 6)$
d)	$\frac{5}{x^2}$	$(3x - 2)^2$	$\frac{5}{(3x - 2)^4}$

3

	a) $f(x) = (5x - 6)^3$	b) $f(x) = \frac{3}{x^2 + 4}$	c) $f(x) = (\sin(x))^2$
als Produkt $u(x) \cdot v(x)$	$u(x) = (5x - 6)^2$ $v(x) = 5x - 6$	$u(x) = 3$ $v(x) = \frac{1}{x^2 + 4}$	$u(x) = \sin(x)$ $v(x) = \sin(x)$
als Verkettung $u(v(x))$	$u(x) = x^3$ $v(x) = 5x - 6$	$u(x) = \frac{3}{x}$ $v(x) = x^2 + 4$	$u(x) = x^2$ $v(x) = \sin(x)$

4
a) $f'(x) = 5 \cdot e^x$ $\quad f''(x) = 5 \cdot e^x$
b) $f'(x) = 2 \cdot e^{3x}$ $\quad f''(x) = 6 \cdot e^{3x}$
c) $f'(x) = e^{-x} - x \cdot e^{-x}$ $\quad f''(x) = -2e^{-x} + x \cdot e^{-x}$
d) $f'(x) = 2x \cdot e^{x^2}$ $\quad f''(x) = 2e^{x^2} + 4x^2 \cdot e^{x^2}$

5 a) $f'(x) = -0{,}5e^{-0{,}5x}$ $\quad f(-2) = e$ $\quad f'(-2) = -0{,}5e$
Tangente: $m_t = f'(-2) = -0{,}5e$ $\quad t\colon y = -0{,}5e \cdot (x + 2) + e = -0{,}5e \cdot x$
Normale: $m_n = -\frac{1}{f'(-2)} = \frac{2}{e}$ $\quad n\colon y = \frac{2}{e} \cdot (x + 2) + e = \frac{2}{e} \cdot x + \frac{4}{e} + e$
b) $t\colon y = \frac{1 \cdot e^2}{2} \cdot x - \frac{3 \cdot e^2}{2}$ $\quad n\colon y = \frac{-2}{e^2} \cdot x + \frac{8}{e^2} + \frac{e^2}{2}$

6
$f(x) = u(v(x))$; $g(x) = v(w(x))$; $h(x) = v(t(x))$; $i(x) = t(u(x))$

II Kettenregel, Seite 11

1

a) $f(0) \approx 2{,}7$; $f(1) = 1$; $g(0) = 0$; $g(1) \approx -1{,}7$
b) $f'(0) \approx -2{,}7$; $f(1) = -1$; $g(0) = -1$; $g(1) \approx -2{,}7$
c) $f(x) = e^{1-x}$; $f'(x) = -e^{1-x}$; $f(0) = e$;
$f(1) = 1$; $f'(0) = -e$; $f'(1) = -1$
$g(x) = 1 - e^x$; $g'(x) = -e^x$; $g(0) = 0$;
$g(1) = 1 - e$; $g'(0) = -1$; $g'(1) = -e$

2

	f(x)	u(x)	u'(x)
a)	$(7-4x)^6$	x^6	$6x^5$
b)	$2e^{3x^2+5}$	$2e^x$	$2e^x$
c)	$\frac{4}{3x^3+2}$	$\frac{4}{x}$	$\frac{-4}{x^2}$
d)	$-3\cos(2x^2)$	$-3\cos(x)$	$3\sin(x)$

	v(x)	v'(x)	f'(x) = u'(v(x)) · v'(x)
a)	$7-4x$	-4	$6 \cdot (7-4x)^5 \cdot (-4)$
b)	$3x^2+5$	$6x$	$12x \cdot e^{3x^2+5}$
c)	$3x^3+2$	$9x^2$	$-\frac{4}{(3x^3+2)^2} \cdot 9x^2$
d)	$2x^2$	$4x$	$3\sin(2x^2) \cdot 4x$

3

a) $f(x) = (x-3)^4$
$f'(x) = 4 \cdot (x-3)^3$

b) $f(x) = 4e^{-x^2+1}$
$f'(x) = 4e^{-x^2+1} \cdot (-2x)$

c) $f(x) = -3 \cdot \sin(4x+1)$
$f'(x) = -3 \cdot \cos(4x+1) \cdot 4$

d) $f(x) = (3x^2-6)^4$
$f'(x) = 4 \cdot (3x^2-6)^3 \cdot 6x$

4 (1) $f(x) = \frac{1}{6} \cdot (x-2)^3$ Graph B

Der Graph der Funktion f ist monoton wachsend und hat bei $x = 2$ einen Wendepunkt.
Graph B zeigt eine Ableitungsfunktion, deren Werte größer gleich 0 sind und Graph B hat bei $x = 2$ einen Tiefpunkt.

(2) $f(x) = \left(\frac{1}{2}x - \frac{3}{2}\right)^4$ Graph C

Die Funktion f ist eine ganzrationale Funktion vom Grad 4, somit hat die Ableitungsfunktion f' den Grad 3. Dies zeigt Graph C.

(3) $f(x) = \frac{1}{2} \cdot (x-3)^2$ Graph A

Die Funktion f ist eine ganzrationale Funktion vom Grad 2, somit hat die Ableitungsfunktion f' den Grad 1, d.h., der Graph ist eine Gerade. Graph A zeigt die erforderlichen Eigenschaften.

(4) $f(x) = \left(\frac{1}{4} \cdot x - 1\right)^3$ Graph D

Der Graph der Funktion f ist monoton wachsend und hat bei $x = 4$ einen Wendepunkt.
Graph D zeigt eine Ableitungsfunktion, deren Werte größer gleich 0 sind und Graph D hat bei $x = 4$ einen Tiefpunkt.

II Produktregel, Seite 12

1 a) $f'(x) = 3 \cdot \sin(x) + (3x-2) \cdot \cos(x)$
b) $g'(x) = 2 \cdot \sqrt{x} + (5+2x) \cdot \frac{1}{2\sqrt{x}}$
c) $h'(x) = \sin(x) \cdot (5x^2-3) + (-\cos(x)) \cdot 10x$
d) $i'(x) = \frac{1}{2\sqrt{x}} \cdot e^x + \sqrt{x} \cdot e^x$
e) $k'(x) = -e^{-x} \cdot (x^2-2) + e^{-x} \cdot 2x$
f) $l'(x) = 2e^{2x-3} \cdot e^{2x+3} + e^{2x-3} \cdot 2e^{2x+3}$

2

a) $f'(x) = 2 \cdot \cos(3x) + (2x+1) \cdot (-\sin(3x) \cdot 3)$
$= 2 \cdot \cos(3x) - (6x+3) \cdot \sin(3x)$
b) $f'(x) = 3 \cdot (2-5x)^2 \cdot (-5) \cdot (1+2x) + (2-5x)^3 \cdot 2$
$= -15 \cdot (2-5x)^2 \cdot (1+2x) + 2 \cdot (2-5x)^3$
c) $f'(x) = \frac{2}{\sqrt{4x+1}} \cdot e^{-x} - \sqrt{4x+1} \cdot e^{-x}$
d) $f'(x) = e^x \cdot (x^2+3x+2) + e^x \cdot (2x+3)$
e) $f(x) = \frac{3e^x}{x} = 3e^x \cdot x^{-1}$ $f'(x) = 3e^x \cdot x^{-1} - 3e^x \cdot x^{-2}$
f) $f(x) = x + 2 - \frac{3}{2x}$; $f'(x) = 1 + \frac{3}{2x^2}$

3 a) $f'(x) = 3 \cdot (5-3x)^2 \cdot (-3) \cdot x^{-2} + (5-3x)^3 \cdot (-2 \cdot x^{-3})$
b) $g'(x) = -4x \cdot \cos(x) - 2x^2 \cdot (-\sin(x))$
c) $f'(x) = \frac{1}{2}x \cdot \sqrt{4-x} + \frac{1}{4}x^2 \cdot \frac{1}{2 \cdot \sqrt{4-x}} \cdot (-1)$

4 a) $f'(x) = 3 \cdot \sqrt{x} + (3x-2) \cdot \frac{1}{2\sqrt{x}}$
$f'(4) = 8{,}5 = m$
$f(4) = 20$ $P(4|20)$
$y = m \cdot (x - x_0) + f(x_0)$ allgemeine Tangentengleichung
$y = 8{,}5 \cdot (x-4) + 20$
$y = 8{,}5x - 14$
b) $f'(x) = 2x \cdot \sin(x) + x^2 \cdot \cos(x)$
$f'(\pi) = 2\pi \cdot 0 + \pi^2 \cdot (-1) = -\pi^2 = m$
$f(\pi) = \pi^2 \cdot 0 = 0$ $P(\pi|0)$
$y = -\pi^2(x-\pi) = -\pi^2 x + \pi^3$
c) $f'(x) = \frac{1}{2\sqrt{x}}(2x^2-4) + \sqrt{x} \cdot 4x$
$f'(2) = \frac{1}{2\sqrt{2}} \cdot 4 + \sqrt{2} \cdot 8 = \sqrt{2} + 8 \cdot \sqrt{2} = 9 \cdot \sqrt{2} = m$
$f(2) = \sqrt{2} \cdot (8-4) = 4 \cdot \sqrt{2}$ $P(2|4 \cdot \sqrt{2})$
$y = 9 \cdot \sqrt{2}(x-2) + 4\sqrt{2} = 9\sqrt{2} \cdot x - 14 \cdot \sqrt{2}$

5 a) $f(x) = 0$
Nullproduktsatz: $\sqrt{x} = 0$ $x_1 = 0$ $N_1(0|0)$
$2x - 3 = 0$ $x_2 = \frac{3}{2}$ $N_2\left(\frac{3}{2}|0\right)$
b) $f'(x) = 2\sqrt{x} + (2x-3) \cdot \frac{1}{2\sqrt{x}}$
$f'(2) = 2\sqrt{2} + 1 \cdot \frac{1}{2\sqrt{2}} = 2\sqrt{2} + \frac{\sqrt{2}}{4} = \frac{9}{4} \cdot \sqrt{2}$
$f(2) = \sqrt{2}$ $P(2|\sqrt{2})$
$y = \frac{9}{4} \cdot \sqrt{2}(x-2) + \sqrt{2}$
Tangentengleichung: $y = \frac{9}{4}\sqrt{2} \cdot x - \frac{7}{2} \cdot \sqrt{2}$
c) waagerechte Tangente: Steigung/Ableitung ist 0
$f'(x) = 0$ $2 \cdot \sqrt{x} + (2x-3) \cdot \frac{1}{2\sqrt{x}} = 0$ $| \cdot \sqrt{x}$
$2x + (2x-3) \cdot \frac{1}{2} = 0$
$3x - \frac{3}{2} = 0$
$x_1 = \frac{1}{2}$
$f\left(\frac{1}{2}\right) = -\sqrt{2}$ $Q\left(\frac{1}{2}|-\sqrt{2}\right)$

d) 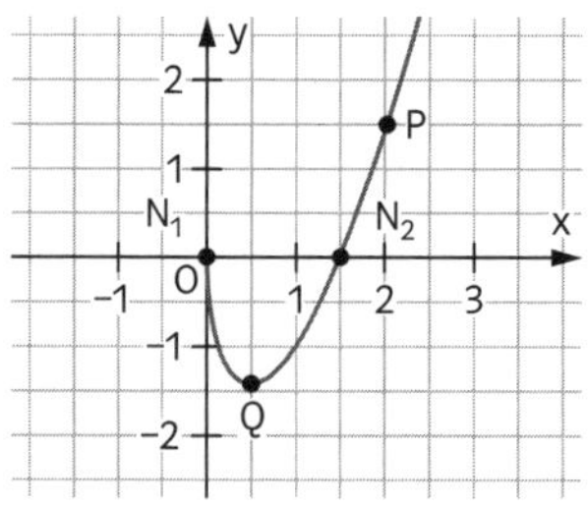

6
$f(x) = (x-2) \cdot e^{x-2}$
a) $f'(x) = 1 \cdot e^{x-2} + (x-2) \cdot e^{x-2} \cdot 1 = (x-1) \cdot e^{x-2}$
die Gerade $y = x$ hat die Steigung 1; Graph von f verläuft parallel zur Geraden, wenn
$f'(x) = 1$ gilt
$(x-1) \cdot e^{x-2} = 1$ für $x_0 = 2$
b) $f(x) = (x-2) \cdot e^{x-2}$ $P(2\,|\,f(2))$
$f'(2) = 1$ $f(2) = 0$
$t: y = 1 \cdot (x-2) + 0 = x - 2$
$n: y = -1 \cdot (x-2) + 0 = -x + 2$

II Exponentialgleichungen und natürlicher Logarithmus, Seite 13

1 a) e^x: B $\ln(x)$: D
b) $e^0 = 1$; $\ln(1) = 0$; $e^{\ln(x)} = x$; $\ln(e^x) = x$
c) $e^{\ln(4)} = 4$; $\ln(e^4) = 4$; $e^{2x} = (e^x)^2$; $\ln(x^2) = 2 \cdot \ln(x)$

2 a) $\ln(e^{-1}) = -1$
b) $\frac{e^{x+1}}{e^2} = e^{x-1}$
c) $3e^{2x} + 4e^x = e^x \cdot (3e^x + 4)$

3 a) richtig
b) Fehler beim Umformen
$e^{3-2x} - e^{2x} = 0$
$\frac{e^3}{e^{2x}} = e^{2x}$
$e^3 = e^{4x}$
$4x = 3$
$x = \ln\left(\frac{3}{4}\right)$
c) zweite Lösung beim Nullproduktsatz vergessen
$x \cdot e^x = 0$
$x_2 = 0$

4 $2^x = 5$ $x = \frac{\ln(5)}{\ln(2)}$
$2^{x+1} = 5$ $x = \frac{\ln(2{,}5)}{\ln(2)}$
$2^{1-x} = 5$ $x = \frac{\ln(0{,}4)}{\ln(2)}$
$2^{x-2} = 0{,}5$ $x = 1$

5 a) $2e^{2x} - 14e^x - 20 = 0$
Substitution: $u = e^x$
$2u^2 - 14u + 20 = 0$
$u_{1,2} = \frac{14 \pm \sqrt{196 - 4 \cdot 2 \cdot 20}}{4} = \frac{14 \pm \sqrt{36}}{4} = \frac{14 \pm 6}{4}$
$u_1 = 5$ $u_2 = 2$
Resubstitution $x = \ln(u)$
$x_1 = \ln(5)$ $x_2 = \ln(2)$
b) $(2x^2 - 18) \cdot (e^{2x} - 4) = 0$
$2x^2 - 18 = 0$; $x^2 = 9$
$x_1 = 3$ $x_2 = -3$
oder $e^{2x} - 4 = 0$ $e^{2x} = 4$ $2x = \ln(4)$ $x_3 = \frac{1}{2}\ln(4) = \ln(2)$

c) $e^x - 3 = \frac{18}{e^x}$
Substitution $u = e^x$
$u - 3 = \frac{18}{u}$
$u^2 - 3u = 18$
$u^2 - 3u - 18 = 0$
$u_{1,2} = \frac{3 \pm \sqrt{9 + 4 \cdot 18}}{2} = \frac{3 \pm \sqrt{81}}{2}$
$u_1 = 6$ $u_2 = -3$
Resubstitution $x = \ln(u)$
$x_1 = \ln(6)$ $x_2 = \ln(-3)$ ↯ geht nicht!

d) $e^{3x} - 9e^x = 0$
$e^x \cdot (e^{2x} - 9) = 0$
$e^x \cdot (e^x + 3) \cdot (e^x - 3) = 0$
es ist $e^x > 0$ und $e^x + 3 > 0$
$e^x - 3 = 0$ $e^x = 3$ für $x = \ln(3)$

6 a) $\mathbb{D} = \mathbb{R}$
$\mathbb{W} = \{y \in \mathbb{R} \,|\, y > -2{,}5\}$
b) x-Achse: $f(x) = 0$; $\frac{1}{10}e^{2x} - \frac{5}{2} = 0$
$e^{2x} = 25$; $x = \ln(5)$
$N(\ln(5)\,|\,0)$
y-Achse: $f(0) = \frac{1}{10} \cdot 1 - \frac{5}{2} = -2{,}4$
$Q(0\,|\,-2{,}4)$
c) $f'(x) = \frac{1}{10} \cdot 2 \cdot e^{2x} = \frac{1}{5} \cdot e^{2x}$
$f'(x) = 1$ $1 = \frac{1}{5}e^{2x}$ $5 = e^{2x}$
$\ln(5) = 2x$ $x = \frac{1}{2}\ln(5)$
$f\left(\frac{1}{2}\ln(5)\right) = \frac{1}{10} \cdot e^{2 \cdot \frac{1}{2}\ln(5)} - \frac{5}{2} = \frac{1}{10} \cdot 5 - \frac{5}{2} = -2$
$P\left(\frac{1}{2}\ln(5)\,\middle|\,-2\right)$

7
a) $f(x) = x \cdot e^{-x}$
$f'(x) = 1 \cdot e^{-x} - x \cdot e^{-x} = (1-x) \cdot e^{-x}$
$f'(x) = 0$; $(1-x) \cdot e^{-x} = 0$; $e^{-x} > 0$; $1 - x = 0$ für $x_0 = 1$
$f(1) = 1 \cdot e^{-1} = \frac{1}{e}$; $P\left(-1\,\middle|\,\frac{1}{e}\right)$
b) $f(x) = x^3 \cdot e^x$
$f'(x) = 3x^2 \cdot e^x + x^3 \cdot e^x = (3x^2 + x^3) \cdot e^x = x^2 \cdot (3 + x) \cdot e^x$
$f'(x) = 0$; $x^2 \cdot (3+x) \cdot e^x = 0$; $e^x > 0$; $x^2 = 0$ für $x_1 = 0$;
$3 + x = 0$ für $x_2 = -3$
$f(0) = 0 \cdot e^0 = 0$; $P_1(0\,|\,0)$
$f(-3) = -27 \cdot e^{-3} \approx -1{,}34$; $P_2\left(-3\,\middle|\,-\frac{27}{e^3}\right) \approx P_2(-3\,|\,-1{,}34)$

II Graphen von Exponentialfunktionen, Seite 14

1 A → g: für $x \to \infty$ gilt $g(x) \to 0$ und für $x \to -\infty$ gilt $g(x) \to -\infty$
B → l: für $x \to \infty$ gilt $l(x) \to -\infty$ und für $x \to -\infty$ gilt $l(x) \to 2$
C → f: für $x \to \infty$ gilt $f(x) \to 0$ und für $x \to -\infty$ gilt $f(x) \to +\infty$
D → h: für $x \to \infty$ gilt $h(x) \to +\infty$ und für $x \to -\infty$ gilt $h(x) \to 0$

2 a) Es gilt $f(2) = 0$ und $f(0) = 4$. Somit ist der Graph in Abbildung B der Graph der Funktion f.
b) Den Graphen in Abbildung A erhält man aus dem Graphen von f durch Streckung um den Faktor 0,5 in y-Richtung. Für den Funktionsterm gilt dann: $g(x) = 0{,}5 \cdot f(x) = 0{,}5 \cdot (x-2)^2 \cdot e^x$.
Den Graphen in Abbildung C erhält man aus dem Graphen von f durch Verschiebung um 2 Einheiten in negative x-Richtung. Für den Funktionsterm gilt dann: $h(x) = f(x+2) = x^2 \cdot e^{x+2}$.

3 a) $f_1(x) = e^x + (-1)$ $f_2(x) = 3 \cdot e^x$ $f_3(x) = -2 \cdot e^x + 5$
b) $P(-1\,|\,4{,}26)$, $t: y = -0{,}74x + 3{,}53$
$Q(-2\,|\,0{,}41)$, $t: y = 0{,}41x + 1{,}22$
$R(1\,|\,1{,}72)$, $t: y = 2{,}72x - 1$

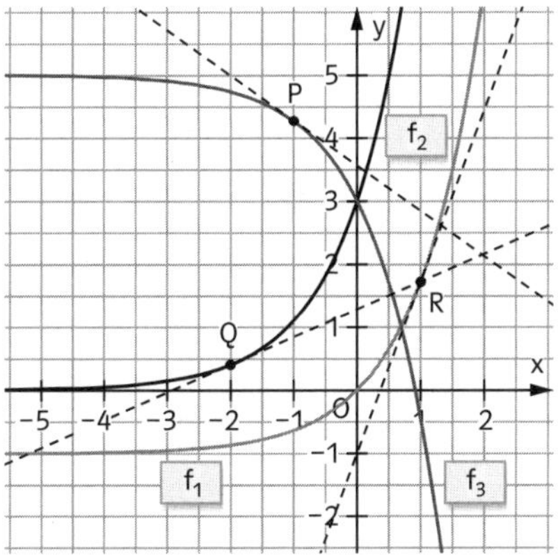

4 $f(x) = a \cdot e^{bx}$ $f'(x) = a \cdot b \cdot e^{bx}$
$P(0\,|\,3)$; $f(0) = 3$; $a \cdot e^{b \cdot 0} = 3$; somit folgt $a = 3$
Steigung -2: $f'(0) = -2$; $a \cdot b \cdot e^{b \cdot 0} = -2$; somit folgt $a \cdot b = -2$ und $b = -\frac{2}{3}$.

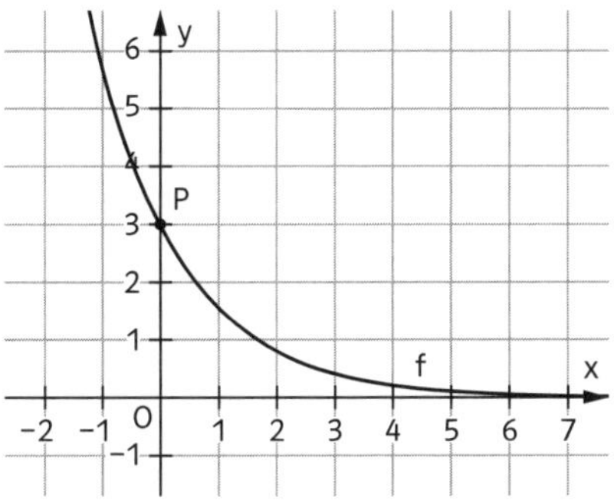

II Begrenztes Wachstum, Seite 15

1 a) $S = 50$; $f(0) = 10$

t	2	4	6	8	12
f(t)	25,7	35,3	41,1	44,6	48,0

b)

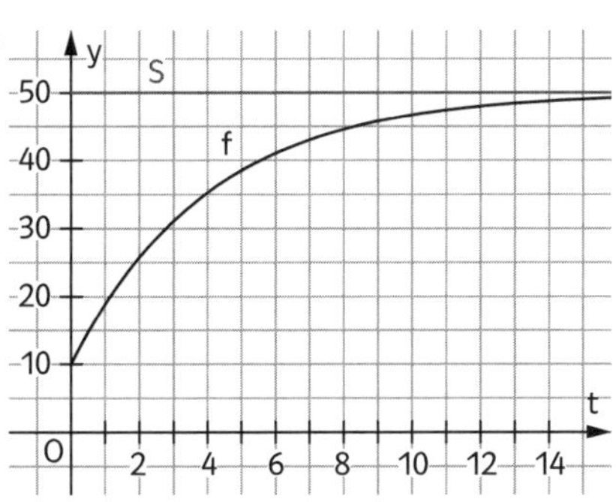

c)
$f(t) = 40$ $50 - 40 \cdot e^{-0{,}25t} = 40$
$e^{-0{,}25t} = \frac{1}{4}$ $t = -4 \cdot \ln\left(\frac{1}{4}\right) \approx 5{,}5$
d)
$f'(t) = -40 \cdot (-0{,}25) \cdot e^{-0{,}25t} = 10 \cdot e^{-0{,}25t}$
$f'(6) = 10 \cdot e^{-1{,}5} \approx 2{,}2$

2

I	$f(t) = 100 - 80 \cdot e^{-0{,}2x}$	1) $S = 100$	i)	$f(0) = 20$	B
II	$f(t) = 80 - 100 \cdot e^{-0{,}2x}$	3) $S = 80$	iv)	$f(0) = -20$	C
III	$f(t) = 20 + 80 \cdot 2^{-x}$	2) $S = 20$	iii)	$f(0) = 100$	D
IV	$f(t) = -20 + 20 \cdot e^{-0{,}2x}$	4) $S = -20$	ii)	$f(0) = 0$	A

3
a) $S = 10$; $f(0) = 1$; $f(1) = 2$
$k = \ln\left(\frac{8}{9}\right) \approx -0{,}118$ $f(t) = 10 - 9 \cdot e^{-0{,}118t}$
b) $S = 30$; $f(0) = 90$; $f(3) = 60$
$k = \frac{1}{3} \cdot \ln\left(\frac{30}{60}\right) \approx -0{,}231$ $f(t) = 30 + 60 \cdot e^{-0{,}231t}$

4
a) $T(t) = S - (S - (0)) \cdot e^{-kt} = 30 - (30 - 5) \cdot e^{-kt}$
$T(8) = 12$ $30 - 25 \cdot e^{-k \cdot 8} = 12$ $e^{-k \cdot 8} = \frac{18}{25}$
$k = -\frac{1}{8} \cdot \ln(0{,}72) \approx 0{,}041$ $T(t) = 30 - 25 \cdot e^{-0{,}041 \cdot t}$
b) $T(t) = 20$ $30 - 25 \cdot e^{-0{,}041 \cdot t} = 20$ $e^{-0{,}041 \cdot t} = \frac{10}{25}$
$t = \frac{-1}{0{,}041} \cdot \ln(0{,}4) \approx 22{,}3$
Nach rund 22 Minuten steigt die Temperatur über 22 °C.
c) $T'(t) = 1{,}025 \cdot e - 0{,}041 \cdot t$
$0{,}5 = 1{,}025 \cdot e^{-0{,}041 \cdot t}$ $e^{-0{,}041 \cdot t} = \frac{0{,}5}{1{,}025}$
$t = -\frac{1}{0{,}041} \cdot \ln\left(\frac{0{,}5}{1{,}025}\right) \approx 17{,}5$
Nach rund $17\frac{1}{2}$ Minuten beträgt die Temperaturänderungsrate 0,5 °C pro Minute.

II Logistisches Wachstum, Seite 16

1 a) $f(0) = 20$ ergibt: $20 = \frac{250}{1 + a}$, daraus erhält man
$1 + a = \frac{250}{20}$, also $a = \frac{23}{2}$.
$f(10) = 200$ ergibt: $200 = \frac{250}{1 + \frac{23}{2}e^{-10k}}$, daraus erhält man
$1 + \frac{23}{2}e^{-10k} = \frac{250}{200} = \frac{5}{4}$; $\frac{23}{2}e^{-10k} = \frac{1}{4}$; $e^{-10k} = \frac{1}{46}$;
$-10k = -\ln(46)$; $k \approx 0{,}4$.
Insgesamt ergibt sich: $f(x) = \frac{250}{1 + \frac{23}{2}e^{-0{,}4x}}$
b) $f(0) = 1$ ergibt: $1 = \frac{5}{1 + a}$, daraus erhält man $1 + a = 5$; $a = 4$
$f(1) = 2$ ergibt: $2 = \frac{5}{1 + 4e^{-k}}$, $2 + 8e^{-k} = 5$, $8e^{-k} = 3$; $-k = \ln\left(\frac{3}{8}\right)$;
$k \approx 0{,}98$
Insgesamt ergibt sich: $f(x) = \frac{5}{1 + 4e^{-0{,}98x}}$

2 Die Gleichung lautet allgemein: $f(x) = \frac{S}{1 + a \cdot e^{-kx}}$. Aus dem Graphen entnimmt man $f(0) = 1$; $S = 8$.
Daraus berechnet man $a = 8 - 1 = 7$. Aus $f(1) = 2$ erhält man
$2 = \frac{8}{1 + 7e^{-k}}$; also $2 + 14e^{-k} = 8$; $14e^{-k} = 6$; $-k = \ln\left(\frac{6}{14}\right)$; $k \approx 0{,}85$.
Die bestimmten Werte eingesetzt: $f(x) = \frac{8}{1 + 7 \cdot e^{-0{,}85x}}$.

3 a) Die mögliche Fläche für die Seerosen ist begrenzt, deshalb kann der Flächeninhalt nicht beliebig wachsen.
b) Da der Flächeninhalt der Seerosen gegen 60 m^2 strebt, muss der See mindestens so groß sein.
c) Es gilt: $f(x) = 30$, also $\frac{60}{1 + 19e^{-x}} = 30$, $1 + 19e^{-x} = 2$;
$19e^{-x} = 1$; $-x = \ln\left(\frac{1}{19}\right)$; $x \approx 2{,}9$. Der See ist nach 2,9 Wochen zur Hälfte bedeckt.
d) Die Wachstumsgeschwindigkeit ist an der Wendestelle der Funktion maximal. Diese bestimmt man mit dem Rechner zu $x \approx 3$ Wochen.

II Differenzialgleichungen für Wachstumsvorgänge, Seite 17

1 Die momentane Zuwachsrate beträgt 2%; $f'(x) = 0{,}02 \cdot f(x)$;
$f(x) = 200 \cdot e^{0{,}02x}$; $f(0) = 200$
Der Bestand nimmt täglich um 2% ab; $f'(x) = -0{,}02 \cdot f(x)$;
$f(x) = 100 \cdot e^{-0{,}02x}$; $f(0) = 100$
Jede Minute laufen 2 Liter hinzu und 2% der vorhandenen Flüssigkeit werden abgepumpt; $f(x) = 2 - 0{,}02 \cdot f(x)$;
$f(x) = 100 - e^{-0{,}02 \cdot x}$; $f(0) = 99$
Jede Stunde laufen 2 Liter ab und 2% der vorhandenen Flüssigkeit werden zugefügt; $f'(x) = -2 + \frac{2}{100} \cdot f(x)$;
$f(x) = 100 - 50\,e^{0{,}02x}$; $f(0) = 50$
Anmerkung: Hierbei handelt es sich nicht um begrenztes Wachstum. Die anfangs vorhandene Flüssigkeit ist nach etwa 35 Stunden abgelaufen.

2 a) $f(x) = e^{0{,}5 \cdot x}$ b) $f(x) = 2 \cdot e^{-2x}$
c) $f(x) = 1 + 3e^{-2x}$ d) $f(x) = \frac{10}{1 + 9 \cdot e^{-0{,}5x}}$

3 a) $B(0) = 6$; $B(n) = B(n-1) - 0{,}05 \cdot B(n-1) + 6$;
n in Minuten
$B(1) = 11{,}7$; $B(2) = 17{,}115$; $B(10) = 51{,}744$; $B(60) = 114{,}75$
b) Stellt man die rekursive Darstellung der Folge B(n) aus Aufgabenteil a) um, so erhält man $B(n) - B(n-1) = -0{,}05 \cdot B(n-1) + 6$. Die linke Seite beschreibt die Änderung pro Minute und kann näherungsweise als die Ableitung der zugehörigen kontinuierlichen Funktion f angesehen werden, die denselben Vorgang beschreibt. Hiermit erhält man für die Funktion f die Differenzialgleichung für ein begrenztes Wachstum:
$f'(x) = 6 - 0{,}05 \cdot f(x) = 0{,}05 \cdot (120 - f(x))$. Aus der letzten Darstellung kann man direkt die obere Schranke S = 120 ablesen und erhält als Lösung $f(x) = 120 - c \cdot e^{-0{,}05 \cdot x}$. Den Wert für c bestimmt man mithilfe des Anfangswerts f(0) = 6 zu c = 114, also
$f(x) = 120 - 114 \cdot e^{-0{,}05 \cdot x}$
c) $f'(x) = 5{,}7 \cdot e^{-0{,}05 \cdot x} = 0{,}1$
$e^{-0{,}05 \cdot x} = \frac{1}{57}$
$-0{,}05x = \ln\left(\frac{1}{57}\right)$
$x = 80{,}9$ (Minuten)
d) $f(x) = 0{,}9 \cdot 120 = 108$
$120 - 114 \cdot e^{-0{,}05x} = 108$
$e^{-0{,}05x} = \frac{2}{19}$
$-0{,}05x = \ln\left(\frac{2}{19}\right)$
$x = 45$ (Minuten)
e) Berechnet man die im Blut befindliche Wirkstoffmenge nach einer Stunde mithilfe der Funktion f(x) so ergibt sich f(60) = 114,3. Vergleicht man diesen Wert mit dem in Aufgabenteil a) berechneten Wert B(60), so ergibt sich eine gute Übereinstimmung.

II Klausurtraining, Seite 18

1 a) $f'(x) = e^{4x^2+1} \cdot 8x$
b) $f'(x) = 4x^3 \cdot e^{2x} + 2x^4 \cdot e^{2x} = 2e^{2x} \cdot x^3 \cdot (2 + x)$
c) $f'(x) = \frac{-2 \cdot x \cdot e^{-2x+2} - e^{-2x+2}}{x^2} = -\frac{e^{-2x+2}(2x+1)}{x^2}$

2 a) $e^x \cdot (x^3 - 3x^2 - 4x) = 0$
$e^x \cdot x \cdot (x^2 - 3x - 4) = 0$
$e^x > 0$
$x_1 = 0$
$x_{2,3} = \frac{3 \pm \sqrt{9 - 4 \cdot 1 \cdot (-4)}}{2} = \frac{3 \pm \sqrt{25}}{2}$
$x_2 = 4$ $x_3 = -1$

b) $e^{2x} - 9e^x + 14 = 0$
$u = e^x$
$u^2 - 9u + 14 = 0$
$u_{1,2} = \frac{9 \pm \sqrt{81 - 4 \cdot 1 \cdot 14}}{2} = \frac{9 \pm \sqrt{25}}{2}$
$u_1 = 7$ $u_2 = 2$
$x_1 = \ln(7)$ $x_2 = \ln(2)$
c) $(2x^2 - 18) \cdot (e^{2x} - 9) = 0$
$2 \cdot (x + 3) \cdot (x - 3) \cdot (e^x + 3) \cdot (e^x - 3) = 0$
$x_1 = -3$ $x_2 = 3$ $x_3 = \ln(3)$

3 a) $\ln(x) - 3 = -1$ $\ln(x) = 2$ $x_1 = e^2$
b) $(\ln(x) - 1) \cdot (e^x - 1) = 0$ Satz vom Nullprodukt
$\ln(x) - 1 = 0$ $\ln(x) = 1$ $x_1 = e$
$e^x - 1 = 0$ $e^x = 1$ $x_2 = 0$
c) $\ln(e^3 \cdot e^x) = 5$ $\ln(e^{3+x}) = 3 + x = 5$ $x_1 = 2$

4 Gegeben ist die Funktion f mit $f(x) = -ex + e^x$.
a) $f'(x) = -e + e^x$
$f'(x) = 0$; $-e + e^x = 0$ für $x = 1$
$f''(x) = e^x > 0$
$f(1) = 0$ Tiefpunkt $T(1 \mid 0)$
b) $f'(0) = -e + e^0 = -e + 1$
$f(0) = 1$
Tangentengleichung t: $y = (-e + 1) \cdot x + 1$
c) $g(x) = ex + e^{-x}$

5
$f(x) = 2x \cdot e^{\frac{1}{4}x}$
$f'(x) = 2 \cdot e^{\frac{1}{4}x} + 2x \cdot e^{\frac{1}{4}x} \cdot \frac{1}{4} = \left(2 + \frac{1}{2}x\right) \cdot e^{\frac{1}{4}x}$
$f'(-2) = 1 \cdot e^{-\frac{1}{2}} = \frac{1}{\sqrt{e}}$
$f(-2) = -4 \cdot e^{-\frac{1}{2}} = -\frac{4}{\sqrt{e}}$
Tangente t: $y = \frac{1}{\sqrt{e}} \cdot (x + 2) - \frac{4}{\sqrt{e}} = \frac{1}{\sqrt{e}} \cdot x - \frac{2}{\sqrt{e}}$
Schnittpunkte $S_Y\left(0 \,\middle|\, -\frac{2}{\sqrt{e}}\right)$ und $S_X(2 \mid 0)$

6
a) $f(x) = x^2 \cdot e^{-x}$
$f'(x) = 2x \cdot e^{-x} - x^2 \cdot e^{-x} = (2x - x^2) \cdot e^{-x}$
$f''(x) = 2 \cdot e^{-x} - 2x \cdot e^{-x} - 2x \cdot e^{-x} + x^2 \cdot e^{-x} = (2 - 4x + x^2) \cdot e^{-x}$
$f'(x) = 0$; $(2x - x^2) \cdot e^{-x} = 0$ für $x_1 = 0$ und $x_2 = 2$
$f''(0) > 0$ und $f(0) = 0$: Tiefpunkt $T(0 \mid 0)$
$f''(2) < 0$ und $f(2) = \frac{4}{e^2}$: Hochpunkt $H\left(0 \,\middle|\, \frac{4}{e^2}\right)$
b) Bestätigung der Wendestellen:
$f''(2 - \sqrt{2}) = 0$ und f'' hat bei $x_1 = 2 - \sqrt{2}$ einen Vorzeichenwechsel
$f''(2 + \sqrt{2}) = 0$ und f'' hat bei $x_2 = 2 + \sqrt{2}$ einen Vorzeichenwechsel
$x_1 = 2 - \sqrt{2}$ und $x_2 = 2 + \sqrt{2}$ sind Wendestellen von f
c) Funktionswert und Steigung von f stimmen an der Stelle x_0 überein, wenn $f(x_0) = f'(x_0)$ gilt.
$x^2 \cdot e^{-x} = (2x - x^2) \cdot e^{-x}$; $(2x^2 - 2x) \cdot e^{-x} = 0$
$2x \cdot (x - 1) \cdot e^{-x} = 0$
$x_3 = 0$ und $x_4 = 1$

7 a) Schnittpunkte mit den Koordinatenachsen: $f(x) = 0$
$(x^2 - 2x) \cdot e^{0{,}5x} = 0$
$x \cdot (x - 2) \cdot e^{0{,}5x} = 0$ für $x_1 = 0$ und $x_2 = 2$
$N_1(0 \mid 0)$ und $N_2(2 \mid 0)$
b) $f'(x) = (2x - 2) \cdot e^{0{,}5x} + (x^2 - 2x) \cdot 0{,}5 \cdot e^{0{,}5x}$
$= (0{,}5x^2 + x - 2) \cdot e^{0{,}5x}$
$f''(x) = (x + 1) \cdot e^{0{,}5x} + (0{,}5x^2 + x - 2) \cdot 0{,}5 \cdot e^{0{,}5x}$
$= (0{,}25x^2 + 1{,}5x) \cdot e^{0{,}5x}$
Extrempunkte: $f'(x) = 0$

$(0{,}5x^2 + x - 2) \cdot e^{0{,}5x} = 0$

für $x_1 = -1 - \sqrt{5} \approx -3{,}24$ und $x_2 = -1 + \sqrt{5} \approx 1{,}24$

$f''(x_1) < 0$, also Hochpunkt $H(-3{,}24 \mid 3{,}36)$ und $f''(x_2) < 0$, also Tiefpunkt $T(1{,}24 \mid -1{,}75)$

Wendepunkte: $f''(x) = 0$

$(0{,}25x^2 + 1{,}5x) \cdot e^{0{,}5x} = 0$ für $x_3 = -6$ und $x_4 = 0$

f'' hat bei x_3 einen VZW von + nach − und bei x_4 einen VZW von − nach +; Wendepunkte $W_1(-6 \mid 2{,}39)$ und $W_2(0 \mid 0)$.

c) $f'(0) = -2 \cdot e^0 = -2$

t: $y = -2 \cdot (x - 0) + 0 = -2x$

d)

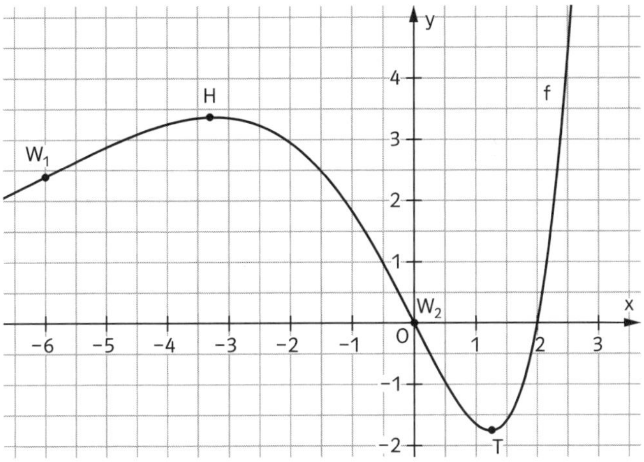

8 f – A: exponentielles Wachstum

g – C: begrenztes Wachstum

h – B: logistisches Wachstum

Graph C verläuft durch den Koordinatenursprung: $g(0) = 0$, folglich $b = 8$

Graphen B und C haben dieselbe Schranke; g hat die Schranke $S = 8$, folglich $c = 8$

Schnittpunkt von A und B liegt auf der y-Achse: $h(0) = 2 = f(0)$, folglich $a = 2$

9

a) $f'(x) = -0{,}1 \cdot f(x)$; $f(0) = 10$; $f(x) = 10 \cdot e^{-0{,}1x}$

b) $f'(x) = 0{,}1 \cdot (10 - f(x))$; $f(0) = 1$; $f(x) = 10 - 9 \cdot e^{-0{,}1x}$

c) $f'(x) = 0{,}1 \cdot f(x) \cdot (10 - f(x))$; $f(0) = 1$; $f(x) = \frac{10}{1 + 9 \cdot e^{-1x}}$

10 Rechtecksumfang:

$u(a) = 2 \cdot (6 - a) + e^{\frac{1}{4}a} - 1 = 2e^{\frac{1}{4}a} - 2a + 10$

$u'(a) = \frac{1}{2}e^{\frac{1}{4}a} - 2$

Extremstelle der Funktion u: $u'(a) = 0$

$\frac{1}{2}e^{\frac{1}{4}a} - 2 = 0$

$e^{\frac{1}{4}a} = 4$

$a_0 = 4 \cdot \ln(4)$

u′ hat an der Stelle a_0 einen Vorzeichenwechsel von − nach +, also ist der Rechtecksumfang an der Stelle a_0 minimal.

$f(a_0) = 3$

$P(4 \cdot \ln(4) \mid 3)$

11 a) exponentielles Wachstum: $f(t) = f(0) \cdot e^{kt}$

t in Stunden nach Beobachtungsbeginn, f(t) in mm^2

$f(0) = 60$

$f(5) = 105$

$105 = 60 \cdot e^{5k}$

$k = \frac{1}{5} \cdot \ln\left(\frac{105}{60}\right) \approx 0{,}112$

Verdopplungszeit $T_V = \frac{\ln(2)}{k} \approx 6{,}19$

Nach jeweils 6,2 Stunden verdoppelt sich die von der Pilzkultur überdeckte Fläche.

$f(t) = 60 \cdot e^{0{,}112t}$

$f(t) = 200$

$60 \cdot e^{0{,}112t} = 200$

$t = \frac{1}{0{,}112} \cdot \ln\left(\frac{200}{60}\right) \approx 10{,}75$

Nach ca. 10,75 h überdeckt die Pilzkultur bei exponentiellem Wachstum eine Fläche von $200\,mm^2$.

b) beschränktes Wachstum: $f(t) = S - (S - f(0)) \cdot e^{-kt}$

Schranke $S = 1200$

$f(0) = 60$

$f(5) = 105$

$105 = 1200 - (1200 - 60) \cdot e^{-5k}$

$e^{-5k} = \frac{-1095}{-1140}$

$k = -\frac{1}{5} \cdot \ln\left(\frac{1095}{1140}\right) \approx 0{,}008$

$f(t) = 1200 - (1200 - 60) \cdot e^{-0{,}008t}$

$f(t) = 200$

$1200 - (1200 - 60) \cdot e^{-0{,}008t} = 200$

$t = \frac{1}{-0{,}008} \cdot \ln\left(\frac{1000}{1140}\right) \approx 16{,}38$

Nach ca. 16,4 h überdeckt die Pilzkultur bei beschränktem Wachstum eine Fläche von $200\,mm^2$.

12 a) Höhendifferenz: $f(0) - f(1000) \approx 269{,}9$; rund 270 m

b) durchschnittliches Gefälle der Piste: $\overline{m} = \frac{270}{1000} \approx 0{,}27 = 27\,\%$

c) $f(x) = 275 \cdot e^{-(0{,}002 \cdot x)^2} + 1000 = a \cdot e^{-(b \cdot x)^2} + 1000$

$= a \cdot e^{-b^2 \cdot x^2} + 1000$ mit $a = 275$ und $b = 0{,}002$

$f'(x) = a \cdot e^{-b^2 \cdot x^2} \cdot (-2b^2x) = -2ab^2 \cdot x \cdot e^{-b^2 \cdot x^2}$

$f''(x) = -2ab^2 \cdot e^{-b^2 \cdot x^2} + (-2ab^2 \cdot x) \cdot (-2b^2 \cdot x) \cdot e^{-b^2 \cdot x^2}$

$= (-2ab^2 + 4ab^4 \cdot x^2) \cdot e^{-b^2 \cdot x^2} = 2ab^2 \cdot (-1 + 2b^2 \cdot x^2) \cdot e^{-b^2 \cdot x^2}$

$f''(x) = 0 \quad -1 + 2b^2 \cdot x^2 = 0 \quad x^2 = \frac{1}{2b^2}$

mit $b = 0{,}002$: $x^2 = \frac{1}{0{,}000008}$ und $x_0 \approx 354$

f″ hat bei $x_0 \approx 354$ einen Vorzeichenwechsel.

Nach ca. 354 m hat die Skipiste die extremste Steigung.

d) Steigung in x_0: $f'(354) \approx -0{,}472$

Neigungswinkel: $\tan(\alpha) = 0{,}472$; $\alpha \approx 25{,}3°$

Eine Sicherung der Pistenraupe ist nicht erforderlich.

13 a) $b(3) = 1000 \cdot (100 - 100e^{-k3}) = 25\,000$

$100 - 100e^{-k \cdot 3} = 25$

$75 = 100e^{-k \cdot 3}$

$\frac{3}{4} = e^{-k \cdot 3}$

$\ln\left(\frac{3}{4}\right) = -k \cdot 3$

$k = -\frac{1}{3} \cdot \ln\left(\frac{3}{4}\right) = \frac{1}{3} \cdot \ln\left(\frac{4}{3}\right)$

$\approx 0{,}096$

b) 100 000 verkaufte Bücher

c) $50\,000 = 1000 \cdot (100 - 100 \cdot e^{-0{,}096t})$

$50 = 100 - 100 \cdot e^{-0{,}096t}$

$0{,}5 = e^{-0{,}096t}$

$t = \frac{\ln(0{,}5)}{-0{,}096} \approx 7{,}2$

Zu Beginn der achten Verkaufswoche wird die Startauflage verkauft sein.

d) $b(t) = 100\,000 - 100\,000 \cdot e^{-0{,}096t}$

$b'(t) = 9600 \cdot e^{-0{,}096t}$

2000 Bücher pro Woche führt zum Lösungsansatz: $b'(t) = 2000$

$2000 = 9600 \cdot e^{-0{,}096t}$

$t = \frac{\ln\frac{2000}{9600}}{-0{,}096} \approx 16{,}3$

In der 17. Verkaufswoche werden erstmals weniger als 2000 Bücher pro Woche verkauft.

14 a) $f_k(0) = 90$
Das Essen wird mit 90 °C in die Warmhaltebehälter gefüllt.
b) $f_k(15) = 30 + 60 \cdot e^{-\frac{k}{100} \cdot 15}$

$$30 + 60 \cdot e^{-\frac{k}{100} \cdot 15} = 80$$
$$e^{-\frac{k}{100} \cdot 15} = \frac{5}{6}$$
$$-\frac{k}{100} \cdot 15 = \ln\left(\frac{5}{6}\right)$$
$$k = -\frac{100}{15} \cdot \ln\left(\frac{5}{6}\right) \approx 1{,}22$$

entsprechend $k = -\frac{100}{15} \cdot \ln\left(\frac{3}{4}\right) \approx 1{,}92$
Für $1{,}22 < k < 1{,}92$ beträgt die Temperatur nach 15 Minuten zwischen 75 °C und 80 °C.
c) Etwa 36 Minuten lang wird diese Vorschrift eingehalten.
d) $f(t+5) - f(t) = -2$

$$(30 + 60 \cdot e^{-0{,}015 - 0{,}075}) - (30 + 60 \cdot e^{-0{,}015t}) = -2$$
$$60 \cdot e^{-0{,}015 - 0{,}075} - 60 \cdot e^{-0{,}015t} = -2$$
$$e^{-0{,}015t} \cdot (e^{-0{,}075} - 1) = -\frac{2}{60}$$
$$e^{-0{,}015t} \cdot (-0{,}0723) = -\frac{2}{60}$$
$$-0{,}015t = \ln\left(\frac{-\frac{2}{60}}{-0{,}0723}\right) \approx -0{,}774$$

$t_0 \approx 51{,}6$
Zwischen der 52. und 57. Minute sinkt die Temperatur um 2 °C.
e) $f'(t) = 60 \cdot e^{-0{,}015t} \cdot (-0{,}015)$
$= -0{,}9 \cdot e^{-0{,}015t}$
Da $f'(t) < 0$ für alle $t \geq 0$ gilt, ist die Temperaturänderung immer negativ, d.h., die Temperatur nimmt stets ab.

III Integralrechnung

III Von der Änderungsrate zur Funktion, Seite 20

1 a) positive Werte: der Ballon steigt
negative Werte: der Ballon sinkt
b) eine Karofläche: $5\,\text{min} \cdot 5\,\frac{\text{m}}{\text{min}} = 25\,\text{m}$ Eine Karofläche entspricht einer Höhenänderung von 25 m.
c) 10 min: 100 m; 30 min: 400 m; 60 min: 400 m
d) schnellste Steigung: nach 10 min;
maximale Höhe: nach 40 min
e) Der Landeplatz liegt 25 m höher als der Startplatz.

2 a) Der Stau beginnt um 7 Uhr, da nach 7 Uhr die Ankunftsrate über 30 Autos/min liegt.
b) Die maximale Staulänge ist um 8.40 Uhr erreicht.
c) Maximal stehen 700 Autos im Stau. Dies entspricht dem Inhalt der unten dargestellten Fläche A_1.
d) Der Stau löst sich um 9.35 Uhr auf. Ansatz: $A_1 = A_2$
Abbildung zu c) und d):

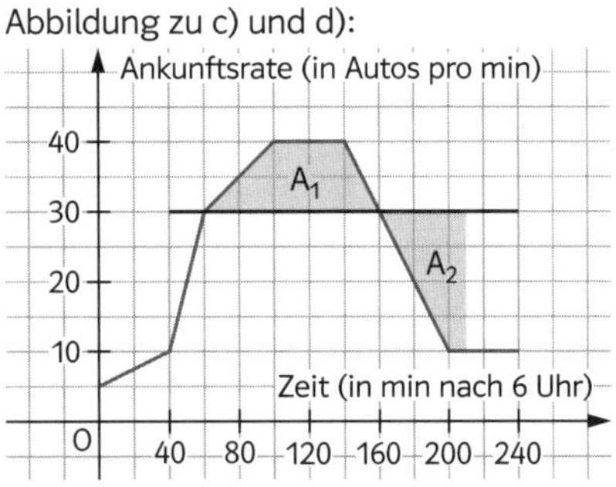

e)

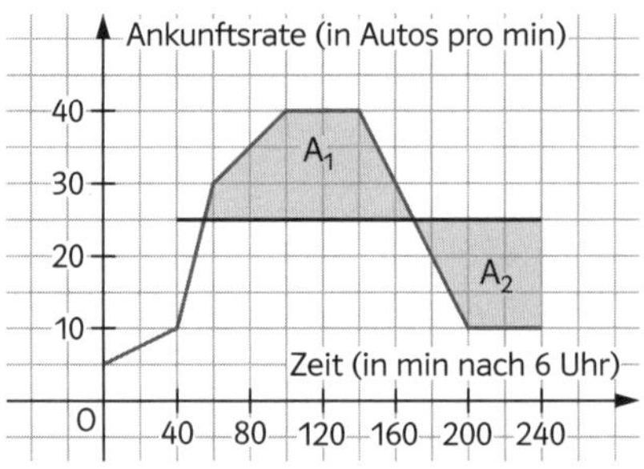

Nein, denn dann gilt: $A_1 > A_2$

3 a) Der maximale Vorsprung von Schnik beträgt 1,5 mm. Die Fläche unter dem Graphen entspricht dem zurückgelegten Weg. Daher beträgt der maximale Vorsprung von Schnik dem Inhalt der von beiden Graphen eingeschlossenen Fläche.
b) Nach 5 Sekunden wird Schnik eingeholt. Beide Schnecken sind dann 12 mm gekrochen.
c) Nach 8 Sekunden hat Schnuk 3 mm Vorsprung.

4 Beispiele für mögliche Lösungen (es sind nur drei verlangt):

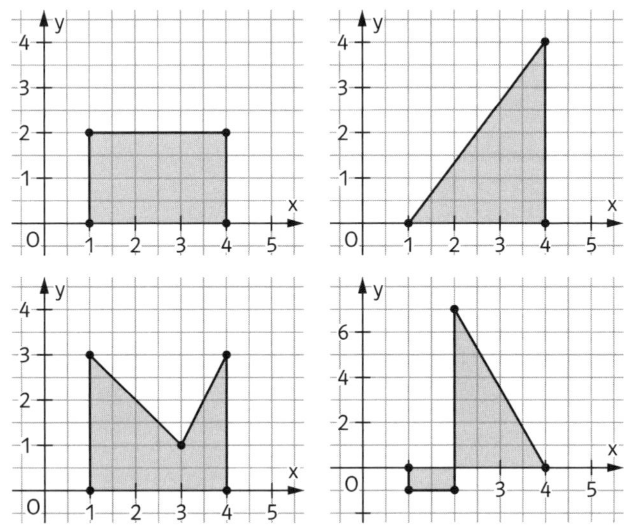

III Das Integral, Seite 21

1 a) $\int_{-1}^{5} f(x)\,dx = 12$ b) $\int_{-2}^{2} g(x)\,dx = 12$

c) $\int_{-2}^{4} h(x)\,dx = 12$ d) $\int_{4}^{8} \left(\frac{1}{4}x + \frac{3}{2}\right) dx = 12$

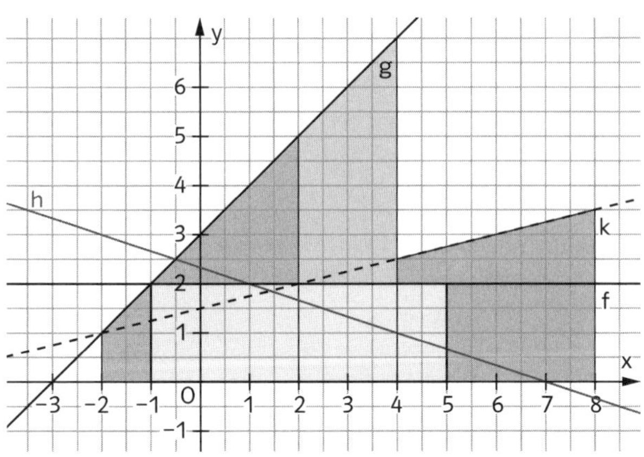

2 a) −60 l b) 125 m c) 1550 Fahrzeuge

3 a) $A = \int_{0}^{4} \frac{1}{2}x \cdot (4-x)\,dx$ b) $A = \int_{-2}^{1} e^x\,dx$ c) $A = \int_{-\pi}^{\pi} (\cos x + 1)\,dx$

4 a) $I = [2{,}5;5]$ b) $I = [1;9]$ c) $I = [-3;2]$

5 Integrale mit positivem Wert: M O S K A U
Integrale mit negativem Wert: A T H E N

6 a)

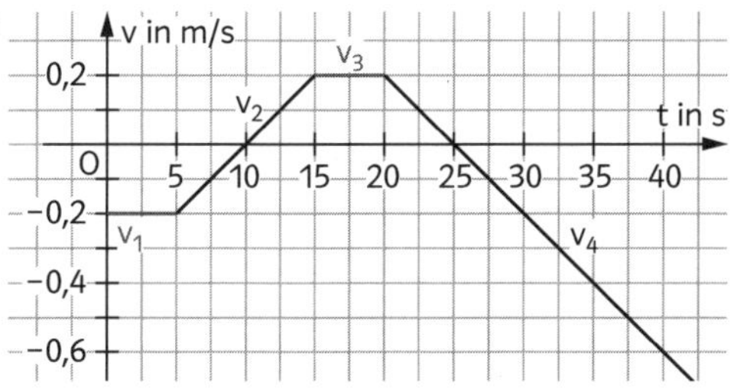

b) $t_1 = 0\,s$; $t_2 = 20\,s$ und $t_3 = 30\,s$
c) Am Ende befindet sich die Maus am linken Ende des Rohres.

7 a) $A = \int_0^{50} \left(\frac{500x}{x^2+50}\right) dx \approx 982{,}96$
b) Nullstellen:
$2 - \frac{5}{x^2+1} = 0$; $2 = \frac{5}{x^2+1}$
$x^2 + 1 = 2{,}5$ $x_{1,2} = \pm\sqrt{1{,}5}$
$A = \left| \int_{-\sqrt{1{,}5}}^{\sqrt{1{,}5}} \left(2 - \frac{5}{x^2+1}\right) dx \right| \approx 3{,}96$

8 a) $\int_{-8}^{-2} \frac{1}{5}x^2\,dx > 0$ b) $\int_3^5 -\frac{3}{2}x^3\,dx < 0$
c) $\int_0^{\pi} \cos(x)dx = 0$ d) $\int_{-2}^{2} e^x dx > 0$

9 Zeichnung:

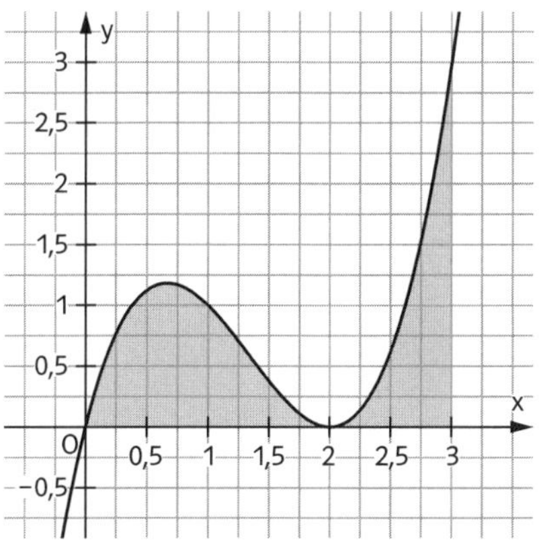

Näherungslösung und prozentualer Fehler individuell

10 a) $\int_0^t 2\,dx = 2 \cdot t$
b) $\int_0^t 3x\,dx = \frac{1}{2} \cdot t \cdot 3t = \frac{3}{2}t^2$
c) $\int_0^t \left(\frac{1}{2}x + 4\right) dx = \frac{1}{2} \cdot t \cdot \frac{1}{2}t + 4t = \frac{1}{4}t^2 + 4t$
d) $\int_0^t (3-x)dx = 3 \cdot t - \frac{1}{2} \cdot t \cdot t = -\frac{1}{2}t^2 + 3t$

11 a) $\int_0^t 4dx = 16$ $4t = 16$ für $t = 4$
b) $\int_0^t 2x\,dx = 9$ $t^2 = 9$ für $t = 3$
c) $\int_0^t (3x+2)\,dx = 10$ $\frac{3}{2}t^2 + 2t = 10$ für $t = 2$
d) $\int_{-2}^t 2x\,dx = 5$ $t^2 - 4 = 5$ für $t = 3$

III Hauptsatz der Differenzial- und Integralrechnung, Seite 23

1 a) $\int_1^3 (6x^2 - 5)\,dx = [2x^3 - 5x]_1^3 = 2 \cdot 27 - 15 - (2 - 5)$
$= 54 - 15 + 3 = 42$
b) $\int_{-2}^{-1} (-x^2 - x)\,dx = \left[-\frac{1}{3}x^3 - \frac{1}{2}x^2\right]_{-2}^{-1} = +\frac{1}{3} - \frac{1}{2} + \left(\frac{8}{3} - 2\right)$
$= -\frac{1}{6} - \frac{2}{3} = -\frac{5}{6}$
c) $\int_{-\pi}^{0} -\sin(x)\,dx = [\cos(x)]_{-\pi}^{0} = \cos(0) - \cos(-\pi) = 1 - (-1) = 2$

2

$f(x) = 2a$	$F(x) = 2ax + a$
$f(a) = 2x + 1$	$F(a) = 2ax + a$
$f(x) = 4a^2x$	$F(x) = 2a^2x^2 + a$
$f(x) = 4ax$	$F(x) = 2ax^2 + a$
$f(x) = 2a^2$	$F(x) = 2a^2x + a$
$f(a) = 4ax + 1$	$F(a) = 2a^2x + a$

3 a) $F(x) = x^3 + \frac{1}{2}x^2 + c$
$F(2) = 4$ $2^3 + \frac{1}{2}2^2 + c = 4$ $8 + 2 + c = 4$
$c = -6$ Ergebnis: $F(x) = x^3 + \frac{1}{2}x^2 - 6$
b) $f(x) = 2x^{-2} + 1$ $F(x) = -2x^{-1} + x + c$
$F(1) = 0$ $-2 \cdot 1 + 1 + c = 0$ $c = 1$
Ergebnis: $F(x) = -\frac{2}{x} + x + 1$

4 Die Graphen von F gehören von links nach rechts zu:
C; D; A; B

5 a) Wahr. Denn man kann zu einer Stammfunktion jede beliebige Konstante addieren und erhält so eine weitere Stammfunktion.
b) Falsch. F hat den Grad n + 1. Bsp.: $f(x) = x$; $F(x) = 0{,}5x^2$
c) Wahr. $F'(x) = f(x)$ und jede ganzrationale Funktion F hat genau eine Ableitungsfunktion.
d) Wahr. Es ist die Funktion f mit $f(x) = 0$ oder g mit $g(x) = e^x$.
e) Falsch. Gegenbeispiel: $F(x) = x^3$, $f(x) = 3x^2$. 0 ist Nullstelle von f, aber nicht Extremstelle von F.
f) Wahr. Notwendige Bedingung für eine Extremstelle x_0 von F ist $F'(x_0) = 0$. Wegen $F'(x_0) = f(x_0)$ ist die Aussage wahr.
g) Wahr. Bsp.: $f(x) = 3x^2$, $F(x) = x^3$.

III Bestimmen von Stammfunktionen, Seite 24

1 a) $F(x) = x^2 + 3x$ b) $F(x) = -2\cos(2x)$
c) $F(x) = -\frac{3}{4}x^{-4}$ d) $f(x) = e^{2x}$
e) $F(x) = -3x^{-1} - \frac{5}{2}x^{-2}$ f) $f(x) = 51\cos\left(17x - 4\frac{1}{2}\right)$
d) $F(x) = \frac{3}{7} \cdot \ln|7x - 1|$ h) $F(x) = \frac{1}{\ln 3}3^x$

2 a)

E: F hat bei x ≈ 0 ein Maximum. wahr ☒ falsch ☐

S: F hat bei x ≈ 2,5 ein Minimum. wahr ☐ falsch ☒

U: F(4) ist positiv. wahr ☐ falsch ☒

L: F hat zwischen 2 und 3 eine Nullstelle. wahr ☒ falsch ☐

G: F hat im Intervall [−2; 2] nur positive Funktionswerte. wahr ☒ falsch ☐

A: F hat bei x ≈ 2,5 eine Wendestelle. wahr ☒ falsch ☐

N: F(−1) > 5 wahr ☒ falsch ☐

H: F hat bei x ≈ −2 eine Wendestelle. wahr ☐ falsch ☒

I: F ist im Intervall [−4; 0] monoton steigend. wahr ☒ falsch ☐

Lösungswort: Genial

b)

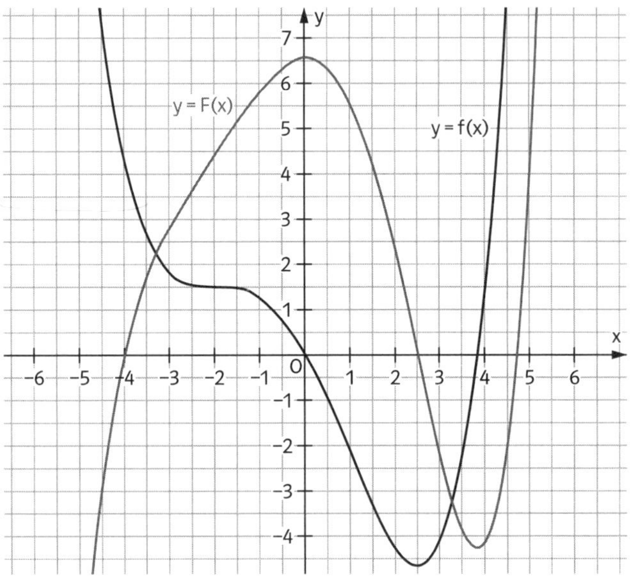

3 a) $\int_b^c f(x)\,dx = 11 - 5 = 6$ b) $\int_b^a g(x)\,dx = -(-2) = 2$

c) $\int_a^c g(x)\,dx = -2 + 1 = -1$ d) $\int_b^c (f(x)^2)\,dx$ = nicht lösbar

e) $\int_b^c (2 \cdot f(x))\,dx = 6 + 6 = 12$ f) $\int_b^c f(x)\,dx$ = nicht lösbar

g) $\int_a^b (f(x) - g(x))\,dx = 5 - (-2) = 7$ h) $\int_c^a f(x)\,dx = -(-11) = 11$

i) $\int_b^c (f(x) - g(x))\,dx$ = nicht lösbar

4 a) $\int_1^2 \frac{2x^3 - 5}{x^2}\,dx = \int_1^2 (2x - 5x^{-2})\,dx = [x^2 + 5x^{-1}]_1^2 = \left[x^2 + \frac{5}{x}\right]_1^2$

$= 4 + 2{,}5 - (1 + 5) = 0{,}5$

b) $\int_0^{\pi} \sin(3x)\,dx = \left[-\frac{1}{3}\cos(3x)\right]_0^{\pi} = -\frac{1}{3} \cdot (-1) - \left(-\frac{1}{3} \cdot 1\right) = \frac{2}{3}$

c) $\int_0^1 \frac{3}{4x+1}\,dx = 3 \cdot \int_0^1 \frac{1}{4x+1}\,dx = 3 \cdot \left[\frac{1}{4} \cdot \ln|4x+1|\right]_0^1 = \frac{3}{4}\ln 5 - \frac{3}{4}\ln 1$

$= \frac{3}{4}\ln 5$

d) $\int_1^9 \frac{2}{\sqrt{4x}}\,dx = \int_1^9 \frac{2}{2\sqrt{2x}}\,dx = \int_1^9 x^{-\frac{1}{2}}\,dx = \left[\frac{1}{\frac{1}{2}} \cdot x^{\frac{1}{2}}\right]_1^9 = [2\sqrt{x}]_1^9$

$= 2 \cdot \sqrt{9} - 2 \cdot \sqrt{1} = 6 - 2 = 4$

e) $\int_{-0{,}25}^{0} e^{4x+1}\,dx = \left[\frac{1}{4}e^{4x+1}\right]_{-0{,}25}^{0} = \frac{1}{4}e^1 - \frac{1}{4}e^0 = \frac{1}{4}e - \frac{1}{4}$

5 $F(x) = \frac{4}{3}x^3 - \frac{1}{2}x^2 + c$

$F'(x) = 4x^2 - x$

$F''(x) = 8x - 1$

$F'(x) = 0$ $4x^2 - x = 0$ $x(4x - 1) = 0$ $x_1 = 0$ $x_2 = \frac{1}{4}$

$F''(0) = -1 < 0$ An der Stelle $x = 0$ hat F ein Maximum.

$F''\left(\frac{1}{4}\right) = 1 > 0$ An der Stelle $x = \frac{1}{4}$ hat F ein Minimum.

Der Tiefpunkt liegt auf der x-Achse, falls gilt: $F\left(\frac{1}{4}\right) = 0$

$\frac{4}{3} \cdot \left(\frac{1}{4}\right)^3 - \frac{1}{2} \cdot \left(\frac{1}{4}\right)^2 + c = 0$ $\frac{4}{3} \cdot \frac{1}{64} - \frac{1}{2} \cdot \frac{1}{16} + c = 0$ $\frac{1}{48} - \frac{1}{32} + c = 0$

$c = \frac{1}{32} - \frac{1}{48} = \frac{3}{96} - \frac{2}{96} = \frac{1}{96}$

Ergebnis: $F(x) = \frac{4}{3}x^3 - \frac{1}{2}x^2 + \frac{1}{96}$

6 $\int_1^b (2x - 1)\,dx = [x^2 - x]_1^b = b^2 - b - (1 - 1) = b^2 - b$

$b^2 - b = 20$ $b^2 - b - 20 = 0$

$b_{1,2} = \frac{1 \pm \sqrt{1 - 4 \cdot 1 \cdot (-20)}}{2} = \frac{1 \pm 9}{2}$ $b_1 = 5$ $b_2 = -4$

III Integral und Flächeninhalt, Seite 25

1 $f(x) = x^2 - 4$, $g(x) = 2x - 1$

$x^2 - 4 = 2x - 1$ $x^2 - 2x - 3 = 0$

$x_{1,2} = \frac{2 \pm \sqrt{4 + 4 \cdot 3}}{2} = 1 \pm 2$ $x_1 = 3$ $x_2 = -1$

$\int_{-1}^{3} (2x - 1 - (x^2 - 4))\,dx = \int_{-1}^{3} (-x^2 + 2x)\,dx = \left[-\frac{1}{3}x^3 + x^2 + 3x\right]_{-1}^{3}$

$= -9 + 9 + 9 - \left(\frac{1}{3} + 1 - 3\right) = 9 + 1\frac{2}{3}$

$= 10\frac{2}{3}$

2 $A_1 = \int_{-4}^{a} (g(x) - f(x))\,dx$

$A_2 = \int_a^b (f(x) - g(x))\,dx$

$A_3 = \int_b^0 g(x) - f(x)\,dx$

$A_4 = \int_0^c f(x) - g(x)\,dx$

$A_1 + A_2 = \int_{-4}^{b} |(f(x) - g(x))|\,dx$

$A_1 + A_2 + A_3 + A_4 = \int_{-4}^{c} |(f(x) - g(x))|\,dx$

3 a) $A = \int_{-\sqrt{3}}^{\sqrt{3}} (-x^2 + 4 - 1)\,dx = 4\sqrt{3} \approx 6{,}93$

b) $A = 4 \cdot 6{,}4 - \int_0^4 (0{,}1x^3)\,dx = 25{,}4 - 6{,}4 = 19$

c) $A = -\int_0^2 (x^3 - 4x)\,dx = 4$

4 Tangentengleichung: $m = 3t^2$ $t^3 = 3t^2 \cdot t + n$

$n = -2t^3$ $y = 3t^2 \cdot x - 2t^3$

Schnittstelle der Tangente mit der x-Achse:

$3t^2x - 2t^3 = 0$ $3x - 2t = 0$ $x = \frac{2}{3}t$

Flächeninhalt:

$A(t) = \int_0^t (x^3)\,dx - \frac{1}{2} \cdot \frac{1}{3}t \cdot t^3 = \frac{1}{4} \cdot t^4 - \frac{1}{6} \cdot t^4 = \frac{1}{12} \cdot t^4$

III Integralfunktionen, Seite 26

1 a) $I_0(x) = \int_0^x f(t)\,dt = \int_0^x (t^3 + 1)\,dt = \left[\frac{1}{4}t^4 + t\right]_0^x = \frac{1}{4}x^4 + x$

b) $I_2(x) = \int_2^x (t^3 + 1)\,dt = \left[\frac{1}{4}t^4 + t\right]_2^x = \frac{1}{4}x^4 + x - \left(\frac{1}{4} \cdot 16 + 2\right)$

$= \frac{1}{4}x^4 + x - 6$

c) $I_{\ln 3}(x) = \int_{\ln 3}^x e^{3t}\,dt = \left[\frac{1}{3}e^{3t}\right]_{\ln 3}^x = \frac{1}{3}e^{3x} - \frac{1}{3}e^{3\ln 3} = \frac{1}{3}e^{3x} - 9$

d) $I_{\frac{\pi}{4}}(x) = \int_{\frac{\pi}{4}}^x \left(\sin\left(2t + \frac{1}{2}\pi\right)dt\right) = \left[-\frac{1}{2}\cos\left(2t + \frac{1}{2}\pi\right)\right]_{\frac{\pi}{4}}^x$

$= -\frac{1}{2}\cos\left(2x + \frac{1}{2}\pi\right) + \frac{1}{2}\cos(\pi) = -\frac{1}{2}\cos\left(2x + \frac{1}{2}\pi\right) - \frac{1}{2}$

2 a) $I_2(5) = \int_2^5 f(t)\,dt \approx -4$ b) $I_2(1) = -I_2(3)$

c) $I_{-1}(-1) = I_{-1}(5) = 0$ d) $I_{-1}(3) \approx 3$

e) $I_0(5) = -I_5(0) \approx -1{,}2$ f) $I_{-2}(0) < 0$

3 a) $I_0(5) \approx 1710$ bedeutet, dass in den ersten 5 Minuten nach Ausbruch des Gewitters 1710 ml Regenwasser pro m^2 fällt.
b) $I_0(2) \approx 650$
c) Integralfunktion I_5 für x = 10
d) … nach ca. 5 min erreicht.
… von dem Graphen von f und der Geraden mit der Gleichung y = 250 eingeschlossen wird.
… beträgt 0,522 mm.

4 a) $I_0(x) = \int_0^x f(t)\,dt$

Da $f(t) \geq 0$ für alle t gilt:
$I_0(x) < 0$ für $x < 0$ und
$I_0(x) > 0$ für $x > 0$.
Somit wechselt $I_0(x)$ nur an der Stelle 0 das Vorzeichen.

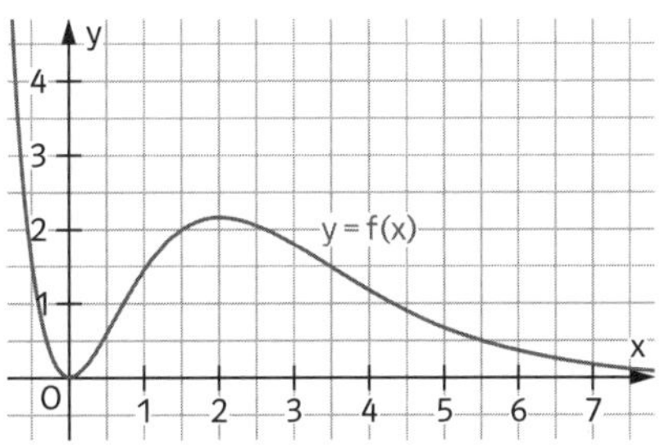

b) Wegen $I_0'(x) = f(x)$ hat die Ableitung der Funktion I_0 an der Stelle 0 eine Nullstelle ohne Vorzeichenwechsel und somit eine Sattelstelle.
c) Wegen $I_3'(x) = f(x)$ hat die Ableitung von I_3 in I keine Nullstelle mit Vorzeichenwechsel und somit I_3 in I keine Extremstelle.
d) $I_0(1) = \int_0^1 f(t)\,dt > 0$ und $I_1(0) = \int_1^0 f(t)\,dt = -\int_0^1 f(t)\,dt < 0$

III Rotationskörper und ihr Volumen, Seite 27

1 Der Rotationskörper entsteht durch die Rotation der begrenzten Fläche über dem Intervall [1; 4].

$V = \pi \cdot \int_1^4 (f(x))^2 dx = \pi \cdot \int_1^4 \left((x-1) \cdot \sqrt{4-x}\right)^2 dx$

$= \pi \cdot \int_1^4 ((x^2 - 2x + 1) \cdot (4 - x))dx = \pi \cdot \int_1^4 (-x^3 + 6x^2 - 9x + 4)dx$

$= \pi \cdot \left[-\frac{1}{4}x^4 + 2x^3 - \frac{9}{2}x^2 + 4x\right]_1^4$

$= \pi \cdot [(-64 + 128 - 72 + 16) - (-0{,}25 + 2 - 4{,}5 + 4)]$

$= \pi \cdot 6{,}75 \approx 21{,}2$

Das Volumen des Körpers beträgt ungefähr 21,2 VE (Volumeneinheiten).

2 Fehlerhafte Lösung, Fehler sind markiert:

$V = \pi \cdot \int_1^5 (\mathbf{g(x) - f(x)})^2 dx$

$= \pi \cdot \int_1^5 \left(\frac{1}{2}x + 2 - 2 \cdot \sqrt{x-1}\right)^2 dx$

$= \pi \cdot \int_1^5 \left(\mathbf{\frac{1}{4}x^2 + 4 - 4 \cdot (x-1)}\right)^2 dx$

$= \pi \cdot \left[\frac{1}{12}x^3 + 4x - 2x^2 + 4x\right]_1^5$

$= \pi \cdot \left[\frac{125}{12} + 20 - 50 + 20 - \frac{1}{12} \mathbf{+ 4 - 2 + 4}\right]$

$= \pi \cdot \left[\frac{124}{12} - 4\right] \approx 19{,}9$

Richtige Lösung:

$V = \pi \cdot \left(\int_0^5 (g(x))^2 dx - \int_1^5 (f(x))^2 dx\right)$

$= \pi \cdot \int_0^5 \left(\frac{1}{4}x^2 + 2x + 4\right)dx - \pi \cdot \int_1^5 (4x - 4)dx$

$= \pi \cdot \left[\frac{1}{12}x^3 + x^2 + 4x\right]_0^5 - \pi \cdot [2x^2 - 4x]_1^5$

$= \pi \cdot \left(\frac{125}{12} + 25 + 20 - 0\right) - \pi \cdot (50 - 20 - 2 + 4)$

$= \pi \cdot 55\frac{5}{12} - \pi \cdot 32 \approx 73{,}6$

3 (1) $V = \pi \cdot \int_1^5 \left(\frac{1}{2}x + \frac{3}{2}\right)^2 dx \approx 117{,}29$

(2) Nullstellen der Parabel $x_1 = 2$ und $x_2 = 6$

$V = \pi \cdot \int_2^6 \left(-\frac{1}{2}x^2 + 4x - 6\right)^2 \approx 29{,}95$

(3) $V = \pi \cdot \int_0^2 (3\sqrt{x})^2 dx + \pi \cdot 1^2 \cdot 3 \approx 65{,}97$

(4) Gleichung der Parabel: $y = -x^2 + 8x - 11$
Gleichung der Geraden: $y = -x + 7$

$V = \pi \int_3^6 (-x^2 + 8x - 11)^2 dx - \pi \int_6^3 (-x + 7)^2 dx \approx 96{,}13$

4 a) $f(x) = \sqrt{a \cdot x}$
Laut Abbildung gilt: $f(12) = 3$
$3 = \sqrt{a \cdot 12}$
$9 = a \cdot 12$ und $a = \frac{3}{4}$
also $f(x) = \sqrt{\frac{3}{4} \cdot x}$

b) Es gilt: $100\,ml = 100\,cm^3$
Füllhöhe h in cm: Volumen des Rotationskörpers über dem Intervall [0; h]

$V(h) = \pi \cdot \int_0^h (f(x))^2 dx = \pi \cdot \int_0^h \left(\sqrt{\frac{3}{4} \cdot x}\right)^2 dx$

$= \pi \cdot \int_0^h \left(\frac{3}{4} \cdot x\right)dx$

$= \pi \cdot \left[\frac{3}{8}x^2\right]_0^h = \pi \cdot \left[\frac{3}{8}h^2 - 0\right]$

$100 = \pi \cdot \frac{3}{8}h^2$

$h = \sqrt{\frac{8 \cdot 100}{3 \cdot \pi}} \approx 9{,}2$

Damit im Glas 100 ml eingefüllt werden, muss die Markierung auf dem Glas in der Höhe von ca. 9,2 cm angebracht werden.

III Unbegrenzte Flächen – uneigentliche Integrale, Seite 28

1

I Variable z für rechte Grenze einführen
II Integral A(z) von f über [1 ; z] aufstellen und berechnen
III Grenzwert von A(z) für $z \to \infty$ bestimmen

I Man berechnet zunächst mit der variablen rechten Grenze z den Inhalt der Fläche über dem Intervall [1 ; z].

II $A(z) = \int_1^z \frac{1}{2x^2}dx = \left[-\frac{1}{2x}\right]_1^z = -\frac{1}{2z} - \left(-\frac{1}{2}\right) = \frac{1}{2} - \frac{1}{2z}$

III Für $z \to \infty$ gilt: $A(z) \to \frac{1}{2}$

Der Flächeninhalt der unbegrenzten Fläche ist $\frac{1}{2}$ FE.

2 $A_1(z) = \int_2^z \frac{3}{x^2}dx = \left[-\frac{3}{x}\right]_2^z = -\frac{3}{z} + \frac{3}{2} = 1{,}5 - \frac{3}{z}$

Für $z \to \infty$ gilt: $A_1(z) \to 1{,}5$

$A_2(z) = \int_z^1 \frac{3}{x^2}dx = \left[-\frac{3}{x}\right]_z^1 = -3 + \frac{3}{z}$ Für $z \to 0$ gilt: $A_2(z) \to \infty$

Ergebnis: A_1 hat einen endlichen Flächeninhalt, A_2 nicht.

3 $A(z) = \int_{0,5}^z \frac{2}{x}dx = [2 \cdot \ln(x)]_{0,5}^z = 2\ln z - 2\ln 0{,}5$

Für $z \to \infty$ gilt: $A(z) \to \infty$

$A(z) = \int_{0,5}^z (6 \cdot e^{-2x+1})dx = [-3e^{-2x+1}]_{0,5}^z$
$= -3e^{-2z+1} + 3e^0 = -3e^{-2z+1} + 3$

Für $z \to \infty$ gilt: $A(z) \to 3$

4

a) $\int_1^\infty \frac{2}{x^3}dx$ rechte Integralgrenze z:

$\int_1^z \frac{2}{x^3}dx = \left[-\frac{1}{x^2}\right]_1^z = \left(-\frac{1}{z^2}\right) - (-1) = 1 - \frac{1}{z^2}$

Es gilt: $1 - \frac{1}{z^2} \to 1$ für $z \to \infty$, also $\int_1^\infty \frac{2}{x^3}dx = 1$

b) $\int_{-\infty}^{-1} \frac{1}{x^4}dx$ linke Integralgrenze z:

$\int_z^{-1} \frac{1}{x^4}dx = \left[-\frac{1}{3x^3}\right]_z^{-1} = \frac{1}{3} - \left(-\frac{1}{3z^3}\right) = \frac{1}{3} + \frac{1}{3z^3}$

Es gilt: $\frac{1}{3} + \frac{1}{3z^3} \to \frac{1}{3}$ für $z \to -\infty$, also $\int_{-\infty}^{-1} \frac{1}{x^4}dx = \frac{1}{3}$

c) $\int_0^\infty \frac{2}{(x+1)^2}dx$ rechte Integralgrenze z:

$\int_0^z \frac{2}{(x+1)^2}dx = \left[-\frac{2}{x+1}\right]_1^z = \left(-\frac{2}{z+1}\right) - (-2) = 2 - \frac{2}{z+1}$

Es gilt: $2 - \frac{2}{z+1} \to 2$ für $z \to \infty$, also $\int_0^\infty \frac{2}{(x+1)^2}dx = 2$

d) $\int_0^4 \frac{1}{\sqrt{x}}dx$ linke Integralgrenze z:

$\int_z^4 \frac{1}{\sqrt{x}}dx = [2\sqrt{x}]_z^4 = 4 - 2\sqrt{z}$

Es gilt: $4 - 2\sqrt{z}$ für $z \to 0$, also $\int_0^4 \frac{1}{\sqrt{x}}dx = 4$

e) $\int_{-1}^\infty \frac{5}{e^{x+1}}dx$ rechte Integralgrenze z:

$\int_{-1}^z \frac{5}{e^{x+1}}dx = \left[-\frac{5}{e^{x+1}}\right]_{-1}^z = \left(-\frac{5}{e^{z+1}}\right) - (-5) = 5 - \frac{5}{e^{z+1}}$

Es gilt: $5 - \frac{5}{e^{z+1}} \to 5$ für $z \to \infty$, also $\int_{-1}^\infty \frac{5}{e^{x+1}}dx = 5$

f) $\int_0^1 \frac{1+\sqrt{x}}{\sqrt{x}}dx$ linke Integralgrenze z:

$\int_z^1 \frac{1+\sqrt{x}}{\sqrt{x}}dx = \int_z^1 \left(\frac{1}{\sqrt{x}} + 1\right)dx = [2\sqrt{x} + x]_z^1 = 3 - (2\sqrt{z} + z)$

Es gilt: $3 - (2\sqrt{z} + z) \to 3$ für $z \to 0$, also $\int_0^1 \frac{1+\sqrt{x}}{\sqrt{x}}dx = 3$

5 a)

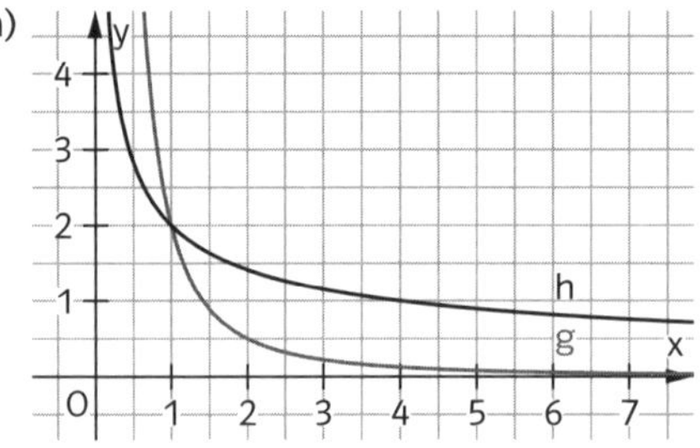

b) $A_g(z) = \int_1^z \frac{2}{x^2}dx = \left[-\frac{2}{x}\right]_1^z = -\frac{2}{z} + 2$; für $z \to \infty$ gilt: $A_g(z) \to 2$

$A_h(z) = \int_1^z \frac{2}{\sqrt{x}}dx = [4\sqrt{x}]_1^z = 4\sqrt{z} - 4$; für $z \to \infty$ gilt: $A_h(z) \to \infty$

c) $A_g(z) = \int_z^1 \frac{2}{x^2}dx = \left[-\frac{2}{x}\right]_z^1 = -2 + \frac{2}{z}$; für $z \to 0$ gilt: $A_g(z) \to \infty$

$A_h(z) = \int_z^1 \frac{2}{\sqrt{x}}dx = [4\sqrt{x}]_1^z = 4 - 4\sqrt{z}$; für $z \to 0$ gilt: $A_h(z) \to 4$

III Klausurtraining, Seite 29

1 a) $F(x) = \frac{3}{4}x^8 + \frac{1}{x^7}$

b) $F(x) = x^2 + 2x^{\frac{3}{2}} + c$

c) $F(x) = \frac{x^3}{12} + \frac{1}{3}\sin(x) + c$

2 a) $\int_1^z (4 - 2x^{-2})dx = \left[4x + \frac{2}{x}\right]_1^z = 4z + \frac{2}{z} - 6$

$4z + \frac{2}{z} - 6 = 3$ $4z^2 - 9z + 2 = 0$ $z_1 = 2$ $z_2 = \frac{1}{4}$

b) $\int_0^\pi z \cdot \sin(x)dx = [z \cdot (-\cos(x))]_0^\pi = z \cdot 1 - z \cdot (-1) = 2z$

$2z = 7$ für $z = 3{,}5$

c) $\int_0^2 \left(\frac{3}{2}x - z\right)^2 dx = \int_0^2 \left(\frac{9}{4}x^2 - 3z \cdot x + z^2\right)dx$

$= \left[\frac{3}{4}x^3 - \frac{3}{2}z \cdot x^2 + z^2 \cdot x\right]_0^2 = (6 - 6z + 2z^2) - 0$

$6 - 6z + 2z^2 = 14$ $2z^2 - 6z - 8 = 0$

$z_{1,2} = \frac{6 \pm \sqrt{(-6)^2 - 4 \cdot 2 \cdot (-8)}}{2 \cdot 2} = \frac{6 \pm 10}{4}$ $z_1 = 4$ und $z_2 = -1$

3 a) An den Nullstellen von f hat der Graph von F waagerechte Tangenten, d.h., F hat dort Extremstellen oder Sattelstellen.
An den Extremstellen von f hat F Wendestellen.
Zwei beliebige Stammfunktionen von f unterscheiden sich lediglich durch eine Konstante.

b)

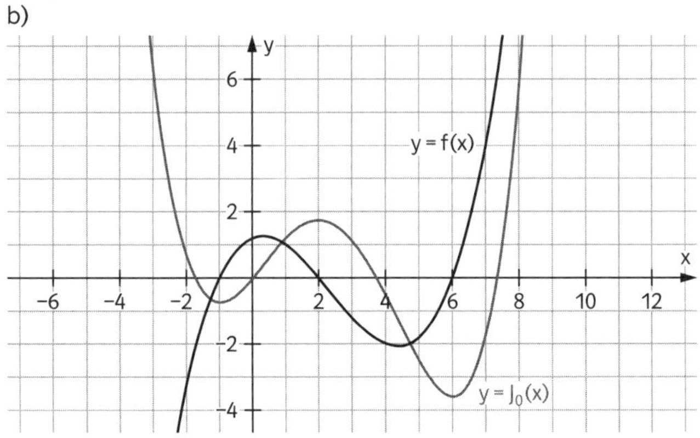

4 a) $F(x) = \frac{1}{2}x^4 - x^3 + c$

$F(-1) = 1$: $\quad \frac{1}{2}(-1)^4 - (-1)^3 + c = 1 \quad \frac{1}{2} + 1 + c = 1$

$c = -\frac{1}{2} \qquad$ Ergebnis: $F(x) = \frac{1}{2}x^4 - x^3 - \frac{1}{2}$

b) $m = F'(-0{,}5) = f(-0{,}5) = -\frac{1}{4} - \frac{3}{4} = -1$

5 $\int_1^3 (x^2 - 2x)\,dx = \left[\frac{1}{3}x^3 - x^2\right]_1^3$

$= 9 - 9 - \left[\frac{1}{3} - 1\right]$

$= = \frac{2}{3}$

$\int_1^3 (x^2 - 2x)\,dx = A_1 - A_2$

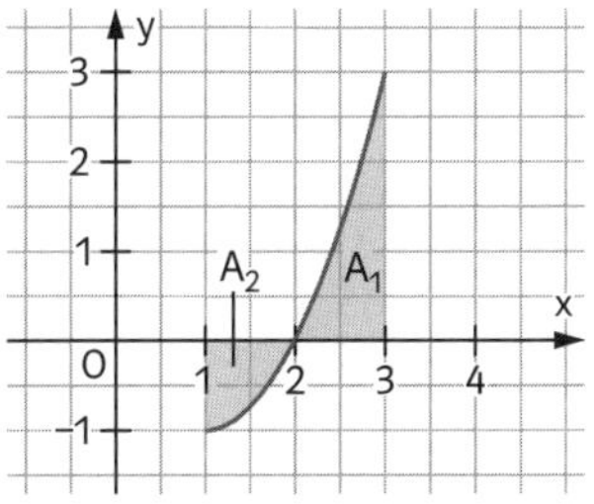

6 a) Normalengleichung:

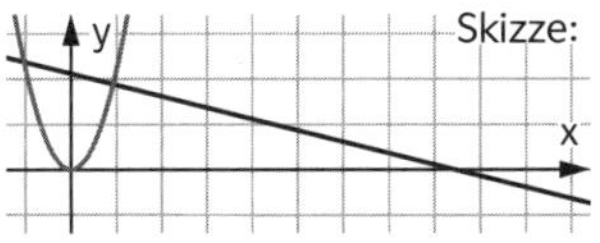

$y = mx + n$ mit $m = -\frac{1}{f'(2)} = -\frac{1}{12}$

Koordinaten von $P(2\,|\,12)$

in $y = -\frac{1}{12}x + n$ einsetzen:

$12 = -\frac{1}{12} \cdot 2 + n \qquad n = 12\frac{1}{6}$

Gleichung der Normalen: $y = -\frac{1}{12}x + 12\frac{1}{6}$

Schnittpunkt S der Normalen mit der x-Achse: $-\frac{1}{12}x + 12\frac{1}{6} = 0$

$12\frac{1}{6} = \frac{1}{12}x \qquad x = 12 \cdot 12\frac{1}{6} = 146 \qquad S(146\,|\,0)$

$A = \int_0^2 (3x^2)\,dx + \frac{1}{2} \cdot 12 \cdot (146 - 2) = [x^3]_0^2 + 6 \cdot 144 = 8 + 864 = 872$

b) $A = 2 \cdot 12 - 8 + \frac{1}{2} \cdot 2 \cdot \frac{1}{6} = 16 + \frac{1}{6} = 16\frac{1}{6}$

7 a) Im Intervall $[-2; 10]$ besitzt f nur bei $x = 3$ eine Extremstelle, da F nur bei $x = 3$ eine Wendestelle hat.
b) Es ist $F'(x) = f(x)$, d.h., f gibt die Änderungsrate von F an. Der Graph von F wächst für $0 < x < 6$ monoton, d.h., es ist $f'(x) \geq 0$. Der Graph von F fällt für $6 < x < 10$ monoton, d.h., es ist $f'(x) \leq 0$.

c) $\int_0^3 f(x)\,dx = [F(x)]_0^3 = F(3) - F(0) = 2 - 0 = 2$

$\int_3^6 f(x)\,dx = [F(x)]_3^6 = F(6) - F(3) = 4 - 2 = 2$

Die Funktionswerte von F können in der Abbildung abgelesen werden.

8 Schnittstellen von f_k mit der x-Achse:
$-x^3 + kx^2 = 0 \qquad x^2(-x + k) = 0 \qquad x_1 = 0 \quad x_2 = k$

$A = \int_0^k (-x^3 + kx^2)\,dx = \left[-\frac{1}{4}x^4 + \frac{k}{3}x^3\right]_0^k = -\frac{1}{4}k^4 + \frac{1}{3}k^4 = \frac{1}{12}k^4$

$\frac{1}{12}k^4 = 21\frac{1}{3} \qquad k^4 = 12 \cdot 21\frac{1}{3} = 256 \qquad k = \sqrt[4]{256} = 4$

9 a) $\int_a^z \frac{100}{x^2}\,dx = 100\int_a^z \frac{1}{x^2}\,dx = 100\left[-\frac{1}{x}\right]_a^z = -\frac{100}{z} + \frac{100}{a}$

Für $z \to \infty$ gilt: $\int_a^z \frac{100}{x^2}\,dx \to \frac{100}{a}$

$\frac{100}{a} = 20 \qquad a = 5$

b) $\int_a^z \left(\frac{1}{x^2} + \frac{1}{100}\right)dx = \left[-\frac{1}{x} + \frac{1}{100}x\right]_a^z = -\frac{1}{z} + \frac{1}{100}z + \frac{1}{a} - \frac{1}{100}a$

Für $z \to \infty$ gilt: $\int_a^z \left(\frac{1}{x^2} + \frac{1}{100}\right)dx \to \infty$. Es gibt keinen Wert für a, der die Gleichung $\int_a^\infty \left(\frac{1}{x^2} + \frac{1}{100}\right)dx = 100$ erfüllt.

c) $\int_0^a \frac{1}{\sqrt{x}}\,dx = \int_0^a x^{-\frac{1}{2}}\,dx = [2\sqrt{x}]_0^a = 2\sqrt{a} - 2\sqrt{0} = 2\sqrt{a}$

$2\sqrt{a} = 4{,}5 \qquad \sqrt{a} = 2{,}25 \qquad a = 1{,}5$

d) $V = \pi \cdot \int_0^5 (ax^2)^2\,dx = \pi \cdot \int_0^5 (a^2x^4)\,dx = \pi \cdot \left[a^2 \cdot \frac{1}{5}x^5\right]_0^5 = \pi \cdot a^2 \cdot 625$

$V = \pi \cdot a^2 \cdot 625 = 25\pi \qquad a^2 = \frac{1}{25} \quad$ für $\quad a = \pm\frac{1}{5}$

10 Der Graph mit der Gleichung $y = 3 - 0{,}5x$ im Intervall $[0;6]$ begrenzt mit der x-Achse ein Dreieck. Bei der Rotation um die x-Achse entsteht ein Kegel.

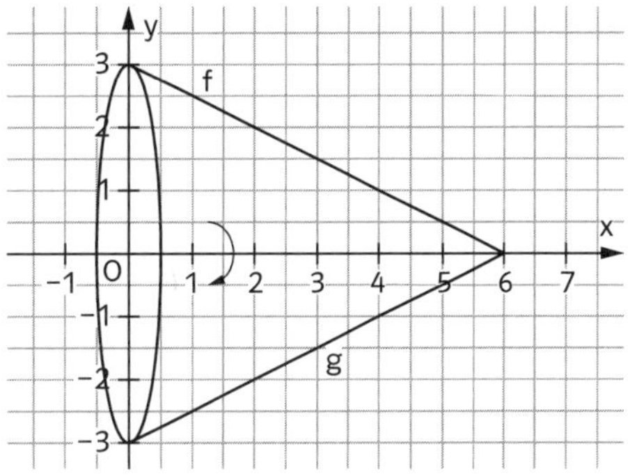

11 a) siehe Abbildung

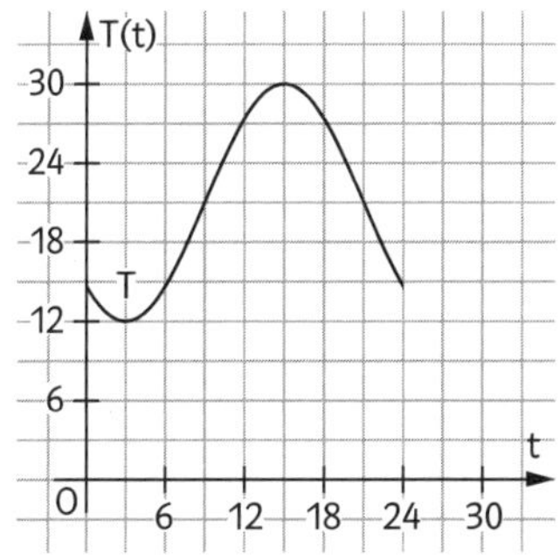

b) Temperatur: $T(t) = 9 \cdot \sin\left(\frac{\pi}{12} \cdot (t-9)\right) + 21$

Temperaturänderung: $T'(t) = 9 \cdot \frac{\pi}{12} \cdot \cos\left(\frac{\pi}{12} \cdot (t-9)\right)$

Temperaturänderungsgeschwindigkeit:

$T''(t) = -9 \cdot \frac{\pi}{12} \cdot \frac{\pi}{12} \cdot \sin\left(\frac{\pi}{12} \cdot (t-9)\right)$

$T''(t) = 0 \quad -9 \cdot \frac{\pi}{12} \cdot \frac{\pi}{12} \cdot \sin\left(\frac{\pi}{12} \cdot (t-9)\right) = 0$

$\frac{\pi}{12} \cdot (t-9) = 0 \quad$ für $\ t = 9$

$T'(8) > 0$ und $T'(10) < 0$

Um 9 Uhr ist der Temperaturanstieg am größten.

c) $T'(t) = 9 \cdot \frac{\pi}{12} \cdot \cos\left(\frac{\pi}{12} \cdot (t-9)\right)$

Es ist $\cos(x) < 0$ für $\frac{\pi}{2} < x < \frac{3\pi}{2}$ und

$\cos\left(\frac{\pi}{12} \cdot (t-9)\right) < 0$ für $15 < t < 27$.

Nach 15 Uhr sinkt die Temperatur stetig.

d) $\overline{T} = \frac{1}{21-9} \cdot \int_9^{21} \left(9 \cdot \sin \cdot \left(\frac{\pi}{12} \cdot (t-9)\right) + 21\right)dx$

$= \frac{1}{12} \cdot \left[-9 \cdot \frac{12}{\pi} \cdot \left(\cos\frac{\pi}{12} \cdot (t-9)\right) + 21t\right]_9^{21}$

$= \frac{1}{12} \cdot \left[\left(\frac{108}{\pi} + 441\right) - \left(-\frac{108}{\pi} + 189\right)\right] = 21 + \frac{18}{\pi} \approx 26{,}73$

Die Durchschnittstemperatur zwischen 9 und 21 Uhr beträgt ca. 26,7 °C.

12

a) $W_1 = \int\limits_0^2 w(t)\,dt = \left[90\cdot\frac{1}{-0{,}45}\cdot e^{-0{,}45t}\right]_0^2 = (-200\cdot e^{-0{,}90}) - (-200)$

$\approx 118{,}7$

In den ersten zwei Stunden ließen ungefähr $119\,m^3$ Wasser ins Regenüberlaufbecken.

b) $W(t) = 130 + \int\limits_0^t w(u)\,du = 130 + \left[90\cdot\frac{1}{-0{,}45}\cdot e^{-0{,}45u}\right]_0^t$

$= 130 + (-200\cdot e^{-0{,}45t}) - (-200) \approx 330 - 200\cdot e^{-0{,}45t}$

c) Langfristig kann man mit einer Wassermenge von ca. $330\,m^3$ im Becken rechnen.

13 a) $\int\limits_0^2 60\cdot f(t)\,dt \approx 6032$ Bis 12 Uhr werden 6032 Karten bestellt.

b) Die Schnittstelle von $y_1 = \int\limits_0^t (60\cdot f(x))\,dt$ und $y_2 = 15\,500$ ist bei $t \approx 5{,}2$ Um ca. 15.12 Uhr ist die Konzerthalle ausverkauft.

c) Bei beiden Schnittstellen gibt es gleich viele Bestellungen und Abbestellungen.

$t_1 \approx 5{,}01$: Die Anzahl der verkauften Karten hat einen Maximalwert.

$t_2 \approx 7{,}86$: Die Anzahl der verkauften Karten hat einen Minimalwert.

d) $60\int\limits_4^0 f(t)\,dt + 60\int\limits_4^8 (f(t) - g(t))\,dt \approx 12\,644 - 417 = 12\,227$

e) $60\int\limits_4^0 f(x)\,dx + 60\int\limits_4^t (f(x) - g(x))\,dx = 15\,500$

$60\int\limits_4^t (f(x) - g(x))\,dx \approx 2856$

Schnittstelle von $y_1 = 60\int\limits_4^x (f(x) - g(x))\,dx$ und $y_2 = 2856$ ist $t \approx 11{,}3$.

Um etwa 21.18 Uhr ist das Konzert ausverkauft.

IV Kurvenanpassung und Funktionenscharen

IV Modellieren mit abschnittsweise definierten Funktionen, Seite 31

1 $f'(x) = \begin{cases} 36x + 72 & x \le -2 \\ 4x^3 - 12x + 8 & -2 < x < 1 \\ 0 & 1 \le x \end{cases}$

$f''(x) = \begin{cases} 36 & x \le -2 \\ 12x^2 - 12 & -2 < x < 1 \\ 0 & 1 \le x \end{cases}$

Es muss gelten:

$18(-2)^2 + 72(-2) + 45 = (-2)^4 - 6(-2)^2 + 8(-2) - 3$

$36(-2) + 72 = 4(-2)^3 - 12(-2) + 8$

$36 = 12(-2)^2 - 12$

$1 - 6 + 8 - 3 = 0$

und $4 - 12 + 8 = 0$

$12 - 12 = 0$

Also verläuft die Kurve ohne Knick und Krümmungsruck.

2 Ansatz: $g(x) = ax^5 + bx^4 + cx^3 + dx^2 + ex + f$

$g'(x) = 5ax^4 + 4bx^3 + 3cx^2 + 2dx + e$

$g''(x) = 20ax^3 + 12bx^2 + 6cx + 2d$

$f_1'(x) = 24x - 18$ $f_1''(x) = 24$ $f_2'(x) = -2x - 14$

$f_2''(x) = -2$

$g(1) = f_1(1)$: $a + b + c + d + e + f = 1$

$g'(1) = f_1'(1)$: $5a + 4b + 3c + 2d + e = 6$

$g''(1) = f_1''(1)$: $20a + 12b + 6c + 2d = 24$

$g(-1) = f_2(-1)$: $-a + b - c + d - e + f = 5$

$g'(-1) = f_2'(-1)$: $5a - 4b + 3c - 2d + e = -12$

$g''(-1) = f_2''(-1)$: $-20a + 12b - 6c + 2d = -2$

Lösung: $g(x) = 2x^5 + 0{,}25x^4 - 4{,}5x^3 + 4x^2 + 0{,}5x - 1{,}25$

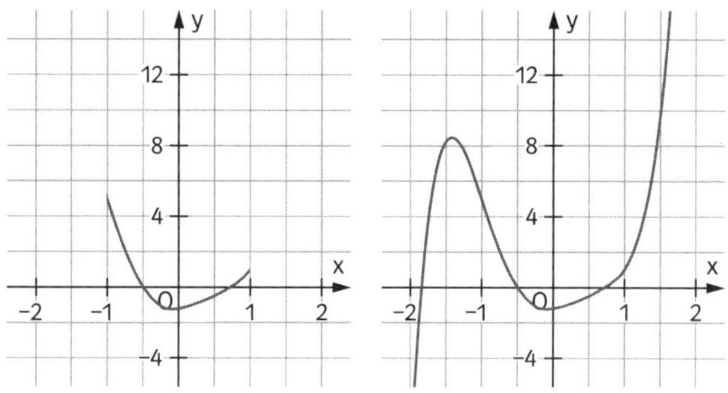

3 Die zweite Ableitung einer linearen Funktion ist 0. Damit muss die 2. Ableitung der Funktion für die Verbindungstrasse zwei Nullstellen haben, also mindestens vom Grad 2 sein. Der Spezialfall, dass die 2. Ableitung konstant gleich null ist, kann nicht eintreten, weil dann die 1. Ableitung konstant wäre und die Verbindung wegen des Versatzes einen Knick hätte. Also hat die Funktion mindestens den Grad 4.

4 Ansatz: $f(x) = ax^2 + bx + c$

Es muss gelten $f\left(\frac{\pi}{2}\right) = 1, f'\left(\frac{\pi}{2}\right) = 0, f''\left(\frac{\pi}{2}\right) = -1$.

Gleichungssystem:

$a\left(\frac{\pi}{2}\right)^2 + b\frac{\pi}{2} + c = 1$

$2a\frac{\pi}{2} + b = 0$

$2a = -1$

Lösung: $a = -\frac{1}{2}$; $b = \frac{\pi}{2}$; $c = 1 - \frac{\pi^2}{8}$; $f(x) = -\frac{1}{2}x^2 + \frac{\pi}{2}x + 1 - \frac{\pi^2}{8}$

IV Modellieren mit weiteren Funktionstypen, Seite 32

1

Datum	21.03.2011	21.06.2011	23.09.2011	21.12.2011
Sonnen-aufgang	06:32 Uhr	04:30 Uhr	06:17 Uhr	08:16 Uhr
Minuten nach 00:00 Uhr	392	270	377	496
Tag nach dem 23.09.	-186	-94	0	89

Das Maximum liegt bei $y_{max} = 496$ und das Minumum bei $y_{min} = 270$, damit ergibt sich für den mittleren Sonnenaufgang $d = \frac{496 + 270}{2} = 383$ und für die Amplitude $a = \frac{496 - 270}{2} = 113$.

Die Periodenlänge beträgt ein Jahr, also $p \approx 365$ Tage, für b folgt daraus $b = \frac{2\pi}{365} \approx 0{,}017$. Somit lautet die Funktionsgleichung $f(x) = 113\cdot\sin(0{,}017\cdot x) + 383$.

Tag	01.05.2011	01.07.2011	01.11.2011
Tag nach dem 23.09.	-145	-84	39
f(x)	312	271	453
tatsächlicher Wert in Minuten nach 00:00 Uhr	313	274	434

Beurteilung: Nur der letzte Wert weicht etwas deutlicher ab, ansonsten ist die Modellierung recht gut.

2 a)

t (in min)	5	10	15	20	25	30	35	40	45
T (in °C)	56	42	33	28	25	23	22	21	21

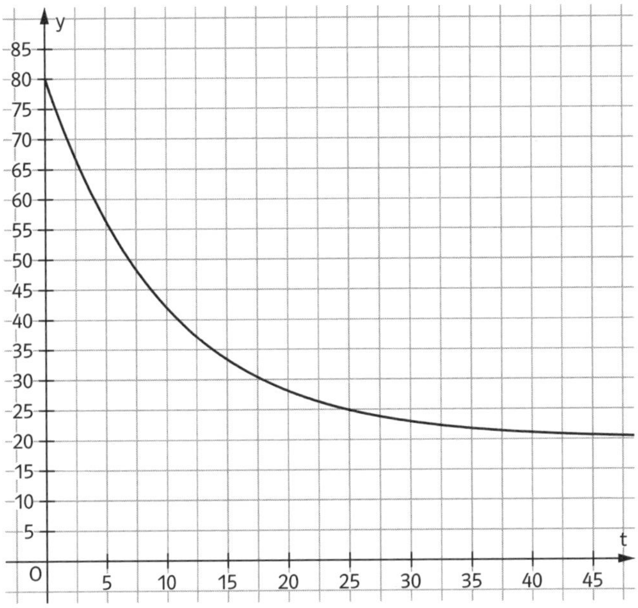

b) $T(t) = a \cdot e^{bt} + c$
Die Daten legen eine Exponentialfunktion nahe. Eine lineare Funktion kann wegen eines fehlenden Grenzwerts für $t \to \infty$ und eine gebrochenrationale Funktion wegen einer fehlenden Polstelle ausgeschlossen werden.
c) Die Werte für a, b und c können je nach gewählten Messpunkten leicht variieren. $T(t) = 60 \cdot e^{-0{,}1t} + 20$
d) $T_{Kaffee} \approx 80\,°C$ $T_{Raum} \approx 20\,°C$

IV Regression, Seite 33

1 a) Der Graph hat einen Wendepunkt. Diesen gibt es nur bei logistischem Wachstum und Wachstum 3. Grades.

Lineares Wachstum	
Exponentielles Wachstum	
Begrenztes Wachstum	
Logistisches Wachstum	X
Quadratisches Wachstum	
Wachstum 3. Grades	X

b) $f(x) = \frac{7{,}4}{1 + 3{,}6e^{-0{,}7x}}$; $g(x) = -0{,}04x^3 + 0{,}33x^2 + 0{,}36x + 2{,}0$

c) f ist besser geeignet, weil die Größe der Pflanze gegen einen festen Wert strebt.
d) z.B. muss das Studienfach erst bekannt werden. Deshalb wachsen die Zahlen zuerst exponentiell. Dann sind die Plätze begrenzt und deshalb strebt dann die Zahlen gegen eine obere Grenze.
e) Es gibt keine naturwissenschaftliche Gesetzmäßigkeit, die dem Modell zugrunde liegt. Die wirtschaftliche Situation könnte sich ändern.

2 a) $E(v) = 0{,}00092v^2 - 0{,}13v + 8{,}1$
Das Modell passt vor allem für große Geschwindigkeiten.
b) Für $v \to 0$ strebt E(v) gegen unendlich. Im Grenzfall steht das Auto und der Motor benötigt im Leerlauf weiterhin Benzin.
c) Man kann natürlich ein Gleichungssystem mit 4 Unbekannten aufstellen. Es ist aber auch möglich, mit dem Rechner durch Ausprobieren zu einer Lösung zu kommen. Zuerst modelliert man mit einer quadratischen Regression die 6 größten v-Werte und erhält so die Funktion: $E(v) = 0{,}0006v^2 - 0{,}067v + 5{,}0$.
Nun testet man verschiedene d-Werte und erhält so z.B. d = 20.
Welche d-Werte infrage kommen, kann man herausfinden, indem man E(10) berechnet und mit dem Tabellenwert vergleicht.
$E(v) = 0{,}0006v^2 - 0{,}067v + 5{,}0 + \frac{20}{v}$

IV Funktionenscharen, Seite 34

1 (...), dass für t verschiedene Zahlen eingesetzt werden.
a) $f_{-1} = i$ $f_0 = h$ $f_2 = g$
b) $f_t(x) = x \cdot \left(\frac{1}{5}x^2 - 0{,}5tx + \frac{4}{15}t^2\right)$ $f_t(0) = 0$ hängt nicht von t ab.
c) Für t = 0: punktsymmetrisch. Für $t \neq 0$ keine Punkt- bzw. Achsensymmetrie, da gerade und ungerade Potenzen gemischt vorkommen.
d) (...) Parameter t (...), abgeleitet wird nur nach x.
$f_t'(x) = \frac{3}{5}x^2 - tx + \frac{4}{15}t^2$ $f_t''(x) = \frac{6}{5}x - t$ $f_t'''(x) = \frac{6}{5}$

e) Extrema:
1. $f_t'(x) = 0$ (notwendige Bedingung)
2. $f_t''(x) > 0$ bzw. < 0 (hinreichende Bedingung) oder: Vorzeichenwechsel von f″ an der Stelle x_E (hinr. Bed.)
3. y = f(x) Hoch- bzw. Tiefpunkt

Wendepunkt(e):
1. $f_t''(x) = 0$ (notwendige Bedingung)
2. $f_t'''(x) \neq 0$ (hinreichende Bedingung) oder: f_t'' hat Vorzeichenwechsel an der Stelle x.
3. y = f(x) W(x | f(x))

Bemerkung:
Hier wird nicht verlangt, diese Berechnungen auszuführen.

f) 1. Nullstellen
2. Skizze
3. Orientierten Flächeninhalt beachten
4. A(t) mit Integral berechnen
5. Stammfunktion F(x)
6. A(t) = 35,7 nach t auflösen
„Wendestelle berechnen" ist ein unnötiger Schritt.

2 a) $f_t(x) = t \cdot (2x - 3) + 2 = 2t \cdot \left(x - \frac{3}{2}\right) + 2$
Für $x = \frac{3}{2}$ ergibt sich immer y = 2, d.h., alle Scharkurven verlaufen durch $P\left(\frac{3}{2}\middle|2\right)$
b) $g_u(x) = u \cdot (x - 4) - 1 = \underbrace{u \cdot x}_{\text{Steigung}} - \underbrace{(4u + 1)}_{\text{y-Achsenabschnitt}}$
u gibt die Steigung der Geraden an.

c) Ursprungsgerade aus f_t:

$Q(0|0) \Rightarrow 2t\cdot\left(0-\frac{3}{2}\right)+2=0$

$\Rightarrow -3t+2=0 \Rightarrow t=\frac{2}{3}$

$\Rightarrow y=\frac{4}{3}x$

u so bestimmen, dass $g_u \perp f_{\frac{2}{3}}$:

$\frac{4}{3}\cdot u=-1 \Rightarrow u=-\frac{3}{4}$

$g_{-\frac{3}{4}}(x)=-\frac{3}{4}x+2$ steht senkrecht zu $y=\frac{4}{3}x=f_{\frac{2}{3}}(x)$

3 $4\cdot 3^4-8t\cdot 3^2-45t^2=114{,}75$

$45t^2+72t-209{,}25=0 \quad |:45$

$t^2+1{,}6t-4{,}65=0$

$t_{1,2}=-0{,}8\pm\sqrt{0{,}64+4{,}65}=-0{,}8\pm 2{,}3 \quad t_1=1{,}5 \quad t_2=-3{,}1$

Da $t>0$ vorausgesetzt wird, liegt P auf $i_{1,5}(x)$.

4 $f_t(x)=\frac{4}{3}x^3+2t\cdot x^2+4t\cdot x$

a) $f_t'(x)=4x^2+4t\cdot x+4t=0$

Nullsetzen und Vereinfachen:

$x^2+t\cdot x+t=0$

$x_{1,2}=-\frac{t}{2}\pm\sqrt{\frac{t^2}{4}-t}$; Lösung: Für $0<t<4$ hat die Gleichung keine Lösung, also die Funktion in diesem Intervall auch keine Extrema.

b) Für $r\neq s$ muss $f_s(x)=f_r(x)$ sein:

$\frac{4}{3}x^3+2s\cdot x^2+4s\cdot x=\frac{4}{3}x^3+2r\cdot x^2+4r\cdot x$

Lösungen: $x=0$ und $x=-2$

Für $x=0$ ergibt sich der Schnittpunkt $S_1(0|0)$.

Für $x=-2$ ergibt sich der Schnittpunkt $S_2\left(-2\middle|\frac{32}{3}\right)$.

5 a) Berechnung der Extrempunkte der Kurvenschar f_t:

$f_t'(x)=x^3-tx$

$f_t''(x)=3x^2-t$

$f_t'(x)=0 \qquad x^3-tx=0$

$x\cdot(x^2-t)=0$

für $x_1=0$; $x_2=-\sqrt{t}$ und $x_3=+\sqrt{t}$

$f_t''(x_1)<0$ und $f_t(x_1)=2$; $H(0|2)$

$f_t''(x_2)>0$ und $f_t(x_2)=2-\frac{1}{4}t^2\cdot 2$; $\left(T-\sqrt{t}\,\middle|\,2-\frac{1}{4}t^2\right)$

$f_t''(x_3)>0$ und $f_t(x_3)=2-\frac{1}{4}t^2$; $\left(T+\sqrt{t}\,\middle|\,2-\frac{1}{4}t^2\right)$

b)

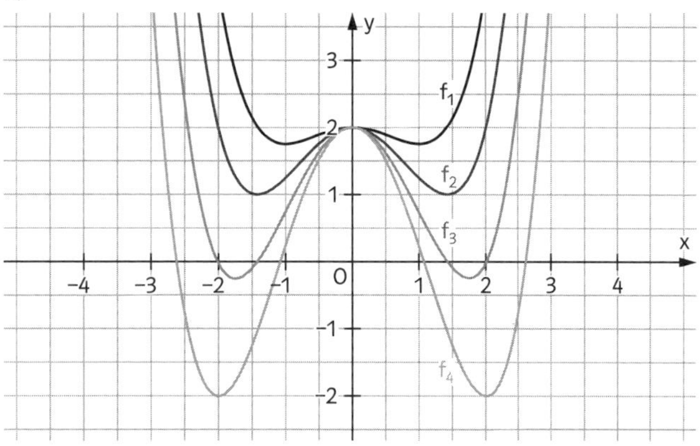

6 a) $f_{t_1}(x)=f_{t_2}(x) \qquad t_1\neq t_2$

$x^3+t_1(x^2-x)=x^3+t_2(x^2-x)$

$t_1x(x-1)=t_2x(x-1)$

$x_1=0$ oder $x_2=1$

$f_t(0)=0 \quad f_t(1)=1$ für alle $t\in\mathbb{R}$

b) mit dem Rechner: $H(-2{,}41|10{,}66) \quad T(0{,}41|-0{,}66)$

c) $f_t'(x)=3x^2+2tx-t$

$f_t''(x)=6x+2t$

$f_t'(x)=0 \Leftrightarrow 3x^2+2tx-t=0$

$x_{1,2}=\frac{-t\pm\sqrt{t^2+3t}}{3}$

Für $-3<t<0$ ist der Radikant negativ, d.h., der Graph von f_t hat keine Extrempunkte.

Für $t=0$ bzw. $t=-3$ hat der Graph von f_t einen Wendepunkt mit der Steigung 0, aber keine Extrempunkte.

Für $-3\le t\le 0$ hat der Graph von f_t keine Extrempunkte.

d) $f_t''(x)=0 \Leftrightarrow 6x+2t=0$

$x=-\frac{1}{3}t$

$f_t'''(x)=6$

Alle Graphen der Funktionenschar haben bei $x=-\frac{1}{3}t$ einen Wendepunkt.

7 a) $f_t'(x)=-x^3+t^2x$

$f_t''(x)=-3x^2+t^2$

$f_t'(x)=0$	$-x^3+t^2x=-x\cdot(x^2-t^2)=0$	$x_1=0 \quad x_2=-t \quad x_3=t$
$f_t''(0)>0$	$f_t(0)=1$	$T(0|1)$
$f_t''(-t)<0$	$f_t(-t)=1+\frac{1}{4}t^4$	$H_1\left(-t\middle|1+\frac{1}{4}t^4\right)$
$f_t''(t)<0$	$f_t(t)=1+\frac{1}{4}t^4$	$H_2\left(t\middle|1+\frac{1}{4}t^4\right)$

b) $H_1\left(-t\middle|1+\frac{1}{4}t^4\right)$ in die Geradengleichung einsetzen:

$1+\frac{1}{4}t^4=-\frac{5}{4}\cdot(-t)+\frac{5}{2}$ und mit dem Rechner lösen: $t_1=-1$

$H_2\left(t\middle|1+\frac{1}{4}t^4\right)$ in die Geradengleichung einsetzen:

$1+\frac{1}{4}t^4=-\frac{5}{4}\cdot t+\frac{5}{2}$ und mit dem Rechner lösen: $t_2=1$

Für die Parameterwerte -1 und $+1$ liegt ein Hochpunkt des Graphen von f_t auf der Geraden g.

c) $f_t''(x)=0 \quad -3x^2+t^2=0 \quad x^2=\frac{1}{3}t^2 \quad x_1=-\frac{1}{\sqrt{3}}t \quad x_2=\frac{1}{\sqrt{3}}t$

f_t'' hat bei x_1 und x_2 jeweils einen Vorzeichenwechsel, d.h., x_1 und x_2 sind Wendestellen.

$f'_t\left(-\frac{1}{\sqrt{3}}t\right)=-\left(-\frac{1}{\sqrt{3}}t\right)^3+t^2\cdot\left(-\frac{1}{\sqrt{3}}t\right)$

$=\left(-\frac{1}{\sqrt{3}}t\right)\cdot\left(-\frac{1}{3}t^2+t^2\right)=-\frac{1}{\sqrt{3}}\cdot\frac{2}{3}t^3$

$f'_t\left(\frac{1}{\sqrt{3}}t\right)=-\left(\frac{1}{\sqrt{3}}t\right)^3+t^2\cdot\left(\frac{1}{\sqrt{3}}t\right)=\left(\frac{1}{\sqrt{3}}t\right)\cdot\left(-\frac{1}{3}t^2+t^2\right)=\frac{1}{\sqrt{3}}\cdot\frac{2}{3}t^3$

Die Wendetangenten sind orthogonal zueinander, wenn gilt:

$f_t'(x_1)\cdot f_t'(x_2)=-1$.

$\left(-\frac{1}{\sqrt{3}}\cdot\frac{2}{3}t^3\right)\cdot\left(\frac{1}{\sqrt{3}}\cdot\frac{2}{3}t^3\right)=-1 \qquad -\frac{4}{27}t^6=-1 \qquad t=\pm\sqrt[6]{\frac{27}{4}}\approx\pm 1{,}37$

8 a) Winkel: $\alpha\approx 26{,}6°$ Höhe: 3,5 m

b) Die Wurfweite des Wasserstrahls entspricht der x-Koordinate des Schnittpunkts der Graphen von w_v mit der x-Achse:

$\frac{1}{2}x+\frac{7}{2}-\frac{5}{v^2}\cdot x^2=0 \qquad -\frac{5}{v^2}\cdot x^2+\frac{1}{2}x+\frac{7}{2}=0$

$x_{1,2}=\frac{-\frac{1}{2}\pm\sqrt{\frac{1}{4}-4\cdot\left(-\frac{5}{v^2}\right)\cdot\frac{7}{2}}}{-\frac{10}{v^2}}=\frac{-\frac{1}{2}\pm\sqrt{\frac{1}{4}+\frac{70}{v^2}}}{-\frac{10}{v^2}}=\frac{v^2}{10}\cdot\left(\frac{1}{2}\pm\sqrt{\frac{1}{4}+\frac{70}{v^2}}\right)$

Die Wurfweite beträgt $x_2=\frac{v^2}{10}\cdot\left(\frac{1}{2}+\sqrt{\frac{1}{4}+\frac{70}{v^2}}\right)$.

c) Die maximale Höhe des Wasserstrahls entspricht der y-Koordinate des Hochpunkts der Graphen von w_v.

$w'_v(x)=\frac{1}{2}-\frac{10}{v^2}\cdot x$

$w'_v(x)=0 \qquad \frac{1}{2}-\frac{10}{v^2}\cdot x=0 \qquad \frac{10}{v^2}\cdot x=\frac{1}{2} \qquad x=\frac{v^2}{20}$

w'_v hat bei $x=\frac{v^2}{20}$ einen Vorzeichenwechsel von + nach −, d.h., der Graph von w_v hat bei $x=\frac{v^2}{20}$ einen Hochpunkt.

$w_v\left(\frac{v^2}{20}\right)=\frac{7}{2}+\frac{v^2}{80}$

Die maximale Höhe des Wasserstrahls beträgt $\frac{7}{2}+\frac{v^2}{80}$ Meter.

d) Für $v\approx 15{,}6\,\frac{m}{s}$ beträgt die Wurfweite 30 m.

e)

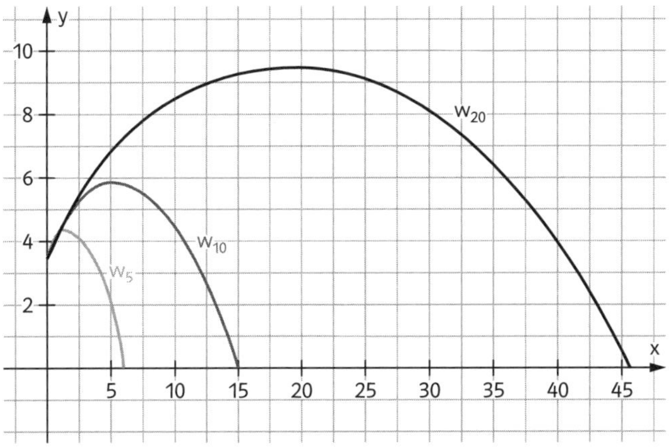

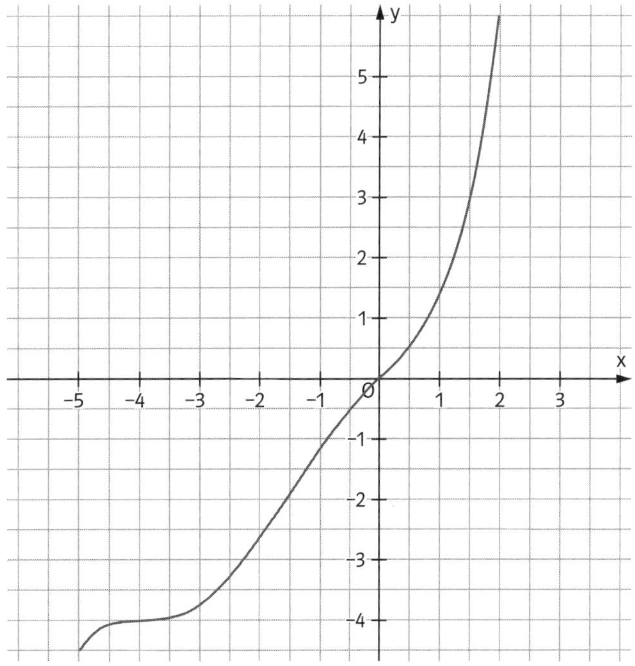

IV Klausurtraining, Seite 36

1 Wegen $f(4) = 0$ scheidet das zweite System aus. $f'(4) = 0$ erfüllen die verbliebenen. Wegen $f(-1) = -3$ scheidet das erste System aus (Vorzeichenfehler). Wegen $f'(-1) = 2$ scheidet das 4. System aus. Richtig ist das dritte System.

2 Ansatz: $f(x) = ax^3 + bx^2 + cx + d$; $f'(x) = 3ax^2 + 2bx + c$; $f''(x) = 6ax + 2b$;
Bedingungen: $f(2) = \frac{10}{3}$; $f'(2) = 0$; $f(1) = \frac{8}{3}$; $f''(1) = 0$ und $f'(1) = 1$ ergeben folgendes Gleichungssystem:

I $8a + 4b + 2c + d = \frac{10}{3}$
II $12a + 4b + c = 0$
III $a + b + c + d = \frac{8}{3}$
IV $6a + 2b = 0$
V $3a + 2b + c = 1$

Die Funktion mit der Gleichung $f(x) = -\frac{1}{3}x^3 + x^2 + 2$ erfüllt die obigen Bedingungen. Es muss noch der y-Achsenabschnitt der Wendetangente geprüft werden: t: $y = (x - 1) + \frac{8}{3}$ ergibt $y = x + \frac{5}{3}$ (stimmt).

3 Aus 5 Punkten bestimmt man eine ganzrationale Funktion 4. Grades $f(x) = ax^4 + bx^3 + cx^2 + dx + e$
Eingabe in den Rechner

16	8	4	2	1	0
81	27	9	3	1	1
256	64	16	4	1	3
2401	343	49	7	1	6
10000	1000	100	10	1	7

$f(x) = 0{,}0212x^4 - 0{,}490x^3 + 3{,}739x^2 - 9{,}773x + 8{,}167$
$f(5) = 4{,}777$, d.h., bei einer Zugkraft von 5 N dehnt sich das Gummiband um ca. 4,8 cm.
$f(1) = 1{,}664$. Dieser Wert ist nicht sinnvoll, weil man bei weniger als 2 N keine Dehnung erwarten kann.

4 Ansatz: $g(x) = ax^5 + bx^4 + cx^3 + dx^2 + ex + f$

$g(-4) = f_1(-4)$: $-1024a + 256b - 64c + 16d - 4e + f = -4$
$g'(-4) = f_1'(-4)$: $1280a - 256b + 48c - 8d + e = 0$
$g''(-4) = f_1''(-4)$: $-1280a + 192b - 24c + 2d = 0$
$g(0) = f_2(0)$: $f = 0$
$g'(0) = f_2'(0)$: $e = 1$
$g''(0) = f_2''(0)$: $2d = 0$

$g'(x) = 5ax^4 + 4bx^3 + 3cx^2 + 2dx + e$
$g''(x) = 20ax^3 + 12bx^2 + 6cx + 2d$
$f_1'(x) = 0$ $f_1''(x) = 0$ $f_2'(x) = 1$ $f_2''(x) = 0$

Lösung: $g(x) = 0{,}01171875x^5 + 0{,}109375x^4 + 0{,}25x^3 + x$

mit Brüchen $g(x) = \frac{15}{1280}x^5 + \frac{7}{64}x^4 + \frac{1}{4}x^3 + x$

5 a) $f_a'(x) = 2a \cdot (x - 2) = 2ax - 4a$
$f_a'(3) = -2$ wenn $2a \cdot 3 - 4a = -2$
$2a = -2$ für $a = -1$
b) Die Normalparabel wird um 2 Einheiten in x-Richtung verschoben, um der Faktor a in y-Richtung gestreckt und um $-2 \cdot a$ Einheiten in y-Richtung verschoben.
Für $a > 0$ ist die Parabel nach oben geöffnet und der Scheitel liegt unter der x-Achse.
Für $a = 0$ ist der Graph identisch mit der x-Achse.
Für $a < 0$ ist die Parabel nach unten geöffnet und der Scheitel liegt über der x-Achse.

6 a) $f_t(x) = x \cdot (x^2 - tx - t^2)$
$x_1 = 0$
$x_{2,3} = \frac{t \pm \sqrt{t^2 - 4 \cdot 1 \cdot (-t^2)}}{2} = \frac{t \pm \sqrt{5t^2}}{2} = \frac{1}{2}t \cdot (1 \pm \sqrt{5})$
$N_1(0 \mid 0)$ $N_2\left(\frac{1}{2}t \cdot (1 - \sqrt{5}) \mid 0\right)$ $N_3\left(\frac{1}{2}t \cdot (1 + \sqrt{5}) \mid 0\right)$
b) $f_t'(x) = 3x^2 - 2tx - t^2$
$f_t''(x) = 6x - 2t$
$f_t'''(x) = 6$
$f_t''(x) = 0$ $6x - 2t = 0$ für $x = \frac{t}{3}$
$f_t'''\left(\frac{t}{3}\right) > 0$
$f_t\left(\frac{t}{3}\right) = \frac{t^3}{27} - \frac{t^3}{9} - \frac{t^3}{3} = -\frac{11}{27}t^3$
$W\left(\frac{t}{3} \,\middle|\, -\frac{11}{27}t^3\right)$
c) Wendetangente für $t = 3$
$W(1 \mid -11)$
$f_3'(1) = -12$
t: $y = -12 \cdot (x - 1) - 11 = -12x + 1$

7 a) mögliche Kurvenschar

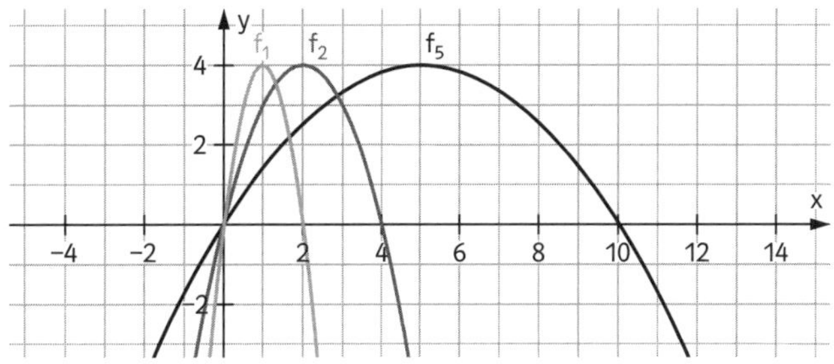

Alle Graphen der Funktionsschar sind nach unten geöffnete Parabeln, die durch den Koordinatenursprung verlaufen.
Der Parameter a beeinflusst die Dehnung der Parabeln in x-Richtung.
b) Schnittpunkte mit der x-Achse: $N_1(0\,|\,0)$ $N_2(2a\,|\,0)$
Hochpunkt $H(a\,|\,4)$

V Vektoren – Geraden im Raum

V Punkte und Figuren im Raum, Seite 37

1 a)

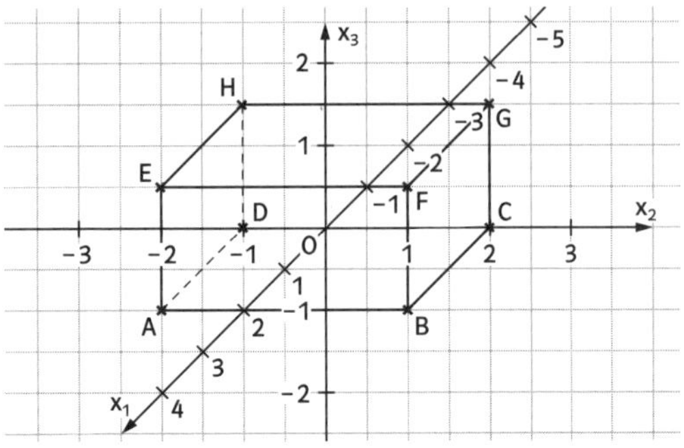

b) $F(2\,|\,2\,|\,1{,}5)$, $G(0\,|\,2\,|\,1{,}5)$, $H(0\,|\,-1\,|\,1{,}5)$
c) $h = 1{,}5\,\text{cm}$
d) $M_{AB}(2\,|\,0{,}5\,|\,0)$
$\overline{AC} = \sqrt{(0-2)^2 + (2-(-1))^2 + (0-0)^2}\,\text{cm} = \sqrt{4+9}\,\text{cm}$
$= \sqrt{13}\,\text{cm} \approx 3{,}61\,\text{cm}$

2
a) $A(3\,|\,1\,|\,0)$, $B(-2\,|\,-2\,|\,0)$, $C(0\,|\,1\,|\,-2)$, $D(0\,|\,2\,|\,2)$,
$E(-1\,|\,0\,|\,2)$, $F(2\,|\,0\,|\,3)$
b) Individuelle Lösung, z.B.: x_1x_2-Ebene: $G(1\,|\,1\,|\,0)$,
x_2x_3-Ebene: $H(0\,|\,1\,|\,1)$, x_1x_3-Ebene: $I(1\,|\,0\,|\,1)$

3
a) Gestrichen werden: B, C, E und F
b) $Q(0\,|\,0\,|\,2)$, $R(0\,|\,3\,|\,2)$, $S(0\,|\,s_2\,|\,2)$, $T(0\,|\,t_2\,|\,2)$,
$U(0\,|\,-5\,|\,2)$, $V(0\,|\,v_2\,|\,2)$
s_2, t_2 und v_2 können hierbei beliebige Werte annehmen.

4 a) $C(1\,|\,3{,}5\,|\,0)$ oder $C(1\,|\,-4{,}5\,|\,0)$
(Beachtet man die mathematische Orientierung (entgegen dem Uhrzeigersinn), ist $C(1\,|\,3{,}5\,|\,0)$ die einzige Lösung.)
b) Für ein gerades Prisma gilt:
$D(-2\,|\,-0{,}5\,|\,5)$, $E(4\,|\,-0{,}5\,|\,5)$, $F(1\,|\,3{,}5\,|\,5)$
Das Prisma könnte auch „unter“ dem gegebenen Dreieck liegen. Dann gilt für die Eckpunkte:
$D(-2\,|\,-0{,}5\,|\,-5)$, $E(4\,|\,-0{,}5\,|\,-5)$, $F(1\,|\,3{,}5\,|\,-5)$
Bei einem schiefen Prisma ergeben sich noch weitere Lösungen.

5 $A(3\,|\,0\,|\,-1)$, $B(3\,|\,2\,|\,-1)$, $C(1\,|\,2\,|\,-1)$, $D(1\,|\,0\,|\,-1)$

V Vektoren, Seite 38

1
a) $\overrightarrow{PQ} = \begin{pmatrix} -4 \\ 0 \\ 6 \end{pmatrix}$, $\overrightarrow{QP} = \begin{pmatrix} 4 \\ 0 \\ -6 \end{pmatrix}$ b) $\overrightarrow{PQ} = \begin{pmatrix} 6 \\ 1 \\ -31 \end{pmatrix}$, $\overrightarrow{QP} = \begin{pmatrix} -6 \\ -1 \\ 31 \end{pmatrix}$

2

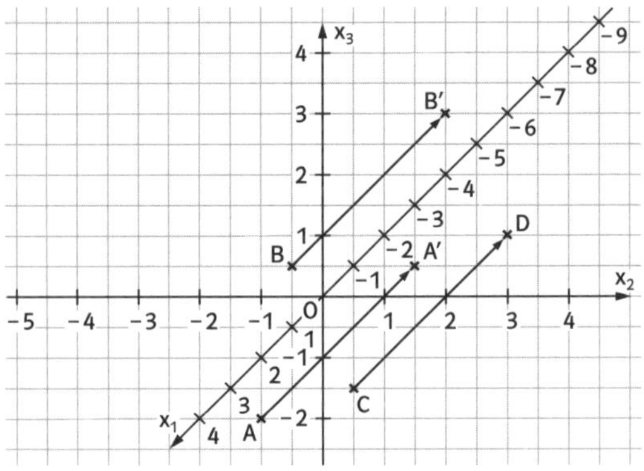

a) $A'(2-1\,|\,0+2\,|\,-1+2)$, also $A'(1\,|\,2\,|\,1)$
b) $B(-1\,|\,-1\,|\,0)$
c) Rechnerisch ergibt sich $C'(1-1\,|\,1+2\,|\,-1+2)$, also $C'(0\,|\,3\,|\,1)$.
Ebenso ist $\overrightarrow{CD} = \begin{pmatrix} -2-1 \\ 2-1 \\ 0+1 \end{pmatrix} = \begin{pmatrix} -3 \\ 1 \\ 1 \end{pmatrix} \neq \vec{v}$.
Den Punkt D erhält man also nicht vom Punkt C aus durch den Vektor $\vec{v}$.

3 a) Es sind sechs unterschiedliche Vektoren dargestellt:
$\overrightarrow{AB}$, $\overrightarrow{BE}$, $\overrightarrow{EA}$, $\overrightarrow{DF}$, $\overrightarrow{AD}$, $\overrightarrow{FE}$
b) $\overrightarrow{AB} = \overrightarrow{DC}$, $\overrightarrow{BE} = \overrightarrow{CF}$, $\overrightarrow{AD} = \overrightarrow{BC}$

4 a) und b)
Zusammen gehören jeweils:
$A(-1\,|\,2\,|\,-3)$, $B(1\,|\,-1\,|\,2)$, $\overrightarrow{AB} = \begin{pmatrix} 2 \\ -3 \\ 5 \end{pmatrix}$, $\overrightarrow{BA} = \begin{pmatrix} -2 \\ 3 \\ -5 \end{pmatrix}$
$|\overrightarrow{AB}| = |\overrightarrow{BA}| = \sqrt{38}$
$A(7\,|\,-2\,|\,-3)$, $B(6\,|\,1\,|\,-7)$, $\overrightarrow{AB} = \begin{pmatrix} -1 \\ 3 \\ -4 \end{pmatrix}$, $\overrightarrow{BA} = \begin{pmatrix} 1 \\ -3 \\ 4 \end{pmatrix}$
$|\overrightarrow{AB}| = |\overrightarrow{BA}| = \sqrt{26}$
$A(5\,|\,10\,|\,3)$, $B(7\,|\,7\,|\,7)$, $\overrightarrow{AB} = \begin{pmatrix} 2 \\ -3 \\ 4 \end{pmatrix}$, $\overrightarrow{BA} = \begin{pmatrix} -2 \\ 3 \\ -4 \end{pmatrix}$
$|\overrightarrow{AB}| = |\overrightarrow{BA}| = \sqrt{29}$

5 a) $\overrightarrow{AB} = \overrightarrow{DC}$ und $|\overrightarrow{AD}| = |\overrightarrow{AB}|$
$\overrightarrow{AB} = \begin{pmatrix} -3 \\ 1 \\ 3 \end{pmatrix} = \overrightarrow{DC}$ und $|\overrightarrow{AD}| = \sqrt{19} = |\overrightarrow{AB}|$: ABCD ist eine Raute.
b) $\overrightarrow{AB} = r \cdot \overrightarrow{DC}$ oder $\overrightarrow{BC} = r \cdot \overrightarrow{AD}$, $r \in \mathbb{R}$
$\overrightarrow{AB} = \begin{pmatrix} -6 \\ -3 \\ 4 \end{pmatrix} = 2 \cdot \overrightarrow{DC}$: ABCD ist ein Trapez.

V Rechnen mit Vektoren, Seite 39

1 individuelle Lösung, z.B.:

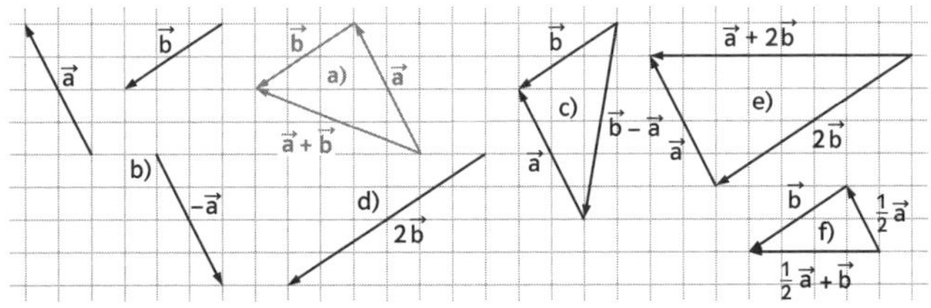

2 a) $\begin{pmatrix} 2 \\ -3 \end{pmatrix} - \begin{pmatrix} -7 \\ 2 \end{pmatrix} = \begin{pmatrix} 2-(-7) \\ -3-2 \end{pmatrix} = \begin{pmatrix} 9 \\ -5 \end{pmatrix}$
b) $5 \cdot \begin{pmatrix} -2 \\ 1 \end{pmatrix} - 0{,}5 \cdot \begin{pmatrix} -4 \\ 5 \end{pmatrix} = \begin{pmatrix} -10 \\ 5 \end{pmatrix} - \begin{pmatrix} -2 \\ 2{,}5 \end{pmatrix} = \begin{pmatrix} -10+2 \\ 5-2{,}5 \end{pmatrix} = \begin{pmatrix} -8 \\ 2{,}5 \end{pmatrix}$
c) $\begin{pmatrix} 10 \\ 0{,}5 \\ -1{,}5 \end{pmatrix} - \begin{pmatrix} 5 \\ -3 \\ 3 \end{pmatrix} + \begin{pmatrix} -3{,}5 \\ 0{,}5 \\ 2{,}5 \end{pmatrix} = \begin{pmatrix} 10-5-3{,}5 \\ 0{,}5+3+0{,}5 \\ -1{,}5-3+2{,}5 \end{pmatrix} = \begin{pmatrix} 1{,}5 \\ 4 \\ -2 \end{pmatrix}$

d) $-\begin{pmatrix}-3\\4\\1\end{pmatrix} - 2\cdot\begin{pmatrix}1\\-1\\1{,}5\end{pmatrix} = \begin{pmatrix}3\\-4\\-1\end{pmatrix} - \begin{pmatrix}2\\-2\\3\end{pmatrix} = \begin{pmatrix}3-2\\-4+2\\-1-3\end{pmatrix} = \begin{pmatrix}1\\-2\\-4\end{pmatrix}$

3

a) $\vec{a} + \vec{b} = \overrightarrow{AC} = \overrightarrow{EG}$ b) $\vec{a} + \vec{b} + \vec{c} = \overrightarrow{AG}$

c) $\vec{c} + \vec{b} = \overrightarrow{AH} = \overrightarrow{BG}$ d) $\vec{a} + \vec{c} = \overrightarrow{DG} = \overrightarrow{AF}$

e) $\vec{b} - \vec{a} = \overrightarrow{BD} = \overrightarrow{FH}$ f) $\vec{a} - \vec{b} - \vec{c} = \overrightarrow{HB}$

4

$-3\vec{b} + (3\vec{a} - 2\vec{b} - 2\vec{a}) = \vec{a} - 5\vec{b} = 4\vec{a} - (3\vec{a} + 5\vec{b})$

$5\vec{a} - \vec{b} - 3\vec{a} - 2\vec{b} = 2\vec{a} - 3\vec{b} = -(\vec{b} - \vec{a}) + \vec{a} - 2\vec{b}$

$2\vec{b} - 2\vec{a} - 3\vec{b} = -2\vec{a} - \vec{b} = 4\vec{a} - (6\vec{a} + \vec{b})$

$6\vec{a} - (5\vec{a} - 3\vec{b}) = \vec{a} + 3\vec{b} = -4\vec{b} + \vec{a} + 7\vec{b}$

$5\vec{a} + (-3\vec{a} - \vec{b}) - 4\vec{b} = 2\vec{a} - 5\vec{b} = -4\vec{b} - (-2\vec{a} + \vec{b})$

5

a) $\overrightarrow{OM_1} = \overrightarrow{OA} + \frac{1}{2}\overrightarrow{AB} = \begin{pmatrix}3\\0\\-2\end{pmatrix} + \frac{1}{2}\cdot\begin{pmatrix}-4\\6\\0\end{pmatrix} = \begin{pmatrix}1\\3\\-2\end{pmatrix}$

$M_1(1\,|\,3\,|\,-2)$, $M_2(-1\,|\,6\,|\,0)$

b) $\overrightarrow{M_1M_2} = \begin{pmatrix}-2\\3\\2\end{pmatrix}$, $\overrightarrow{AC} = \begin{pmatrix}-4\\6\\4\end{pmatrix}$, also ist $2\cdot\overrightarrow{M_1M_2} = \overrightarrow{AC}$.

$\overrightarrow{AC}$ zeigt in dieselbe Richtung, ist aber doppelt so lang wie $\overrightarrow{M_1M_2}$.

6 a) $r\cdot\vec{a} + s\cdot\vec{b} = -\vec{c}$ ergibt $r = -2$, $s = 1$.

b) $r\cdot\vec{a} + s\cdot\vec{b} + t\cdot\vec{c} = \vec{0}$ ergibt folgend aus a)

$r = -2$, $s = 1$, $t = 1$.

Weitere mögliche Lösungen: $r = -2t$, $s = t$ $(t \neq 0)$

V Geraden im Raum, Seite 40

1

individuelle Lösung, z. B.:

a) $A(-1\,|\,-1\,|\,3)$, $B(1\,|\,3\,|\,2)$, $g: \vec{x} = \begin{pmatrix}-1\\-1\\3\end{pmatrix} + r\cdot\begin{pmatrix}2\\4\\-1\end{pmatrix}$

b) Stützvektor: $\overrightarrow{OA} = \begin{pmatrix}-1\\-1\\3\end{pmatrix}$, Richtungsvektor: $\overrightarrow{AB} = \begin{pmatrix}2\\4\\-1\end{pmatrix}$

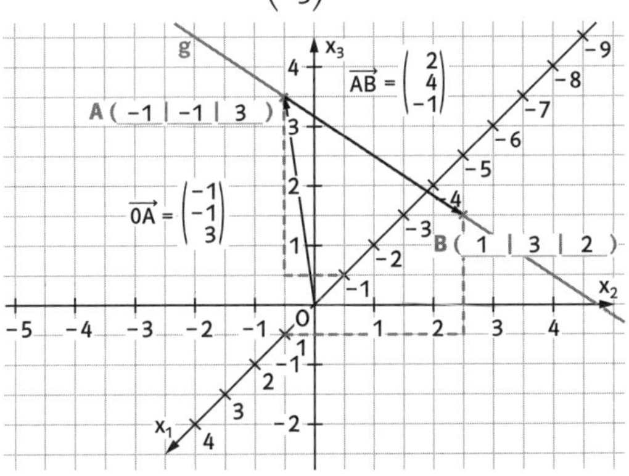

c) $g: \vec{x} = \begin{pmatrix}1\\3\\2\end{pmatrix} + r\cdot\begin{pmatrix}-2\\-4\\1\end{pmatrix}$

d) $C(-1\,|\,-1\,|\,3)$, $D(-5\,|\,-9\,|\,5)$, $E(0\,|\,1\,|\,2{,}5)$

2

a) Die zweite, vierte und fünfte Begründung ist richtig.

b) Svenjas Meinung ist richtig.

3

a) $A(4\,|\,0\,|\,0)$, $G(0\,|\,5\,|\,3)$, $B(4\,|\,5\,|\,0)$, $H(0\,|\,0\,|\,3)$

individuelle Lösung, z. B.:

$g: \vec{x} = \begin{pmatrix}4\\0\\0\end{pmatrix} + r\cdot\begin{pmatrix}-4\\5\\3\end{pmatrix}$, $h: \vec{x} = \begin{pmatrix}4\\5\\0\end{pmatrix} + s\cdot\begin{pmatrix}-4\\-5\\3\end{pmatrix}$

b) $M(2\,|\,2{,}5\,|\,1{,}5)$

4 a) $B(4\,|\,2\,|\,-1)$ b) $B(-4\,|\,5\,|\,-2)$

V Gegenseitige Lage von Geraden, Seite 41

1 1. Zeile:

Laura: „…, da sie denselben Richtungsvektor haben."

Fynn: „…, da $\begin{pmatrix}-2\\3\\2\end{pmatrix}$ kein Vielfaches von $\begin{pmatrix}3\\-2\\2\end{pmatrix}$ ist."

Malin: „…, da $\begin{pmatrix}-2\\3\\2\end{pmatrix}$ kein Vielfaches von $\begin{pmatrix}3\\-2\\2\end{pmatrix}$ ist."

2. Zeile: F(ynn), M(alin), L(aura)

3. Zeile: M(alin), L(aura), F(ynn)

4. Zeile: L(aura), M(alin), F(ynn)

2 a) Gesucht ist die Lösung der Gleichung

$\begin{pmatrix}5\\0\\3\end{pmatrix} + r\cdot\begin{pmatrix}2\\4\\-2\end{pmatrix} = \begin{pmatrix}-1\\-2\\6\end{pmatrix} + s\cdot\begin{pmatrix}4\\-2\\-1\end{pmatrix}$

bzw. des Gleichungssystems: $\left|\begin{array}{l} 5 + 2\cdot r = -1 + 4\cdot s \\ \quad 4\cdot r = -2 - 2\cdot s \\ 3 - 2\cdot r = \;\;6 \quad - s \end{array}\right|$

Das LGS wird umgeformt zu: $\left|\begin{array}{l} 2\cdot r + (-4)\cdot s = -6 \\ 4\cdot r + \quad 2\cdot s = -2 \\ -2\cdot r + \qquad s = \;\;3 \end{array}\right|$

Lösungen sind $r = -1$ und $s = 1$.

Durch Einsetzen von $r = -1$ in die Gleichung für g erhält man den Ortsvektor $\overrightarrow{OS} = \begin{pmatrix}3\\-4\\5\end{pmatrix}$. Der Schnittpunkt ist also $S(3\,|\,-4\,|\,5)$.

b) $\begin{pmatrix}0\\1\\1\end{pmatrix} + r\cdot\begin{pmatrix}1\\0\\1\end{pmatrix} = \begin{pmatrix}6\\3\\5\end{pmatrix} + s\cdot\begin{pmatrix}2\\1\\1\end{pmatrix}$

$\left|\begin{array}{l} \quad r = 6 + 2\cdot s \\ 1 \quad = 3 \quad + s \\ 1 + r = 5 \quad + s \end{array}\right|$

$\left|\begin{array}{l} r - 2\cdot s = 6 \\ \quad -s = 2 \\ r \quad -s = 4 \end{array}\right|$

Lösungen sind: $r = 2$ und $s = -2$.

Durch Einsetzen von $r = 2$ in die Gleichung für g erhält man den Ortsvektor $\overrightarrow{OS} = \begin{pmatrix}2\\1\\3\end{pmatrix}$. Der Schnittpunkt ist also $S(2\,|\,1\,|\,3)$.

3 Es handelt sich um Gleichungssysteme mit 3 Gleichungen und 2 Variablen. Diese haben nur eine Lösung, wenn die Lösungsmatrix eine Zeile aus Nullen enthält.

Die Geraden in a) und c) haben keinen Schnittpunkt.

Die Geraden in b) schneiden sich für $r = 0$ und $s = -2$.

V Ebenen im Raum – Parameterform, Seite 42

1 falsch: E ist parallel zur x_2x_3-Ebene.
falsch: siehe oben
wahr: siehe oben
falsch: Drei Punkte im Raum legen keine Ebene fest, wenn sie auf einer gemeinsamen Geraden liegen.
wahr: Zwei parallele (nicht identische) Geraden im Raum legen immer eine Ebene fest.
wahr: F enthält den Ursprung.
wahr: F enthält die x_3-Achse.
wahr: F schneidet die x_1-Achse unter einem Winkel von 45°.

2 $\overrightarrow{OA} = \begin{pmatrix}1\\0\\2\end{pmatrix}$, $\overrightarrow{AB} = \begin{pmatrix}2\\2\\3\end{pmatrix}$ und $\overrightarrow{AC} = \begin{pmatrix}-3\\1\\1\end{pmatrix}$

$E: \vec{x} = \begin{pmatrix}1\\0\\2\end{pmatrix} + r \cdot \begin{pmatrix}2\\2\\3\end{pmatrix} + s \cdot \begin{pmatrix}-3\\1\\1\end{pmatrix}$

Da die Spannvektoren $\overrightarrow{AB}$ und $\overrightarrow{AC}$ nicht Vielfache voneinander sind, erhält man eine Ebenengleichung. D(0|3|6)

$\begin{pmatrix}0\\3\\d_3\end{pmatrix} = \begin{pmatrix}1\\0\\2\end{pmatrix} + r \cdot \begin{pmatrix}2\\2\\3\end{pmatrix} + s \cdot \begin{pmatrix}-3\\1\\1\end{pmatrix}$ liefert $r = s = 1$

und damit $d_3 = 6$

3 a) Für $r = 3$ und $s = 1$ ergibt sich $A \in E$.
Für $s = 0$ und $r = 2$ ergibt sich $B \in E$.

b) $E_{ABC}: \vec{x} = \begin{pmatrix}3\\2\\9\end{pmatrix} + r \cdot \begin{pmatrix}1\\1\\6\end{pmatrix} + s \cdot \begin{pmatrix}0\\1\\8\end{pmatrix}$. Die vier Punkte liegen nicht in einer Ebene.

c) g und h schneiden sich für $r = 1$ und $s = 0$ in S(3|7|8)

$E: \vec{x} = \begin{pmatrix}3\\7\\8\end{pmatrix} + s \cdot \begin{pmatrix}1\\3\\4\end{pmatrix} + r \cdot \begin{pmatrix}2\\7\\5\end{pmatrix}$

4 Das zugehörige LGS $\left| \begin{array}{r} 2 + r = 3 + t \\ 5r - 2s = 5 + 3t \\ 5 + 2r + 7s = 7 + 9t \end{array} \right|$

hat unendlich viele Lösungen ($r = t + 1$ und $s = t$).

5 B(1|0|0), C(1|1|0), D(0|1|0), E(0|0|1), F(1|0|1), H(0|1|1)

z.B. $E: \vec{x} = r \cdot \begin{pmatrix}1\\1\\1\end{pmatrix} + s \cdot \begin{pmatrix}0\\0\\1\end{pmatrix}$

V Zueinander orthogonale Vektoren – Skalarprodukt, Seite 43

1 $\begin{pmatrix}0\\1\\2\end{pmatrix} \cdot \begin{pmatrix}7\\-2\\1\end{pmatrix} = 0$; $\begin{pmatrix}-1\\2\\0\end{pmatrix} \cdot \begin{pmatrix}2\\1\\9\end{pmatrix} = 0$; $\begin{pmatrix}1\\7\\2\end{pmatrix} \cdot \begin{pmatrix}-3\\2\\-5{,}5\end{pmatrix} = 0$

2 $\overrightarrow{BA} = \begin{pmatrix}2\\4\\4\end{pmatrix}$, $\overrightarrow{BC} = \begin{pmatrix}-4\\1\\1\end{pmatrix}$ $\quad \overrightarrow{BA} \cdot \overrightarrow{BC} = \begin{pmatrix}2\\4\\4\end{pmatrix} \cdot \begin{pmatrix}-4\\1\\1\end{pmatrix} = 0$

Das Dreieck ABC hat bei B einen rechten Winkel.

3
1./2. falsch/wahr: kein Dreieck/wenn $|\overrightarrow{AB}| = |\overrightarrow{BC}|$, dann ist ABC gleichschenklig.
3./4. wahr/falsch: Wenn $\overrightarrow{AB} \cdot \overrightarrow{AC} = 0$, dann ist ABC rechtwinklig.
5./6. falsch/wahr: Wenn $\overrightarrow{AB} = \overrightarrow{DC}$ und $|\overrightarrow{BC}| = |\overrightarrow{AB}|$, dann ist ABCD eine Raute.
7. wahr: Wenn $\overrightarrow{AB} = \overrightarrow{DC}$, dann ist ABCD ein Parallelogramm.
8. wahr: Wenn $\overrightarrow{AB} = r \cdot \overrightarrow{DC}$ für ein $r \in \mathbb{R}$, dann ist ABCD ein Trapez.
9./10. falsch/wahr: Wenn $\overrightarrow{AB} = \overrightarrow{DC}$, $|\overrightarrow{AB}| = |\overrightarrow{AD}|$ und $\overrightarrow{AB} \cdot \overrightarrow{AD} = 0$, dann ist ABCD ein Quadrat.

4 a) z.B. $\begin{pmatrix}0\\2\\-3\end{pmatrix}$, $\begin{pmatrix}3\\-1\\0\end{pmatrix}$ und $\begin{pmatrix}2\\0\\-1\end{pmatrix}$

b) $\left| \begin{array}{l} 2n_1 + n_2 + 3n_3 = 0 \\ n_1 + \quad\;\; 2n_3 = 0 \end{array} \right|$ liefert z.B. $\vec{n} = \begin{pmatrix}-2\\1\\1\end{pmatrix}, \begin{pmatrix}-4\\2\\2\end{pmatrix}, \begin{pmatrix}2\\-1\\-1\end{pmatrix}, \ldots$

c) $2 + 3a_2 + 1 = 0 \Rightarrow a_2 = -1$
$2b_1 + 3 - 2 = 0 \quad \Rightarrow b_1 = -\frac{1}{2}$

5 $\overrightarrow{AB} = \overrightarrow{DC}$, $\overrightarrow{BC} = \overrightarrow{AD}$, $|\overrightarrow{AB}| = |\overrightarrow{AD}|$, $|\overrightarrow{BC}| = |\overrightarrow{AD}|$, $\overrightarrow{AB} \cdot \overrightarrow{AD} \neq 0$
Das Viereck ABCD ist eine Raute.

V Winkel zwischen Vektoren, Seite 44

1 $\overrightarrow{AB} = \begin{pmatrix}2\\-3\\-4\end{pmatrix}$, $\overrightarrow{BC} = \begin{pmatrix}-8\\1\\-1\end{pmatrix}$, $\overrightarrow{CA} = \begin{pmatrix}6\\2\\5\end{pmatrix}$

$\cos(\alpha) = \frac{\overrightarrow{AB} \cdot \overrightarrow{AC}}{|\overrightarrow{AB}| \cdot |\overrightarrow{AC}|} = \frac{-12 + 6 + 20}{\sqrt{29} \cdot \sqrt{65}} = \frac{14}{\sqrt{1885}}$, $\alpha = 71{,}2°$

$\cos(\beta) = \frac{\overrightarrow{BA} \cdot \overrightarrow{BC}}{|\overrightarrow{BA}| \cdot |\overrightarrow{BC}|} = \frac{16 + 3 - 4}{\sqrt{29} \cdot \sqrt{66}} = \frac{15}{\sqrt{1914}}$, $\beta = 69{,}9°$

$\cos(\gamma) = \frac{\overrightarrow{CA} \cdot \overrightarrow{CB}}{|\overrightarrow{CA}| \cdot |\overrightarrow{CB}|} = \frac{48 - 2 + 5}{\sqrt{65} \cdot \sqrt{66}} = \frac{51}{\sqrt{4290}}$, $\gamma = 38{,}9°$

2 a) $\alpha = 63{,}8°$, b) $\alpha = 125{,}1°$

3 spitzen, stumpfen

4 a) $\cos(90°) = 0$ und $\cos(90°) = \frac{5b_1 + 8 - 18}{\sqrt{107} \cdot \sqrt{(b_1)^2 + 60}}$,
also $5b_1 + 8 - 18 = 0$, somit $b_1 = 2$.

b) $\cos(45°) = \frac{1}{\sqrt{2}}$ und $\cos(45°) = \frac{-3a_3}{\sqrt{1 + (a_3)^2} \cdot 3} = \frac{-a_3}{\sqrt{1 + (a_3)^2}}$,
also $\frac{-a_3}{\sqrt{1 + (a_3)^2}} = \frac{1}{\sqrt{2}}$, somit $a_3 = -1$.

c) $\cos(60°) = \frac{1}{2}$ und $\cos(60°) = \frac{1}{\sqrt{2} \cdot \sqrt{(b_2)^2 + 1}}$,
also $\sqrt{2(b_2)^2 + 2} = 2$, somit $b_2 = 1$ oder $b_2 = -1$.

5 a) möglicher Weg: $\overrightarrow{BC} = \begin{pmatrix}-1\\-3\\1\end{pmatrix}$, $\overrightarrow{OD} = \overrightarrow{OA} + \overrightarrow{BC} = \begin{pmatrix}0\\-1\\2\end{pmatrix}$,
D(0|−1|2)

b) $\alpha \approx 49{,}86°$, $\beta \approx 130{,}14°$, $\gamma \approx 49{,}86°$, $\delta \approx 130{,}14°$

c) Schnittpunkt S:

$\overrightarrow{OS} = \overrightarrow{OB} + \frac{1}{2}\overrightarrow{BD} = \begin{pmatrix}-2\\1\\3\end{pmatrix} + \frac{1}{2}\begin{pmatrix}2\\-2\\-1\end{pmatrix} = \begin{pmatrix}-1\\0\\2{,}5\end{pmatrix}$; S(−1|0|2,5)

Schnittwinkel ε:

$\cos(\varepsilon) = \frac{|\overrightarrow{BD} \cdot \overrightarrow{AC}|}{|\overrightarrow{BD}| \cdot |\overrightarrow{AC}|} = \frac{|-8 + 8 - 3|}{\sqrt{9} \cdot \sqrt{41}} = \frac{3}{3 \cdot \sqrt{41}} = \frac{1}{\sqrt{41}}$, $\varepsilon = 81{,}0°$

6
a) $E_{ABC}: \vec{x} = \begin{pmatrix}2\\0\\-3\end{pmatrix} + r\begin{pmatrix}4\\3{,}5\\5\end{pmatrix} + s\begin{pmatrix}4\\2\\8\end{pmatrix}$;

$\begin{pmatrix}4\\-0{,}5\\4\end{pmatrix} = \begin{pmatrix}2\\0\\-3\end{pmatrix} + r\begin{pmatrix}4\\3{,}5\\5\end{pmatrix} + s\begin{pmatrix}4\\2\\8\end{pmatrix}$

Rechner liefert als Lösung des LGS: $r = -1$ und $s = 1{,}5$.
Also liegt D in E_{ABC}.

$|\overrightarrow{AB}| = \left|\begin{pmatrix}4\\3{,}5\\5\end{pmatrix}\right| = \sqrt{53{,}25}$, $|\overrightarrow{AD}| = \left|\begin{pmatrix}2\\-0{,}5\\7\end{pmatrix}\right| = \sqrt{53{,}25}$

$|\overrightarrow{CB}| = \left|\begin{pmatrix}0\\1{,}5\\-3\end{pmatrix}\right| = \sqrt{11{,}25}$, $|\overrightarrow{DC}| = \left|\begin{pmatrix}2\\2{,}5\\1\end{pmatrix}\right| = \sqrt{11{,}25}$

ABCD ist ein Drachenviereck, da jeweils zwei benachbarte Seiten die gleiche Länge haben.

b) $\cos(\alpha) = \frac{\overrightarrow{AB} \cdot \overrightarrow{AD}}{|\overrightarrow{AB}| \cdot |\overrightarrow{AD}|} = \frac{8 - 1{,}75 + 35}{\sqrt{53{,}25} \cdot \sqrt{53{,}25}} = \frac{41{,}25}{53{,}25}$

$\cos(\beta) = \frac{\overrightarrow{BA} \cdot \overrightarrow{BC}}{|\overrightarrow{BA}| \cdot |\overrightarrow{BC}|} = \frac{5{,}25 - 15}{\sqrt{53{,}25} \cdot \sqrt{11{,}25}} = \frac{-9{,}75}{\sqrt{599{,}0625}}$

$\cos(\gamma) = \frac{\overrightarrow{CB} \cdot \overrightarrow{CD}}{|\overrightarrow{CB}| \cdot |\overrightarrow{CD}|} = \frac{-3{,}75 + 3}{\sqrt{11{,}25} \cdot \sqrt{11{,}25}} = \frac{-0{,}75}{11{,}25}$

$\alpha \approx 39{,}2°$, $\beta \approx 113{,}5°$, $\beta = \gamma$, $\delta \approx 93{,}8°$ (Probe: $\alpha + \beta + \gamma + \delta = 360°$)

V Klausurtraining, Seite 45

1 $\overrightarrow{PQ} = \begin{pmatrix} -1 \\ -6 \\ -1 \end{pmatrix}$, $\overrightarrow{QP} = \begin{pmatrix} 1 \\ 6 \\ 1 \end{pmatrix}$, $\overrightarrow{PR} = \begin{pmatrix} 3 \\ -8 \\ 1 \end{pmatrix}$, $\overrightarrow{QP} + \overrightarrow{PR} = \begin{pmatrix} 4 \\ -2 \\ 2 \end{pmatrix}$

2 a) $\overrightarrow{OB} = \begin{pmatrix} 4 \\ 0 \\ 2 \end{pmatrix}$, $\overrightarrow{OC} = \begin{pmatrix} 4 \\ 3 \\ 5 \end{pmatrix}$, $|\overrightarrow{OB}| = \sqrt{20}$, $|\overrightarrow{OC}| = \sqrt{50}$.

Der Betrag ist die Entfernung des Punktes B bzw. C vom Ursprung.

b) $\overrightarrow{AC} = \overrightarrow{AB} - \overrightarrow{CB}$

c) $\vec{0} = \overrightarrow{OA} + \overrightarrow{AB} - \overrightarrow{OB}$. Man könnte natürlich auch eine triviale Lösung wie z. B. $\vec{0} = 0 \cdot \overrightarrow{OA} + 0 \cdot \overrightarrow{OB} + 0 \cdot \overrightarrow{BC}$ angeben.

3 individuelle Lösung, z. B. $\begin{pmatrix} 0 \\ -2 \\ 3 \end{pmatrix}$ und $\begin{pmatrix} 0 \\ 4 \\ -6 \end{pmatrix}$.

Die Pfeile der Vektoren sind parallel zueinander. Sie können dabei auch entgegengerichtet sein.

4 a) $\vec{c} = \vec{a} - \vec{b}$; b) $c = \frac{1}{2}\vec{a} - \vec{b}$ c) $\vec{c} = -\vec{a} - \vec{b}$

5 a) $\vec{x} = \begin{pmatrix} 4 \\ -12 \\ 3 \end{pmatrix}$

b) $|\vec{x}| = \sqrt{4^2 + (-12)^2 + 3^2} = 13$

c) Da der Richtungsvektor von g die Länge 13 hat, muss man $t = 3$ und $t = -3$ in die Geradengleichung von g einsetzen, um den Ortsvektor der gesuchten Punkte zu erhalten:
P(14 | −33 | 10) und Q(−10 | 39 | −8).

6 $\overrightarrow{AM} = \frac{1}{2}(\vec{a} + \vec{b})$; $\overrightarrow{BM} = \frac{1}{2}(\vec{b} - \vec{a})$

7 a) $g: \vec{x} = \begin{pmatrix} 7 \\ 2 \\ -1 \end{pmatrix} + t \cdot \begin{pmatrix} 4 \\ 1 \\ -3 \end{pmatrix}$

b) für die ersten beiden Koordinaten ergibt sich $t = -2$. Überprüfung der x_3-Koordinate liefert $P \notin g$.

c) $h: \vec{x} = t \cdot \begin{pmatrix} 4 \\ 1 \\ -3 \end{pmatrix}$ d) $i: \vec{x} = \begin{pmatrix} 3 \\ 1 \\ 2 \end{pmatrix} + t \cdot \begin{pmatrix} 0 \\ 1 \\ 0 \end{pmatrix}$ e) C′(9 | 0 | −5)

8 a) g und h sind parallel. (Das zugehörige LGS hat keine Lösung und die Richtungsvektoren sind Vielfache voneinander.)

b) g ∥ h (Das zugehörige LGS hat unendlich viele Lösungen, also sogar g und h identisch.)

c) Die Gleichung $\begin{pmatrix} 1 \\ 2 \\ 3 \end{pmatrix} + r \cdot \begin{pmatrix} -1 \\ 2 \\ 5 \end{pmatrix} = \begin{pmatrix} 10 \\ 2 \\ 0 \end{pmatrix} + s \cdot \begin{pmatrix} 1 \\ 1 \\ 2 \end{pmatrix}$ besitzt die einzige Lösung für $r = -3$ und $s = -6$. Damit ergibt sich der Schnittpunkt S(4 | −4 | −12).

d) Richtungsvektoren sind nicht zueinander parallel und das LGS hat keine Lösungen. Die Geraden sind zueinander windschief.

9 a) D(−1 | 2 | 0), M(1 | 0 | 0)

b) $V = \frac{1}{3} \cdot G \cdot h$ also $h = \frac{3 \cdot V}{G} = \frac{3 \cdot 32\pi}{\pi \cdot 4^2} = 6$ (LE).
Damit ist S(1 | 0 | 6) oder S(1 | 0 | −6).

c)

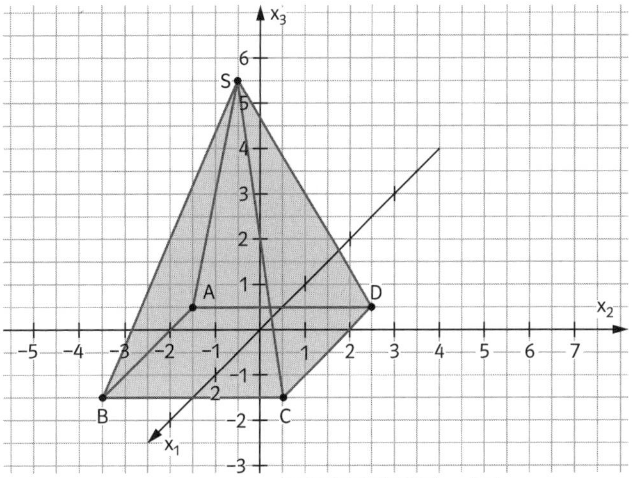

d) $M_{AB}(1 | -2 | 0)$, damit $h = \sqrt{(1-1)^2 + 2^2 + 6^2} = \sqrt{40}$. Für die Oberfläche gilt: $O = 4 \cdot \frac{1}{2} \cdot 4 \cdot \sqrt{40} + 16 = 16(\sqrt{10} + 1) \approx 66{,}6$ (FE)

10 a) C(−2 | 5 | −1), F(4 | 5 | 0,5), G(−2 | 5 | 0,5), H(−2 | 1 | 0,5).

b) |AE| = 1,5

c) $M_{BD}(1 | 3 | -1)$; $g_{M_{AB}A}: \vec{x} = \begin{pmatrix} 4 \\ 1 \\ -1 \end{pmatrix} + t \cdot \begin{pmatrix} 3 \\ -2 \\ 0 \end{pmatrix}$

Für $t = -2$ liegt R auf dieser Geraden. Damit ergibt sich $s = -2$.

11

a) $a = -\frac{1}{2}$

b) $a = -1$ S(3 | −1 | −4)

12 Individuelle Lösung. Man wählt z. B. als Stützvektor den Vektor $\begin{pmatrix} 1 \\ 5 \\ 2 \end{pmatrix} + 1 \cdot \begin{pmatrix} 1 \\ 0 \\ 0 \end{pmatrix} + 0 \cdot \begin{pmatrix} 0 \\ -1 \\ 1 \end{pmatrix} = \begin{pmatrix} 2 \\ 5 \\ 2 \end{pmatrix}$ und als Spannvektoren eine Linearkombination der gegebenen Spannvektoren, z. B. $2 \cdot \begin{pmatrix} 1 \\ 0 \\ 0 \end{pmatrix} + 1 \cdot \begin{pmatrix} 0 \\ -1 \\ 1 \end{pmatrix} = \begin{pmatrix} 2 \\ -1 \\ 1 \end{pmatrix}$ und

$1 \cdot \begin{pmatrix} 1 \\ 0 \\ 0 \end{pmatrix} + 1 \cdot \begin{pmatrix} 0 \\ -1 \\ 1 \end{pmatrix} = \begin{pmatrix} 1 \\ -1 \\ 1 \end{pmatrix}$, und erhält dann

$E: \vec{x} = \begin{pmatrix} 2 \\ 5 \\ 2 \end{pmatrix} + r\begin{pmatrix} 2 \\ -1 \\ 1 \end{pmatrix} + s\begin{pmatrix} 1 \\ -1 \\ 1 \end{pmatrix}$.

Dabei muss man beachten, dass die neuen Spannvektoren nicht kollinear sind.

13 Der Punkt (2 | 5 | −3) erfüllt die erste Gleichung für $r = 1$ und $s = -1$. Außerdem gilt:

$\begin{pmatrix} 0 \\ 7 \\ -10 \end{pmatrix} = \begin{pmatrix} 4 \\ 1 \\ 0 \end{pmatrix} - 2 \cdot \begin{pmatrix} 2 \\ -3 \\ 5 \end{pmatrix}$ und $\begin{pmatrix} 6 \\ -2 \\ 5 \end{pmatrix} = \begin{pmatrix} 4 \\ 1 \\ 0 \end{pmatrix} + \begin{pmatrix} 2 \\ -3 \\ 5 \end{pmatrix}$.

14 a) individuelle Lösung, z.B.:

$E_1\colon \vec{x} = \begin{pmatrix} -1 \\ 2 \\ -1 \end{pmatrix} + r\begin{pmatrix} 4 \\ -2 \\ 5 \end{pmatrix} + s\begin{pmatrix} 1 \\ -1 \\ 2 \end{pmatrix}$

b) individuelle Lösung, z.B.:

$E_1\colon \vec{x} = \begin{pmatrix} 0 \\ 0 \\ 0 \end{pmatrix} + r\begin{pmatrix} 4 \\ -2 \\ 5 \end{pmatrix} + s\begin{pmatrix} 1 \\ -1 \\ 2 \end{pmatrix}$ oder vereinfacht

$E_1\colon \vec{x} = r\begin{pmatrix} 4 \\ -2 \\ 5 \end{pmatrix} + s\begin{pmatrix} 1 \\ -1 \\ 2 \end{pmatrix}$

c) $\begin{pmatrix} 4 \\ -1 \\ 6 \end{pmatrix} = \begin{pmatrix} -1 \\ 2 \\ -1 \end{pmatrix} + 1\cdot\begin{pmatrix} 4 \\ -2 \\ 5 \end{pmatrix} + 1\cdot\begin{pmatrix} 1 \\ -1 \\ 2 \end{pmatrix}$

d) Für den Richtungsvektor $\vec{v} = \begin{pmatrix} v_1 \\ v_2 \\ v_3 \end{pmatrix}$ von g gilt:

$\begin{pmatrix} v_1 \\ v_2 \\ v_3 \end{pmatrix} \cdot \begin{pmatrix} 4 \\ -2 \\ 5 \end{pmatrix} = 4v_1 - 2v_2 + 5v_3 = 0$ und

$\begin{pmatrix} v_1 \\ v_2 \\ v_3 \end{pmatrix} \cdot \begin{pmatrix} 1 \\ -1 \\ 2 \end{pmatrix} = v_1 - v_2 + 2v_3 = 0$

Das LGS hat z.B. die Lösung $v_1 = 1, v_2 = -3, v_3 = -2$, also

$\vec{v} = \begin{pmatrix} 1 \\ -3 \\ -2 \end{pmatrix}$.

Als Stützvektor wählt man den Ortsvektor von A.

Also hat g die Gleichung: $g\colon \vec{x} = \begin{pmatrix} -1 \\ 2 \\ -1 \end{pmatrix} + t\begin{pmatrix} 1 \\ -3 \\ -2 \end{pmatrix}$

15 $\cos\alpha = \dfrac{\begin{pmatrix} 3 \\ 4 \\ -1 \end{pmatrix} \cdot \begin{pmatrix} -2 \\ 0 \\ 3 \end{pmatrix}}{\sqrt{26 \cdot 13}} = -\frac{9}{26}\sqrt{2}$; $\alpha \approx 119{,}3°$

16 Es muss gelten: $3a + 2a - 2 = 0$; also $a = 0{,}4$.

VI Ebenen und ihre Lagebeziehungen

VI Normalen- und Koordinatengleichung einer Ebene, Seite 47

1 E_1, E_3, E_6 und E_7; E_2, E_4 und E_5

2 Wahr, denn sie besitzen denselben Normalenvektor $\begin{pmatrix} a \\ b \\ c \end{pmatrix}$.
Falsch: Die Normalenvektoren müssen nicht gleich sein, sondern Vielfache voneinander.
Falsch: Der Normalenvektor von E ist ein Vielfachen des Richtungsvektors von g. g schneidet E daher orthogonal.
Wahr: Die Ebenen der Schar sind parallel zur x_1x_3-Ebene und daher orthogonal zur x_2-Achse.
Wahr: s.o.
Wahr.
Wahr: Der Normalenvektor ist orthogonal zur x_3-Achse.
Falsch: Der Normalenvektor der zur x_1x_2-Ebene parallelen Ebene ist ein Vielfaches des Vektors $\vec{v}\begin{pmatrix} 0 \\ 0 \\ 1 \end{pmatrix}$.

3 $\vec{n_E} = \overrightarrow{PD} = \begin{pmatrix} 2 \\ 0 \\ -7 \end{pmatrix}$; $E\colon \left(\vec{x} - \begin{pmatrix} 5 \\ 2 \\ -1 \end{pmatrix}\right) \cdot \begin{pmatrix} 2 \\ 0 \\ -7 \end{pmatrix} = 0$;

$E\colon 2x_1 - 7x_3 = 17$;

$S_1\left(\frac{17}{2}\middle|0\middle|0\right)$; $S_3\left(0\middle|0\middle|-\frac{17}{7}\right)$; E ist parallel zur x_2-Achse.

4 $E\colon \left(\vec{x} - \begin{pmatrix} 2 \\ 5 \\ 3 \end{pmatrix}\right) \cdot \begin{pmatrix} 1 \\ 2 \\ 9 \end{pmatrix} = 0$; $E\colon x_1 + 2x_2 + 9x_3 = 39$

5 a) A(4|0|0), B(4|4|0), C(0|4|0), S(2|2|6)

b) $E\colon \vec{x} = \begin{pmatrix} 4 \\ 4 \\ 0 \end{pmatrix} + r\cdot\begin{pmatrix} 1 \\ 0 \\ 0 \end{pmatrix} + s\cdot\begin{pmatrix} 1 \\ 1 \\ -3 \end{pmatrix}$; $E\colon 3x_2 + x_3 = 12$

c) $M_{BC}(2|4|0)$, $M_{CS}(1|3|3)$
Der Richtungsvektor der Mittelsenkrechten von CS ist orthogonal zu $\overrightarrow{CS} = \begin{pmatrix} 2 \\ -2 \\ 6 \end{pmatrix}$ und zum Normalenvektor $\overrightarrow{m_E} = \begin{pmatrix} 0 \\ 3 \\ 1 \end{pmatrix}$ von E.

Also $m_{CS}\colon \vec{x} = \begin{pmatrix} 1 \\ 3 \\ 3 \end{pmatrix} + r\cdot\begin{pmatrix} 10 \\ 1 \\ -3 \end{pmatrix}$. Da das Dreieck BCS gleichschenklig ist, geht die Mittelsenkrechte von BC durch den Punkt S.

Also $m_{BC}\colon \vec{x} = \begin{pmatrix} 2 \\ 4 \\ 0 \end{pmatrix} + s\cdot\begin{pmatrix} 0 \\ 2 \\ -6 \end{pmatrix}$

$m_{CS} \cap m_{BC}$ liefert für $r = \frac{1}{10}$ und $s = -\frac{9}{20}$ den Schnittpunkt U(2|3,1|2,7) und damit für die Bohrung $g\colon \vec{x} = \begin{pmatrix} 2 \\ 3{,}1 \\ 2{,}7 \end{pmatrix} + t\cdot\begin{pmatrix} 0 \\ 3 \\ 1 \end{pmatrix}$.

Für $t = -2{,}7$ ergibt sich der Schnittpunkt von g mit der xy-Ebene in P(2|−5,4|0). Da die x_2-Koordinate negativ ist, liegt P außerhalb des Vierecks ABCD.

VI Ebenengleichungen umformen – das Vektorprodukt, Seite 48

1 $\vec{c} = \vec{a} \times \vec{b} = \begin{pmatrix} 1\cdot 1 - (-1)\cdot 5 \\ -1\cdot(-2) - 3\cdot 1 \\ 3\cdot 5 - 1\cdot(-2) \end{pmatrix} = \begin{pmatrix} 6 \\ -1 \\ 17 \end{pmatrix}$

2 $\vec{n} = \begin{pmatrix} 2 \\ -1 \\ 2 \end{pmatrix} \times \begin{pmatrix} 0 \\ 1 \\ 1 \end{pmatrix} = \begin{pmatrix} -1-2 \\ 0-2 \\ 2-0 \end{pmatrix} = \begin{pmatrix} -3 \\ -2 \\ 2 \end{pmatrix}$

3 a) $E\colon x_1 = 97$

b) $E\colon x_3 = 3$

c) $E\colon \vec{x} = \begin{pmatrix} -2 \\ 1 \\ 5 \end{pmatrix} + t\cdot\begin{pmatrix} 1 \\ 1 \\ -1 \end{pmatrix} + s\cdot\begin{pmatrix} -7 \\ 1 \\ 4 \end{pmatrix}$. Für $\vec{n_E} = \begin{pmatrix} n_1 \\ n_2 \\ n_3 \end{pmatrix}$ gilt:

$\begin{pmatrix} 1 \\ 1 \\ -1 \end{pmatrix} \cdot \begin{pmatrix} n_1 \\ n_2 \\ n_3 \end{pmatrix} = 0$ und $\begin{pmatrix} -7 \\ 1 \\ 4 \end{pmatrix} \cdot \begin{pmatrix} n_1 \\ n_2 \\ n_3 \end{pmatrix} = 0$.

Dies liefert z.B. $\begin{pmatrix} n_1 \\ n_2 \\ n_3 \end{pmatrix} = \begin{pmatrix} 5 \\ 3 \\ 8 \end{pmatrix}$, also $E\colon 5x_1 + 3x_2 + 8x_3 = d$.

Einsetzen von P(−2|1|5) liefert $d = 33$.

d) $M_{PQ}(2|3|2)$; $\vec{n} = \begin{pmatrix} 1 \\ -2 \\ 4 \end{pmatrix}$; $E\colon x_1 - 2x_2 + 4x_3 = 4$

4 a) $E\colon \vec{x} = \begin{pmatrix} 2 \\ 3 \\ 0 \end{pmatrix} + r\cdot\begin{pmatrix} -1 \\ 2 \\ 2 \end{pmatrix} + s\cdot\begin{pmatrix} -2 \\ 4 \\ -1 \end{pmatrix}$

b) $E\colon \left(\vec{x} - \begin{pmatrix} 2 \\ 3 \\ 0 \end{pmatrix}\right) \cdot \begin{pmatrix} 2 \\ 1 \\ 0 \end{pmatrix} = 0$

c) $E\colon 2x_1 + x_2 = 7$

5 a) $A \notin E$ b) $r = -1, s = 1$: $A \in E$ c) $A \in E$

6 Alle Angaben sind verschiedene Beschreibungen für dieselbe Ebene.

a) E: $x_3 = 0$; E: $\begin{pmatrix}0\\0\\1\end{pmatrix} \cdot \vec{x} = 0$ b) E: $x_3 = 0$; E: $\begin{pmatrix}0\\0\\1\end{pmatrix} \cdot \vec{x} = 0$

c) E: $x_3 = 0$; E: $\begin{pmatrix}0\\0\\1\end{pmatrix} \cdot \vec{x} = 0$

7 Ein Normalenvektor ergibt sich aus

$\vec{n} = \begin{pmatrix}4\\-1\\0\end{pmatrix} \times \begin{pmatrix}9\\2\\-7\end{pmatrix} = \begin{pmatrix}7\\28\\17\end{pmatrix}$.

Eine Normalengleichung ist dann z. B.: $\begin{pmatrix}7\\28\\17\end{pmatrix} \cdot \left[\vec{x} - \begin{pmatrix}1\\3\\-2\end{pmatrix}\right] = 0$

8 $\vec{a} = \begin{pmatrix}1\\0\\0\end{pmatrix}$, $\vec{b} = \begin{pmatrix}0\\1\\0\end{pmatrix}$, $\vec{a} \times \vec{b} = \begin{pmatrix}0\\0\\1\end{pmatrix}$, $\vec{b} \times \vec{a} = \begin{pmatrix}0\\0\\-1\end{pmatrix}$;

$\vec{a} = \begin{pmatrix}1\\0\\0\end{pmatrix}$, $\vec{b} = \begin{pmatrix}0\\1\\0\end{pmatrix}$, $\vec{c} = \begin{pmatrix}1\\1\\1\end{pmatrix}$, $(\vec{a} \times \vec{b}) \times \vec{c} = \begin{pmatrix}0\\0\\1\end{pmatrix} \times \vec{c} = \begin{pmatrix}-1\\1\\0\end{pmatrix}$,

$\vec{a} \times (\vec{b} \times \vec{c}) = \vec{a} \times \begin{pmatrix}1\\0\\-1\end{pmatrix} = \begin{pmatrix}0\\1\\0\end{pmatrix}$

VI Ebenen veranschaulichen, Seite 49

1 E: $2x_1 + 3x_2 = -7$ ist parallel zur x_3-Achse
E: $x_3 = 5$ ist parallel zur x_1x_2-Ebene
E: $x_1 - x_3 = 15$ ist parallel zur x_2-Achse
E: $x_2 = -2$ ist paralell zur x_1x_3-Ebene
E: $5x_2 + 2x_3 = 0$ ist parallel zur x_1-Achse
E: $3x_1 = -22$ ist parallel zur x_2x_3-Ebene

2 Eine Ebene schneidet mindestens eine und höchstens drei Koordinatenachsen. Schneidet sie genau zwei Koordinatenachsen, dann ist sie parallel zu einer Koordinatenachse; schneidet sie genau eine Koordinatenachse, so ist sie parallel zu einer Koordinatenebene. Eine Ebene hat mindestens zwei und höchstens drei Spurgeraden. Die Spurpunkte einer Ebene sind Ecken eines gleichschenkligen Dreiecks, falls in der Koordinatengleichung von E: $ax_1 + bx_2 + cx_3 = d$ gilt: zwei der drei Koeffizienten a, b und c betragsmäßig gleich sind.

3 a) $S_1(3|0|0)$, $S_2(0|1|0)$, $S_3(0|0|4)$,
also E: $4x_1 + 12x_2 + 3x_3 = 12$

b) $S_1(-2|0|0)$, $S_2(0|5|0)$, $S_3\left(0\middle|0\middle|-\frac{3}{2}\right)$,

also E: $15x_1 - 6x_2 + 20x_3 = -30$

c) $S_2(0|4|0)$, $S_3(0|0|3)$, also E: $3x_2 + 4x_3 = 12$

d) $S_3\left(0\middle|0\middle|\frac{5}{2}\right)$, also E: $x_3 = \frac{5}{2}$

4

a)

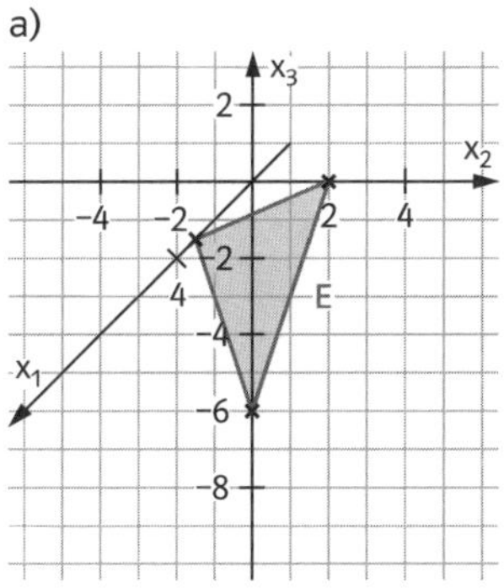

b)

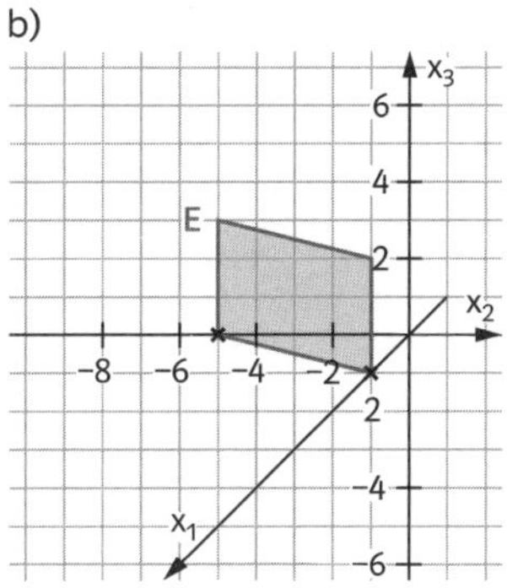

c)

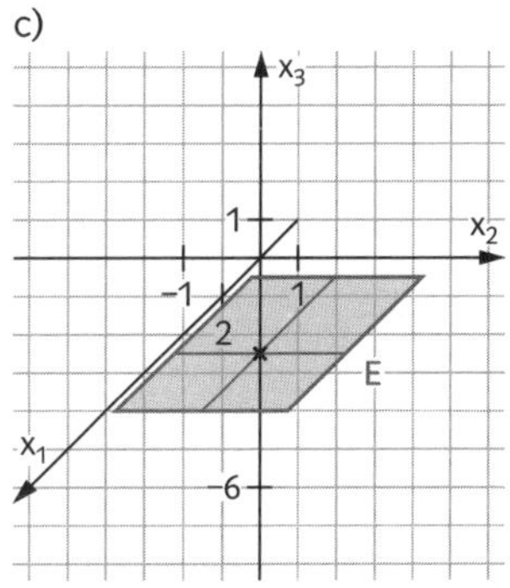

d)

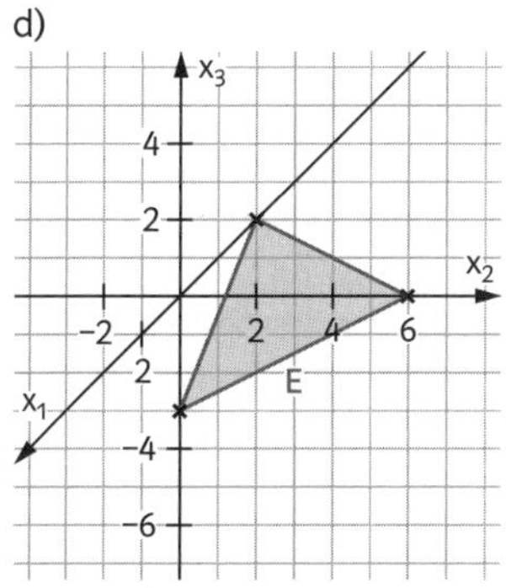

5 a) E: $5x_2 + 2x_3 = 10$
b) E: $x_2 = 1$
c) E: $10x_1 + 15x_2 + 6x_3 = 30$
d) $S_2(0|2|0)$, $S_3(0|0|-2)$, also
E: $x_1 + 2x_2 - 2x_3 = 4$
e) $S_1(1|0|0)$ einziger Spurpunkt von E, daher E: $x_1 = 1$

VI Gegenseitige Lage von Ebene und Geraden, Seite 50

1 Das Gleichungssystem hat für r, s, t
- genau eine Lösung: es gibt einen Schnittpunkt von g und E
- keine Lösung: g und E sind parallel
- unendlich viele Lösungen: g liegt in E

Die Koordinaten des Durchstoßpunktes bestimmt man, indem man den Wert von t in die Geradengleichung einsetzt.

2 ACF; BH; DEG

3 a) $\left|\begin{array}{r} 2+5t = 1+r+s \\ 1 = 2+2r \\ 3+2t = -2+3r+s \end{array}\right|$ liefert $r = -\frac{1}{2}$, $t = \frac{5}{3}$, $s = \frac{59}{6}$ und

damit $D\left(\frac{31}{3}\middle|1\middle|\frac{19}{3}\right)$

b) $\left|\begin{array}{r} 2+5t = r \\ 1 = s \\ 3+2t = 0 \end{array}\right|$ liefert $s = 1$; $t = -\frac{3}{2}$; $r = -\frac{11}{2}$ und damit

$D\left(-\frac{11}{2}\middle|1\middle|0\right)$

c) $\left|\begin{array}{r} 2+5t = -3+5s \\ 1 = -2+r+s \\ 3+2t = 2s \end{array}\right|$ liefert keine Lösung, also ist g parallel zu E.

d) Das LGS $\left|\begin{array}{r} 2+5t = 2r+s \\ 1 = -8+3s \\ 3+2t = -17+5r+4s \end{array}\right|$ liefert $t = 1$, $r = 2$, $s = 3$

und damit $D(7|1|5)$

4 Punktprobe mit R in E ergibt $d = -6 - 5 = -11$. Ein möglicher Richtungsvektor der Geraden g ist $\vec{u} = \begin{pmatrix}5\\2\\2\end{pmatrix}$.

Die Koordinaten der Geradenpunkte haben die Form
$x = 1 + 5t$, $y = 1 + 2t$, $z = 3 + 2t$.
Eingesetzt in die Ebenengleichung ergibt sich:
$2 + 10t - 15 - 10t = -11$.
Zusammengefasst: $-13 = -11$ (keine wahre Aussage).
Also gilt: g ist parallel zu E und liegt nicht in E.

5 z. B.: E: $\vec{x} = \begin{pmatrix}1\\-2\\1\end{pmatrix} + s\begin{pmatrix}1\\0\\1\end{pmatrix} + t\begin{pmatrix}3\\1\\-3\end{pmatrix}$

VI Gegenseitige Lage von Ebenen, Seite 51

1 Das zugehörige lineare Gleichungssystem hat
- keine Lösung: die Ebenen sind parallel
- die Ebenengleichung sind Vielfache voneinander: die Ebenen sind identisch
- die Ebenengleichung sind keine Vielfachen voneinander: die Ebenen schneiden sich in einer Geraden

Die Gleichung der Schnittgeraden bestimmt man, indem man einen Parameter durch den berechneten Wert des anderen Parameters in der Ebenengleichung ersetzt.

2 Gleichsetzen der beiden Ebenengleichungen ergibt das Gleichungssystem:

$$\left|\begin{array}{l} r - u - v = -2 \\ -r + s + u - 3v = 2 \\ 2r - s - u = 1 \end{array}\right| \begin{array}{l} (1) \\ (2) \\ (3) \end{array}$$

mithilfe des Gauß-Verfahrens erhält man

$$\left|\begin{array}{l} r - 3v = 3 \\ s - 4v = 0 \\ u - 2v = 5 \end{array}\right|$$

das Gleichungssystem hat unendlich viele Lösungen.
Die Schnittgerade erhält man, indem man den Parameter u in die Gleichung von E_2 einsetzt. Gleichung der Schnittgeraden

$$\vec{x} = \begin{pmatrix} 4 \\ 0 \\ 5 \end{pmatrix} + t\begin{pmatrix} 3 \\ 1 \\ 2 \end{pmatrix}.$$

3 Man wandelt z. B. E_2 in Koordinatenform um:
$E_2: 2x_1 - 3x_2 - 5 = 0$

$E_1 \cap E_2: 2 \cdot (2 + r - s) - 3 \cdot (3 + 2s) = 5$ liefert $r = 4s + 5$,

also $g: \vec{x} = \begin{pmatrix} 2 \\ 3 \\ 5 \end{pmatrix} + (4s + 5) \cdot \begin{pmatrix} 1 \\ 0 \\ 3 \end{pmatrix} + s \cdot \begin{pmatrix} -1 \\ 2 \\ 1 \end{pmatrix} = \begin{pmatrix} 7 \\ 3 \\ 20 \end{pmatrix} + s \cdot \begin{pmatrix} 3 \\ 2 \\ 13 \end{pmatrix}$

4 Man schreibt einen allgemeinen Punkt der Ebene E_1.
$P(3r + 2s \mid r + s \mid -2r - s)$ und setzt ihn in die Gleichung der Ebene E_2 ein: $3r + 2s - r - s - 2r - s = 1$.
Es ergibt sich die Gleichung $0 = 1$.
Also sind die beiden Ebenen parallel, aber nicht identisch.

VI Projektion vom Raum in die Ebene, Seite 52

1 a) $D(-2 \mid 0 \mid 0)$, $F(1 \mid 5 \mid 4)$, $G(-2 \mid 5 \mid 4)$, $H(-2 \mid 0 \mid 4)$

b) $\vec{a}' = A \cdot \vec{a} = \begin{pmatrix} -0{,}3 & 1 & 0 \\ -0{,}4 & 0 & 1 \end{pmatrix} \cdot \begin{pmatrix} 1 \\ 0 \\ 0 \end{pmatrix} = \begin{pmatrix} -0{,}3 \\ -0{,}4 \end{pmatrix}$; $A'(-0{,}3 \mid -0{,}4)$, entsprechend
$B'(4{,}7 \mid -0{,}4)$, $C'(5{,}6 \mid 0{,}8)$, $D'(0{,}6 \mid 0{,}8)$, $E'(-0{,}3 \mid 3{,}6)$, $F'(4{,}7 \mid 3{,}6)$, $G'(5{,}6 \mid 4{,}8)$, $H'(0{,}6 \mid 4{,}8)$

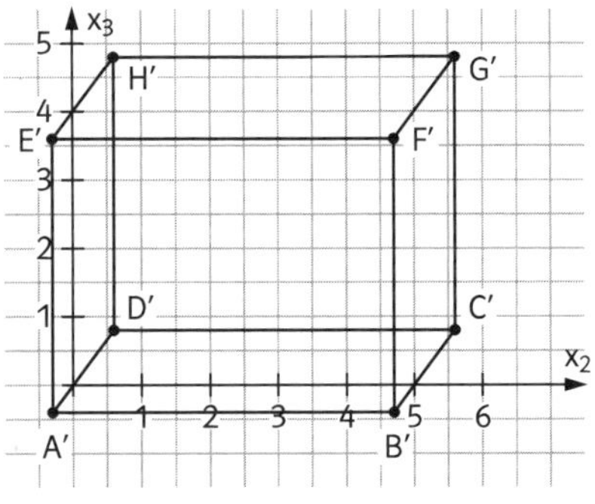

c) abgelesen: $\alpha \approx 127°$
$\tan(180° - \alpha) = \frac{4}{3}$; $\alpha \approx 126{,}9°$
d) Der Verkürzungsfaktor kann aus den Koordinaten von A' berechnet werden, weil A auf der x_1-Achse liegt und die x_1-Koordinate 1 hat.

$k^2 = 0{,}3^2 + 0{,}4^2 = 0{,}25$; $k = 0{,}5$

e) $\vec{v} = \overrightarrow{AA'} = \begin{pmatrix} -1 \\ -0{,}3 \\ -0{,}4 \end{pmatrix}$

2 $g: \vec{x} = \begin{pmatrix} 8 \\ -3 \\ 7 \end{pmatrix} + t\begin{pmatrix} -4 \\ 3 \\ 1 \end{pmatrix}$; $t = 2$; $P'(3 \mid 9)$

Ansatz: $\begin{pmatrix} a & 1 & 0 \\ b & 0 & 1 \end{pmatrix} \cdot \begin{pmatrix} 8 \\ -3 \\ 7 \end{pmatrix} = \begin{pmatrix} 8a - 3 \\ 8b + 7 \end{pmatrix} \overset{!}{=} \begin{pmatrix} 3 \\ 9 \end{pmatrix}$

$a = 0{,}75$; $b = 0{,}25$; $A = \begin{pmatrix} 0{,}75 & 1 & 0 \\ 0{,}25 & 0 & 1 \end{pmatrix}$

$Q'(5 \mid -1)$

3 $\begin{pmatrix} a & 1 & 0 \\ b & 0 & 1 \end{pmatrix} \cdot \begin{pmatrix} 3 \\ -1 \\ 4 \end{pmatrix} = \begin{pmatrix} 3a - 1 \\ 3b + 4 \end{pmatrix} \overset{!}{=} \begin{pmatrix} 2 \\ -2 \end{pmatrix}$

$a = 1$; $b = -2$; $A = \begin{pmatrix} 1 & 1 & 0 \\ -2 & 0 & 1 \end{pmatrix}$

$A'(5 \mid -6)$, $B'(3 \mid 5)$, $C'(-3 \mid 0)$

4 a) Man kann mit einem Vektor arbeiten, weil eine Strecke $\overline{AB}$ als Länge den Betrag des Vektors $\overrightarrow{AB}$ hat.

$\vec{v} = \begin{pmatrix} 0 \\ x_2 \\ x_3 \end{pmatrix}$; $\vec{v}' = A \cdot \begin{pmatrix} 0 \\ x_2 \\ x_3 \end{pmatrix} = \begin{pmatrix} a & 1 & 0 \\ b & 0 & 1 \end{pmatrix} \cdot \begin{pmatrix} 0 \\ x_2 \\ x_3 \end{pmatrix} = \begin{pmatrix} x_2 \\ x_3 \end{pmatrix}$

$|\vec{v}| = |\vec{v}'| = \sqrt{x_2^2 + x_3^2}$

b) Individuelle Lösung: Gegeben ist die allgemeine Projektion durch $A = \begin{pmatrix} a & 1 & 0 \\ b & 0 & 1 \end{pmatrix}$.

Wähle z. B.: $\vec{v} = \begin{pmatrix} 1 \\ a \\ b \end{pmatrix}$; $\vec{v}' = A \cdot \begin{pmatrix} 1 \\ a \\ b \end{pmatrix} = \begin{pmatrix} a & 1 & 0 \\ b & 0 & 1 \end{pmatrix} \cdot \begin{pmatrix} 1 \\ a \\ b \end{pmatrix} = \begin{pmatrix} 2a \\ 2b \end{pmatrix}$

$|\vec{v}| = \sqrt{a^2 + b^2}$; $|\vec{v}'| = \sqrt{4a^2 + 4b^2} = 2 \cdot |\vec{v}|$.

Man kann auch allgemein argumentieren, dass Strecken, die in Projektionsrichtung liegen, auf einen Punkt projiziert werden.
c) Individuelle Lösung, z. B.:

Winkel zwischen $\begin{pmatrix} 0 \\ 1 \\ \pm 1 \end{pmatrix}$ und $\begin{pmatrix} 1 \\ 0 \\ 0 \end{pmatrix}$ ist 90°, da $\begin{pmatrix} 0 \\ 1 \\ \pm 1 \end{pmatrix} \cdot \begin{pmatrix} 1 \\ 0 \\ 0 \end{pmatrix} = 0$.

Bildvektoren mit $A = \begin{pmatrix} a & 1 & 0 \\ b & 0 & 1 \end{pmatrix}$ sind $\begin{pmatrix} 1 \\ \pm 1 \end{pmatrix}$ und $\begin{pmatrix} a \\ b \end{pmatrix}$.

Das Skalarprodukt ist $a \pm b$. Sind a oder b nicht Null, dann ist die Summe $a + b$ oder die Differenz $a - b$ nicht Null, d. h., der Winkel zwischen den zugehörigen Bildvektoren ist nicht 90°.

VI Klausurtraining, Seite 53

1 $\vec{n} = \begin{pmatrix} 2 \\ 1 \\ 2 \end{pmatrix} \times \begin{pmatrix} 1 \\ 3 \\ -2 \end{pmatrix} = \begin{pmatrix} -8 \\ 6 \\ 5 \end{pmatrix}$

Normalengleichung: $\left(\vec{x} - \begin{pmatrix} 1 \\ -5 \\ 2 \end{pmatrix}\right) \cdot \begin{pmatrix} -8 \\ 6 \\ 5 \end{pmatrix} = 0$

Koordinatengleichung: $-8x_1 + 6x_2 + 5x_3 = -28$

2 Ansatz: $ax_1 + bx_2 + cx_3 = d$ und Punktprobe mit den Punkten A, B, C ergibt das LGS

$$\left|\begin{array}{l} 4a + 3b - c = d \\ 2a + 5b + 2c = d \\ 6a - 4b = d \end{array}\right|$$

Der Rechner liefert:

$$\text{linSolve}\left(\begin{cases} 4 \cdot a + 3 \cdot b - c = d \\ 2 \cdot a + 5 \cdot b + 2 \cdot c = d \\ 6 \cdot a - 4 \cdot b = d \end{cases}, \{a, b, c, d\}\right)$$

$$\left\{\frac{23 \cdot c1}{106}, \frac{4 \cdot c1}{53}, \frac{5 \cdot c1}{53}, c1\right\}$$

Man wählt also $d = 106$ und erhält $a = 23$, $b = 8$ und $c = 10$.
Die Gleichung der Ebene lautet: $E\colon 23x_1 + 8x_2 + 10x_3 = 106$

3 Die Ebene E, die orthogonal zur Geraden g ist, hat einen Normalenvektor, der parallel zum Richtungsvektor der Geraden ist. Es ist z.B. $\vec{n} = \begin{pmatrix} 0 \\ 1 \\ 4 \end{pmatrix}$ und somit $E\colon x_2 + 4x_3 = d$.

Weil der Ursprung in E liegt, gilt: $d = 0$; somit $E\colon x_2 + 4x_3 = 0$.

4 Man setzt die Koordinaten des allgemeinen Punktes von E_1 in die Gleichung von E_2 ein:
$(2 + r - s) - (-1 + r + 4s) + 3 \cdot (-2r + 2s) = 5$; $-6r + s + 3 = 5$;
$s = 2 + 6r$; eingesetzt in die Gleichung von E_1 ergibt die Gleichung der Schnittgeraden:

$$g\colon \vec{x} = \begin{pmatrix} 2 \\ -1 \\ 0 \end{pmatrix} + r\begin{pmatrix} 1 \\ 1 \\ -2 \end{pmatrix} + (2 + 6r)\begin{pmatrix} -1 \\ 4 \\ 2 \end{pmatrix}$$

$$= \begin{pmatrix} 2 \\ -1 \\ 0 \end{pmatrix} + 2\begin{pmatrix} -1 \\ 4 \\ 2 \end{pmatrix} + r\left(\begin{pmatrix} 1 \\ 1 \\ -2 \end{pmatrix} + 6\begin{pmatrix} -1 \\ 4 \\ 2 \end{pmatrix}\right);$$

$$g\colon \vec{x} = \begin{pmatrix} 0 \\ 7 \\ 4 \end{pmatrix} + r\begin{pmatrix} -5 \\ 25 \\ 10 \end{pmatrix}; \text{ vereinfacht: } g\colon \vec{x} = \begin{pmatrix} 0 \\ 7 \\ 4 \end{pmatrix} + t\begin{pmatrix} -1 \\ 5 \\ 2 \end{pmatrix}.$$

5 a) $S_1(4|0|0)$, $S_2(0|2|0)$, $S_3(0|0|8)$

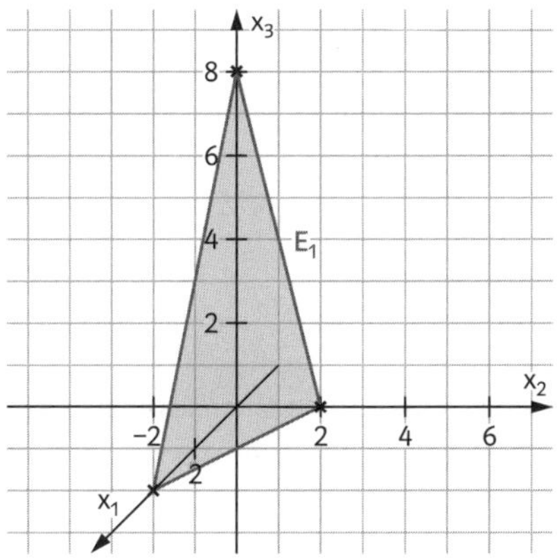

b) Das LGS $\left|\begin{matrix} 4 + t = -s \\ 2 + t = 4 + 2s \\ -16 - 8t = -8 - 4s \end{matrix}\right|$ hat die Lösung $t = -2$, $s = -2$

Einsetzen von t in die Gleichung von g oder s in die Gleichung von h liefert $S(2|0|0)$.

c) $E_2\colon \vec{x} = \begin{pmatrix} 2 \\ 0 \\ 0 \end{pmatrix} + r \cdot \begin{pmatrix} 1 \\ 1 \\ -8 \end{pmatrix} + s \cdot \begin{pmatrix} -1 \\ 2 \\ -4 \end{pmatrix}$ $E_1 \cap E_2$ liefert:

$2 \cdot (2 + r - s) + 4 \cdot (r + 2s) + (-8r - 4s) = 8$, also $r = s - 2$ und

damit $g\colon \vec{x} = \begin{pmatrix} 2 \\ 0 \\ 0 \end{pmatrix} + (s - 2)\begin{pmatrix} 1 \\ 1 \\ -8 \end{pmatrix} + s \cdot \begin{pmatrix} -1 \\ 2 \\ -4 \end{pmatrix}$ oder

$$g\colon \vec{x} = \begin{pmatrix} 0 \\ -2 \\ 16 \end{pmatrix} + t \cdot \begin{pmatrix} 0 \\ 1 \\ -4 \end{pmatrix}$$

6 a) $E\colon \vec{x} = \begin{pmatrix} -3 \\ 4 \\ 7 \end{pmatrix} + r \cdot \begin{pmatrix} 2 \\ 0 \\ -3 \end{pmatrix} + s \cdot \begin{pmatrix} 1 \\ 4 \\ -3 \end{pmatrix}$

b) $g\colon \vec{x} = \begin{pmatrix} -3 \\ 4 \\ 7 \end{pmatrix} + t \cdot \begin{pmatrix} 2 \\ 0 \\ -3 \end{pmatrix}$

g und E haben denselben Stützvektor und der Richtungsvektor von g ist ein möglicher Spannvektor von E
$g \cap E_1\colon 2 \cdot (-3 + 2t) - 3 \cdot (7 - 3t) = -1$ liefert $t = 2$ und damit $D(1|4|1)$.

7 Man setzt im LGS $\left|\begin{matrix} x_1 - 3x_2 + 10x_3 = 7 \\ 3x_1 + x_2 \quad\quad = 11 \end{matrix}\right|$ $x_1 = t$.
Dann folgt:
$x_2 = 11 - 3t$, $x_3 = 4 - t$ und damit $g\colon \vec{x} = \begin{pmatrix} 0 \\ 11 \\ 4 \end{pmatrix} + t \cdot \begin{pmatrix} 1 \\ -3 \\ -1 \end{pmatrix}$

$$\overrightarrow{n_{E_1}} \cdot \overrightarrow{n_{E_2}} = \begin{pmatrix} 1 \\ -3 \\ 10 \end{pmatrix} \cdot \begin{pmatrix} 3 \\ 1 \\ 0 \end{pmatrix} = 0$$

8 a) $\overrightarrow{AB} = \begin{pmatrix} 2 \\ 2 \\ 1 \end{pmatrix}$; $\overrightarrow{AC} = \begin{pmatrix} 0 \\ 0 \\ 3 \end{pmatrix}$; $|\overrightarrow{AB}| = |\overrightarrow{AC}| = 3$

b) Normalenvektor $\vec{n} = \begin{pmatrix} 1 \\ -1 \\ 0 \end{pmatrix}$
$E_1\colon x_1 - x_2 = -3$

c) $\overrightarrow{AD} = \begin{pmatrix} 2 \\ -2 \\ 0 \end{pmatrix}$, also $E(5|4|4)$ und $F(3|2|6)$
$E_2\colon x_1 - x_2 = 1$

d) Die Spitze einer geraden Pyramide liegt senkrecht über dem Schnittpunkt der Diagonalen der Grundfläche. Da diese ein Parallelogramm ist, halbiert der Schnittpunkt die Diagonalen. Seine Koordinaten sind also $M(3|4|5)$.
Der Normalenvektor des Parallelogramms BCFE ist

$$\overrightarrow{BC} \times \overrightarrow{BE} = \begin{pmatrix} -2 \\ -2 \\ 2 \end{pmatrix} \times \begin{pmatrix} 2 \\ -2 \\ 0 \end{pmatrix} = \begin{pmatrix} 4 \\ 4 \\ 8 \end{pmatrix}$$

S liegt auf der Geraden mit der Gleichung $g\colon \vec{x} = \begin{pmatrix} 3 \\ 4 \\ 5 \end{pmatrix} + t \cdot \begin{pmatrix} 1 \\ 1 \\ 2 \end{pmatrix}$.

Normalenvektor von E_3: $\overrightarrow{AB} \times \overrightarrow{BE} = \begin{pmatrix} 2 \\ 2 \\ 1 \end{pmatrix} \times \begin{pmatrix} 2 \\ -2 \\ 0 \end{pmatrix} = \begin{pmatrix} 2 \\ 2 \\ -8 \end{pmatrix}$
Gleichung von $E_3\colon x_1 + x_2 - 4x_3 = -7$
Schnittpunkt S von g und E_3:
$(3 + t) + (4 + t) - 4(5 + 2t) = -7$; $-6t = 6$; $t = -1$
$S(2|3|3)$
Gerade durch A und D: $\vec{x} = \begin{pmatrix} 1 \\ 4 \\ 3 \end{pmatrix} + s \cdot \begin{pmatrix} 1 \\ -1 \\ 0 \end{pmatrix}$

Punktprobe mit S ergibt $s = 1$.

e) Ansatz $A = \begin{pmatrix} a & 1 & 0 \\ b & 0 & 1 \end{pmatrix}$. Es wird $A(1|4|3)$ abgebildet auf $A'(a + 4|b + 3)$. Aus der Zeichnung entnimmt man $A'(3{,}5|2{,}5)$, also ist $a = -0{,}5$; $b = -0{,}5$ und somit $A = \begin{pmatrix} -0{,}5 & 1 & 0 \\ -0{,}5 & 0 & 1 \end{pmatrix}$.

9 $E_1\colon x_1 - 24x_2 + 17x_3 = 53$
Da $E_1 \neq E_2$ und die Normalenvektoren von E_1 und E_2 Vielfache voneinander sind, liegen E_1 und E_2 parallel zueinander.

10 $E_1\colon S_1(3|0|0)$, $S_2(0|-3|0)$, $S_3(0|0|3)$
$E_1\colon x_1 - x_2 + x_3 = 3$;
$E_2\colon S_1(3|0|0)$ $E_2\colon x_1 = 3$
$E_3\colon S_1(2|0|0)$, $S_2(0|-3|0)$
$E_3\colon 3x_1 - 2x_2 = 6$

11 Ebene E hat den Normalenvektor $\vec{n} = \begin{pmatrix} 3 \\ 2 \\ 2 \end{pmatrix}$.

Er ist orthogonal zu den Spannvektoren der Ebene E,

da gilt: $\begin{pmatrix} 3 \\ 2 \\ 2 \end{pmatrix} \cdot \begin{pmatrix} 0 \\ -2 \\ 2 \end{pmatrix} = -4 + 4 = 0$, $\begin{pmatrix} 3 \\ 2 \\ 2 \end{pmatrix} \cdot \begin{pmatrix} -2 \\ 0 \\ 3 \end{pmatrix} = -6 + 6 = 0$.

Also ist $\vec{n}$ auch ein Normalenvektor von F.
Wenn die Ebenen E und F identisch wären, müsste der Punkt $P(4|4|1)$ der Ebene F auch ein Punkt der Ebene E sein.

$$\left|\left[\begin{pmatrix} 4 \\ 4 \\ 1 \end{pmatrix} - \begin{pmatrix} 0 \\ 2 \\ 2 \end{pmatrix}\right] \cdot \begin{pmatrix} 3 \\ 2 \\ 2 \end{pmatrix}\right| = \left|\begin{pmatrix} 4 \\ 2 \\ -1 \end{pmatrix} \cdot \begin{pmatrix} 3 \\ 2 \\ 2 \end{pmatrix}\right| = 14 \neq 0$$

Die Ebenen E und F sind daher parallel.

12 a) $\overrightarrow{OA'} = \overrightarrow{OZ} + \overrightarrow{AZ} = \begin{pmatrix}3\\4\\-3\end{pmatrix} + \begin{pmatrix}4\\2\\-4\end{pmatrix} = \begin{pmatrix}7\\6\\-7\end{pmatrix}$, A'(7 | 6 | −7)

b) $\overrightarrow{OM} = \overrightarrow{OB} + \frac{1}{2}\overrightarrow{BB'} = \begin{pmatrix}-1\\-4\\-9\end{pmatrix} + \frac{1}{2}\begin{pmatrix}4\\-4\\2\end{pmatrix} = \begin{pmatrix}1\\-6\\-8\end{pmatrix}$;

M(1 | −6 | −8); M ist ein Punkt der gesuchten Ebene und $\overrightarrow{BB'}$ ein möglicher Normalenvektor. Also gilt:

E: $\left[\vec{x} - \begin{pmatrix}1\\-6\\-8\end{pmatrix}\right] \cdot \begin{pmatrix}4\\-4\\2\end{pmatrix} = 0$ oder E: $4x_1 - 4x_2 + 2x_3 = 12$,

da $4 \cdot 1 - 4 \cdot (-6) + 2 \cdot (-8) = 12$.

13 a) Es ist $\overrightarrow{AB} = \begin{pmatrix}-2\\4\\-4\end{pmatrix} = \overrightarrow{DC}$ und $\overrightarrow{AD} = \begin{pmatrix}-2\\0\\7\end{pmatrix} = \overrightarrow{BC}$.

b) Man sucht eine Abbildungsmatrix, bei der $\overrightarrow{A'B'}$ parallel zur x_2-Achse ist:

$\begin{pmatrix}a & 1 & 0\\ b & 0 & 1\end{pmatrix} \cdot \begin{pmatrix}-2\\4\\-4\end{pmatrix} = \begin{pmatrix}-2a+4\\-2b-4\end{pmatrix}$, also $b = -2$.

Nun muss auch noch der Betrag übereinstimmen:

$|\overrightarrow{AB}| = 6 = |\overrightarrow{A'B'}| = |-2a+4|$; $-2a+4 = \pm 6$; $a_1 = -1$; $a_2 = 5$.

Eine mögliche Abbildungsmatrix wäre dann z.B. $A = \begin{pmatrix}-1 & 1 & 0\\ -2 & 0 & 1\end{pmatrix}$.

c) A'(−7 | −6); B'(−1 | −6); C'(1 | 5); D'(−5 | 5)

$\overrightarrow{A'B'} = \begin{pmatrix}6\\0\end{pmatrix} = \overrightarrow{D'C'}$; $\overrightarrow{A'D'} = \begin{pmatrix}2\\11\end{pmatrix} = \overrightarrow{B'C'}$

14 a) Mögliche Spannvektoren von E sind $\begin{pmatrix}0\\0\\1\end{pmatrix}$ und $\begin{pmatrix}2\\-2\\-1\end{pmatrix}$.

E: $x_1 + x_2 = 2$

b) g: $\vec{x} = \begin{pmatrix}1\\1\\5\end{pmatrix} + r \cdot \begin{pmatrix}2\\-2\\-1\end{pmatrix}$ ∩ x_1x_2-Ebene: Q(11 | −9 | 0)

Länge des Schattens: $|\overrightarrow{PQ}| = \sqrt{200} = 10 \cdot \sqrt{2}$ (d.h. ca. 14,1 m)

h: $\vec{x} = \begin{pmatrix}1\\1\\0\end{pmatrix} + s \cdot \begin{pmatrix}1\\-1\\0\end{pmatrix}$

VII Abstände und Winkel

VII Abstand eines Punktes von einer Ebene, Seite 55

1 a)

1a Bestimmen der Gleichung der Lotgeraden, d.h. der zu E orthogonalen Gerade g durch P.

1b Als Richtungsvektor der Lotgeraden dient der Normalenvektor von E, als Stützvektor kann der Ortsvektor von P gewählt werden.

2 Berechnen der Koordinaten des Lotfußpunktes F als Schnittpunkt von g und E.

3 Der Abstand von P zur Ebene E ergibt sich als Betrag des Vektors $\overrightarrow{PF}$.

b) (1) Lotgerade g zu E durch P

Stützvektor: $\vec{p} = \begin{pmatrix}2\\-1\\2\end{pmatrix}$

Richtungsvektor $\vec{u} = \begin{pmatrix}2\\1\\2\end{pmatrix}$; g: $\vec{x} = \begin{pmatrix}2\\-1\\2\end{pmatrix} + r\begin{pmatrix}2\\1\\2\end{pmatrix}$

(2) Bestimmen des Lotfußpunktes F:

$2 \cdot (2+2r) + (-1+r) + 2 \cdot (2+2r) = 1$; $r = -\frac{2}{3}$

$F\left(\frac{2}{3} \,\middle|\, -\frac{5}{3} \,\middle|\, \frac{2}{3}\right)$

(3) Abstand von P zu E: $|\overrightarrow{PF}| = 2$

2 a) möglicher Normalenvektor

$\vec{n} = \begin{pmatrix}2\\-2\\1\end{pmatrix}$ g: $\vec{x} = \begin{pmatrix}4\\8\\-5\end{pmatrix} + r\begin{pmatrix}2\\-2\\1\end{pmatrix}$

b) Durchstoßpunkt $D\left(8\frac{2}{3} \,\middle|\, 3\frac{1}{3} \,\middle|\, -2\frac{2}{3}\right)$

$|\vec{n}| = 3$, also $\vec{n_0} = \frac{1}{3}\vec{n} = \frac{1}{3}\begin{pmatrix}2\\-2\\1\end{pmatrix}$

Die Punkte P_1 und P_2 erhält man: $\overrightarrow{OP_{1/2}} = \overrightarrow{OD} \pm 10 \cdot \frac{1}{3}\vec{n}$

$P_1\left(15\frac{1}{3} \,\middle|\, -3\frac{1}{3} \,\middle|\, \frac{2}{3}\right)$, $P_2(2 | 10 | -6)$

3 Diagonalenschnittpunkt M(−2 | 0 | 1);
möglicher Normalenvektor der Ebene E_{ABCD}:

$\vec{n} = \begin{pmatrix}-1\\-1\\6\end{pmatrix}$; $\vec{n_0} = \frac{1}{\sqrt{38}}\vec{n}$; $\overrightarrow{OS_{1/2}} = \overrightarrow{OM} \pm \sqrt{38} \cdot \frac{1}{\sqrt{38}}\vec{n}$

$S_1(-3 | -1 | 7)$, $S_2(-1 | 1 | -5)$

4 a) $\vec{n} = \begin{pmatrix}2\\2\\-2\end{pmatrix}$; $\begin{pmatrix}2\\2\\-2\end{pmatrix} \cdot \begin{pmatrix}2\\1\\3\end{pmatrix} = 0$

Da der Normalenvektor der Ebene orthogonal zum Richtungsvektor der Geraden steht, verläuft g parallel zu E.

b) Gerade h orthogonal zu E und g und durch Punkt P (1 | −2 | −1):

h: $\vec{x} = \begin{pmatrix}1\\-2\\-1\end{pmatrix} + r\begin{pmatrix}2\\2\\-2\end{pmatrix}$

Lotfußpunkt F(2 | −1 | −2); $d = |\overrightarrow{PF}| = \sqrt{3}$

VII Abstand eines Punktes von einer Geraden, Seite 56

1 $P_t(-4+t | 6 | 6-2t)$; $\overrightarrow{AP_t} = \begin{pmatrix}-4+t-5\\6-4\\6-2t-3\end{pmatrix} = \begin{pmatrix}-9+t\\2\\3-2t\end{pmatrix}$

a) $|\overrightarrow{AP_t}| = \left|\begin{pmatrix}-9+t\\2\\3-2t\end{pmatrix}\right| = \sqrt{(-9+t)^2 + 2^2 + (3-2t)^2}$

$= \sqrt{81 - 18t + t^2 + 4 + 9 - 12t + 4t^2} = \sqrt{94 - 30t + 5t^2}$

$\text{fMin}\left(\sqrt{5 \cdot t^2 - 30 \cdot t + 94}, t\right) \quad t=3$

t = 3 mit d(3) = 7

b) $\begin{pmatrix}-9+t\\2\\3-2t\end{pmatrix} \cdot \begin{pmatrix}1\\0\\-2\end{pmatrix} = 0$; $-9 + t - 6 + 4t = 0 \quad t = 3$

$|\overrightarrow{AP_3}| = \left|\begin{pmatrix}-6\\2\\-3\end{pmatrix}\right| = \sqrt{36 + 4 + 9} = 7$

2 (1) Man bestimmt eine Hilfsebene E, die orthogonal zu g und durch den Punkt Q verläuft.
(2) Der Richtungsvektor von g ist Normalenvektor von E.
(3) Man berechnet den Schnittpunkt S der Ebene E mit der Geraden g.
(4) Der Abstand von g zu h ist gleich dem Betrag des Vektors $\overrightarrow{QS}$.

3 Hilfsebene E: $2x_1 - x_2 + 3x_3 = b$;
Wenn (6 | 2 | 4) ein Punkt von E ist, ergibt sich aus
$2 \cdot 6 - 1 \cdot 2 + 3 \cdot 4 = b$, dass $b = 22$ ist.
E: $2x_1 - x_2 + 3x_3 = 22$;

Schnittpunkt S von g mit E: S(3 | 2 | 6);
$d(g;h) = |\overrightarrow{QS}| = \sqrt{13} \approx 3{,}61$

4 Grundseite sei AB mit $|\overline{AB}| = \sqrt{68}$.
Abstand von C zur Geraden g durch A und B:

$g: \vec{x} = \begin{pmatrix} 0 \\ -1 \\ 8 \end{pmatrix} + t\begin{pmatrix} -4 \\ -4 \\ 6 \end{pmatrix}$; $\overrightarrow{CP_t} = \begin{pmatrix} -4t-5 \\ -4t-3 \\ 6t+6 \end{pmatrix}$;

Aus $\begin{pmatrix} -4t-5 \\ -4t-3 \\ 6t+6 \end{pmatrix} \cdot \begin{pmatrix} -4 \\ -4 \\ 6 \end{pmatrix} = 0$ ergibt sich $t = -1$.

Höhe des Dreiecks: $|\overrightarrow{CP_{-1}}| = \left|\begin{pmatrix} 4-5 \\ 4-3 \\ -6+6 \end{pmatrix}\right| = \left|\begin{pmatrix} -1 \\ 1 \\ 0 \end{pmatrix}\right| = \sqrt{2}$

Flächeninhalt $A = \frac{1}{2} \cdot \sqrt{2} \cdot \sqrt{68} = \sqrt{34} \approx 5{,}83$

5 Bestimmen Sie den Abstand des Punktes P(5 | −3) von der Geraden g: $y = -2x + 1$ in der Ebene.
Der Schnittpunkt mit der y-Achse ist Q(0 | 1).

Ein Normalenvektor von g lautet $\vec{n} = \begin{pmatrix} 2 \\ 1 \end{pmatrix}$.

Der Normalen-Einheitsvektor von g ist dann

$\overrightarrow{n_0} = \frac{1}{\sqrt{5}}\begin{pmatrix} 2 \\ 1 \end{pmatrix}$. Damit ergibt sich der Abstand des Punktes P von g

zu $d = \left|\left[\begin{pmatrix} 5 \\ -3 \end{pmatrix} - \begin{pmatrix} 0 \\ 1 \end{pmatrix}\right] \cdot \frac{1}{\sqrt{5}}\begin{pmatrix} 2 \\ 1 \end{pmatrix}\right| = \left|\frac{1}{\sqrt{5}}\begin{pmatrix} 5 \\ -4 \end{pmatrix} \cdot \begin{pmatrix} 2 \\ 1 \end{pmatrix}\right| = \left|\frac{1}{\sqrt{5}} \cdot (10-4)\right| = \frac{6}{\sqrt{5}}$
$\approx 2{,}68$

VII Abstand zueinander windschiefer Geraden, Seite 57

1 Wahr: a, b, f, g
Falsch: c, d, e

2 Man stellt eine Gleichung der Ebene E auf, in der die Gerade g liegt und zu der h parallel ist.

$\vec{n} = \begin{pmatrix} 3 \\ -1 \\ 1 \end{pmatrix} \times \begin{pmatrix} -6 \\ 2 \\ 0 \end{pmatrix} = \begin{pmatrix} -2 \\ -6 \\ 0 \end{pmatrix}$; E: $\left(\vec{x} - \begin{pmatrix} 4 \\ -1 \\ 0 \end{pmatrix}\right) \cdot \begin{pmatrix} -2 \\ -6 \\ 0 \end{pmatrix} = 0$;

Q(−4 | 5 | −1); $l: \vec{x} = \begin{pmatrix} -4 \\ 5 \\ -1 \end{pmatrix} + r\begin{pmatrix} -2 \\ -6 \\ 0 \end{pmatrix}$

Allgemeiner Punkt von l: (−4 − 2r | 5 − 6r | −1);
$(-4-2r-4) \cdot (-2) + (5-6r+1) \cdot (-6) = 0$

r = 0,5; F(−5 | 2 | −1); Abstand $|\overrightarrow{QF}| = \left|\begin{pmatrix} -1 \\ -3 \\ 0 \end{pmatrix}\right| = \sqrt{1+9} = \sqrt{10}$
$\approx 3{,}16$

3 E: $\vec{x} \cdot \begin{pmatrix} 0 \\ 0 \\ 1 \end{pmatrix} = 0$; d(E; P) = 3; d(E; Q) = 6 und P und Q liegen auf der gleichen Seite von E, also ist der Abstand der windschiefen Geraden der Abstand von P und Q: 3.

4 Die Ecken des Würfels haben folgende Koordinaten:
A(0 | 0 | 0), B(a | 0 | 0), C(a | a | 0), D(0 | a | 0), E(0 | 0 | a), F(a | 0 | a), G(a | a | a), H(0 | a | a).
Eine Raumdiagonale hat die Gleichung: $\vec{x} = t\begin{pmatrix} 1 \\ 1 \\ 1 \end{pmatrix}$. Eine zugehörige Kante hat die Gleichung $\vec{x} = \begin{pmatrix} a \\ 0 \\ 0 \end{pmatrix} + r\begin{pmatrix} 0 \\ 0 \\ 1 \end{pmatrix}$. Ebene parallel zur Kante, in der die Raumdiagonale liegt: $\vec{x} = t\begin{pmatrix} 1 \\ 1 \\ 1 \end{pmatrix} + r\begin{pmatrix} 0 \\ 0 \\ 1 \end{pmatrix}$,
als Koordinatengleichung $x_1 - x_2 = 0$;

Lotgerade durch B: $\vec{x} = \begin{pmatrix} a \\ 0 \\ 0 \end{pmatrix} + s\begin{pmatrix} 1 \\ -1 \\ 0 \end{pmatrix}$

eingesetzt in Ebenengleichung: $a + s - (-s) = 0$; $s = -\frac{a}{2}$;

Fußpunkt $F\left(\frac{a}{2} \middle| \frac{a}{2} \middle| 0\right)$

$d = |\overrightarrow{BF}| = \left|\begin{pmatrix} -\frac{a}{2} \\ \frac{a}{2} \\ 0 \end{pmatrix}\right| = \sqrt{\frac{a^2}{4} + \frac{a^2}{4}} = \sqrt{\frac{a^2}{2}} = \frac{a}{\sqrt{2}}$

Die Aufgabe könnte man auch ohne analytische Geometrie mit dem Satz des Pythagoras lösen.

VII Schnittwinkel, Seite 58

1 a) Schnittwinkel α von h und E_1, Schnittwinkel β von h und g, Schnittwinkel γ von E_1 und E_2

b) $\sin(\delta) = \frac{\left|\begin{pmatrix} 2 \\ 1 \\ -3 \end{pmatrix} \cdot \begin{pmatrix} 3 \\ 2 \\ 1 \end{pmatrix}\right|}{\left|\begin{pmatrix} 2 \\ 1 \\ -3 \end{pmatrix}\right| \cdot \left|\begin{pmatrix} 3 \\ 2 \\ 1 \end{pmatrix}\right|} = \frac{|6+2-3|}{\sqrt{14} \cdot \sqrt{14}} = \frac{5}{14}$, $\delta \approx 20{,}9°$

2 a) Die beiden Geraden g_1 und g_2 haben den gleichen Richtungsvektor und verlaufen daher parallel oder sind identisch. Sie schließen also keinen Schnittwinkel ein.
individuelle Lösung, z. B.:

$h_1: \vec{x} = \begin{pmatrix} 6 \\ -4 \\ 4 \end{pmatrix} + r\begin{pmatrix} 2 \\ 5 \\ 3 \end{pmatrix}$, $h_2: \vec{x} = \begin{pmatrix} 6 \\ -4 \\ 4 \end{pmatrix} + t\begin{pmatrix} 6 \\ -4 \\ 4 \end{pmatrix}$;

$\alpha \approx 79{,}2°$
b) $E_1: 6x_1 - 4x_2 + 4x_3 = a$ und $E_2: 2x_1 + 5x_2 + 3x_3 = b$ mit $a, b \in \mathbb{R}$. Die Normalenvektoren müssen Vielfache der Vektoren $\vec{a}$ und $\vec{b}$ sein.
c) $\alpha \approx 85{,}5°$
d) $\beta = 90° - \alpha = 90° - 85{,}5° = 4{,}5°$

3 a) Festlegung der Eckpunkte des vorderen Giebels:
A(0 | 0 | 5,5), B(0 | 6 | 7), C(0 | 10 | 3)

$\cos(\alpha) = \frac{|\overrightarrow{AB} \cdot \overrightarrow{CB}|}{|\overrightarrow{AB}| \cdot |\overrightarrow{CB}|} = \frac{|24-6|}{\sqrt{38{,}25} \cdot \sqrt{32}} = \frac{18}{\sqrt{1224}}$, $\alpha \approx 59°$

$a^* = 180 - 59° = 121°$

b) Die Dachflächen schließen mit den Giebelflächen jeweils einen 90°-Winkel ein.
Winkel zwischen linker Dachfläche und Seitenwand:

$\cos(\beta) = \frac{\begin{pmatrix} 0 \\ 0 \\ -1 \end{pmatrix} \cdot \overrightarrow{AB}}{\left|\begin{pmatrix} 0 \\ 0 \\ -1 \end{pmatrix}\right| \cdot |\overrightarrow{AB}|} = \frac{-1{,}5}{\sqrt{38{,}25}}$, $\beta \approx 104{,}0°$

Winkel zwischen rechter Dachfläche und Seitenwand:

$\cos(\gamma) = \frac{\begin{pmatrix} 0 \\ 0 \\ -1 \end{pmatrix} \cdot \overrightarrow{BC}}{\left|\begin{pmatrix} 0 \\ 0 \\ -1 \end{pmatrix}\right| \cdot |\overrightarrow{BC}|} = \frac{-4}{\sqrt{32}}$, $\gamma \approx 135°$

VII Klausurtraining, Seite 59

1 a) Lotgerade $l: \vec{x} = \begin{pmatrix} 2 \\ 10 \\ -6 \end{pmatrix} + r\begin{pmatrix} 2 \\ -2 \\ 1 \end{pmatrix}$;

Fußpunkt $F\left(\frac{26}{3} \middle| \frac{10}{3} \middle| -\frac{8}{3}\right)$; Abstand d = 10

b) Lotgerade $l: \vec{x} = \begin{pmatrix} 5 \\ 6 \\ 3 \end{pmatrix} + r\begin{pmatrix} 6 \\ 17 \\ -6 \end{pmatrix}$;

Fußpunkt $F\left(\frac{65}{19} \middle| \frac{29}{19} \middle| \frac{87}{19}\right)$; Abstand d = 5

2 a) Ebene E hat den Normalenvektor $\vec{n} = \begin{pmatrix} 3 \\ 2 \\ 2 \end{pmatrix}$.

Er ist orthogonal zu den Spannvektoren der Ebene E,

da gilt: $\begin{pmatrix} 3 \\ 2 \\ 2 \end{pmatrix} \cdot \begin{pmatrix} 0 \\ -2 \\ 2 \end{pmatrix} = -4 + 4 = 0$, $\begin{pmatrix} 3 \\ 2 \\ 2 \end{pmatrix} \cdot \begin{pmatrix} -2 \\ 0 \\ 3 \end{pmatrix} = -6 + 6 = 0$.

Also ist $\vec{n}$ auch ein Normalenvektor von F.
Wenn die Ebenen E und F identisch wären, müsste der Punkt P(4 | 4 | 1) der Ebene F auch ein Punkt der Ebene E sein.

$$\left|\left[\begin{pmatrix} 4 \\ 4 \\ 1 \end{pmatrix} - \begin{pmatrix} 0 \\ 2 \\ 2 \end{pmatrix}\right] \cdot \begin{pmatrix} 3 \\ 2 \\ 2 \end{pmatrix}\right| = \left|\begin{pmatrix} 4 \\ 2 \\ -1 \end{pmatrix} \cdot \begin{pmatrix} 3 \\ 2 \\ 2 \end{pmatrix}\right| = 14 \neq 0$$

Die Ebenen E und F sind daher parallel.
b) Abstandsbestimmung erfolgt über den Abstand des Punktes P(4 | 4 | 1) der Ebene F zur Ebene E:

Lotgerade l: $\vec{x} = \begin{pmatrix} 4 \\ 4 \\ 1 \end{pmatrix} + r \begin{pmatrix} 3 \\ 2 \\ 2 \end{pmatrix}$; Fußpunkt $F\left(\frac{26}{17} \middle| \frac{40}{17} \middle| -\frac{11}{17}\right)$;

Abstand $d = \frac{14}{\sqrt{17}}$

3 a) Da g und h denselben Stützvektor haben, sind sie entweder identisch oder sie schneiden sich im Punkt S(3 | 2 | 5).
Da die Richtungsvektoren keine Vielfachen voneinander sind, liegt ein gemeinsamer Schnittpunkt vor, daher ist der Abstand $d = 0$.
b) Der Richtungsvektor von g ist das (−2)-fache des Richtungsvektors von h, daher verlaufen die Geraden parallel oder sie sind identisch. Der Punkt Q(−4 | 0 | 3) der Gerade h liegt jedoch nicht

auf g, da $\begin{pmatrix} -4 \\ 0 \\ 3 \end{pmatrix} = \begin{pmatrix} -4 \\ 1 \\ 3 \end{pmatrix} + r \begin{pmatrix} 4 \\ 2 \\ -6 \end{pmatrix}$ keine eindeutige Lösung für r

ergibt. Daher verlaufen g und h parallel und sind nicht identisch.
Abstandsbestimmung: Gesucht ist der Vektor $\overrightarrow{P_rQ}$ von einem Punkt P_r der Gerade g zum Punkt Q der Gerade h, der orthogonal zur h verläuft. Die Länge dieses Vektors liefert dann den Abstand von g zu h.

$P_r(-4 + 4r \mid 1 + 2r \mid 3 - 6r)$, also $\overrightarrow{P_rQ} = \begin{pmatrix} -4r \\ -1 - 2r \\ 6r \end{pmatrix}$

aus $\begin{pmatrix} -4r \\ -1 - 2r \\ 6r \end{pmatrix} \cdot \begin{pmatrix} -2 \\ -1 \\ 3 \end{pmatrix} = 0$ folgt: $8r + 1 + 2r + 18r = 0$

Also $r = -\frac{1}{28}$. Somit ist $d(g;h) = \left|\overrightarrow{P_{-\frac{1}{28}}Q}\right| = \left|\begin{pmatrix} -\frac{1}{7} \\ -\frac{13}{14} \\ -\frac{3}{14} \end{pmatrix}\right| = \sqrt{\frac{13}{14}}$

4 Gegeben sind die windschiefen Geraden
g: $\vec{x} = \vec{p} + r\vec{u}$ und h: $\vec{x} = \vec{q} + s\vec{v}$.
Verfahren zur Abstandbestimmung:
Man bestimmt eine Gleichung der Ebene E, in der g liegt und zu der h parallel ist. Einen Normalenvektor erhält man aus dem Vektorprodukt $\vec{n} = \vec{u} \times \vec{v}$. Als Stützvektor wählt man $\vec{p}$.
Nun stellt man die Gleichung der Lotgeraden von einem Punkt Q der Geraden h auf diese Ebene auf. Sie hat die Gleichung l: $\vec{x} = \vec{q} + t\vec{n}$. Man schneidet die Lotgerade mit der Ebene E und erhält so den Fußpunkt F des Lots von Q auf E.
Der Abstand der beiden Geraden ist dann $d = \left|\overrightarrow{QF}\right|$.

5 a) Die Aussage ist falsch. Wenn der Winkel α zwischen den Vektoren $\vec{a}$ und $\vec{b}$ 50° beträgt (also $0° < \alpha < 90°$), gilt $|\vec{a} \cdot \vec{b}| = \vec{a} \cdot \vec{b}$. Für den Schnittwinkel β zwischen den zwei

Ebenen gilt demnach: $\cos(\beta) = \frac{|\vec{a} \cdot \vec{b}|}{|\vec{a}| \cdot |\vec{b}|} = \frac{\vec{a} \cdot \vec{b}}{|\vec{a}| \cdot |\vec{b}|} = \cos(50°)$.

Also $\beta = \alpha = 50°$.
b) Die Aussage ist richtig. Für den Winkel zwischen den

Vektoren $\vec{a}$ und $\vec{b}$ gilt: $\cos(50°) = \frac{\vec{a} \cdot \vec{b}}{|\vec{a}| \cdot |\vec{b}|}$. Da $0° < \alpha < 90°$ ist,

ist $\vec{a} \cdot \vec{b}$ positiv. Für den Schnittwinkel zwischen einer Geraden mit dem Richtungsvektor $\vec{a}$ und einer Ebene mit dem Normalenvektor $\vec{b}$ gilt: $\sin(\alpha) = \frac{|\vec{a} \cdot \vec{b}|}{|\vec{a}| \cdot |\vec{b}|} = \frac{\vec{a} \cdot \vec{b}}{|\vec{a}| \cdot |\vec{b}|} = \cos(50°)$.

Da $\sin(\alpha) = \cos(90° - \alpha)$ ist, gilt $\alpha = 90° - 50° = 40°$.
c) Die Aussage ist falsch, denn das hieße, dass die Gerade g in der Ebene E liegt, also P(2 | 1 | 2) ein Punkt der Ebene wäre.
Da aber $2 - 2 \cdot 1 + 2 = 2 \neq 4$ ist, ist P kein Punkt der Ebene.

6 a) $\overrightarrow{AB} = \begin{pmatrix} 0 \\ 4 \\ 0 \end{pmatrix}$; $|\overrightarrow{AB}| = 4$; $\overrightarrow{AC} = \begin{pmatrix} -2\sqrt{3} \\ 2 \\ 0 \end{pmatrix}$, $|\overrightarrow{AC}| = \sqrt{12 + 4} = 4$;

$\overrightarrow{BC} = \begin{pmatrix} -2\sqrt{3} \\ -2 \\ 0 \end{pmatrix}$, $|\overrightarrow{BC}| = \sqrt{12 + 4} = 4$;

b) Der Fußpunkt der Höhe im Dreieck ABC hat die Koordinaten $F\left(-\frac{2}{3}\sqrt{3} \middle| 2 \middle| 0\right)$. D liegt senkrecht über F und hat die Koordinaten $D\left(-\frac{2}{3}\sqrt{3} \middle| 2 \middle| d\right)$; $\overrightarrow{AD} = \begin{pmatrix} -\frac{2}{3}\sqrt{3} \\ 2 \\ d \end{pmatrix}$, $|\overrightarrow{AD}| = \sqrt{\frac{4}{3} + 4 + d^2} = 4$;

$d^2 = 16 - \frac{16}{3} = \frac{32}{3}$;

$d = \pm\sqrt{\frac{32}{3}}$

Ein möglicher Punkt D ist also $D\left(-\frac{2}{3}\sqrt{3} \middle| 2 \middle| \sqrt{\frac{32}{3}}\right)$

c) $V = \frac{1}{3} G \cdot h = \frac{1}{3} \cdot \left(\frac{1}{2} \cdot 4 \cdot 2\sqrt{3}\right) \cdot \sqrt{\frac{32}{3}} = \frac{16}{3}\sqrt{2}$

7 a) Lotgerade l: $\vec{x} = \begin{pmatrix} -7 \\ 2 \\ 0 \end{pmatrix} + t \begin{pmatrix} 1 \\ 2 \\ -2 \end{pmatrix}$

Lotfußpunkt F: $(-7 + t) + 2 \cdot (2 + 2t) - 2 \cdot (-2t) = 3$; $t = \frac{2}{3}$

$F\left(-\frac{19}{3} \middle| \frac{10}{3} \middle| -\frac{4}{3}\right)$

$d = |\overrightarrow{FP}| = \left|\begin{pmatrix} \frac{2}{3} \\ \frac{4}{3} \\ -\frac{4}{3} \end{pmatrix}\right| = \frac{1}{3}\sqrt{4 + 16 + 16} = 2$

E_2: $x_1 + 2x_2 - 2x_3 = b$,
P in E_2: $-7 + 2 \cdot 2 - 2 \cdot 0 = b \Rightarrow b = -3$,
also E_2: $x_1 + 2x_2 - 2x_3 = -3$
b) E_3: $x_1 + 2x_2 - 2x_3 = c$
Vergleich der rechten Gleichungsseiten von E_1 und E_2 zeigt die Differenz $3 - (-3) = 6$. Diese Differenz müssen bei gleichem Abstand auch die Gleichungen von E_2 und E_3 aufweisen.
Somit ergibt sich $c = 9$. Also E_3: $x_1 + 2x_2 - 2x_3 = 9$.

8 a) Die Geraden sind parallel, weil die Richtungsvektoren Vielfache voneinander sind. Sie sind nicht identisch, weil der Ortsvektor des Punkts P(1 | 0 | 6) die Gleichung von h nicht erfüllt.
b)
Das LGS $\left|\begin{array}{l} 1 + r = 1 \\ r = -3 + t \\ 6 - r = 6 \end{array}\right|$ hat die Lösung $r = 0$ und $t = 3$,

deshalb schneiden sich g und k.

Das LGS $\left|\begin{array}{l} 2 - s = 1 \\ -2 - s = -3 + t \\ 5 + s = 6 \end{array}\right|$ hat die Lösung $s = 1$ und $t = 0$,

deshalb schneiden sich h und k.

Schnittwinkel von g und k: $\cos\alpha = \frac{\left|\begin{pmatrix} 1 \\ 1 \\ -1 \end{pmatrix} \cdot \begin{pmatrix} 0 \\ 1 \\ 0 \end{pmatrix}\right|}{\sqrt{3}} = \frac{1}{\sqrt{3}}$; $\alpha \approx 54{,}7°$

Schnittwinkel von h und k: $\cos\beta = \frac{\left|\begin{pmatrix} 1 \\ 1 \\ -1 \end{pmatrix} \cdot \begin{pmatrix} 0 \\ 1 \\ 0 \end{pmatrix}\right|}{\sqrt{3}} = \frac{1}{\sqrt{3}}$; $\alpha \approx 54{,}7°$

Das ist der Stufenwinkelsatz.

VIII Wahrscheinlichkeit und Zufallsgrößen

VIII Wahrscheinlichkeit, Zufallsgröße, Erwartungswert, Seite 60

1 X: Anzahl der Ziehungen bis zur ersten goldfarbenen Kugel

Anzahl der Ziehungen x_i	1	2	3
$P(X = x_i)$	$\frac{3}{5}$	$\frac{2}{5} \cdot \frac{3}{4}$	$\frac{2}{5} \cdot \frac{1}{4} \cdot 1$

$\mu = 1{,}5$

2 $\mu = 2{,}1$

3 X: Wert der gezogenen Chips

Anzahl	9	5	6
Wert in €	2	1	0,5
Rel. Anteil	$\frac{9}{20}$	$\frac{5}{20}$	$\frac{6}{20}$

$\mu = 1{,}30$ €

4 G: Gewinn des Spielers
Das Spiel ist nicht fair, weil der Spieler im Durchschnitt 8 ct verliert:

Gewinn g	1€	2€	3€	−1€
$P(G = g)$	$3 \cdot \frac{1}{6} \cdot \left(\frac{5}{6}\right)^2 = \frac{75}{216}$	$3 \cdot \frac{5}{6} \cdot \left(\frac{1}{6}\right)^2 = \frac{15}{216}$	$\left(\frac{1}{6}\right)^3 = \frac{1}{216}$	$\left(\frac{5}{6}\right)^3 = \frac{125}{216}$

$\mu = 1 \cdot \frac{75}{216} + 2 \cdot \frac{15}{216} + 3 \cdot \frac{1}{216} - 1 \cdot \frac{125}{216} = -\frac{17}{216} \approx -0{,}08$

Der Einsatz x für ein faires Spiel ergibt sich aus der Gleichung

$0 = 1 \cdot \frac{75}{216} + 2 \cdot \frac{15}{216} + 3 \cdot \frac{1}{216} - x \cdot \frac{125}{216}$ mit $x = \frac{108}{125} = 0{,}864$:

86 ct ist der Einsatz bei einem fairen Spiel.

5 a) Untere Tabellenzeile: $\frac{3}{10}$; $\frac{5}{10} = \frac{1}{2}$; $\frac{2}{10} = \frac{1}{5}$

Damit das Spiel fair ist, muss gelten: $\mu = 0$.

Dies führt auf die Gleichung $\frac{3}{10} \cdot (-2) + \frac{5}{10} \cdot (-3) + \frac{2}{10} \cdot z = 0$.

Lösung der Gleichung:

$-\frac{6}{10} - \frac{15}{10} + \frac{2}{10} \cdot z = 0$; $-21 + 2z = 0$; $2z = 21$; $z = 10{,}5$

Bei einem fairen Spiel muss der Gewinn bei „Weiß" 10,50 € betragen, also muss der Betreiber dann 15,50 € auszahlen.

b) Es muss gelten: $\mu = -0{,}5$.

Dies führt auf die Gleichung $\frac{3}{10} \cdot (-2) + \frac{5}{10} \cdot (-3) + \frac{2}{10} \cdot z = -0{,}5$.

Lösung der Gleichung: $-21 + 2z = -5$; $2z = 16$; $z = 8$
Der Betreiber muss dann 13 Euro auszahlen.

VII Mehrstufige Zufallsexperimente – Pfadregeln, Seite 61

1

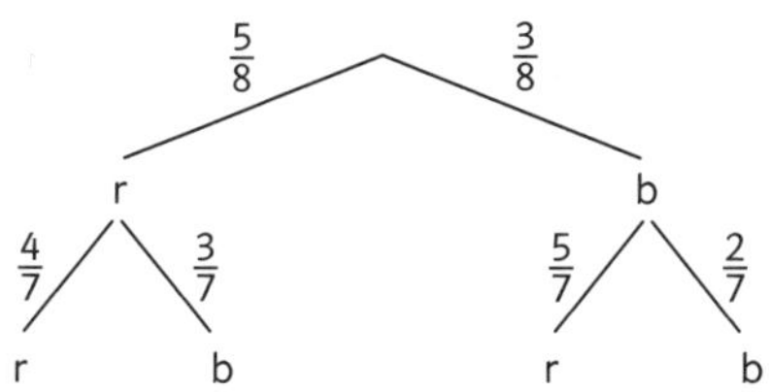

$P(A) = \frac{5}{8} \cdot \frac{4}{7} + \frac{3}{8} \cdot \frac{2}{7} = \frac{13}{28}$

2 Baumdiagramm:

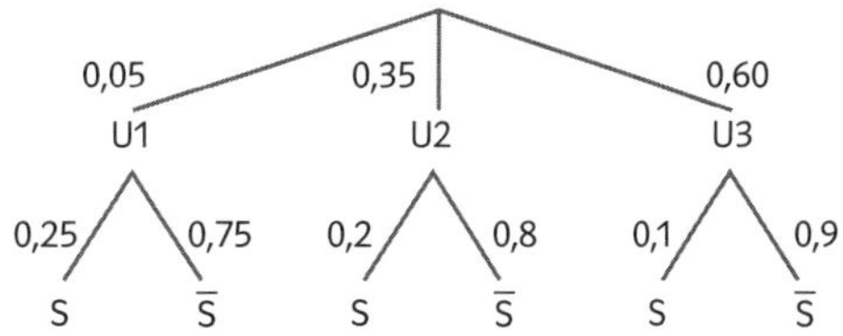

Das Symptom tritt auf, wenn es bei U1 oder bei U2 oder bei U3 auftritt.

$P(S) = 0{,}05 \cdot 0{,}25 + 0{,}35 \cdot 0{,}2 + 0{,}60 \cdot 0{,}10 = 0{,}1425 = 14{,}25\,\%$

3 a)

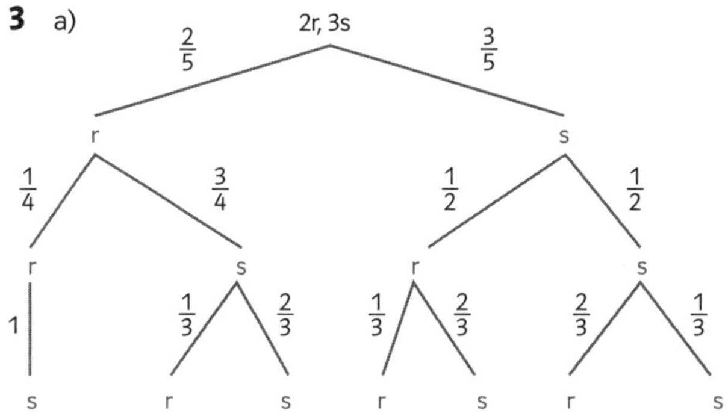

e_i	rrs	rsr	rss	srr	srs	ssr	sss
$P(e_i)$	$\frac{1}{10}$	$\frac{1}{10}$	$\frac{1}{5}$	$\frac{1}{10}$	$\frac{1}{5}$	$\frac{1}{5}$	$\frac{1}{10}$

b) P(2. Zug schwarz) $= \frac{2}{5} \cdot \frac{3}{4} + \frac{3}{5} \cdot \frac{1}{2} = \frac{6}{10} = 0{,}6$

c) P(3. Zug rot) $= \frac{1}{10} + \frac{1}{10} + \frac{1}{5} = 0{,}4$

4 n: Schlüssel passt nicht; j: Schlüssel passt
Baumdiagramm:

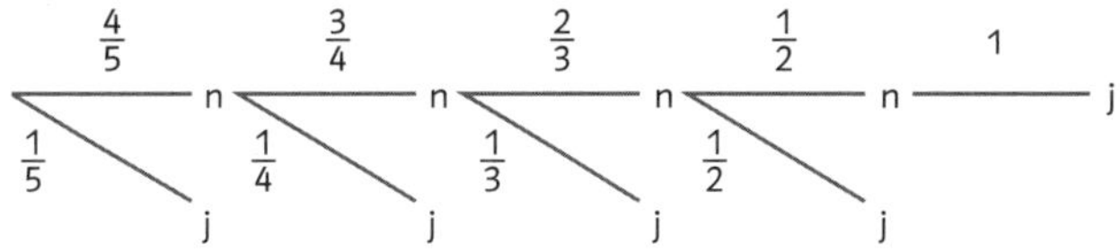

a) $P(A) = \frac{4}{5} \cdot \frac{1}{4} = \frac{1}{5}$ b) $P(B) = \frac{4}{5} \cdot \frac{3}{4} \cdot \frac{2}{3} \cdot \frac{1}{2} \cdot 1 = \frac{1}{5}$

5 X sei die Anzahl schwarzer Kugeln in der Urne.

Wegen $P(X \geq 1) = 1 - P(X = 0) = \frac{27}{38}$ ist $P(X = 0) = \frac{11}{38}$.

Keine schwarze Kugel bedeutet: Beim 1. Zug keine schwarze Kugel **und** beim 2. Zug keine schwarze Kugel.

$P(X = 0) = \frac{20 - x}{20} \cdot \frac{19 - x}{19} = \frac{11}{38}$ führt auf die quadratische Gleichung

$x^2 - 39x + 270 = 0$ mit den Lösungen $x_1 = 30$ und $x_2 = 9$.
Da insgesamt nur 20 Kugeln in der Urne sind, entfällt x_1.
Es waren also 9 schwarze Kugeln in der Urne.

VIII Varianz und Standardabweichung von Zufallsgrößen, Seite 62

1 X: Anzahl der Sechsen

x_i	0	1	2	3
$P(X = x_i)$	$\left(\frac{5}{6}\right)^3$	$3 \cdot \frac{1}{6} \cdot \left(\frac{5}{6}\right)^2$	$3 \cdot \left(\frac{1}{6}\right)^2 \cdot \frac{5}{6}$	$\left(\frac{1}{6}\right)^3$
$(x_i - \mu)^2$	$\frac{1}{4}$	$\frac{1}{4}$	$\frac{9}{4}$	$\frac{25}{4}$

$\mu = 0{,}5$; $V = \frac{5}{12}$; $\sigma \approx 0{,}6455$

2

Würfel 1/2	1	2	3	4	5	6
1	2	3	4	5	6	7
2	3	4	5	6	7	8
3	4	5	6	7	8	9
4	5	6	7	8	9	10
5	6	7	8	9	10	11
6	7	8	9	10	11	12

G: Gewinn = Auszahlung an Spieler - Spieleinsatz
 1 gerade Primzahl
14 ungerade Primzahlen
17 gerade Nicht-Primzahlen
 4 ungerade Nicht-Primzahlen

Augensumme	Gerade Primzahl	Ungerade Primzahl	Gerade Nicht-Primzahl	Ungerade Nicht-Primzahl
Anzahl	1	14	17	4
Auszahlung in €	9	5	3	0
Gewinn g in €	5	1	-1	-4
P(G = g)	$\frac{1}{36}$	$\frac{14}{36}$	$\frac{17}{36}$	$\frac{4}{36}$

$\mu = -\frac{14}{36} \approx -0{,}39$ €

3 Von 1 - 16 gibt es 6 Primzahlen und 8 gerade Zahlen.
Die Zahl 2 ist sowohl Primzahl, als auch gerade.
Gewinnplan für Anna:

Gewinn in €	3	-2	1	0
Wahrscheinlichkeit	$\frac{6-1}{16}$	$\frac{8-1}{16}$	$\frac{1}{16}$	$\frac{3}{16}$

$\mu = 3 \cdot \frac{5}{16} + (-2) \cdot \frac{7}{16} + 1 \cdot \frac{1}{16} + 0 \cdot \frac{3}{16} = \frac{1}{8}$

$V = \left(3 - \frac{1}{8}\right)^2 \cdot \frac{5}{16} + \left(-2 - \frac{1}{8}\right)^2 \cdot \frac{7}{16} + \left(1 - \frac{1}{8}\right)^2 \cdot \frac{1}{16} + \left(0 - \frac{1}{8}\right)^2 \cdot \frac{3}{16} = \frac{295}{64}$

$\approx 4{,}609$

Das Spiel ist nicht fair, weil Anna im Durchschnitt 12,5 ct pro Spiel gewinnt.

4 X: Anzahl der Treffer

Trefferzahl x_i	0	1	2
$P(X = x_i)$	$(1-p)^2$	$2p(1-p)$	p^2

$\mu = 1{,}6 = 2p$, also $p = 0{,}8$
$V = 0{,}32$

5 X: Anzahl der gezogenen schwarzen Kugeln

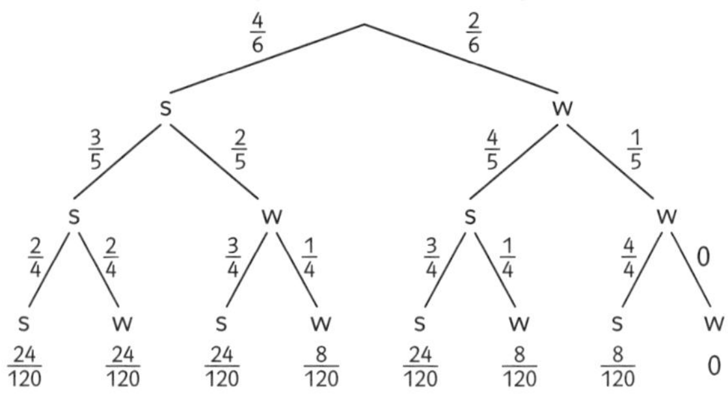

X: 3 2 2 1 2 1 1 0

$\mu = 3 \cdot \frac{1}{5} + 2 \cdot \frac{3}{5} + 1 \cdot \frac{1}{5} + 0 \cdot 0 = \frac{10}{5} = 2$

$V = (3-2)^2 \cdot \frac{1}{5} + (2-2)^2 \cdot \frac{3}{5} + (1-2)^2 \cdot \frac{1}{5} + (0-2)^2 \cdot 0 = \frac{2}{5} = 0{,}4$

$\sigma = \sqrt{V} \approx 0{,}6325$

VIII Vierfeldertafel – bedingte Wahrscheinlichkeit, Seite 63

1

	B	$\overline{B}$	
A	$P(A \cap B)$	$P(A \cap \overline{B})$	P(A)
$\overline{A}$	$P(\overline{A} \cap B)$	$P(\overline{A} \cap \overline{B})$	$P(\overline{A})$
	P(B)	$P(\overline{B})$	1

2

	H_1	H_2	
Reklamiert R	6	3	9
Nicht Reklamiert $\overline{R}$	72	36	108
	78	39	117

$P(R \cap H_1) = \frac{6}{117} = \frac{2}{39}$

$P(H_1) = \frac{78}{117}$; $P(R) = \frac{9}{117}$

$P(H_1) \cdot P(R) = \frac{78}{117} \cdot \frac{9}{117} = \frac{2}{39}$

Schlussfolgerung: Die Anzahl der Reklamationen ist vom Hersteller unabhängig.

3 a) wahr b) wahr c) falsch d) wahr

4 a)

	B	$\overline{B}$	
G	$0{,}3 \cdot 0{,}04 = 0{,}012$	0,038	0,05
$\overline{G}$	0,028	0,922	0,95
	0,04	0,96	1

(1) $P_G(B) = \frac{P(G \cap B)}{P(G)} = \frac{0{,}012}{0{,}05} = 0{,}24$
ist die Wahrscheinlichkeit, dass das Produkt bestellt wird, wenn die Werbesendung gelesen wurde.

(2) $P_{\overline{B}}(G) = \frac{P(G \cap \overline{B})}{P(\overline{B})} = \frac{0{,}038}{0{,}96} \approx 0{,}0396$
ist die Wahrscheinlichkeit, dass die Werbesendung gelesen wurde, falls das Produkt nicht bestellt wurde.

(3) $P_{\overline{G}}(\overline{B}) = P\frac{(\overline{G} \cap \overline{B})}{P(\overline{G})} = \frac{0{,}922}{0{,}95} \approx 0{,}97$
ist die Wahrscheinlichkeit, dass das Produkt nicht bestellt wurde, falls die Werbesendung nicht gelesen wurde.

5 a) E … Mangel entdeckt

	E	$\bar{E}$	
K_1	$0{,}85 \cdot 0{,}65 = 0{,}5525$	0,0975	0,65
K_2	$0{,}9 \cdot 0{,}35 = 0{,}315$	0,0350	0,35
	0,8675	0,1325	1

b) $P(\bar{E}) = 0{,}1325$

c) $P_{\bar{E}}(K_1) = \frac{0{,}0975}{0{,}1325} \approx 0{,}7358$

d) $P_E(K_2) = \frac{0{,}315}{0{,}8675} \approx 0{,}3631$

6

	B	$\bar{B}$	
A	0,015	0,285	0,3
$\bar{A}$	0,035	0,665	0,7
	0,05	0,95	1

Begründung: $P(A \cap B) = 0{,}3 - 0{,}285 = 0{,}015$

$P(A \cap B) = P(A) \cdot P(B) = 0{,}3 \cdot P(B) = 0{,}015;$
$P(B) = 0{,}05$

7 F … Materialfehler; R … recycelter Kunststoff

	R	$\bar{R}$	
F	0,0129	$0{,}7 \cdot 0{,}003 = 0{,}0021$	0,015
$\bar{F}$	0,2871	0,6979	0,985
	0,3	0,7	1

a) $P(\bar{R} \cap \bar{F}) = 0{,}6979$

b) $P_F(R) = \frac{0{,}0129}{0{,}015} = 0{,}86$

8 A: Ausschuss

	A	$\bar{A}$	
F_1	$0{,}01 \cdot 0{,}65 = 0{,}0065$	0,6435	0,65
F_2	$0{,}025 \cdot 0{,}35 = 0{,}00875$	0,34125	0,35
	0,01525	0,98475	1

$P(A) = 0{,}01525$

$P_A(F_2) = \frac{0{,}00875}{0{,}01525} \approx 0{,}5738$, also stammt ein Ausschussteil zu ca. 57,4 % von der Fließstrecke 2.

9

	F	$\bar{F}$	
Z_1	$0{,}05 \cdot 0{,}3 = 0{,}015$	0,285	0,3
Z_2	$0{,}08 \cdot 0{,}7 = 0{,}056$	0,644	0,7
	0,071	0,929	1

$P_F(Z_1) = \frac{0{,}015}{0{,}071} \approx 0{,}2113;\; P_F(Z_2) = \frac{0{,}056}{0{,}071} \approx 0{,}7887$

Z_1 trägt 21,1 % des Schadens und Z_2 78,9 % des Schadens.

VIII Stochastische Unabhängigkeit, Seite 65

1

	B	$\bar{B}$	
A	0,36	0,04	0,4
$\bar{A}$	0,54	0,06	0,6
	0,90	0,1	1

$P(\bar{A}) = 0{,}6$

2

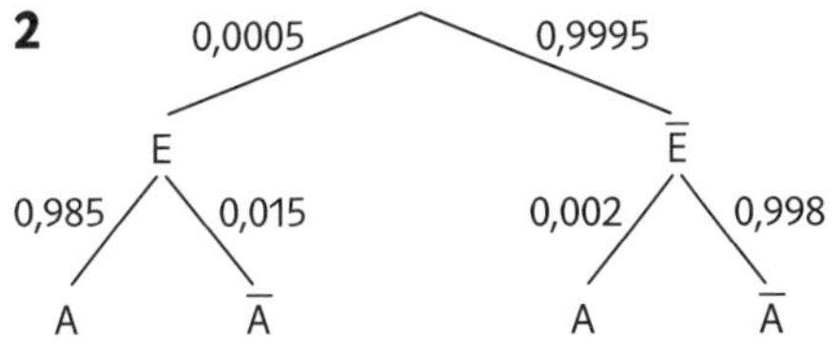

$P(E) \cdot P(A) = 0{,}0005 \cdot (0{,}0005 \cdot 0{,}985 + 0{,}9995 \cdot 0{,}002) \approx 0{,}000001$
$\neq P(E \cap A) = 0{,}000493$

	E	$\bar{E}$	
A	0,0004925	0,001999	0,0024915
$\bar{A}$	0,0000075	0,997501	0,9975085
	0,0005	0,9995	1

$P(E) \cdot P(A) \approx 0{,}000001 \neq P(E \cap A) = 0{,}0004925$

Schlussfolgerung: Die Ereignisse A und E sind stochastisch abhängig.

3

	E_B	$\bar{E}_B$	
E_A	0,9118		0,97
$\bar{E}_A$			0,03
	$1-p$	p	1

$0{,}97 \cdot (1-p) = 0{,}9118$, also $p = 0{,}06$ und damit $P(E_B) = 94\,\%$

4

$P(A) = \frac{5}{10} \cdot \frac{4}{9} = \frac{2}{9}$

$P(B) = \frac{3}{10} \cdot \frac{2}{9} + \frac{2}{10} \cdot \frac{1}{9} + \frac{5}{10} \cdot \frac{4}{9} = \frac{14}{45}$

$P(A \cap B) = \frac{3}{10} \cdot \frac{2}{9} + \frac{2}{10} \cdot \frac{1}{9} = \frac{4}{45} \neq P(A) \cdot P(B)$, also stochastisch abhängig

5

	L	$\bar{L}$	
F	$0{,}76 \cdot x$		x
$\bar{F}$	$0{,}69 \cdot (1-x)$		$1-x$
	0,726		1

$0{,}76x + 0{,}69(1-x) = 0{,}726$

$x = \frac{18}{35} \approx 0{,}514$

51,4 % ist der Anteil der Frauen an der deutschen Bevölkerung.

VIII Klausurtraining, Seite 66

1 a) $P(A) = \left(\frac{1}{6}\right)^2 + \left(\frac{1}{3}\right)^2 + \left(\frac{1}{2}\right)^2 = \frac{7}{18}$

$P(B) = 2 \cdot \frac{1}{6} \cdot \frac{1}{3} + \frac{7}{18} = \frac{1}{2}$

$P(C) = 2 \cdot \frac{1}{6} \cdot \frac{1}{2} + 2 \cdot \frac{1}{2} \cdot \frac{1}{3} = \frac{1}{2}$

b) $\mu = n \cdot p$ mit $n = 20$ und $p = 0{,}5$, also ist $\mu = 10$.
Im Mittel kann man 10 Sechsen erwarten.

2 Die Chance für den Ersten ist $P(E) = \frac{5}{25}$. Für den Zweiten sind zwei Pfade des Baumdiagramms günstig und es ist

$P(Z) = \frac{5}{25} \cdot \frac{4}{24} + \frac{20}{25} \cdot \frac{5}{24} = \frac{5}{25} \cdot \left(\frac{4}{24} + \frac{20}{24}\right) = \frac{5}{25}$. Beide haben also die gleiche Chance.

3 X: Anzahl der gezogenen roten Kugeln

x	0	1	2	3
P(X = x)	$\frac{1}{35}$	$\frac{12}{35}$	$\frac{18}{35}$	$\frac{4}{35}$

$\mu = \frac{60}{35} = \frac{12}{7}$

4 F: Produkt fehlerhaft

	F	$\overline{F}$	
A	20 % von 0,4 = 0,08	0,32	0,4
B	0,06	0,54	0,6
	0,14	0,86	1

$F_B(\overline{F}) = \frac{0{,}54}{0{,}60} = 0{,}9 = 90\,\%$

5 X: Auszahlung an Anna - Spieleinsatz
Für $p = \frac{1}{2}$ wegen $\alpha = 180°$ gilt:

g	0	−15	60
P(X = g)	$\frac{1}{2}$	$\frac{1}{4}$	$\frac{1}{4}$

$E(X) = \frac{45}{4} = 11{,}25\,€$

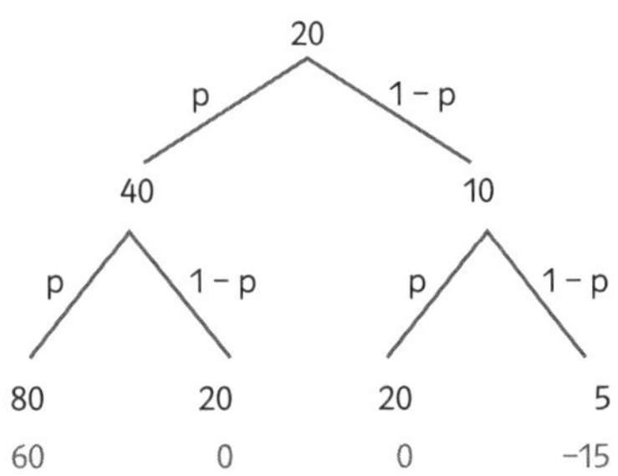

X … Gewinn von Anna

Da Anna im Vorteil ist, muss der Verdopplungssektor kleiner werden. Allgemeiner Ansatz für p:
$\mu = -15(1-p)^2 + 60p^2 = 0$ führt auf
$p^2 + \frac{2}{3}p - \frac{1}{3} = 0$ mit den Lösungen $\frac{1}{3}$ und -1.

g	0	−15	60
P(X = g)	$2p(1-p)$	$(1-p)^2$	p^2

Wegen $(p > 0)$ ist $p = \frac{1}{3} = \frac{\alpha}{360}$, also $\alpha = 120°$.

6 a) X … Auszahlungsbetrag

x_i	0	5	10	30
$P(X = x_i)$	$\left(\frac{5}{6}\right)^3 = \frac{125}{216}$	$3 \cdot \frac{1}{6} \cdot \frac{5}{6} \cdot \frac{5}{6} = \frac{75}{216}$	$3 \cdot \frac{1}{6} \cdot \frac{1}{6} \cdot \frac{5}{6} = \frac{15}{216}$	$\left(\frac{1}{6}\right)^3 = \frac{1}{216}$

$\mu = \frac{555}{216} \approx 2{,}5694$

b) Einsatz − $\mu \geq 2$ Einsatz $\geq 2 + \mu = 4{,}5694$
Einsatz muss 5 € sein.

7 a)

Ergebnis	(RR)	(RB)	(BR)	(BB)
Gewinn	1	−1	−1	0
Wahrscheinlichkeit	p^2	$p(1-p)$	$(1-p)p$	$(1-p)^2$

b) $\mu = p^2 - 2p(1-p) = 0$ gibt die quadratische Gleichung

$3p^2 - 2p = 0$ mit den Lösungen $p_1 = 0$ und $p_2 = \frac{2}{3}$.
Da p_1 entfällt, muss der Sektor des roten Bereichs den Winkel 240° und der des blauen Bereichs 120° betragen, damit das Spiel fair ist.

IX Binomialverteilung

IX Binomialkoeffizienten, Seite 67

1 a) TTNN, TNTN, TNNT, NTTN, NTNT, NNTT
Also: $\binom{4}{2} = 6$
b) TTNNN, TNTNN, TNNTN, TNNNT, NTTNN, NTNTN, NTNNT, NNTTN, NNTNT, NNNTT
Also: $\binom{5}{2} = 10$

2 a) und d)

3

a) $\binom{8}{3} = \frac{8 \cdot 7 \cdot 6}{1 \cdot 2 \cdot 3} = 56$ b) $\binom{5}{2} = \frac{5 \cdot 4}{1 \cdot 2} = 10$

c) $\binom{10}{3} = \frac{10 \cdot 9 \cdot 8}{1 \cdot 2 \cdot 3} = 120$ d) $\binom{10}{8} = \frac{10 \cdot 9 \cdot 8 \cdot \ldots \cdot 3}{1 \cdot 2 \cdot 3 \cdot \ldots \cdot 8} = 45$

e) $\binom{100}{99} = \frac{100 \cdot 99 \cdot 98 \cdot \ldots \cdot 3 \cdot 2}{1 \cdot 2 \cdot 3 \cdot \ldots \cdot 98 \cdot 99} = 100$

4 a) 2-maliges Ziehen ohne Zurücklegen (Vorsitzender, Stellvertreter) je einer Kugel aus einer Urne mit 7 Kugeln (4 Frauen, 3 Männer):
→ $7 \cdot 6 = 42$ Möglichkeiten
b) beides Männer **oder** beides Frauen:
→ $3 \cdot 2 + 4 \cdot 3 = 18$ Möglichkeiten
c) genau eine Frau **oder** beides Frauen:
→ $4 \cdot 3 \cdot 2 + 4 \cdot 3 = 36$ Möglichkeiten
(Genau eine Frau kann jeweils als Vorsitzende oder als Stellvertreterin mit einem der drei Männer zusammenarbeiten.)

5 Peter schlussfolgert aus der Aufgabe 3, dass die Binomialkoeffizienten $\binom{20}{18}$ und $\binom{20}{2}$ gleich sind, und rechnet:

$\binom{20}{18} = \binom{20}{2} = \frac{20 \cdot 19}{1 \cdot 2} = 190$

Beweis: $\binom{n}{n-k} = \frac{n!}{(n-k)! \cdot (n-(n-k))!} = \frac{n!}{(n-k)! \cdot k!} = \binom{n}{k}$

6 a) $\binom{10}{8} = \binom{10}{2} = \frac{10 \cdot 9}{1 \cdot 2} = 45$

b) $\binom{7}{5} = \binom{7}{2} = \frac{7 \cdot 6}{1 \cdot 2} = 21$

IX Die Formel von Bernoulli, Seite 68

1 a) ja b) nein c) nein d) ja e) nein

2
siehe Figur 1
Einzusetzen sind der Reihe nach
$\frac{1}{2}$; $\left(\frac{1}{2}\right)^5 = \frac{1}{32}$; $\binom{5}{2}$

k: Anzahl der Treffer	0	1	2
Wahrscheinlichkeit	0,031 25	0,156 25	0,3125
k: Anzahl der Treffer	3	4	5
Wahrscheinlichkeit	0,3125	0,156 25	0,031 25

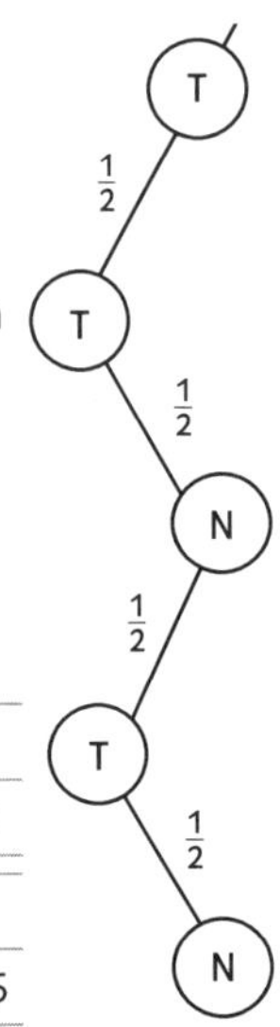

Figur 1
$\left(\frac{1}{2}\right)^5 = \frac{1}{32}$

3 Dabei steht n für die Anzahl der Versuche, p für die Trefferwahrscheinlichkeit und k für die Anzahl der Treffer.

b) $P(X = 3) = \binom{4}{3} \cdot \left(\frac{1}{6}\right)^3 \cdot \left(\frac{5}{6}\right)^1 \approx 0{,}0154$

c) $P(X = 3) = \binom{10}{3} \cdot \left(\frac{2}{10}\right)^3 \cdot \left(\frac{8}{10}\right)^7 \approx 0{,}2013$

d) $P(X = 4) = \binom{5}{4} \cdot \left(\frac{5}{10}\right)^4 \cdot \left(\frac{5}{10}\right)^1 = 0{,}15625$

e) $P(X = 1) = \binom{9}{1} \cdot \left(\frac{1}{4}\right)^1 \cdot \left(\frac{3}{4}\right)^8 \approx 0{,}2253$

f) $P(X = 3) = \binom{6}{3} \cdot \left(\frac{1}{4}\right)^3 \cdot \left(\frac{3}{4}\right)^3 \approx 0{,}1318$

4 a) richtig; b) falsch; c) richtig; d) richtig

IX Kumulierte Wahrscheinlichkeiten, Seite 69

1 $n = 20; \quad p = \frac{1}{7}$

a) $P(X = 2) \approx 0{,}2418$
b) $P(X \le 2) \approx 0{,}4404$
c) $P(X \ge 3) = 1 - P(X \le 2) \approx 0{,}5596$
d) $P(X \ge 5) = 1 - P(X \le 4) \approx 0{,}1465$

2 $P(X \le 3) = P(X < 4) = 1 - P(X \ge 4) = 0{,}8208$
$P(1 \le X \le 5) = 1 - P(X = 0) - P(X = 6) = 1 - 0{,}4^6 - 0{,}6^6 \approx 0{,}9492$
$P(2 \le X \le 4) = 1 - P(X \ge 5) - P(X < 2) = P(X \le 4) - P(X \le 1) \approx 0{,}7258$
$P(X \ge 5) = P(X = 5) + P(X = 6) = 1 - P(X \le 4) \approx 0{,}0410$

3 $n = 10; \quad p = 0{,}6$

a) $P(X = 4) = \binom{10}{4} \cdot 0{,}6^4 \cdot 0{,}4^6 \approx 0{,}1115$
b) $P(X \ge 4) = 1 - P(X \le 3) \approx 0{,}9452$
c) $P(X \le 6) \approx 0{,}6177$
d) $P(X \ge 6) = 1 - P(X \le 5) \approx 0{,}6331$
e) $P(3 \le X \le 6) = P(X \le 6) - P(X \le 2) \approx 0{,}6054$
f) $P(3 \le X \le 7) = P(X \le 7) - P(X \le 2) \approx 0{,}8204$

4 a) Jeder Wurf hat zwei Versuchsausgänge, Fünf oder nicht Fünf. Bei jedem Wurf ist die Wahrscheinlichkeit eine Fünf zu würfeln gleich $\left(p = \frac{1}{6}\right)$. Es ist eine Bernoullikette der Länge $n = 8$.

b) $P(X > 0) = 1 - P(X = 0) = 1 - \binom{8}{0} \cdot \left(\frac{1}{6}\right)^0 \cdot \left(\frac{5}{6}\right)^8 \approx 0{,}7674$

Die Wahrscheinlichkeit, dass mindestens eine Fünf geworfen wird, beträgt 76,7%. $P(X = 8) = \left(\frac{1}{6}\right)^8 \approx 6 \cdot 10 - 7 \approx 0$

Die Wahrscheinlichkeit, dass bei jedem Wurf eine Fünf geworfen wird, beträgt annähernd null.

$P(X < 2) = P(X = 0) + P(X = 1) = \left(\frac{5}{6}\right)^8 + \binom{8}{1} \cdot \left(\frac{1}{6}\right)^1 \cdot \left(\frac{5}{6}\right)^7$
$\approx 0{,}2326 + 0{,}3721 = 0{,}6047$

Die Wahrscheinlichkeit, dass höchstens eine Fünf geworfen wird, beträgt 60,5%.
$P(X \le 7) = 1 - P(X = 8) \approx 1$

IX Problemlösen mit der Binomialverteilung, Seite 70

1 Die Anzahl X der Schachteln mit abweichender Stückzahl ist binomialverteilt mit $n = 100$ und $p = 0{,}02$
$P(X \le 3) \approx 0{,}8590$

2 Die Anzahl X der geheilten Schweine ist binomialverteilt mit $n = 100$ und $p = 0{,}8$.
a) $P(X \ge 70) \approx 0{,}9939$ b) $P(X \le 79) \approx 0{,}4405$

3 Die Anzahl X unvollständiger Verpackungen ist binomialverteilt mit $n = 10$ und $p = \frac{5}{166} \approx 0{,}030$.
$P(A) = P(X \le 2) \approx 0{,}9972$;
$P(B) = P(X \ge 4) = 1 - P(X \le 3) = 1 - 0{,}9999 = 0{,}0001$;
$P(C) = P(X = 0) \approx 0{,}7374$

4 Die Zufallgröße X beschreibt die Anzahl der bestellten Fischgerichte. X ist binomialverteilt mit $n = 100$ und $p = \frac{1}{3}$.
a) $P(X > 33) = 1 - P(X \le 33) = 1 - 0{,}5188 = 0{,}4812$, also fast 50%.
b) Gesucht ist k mit $P(X \le k) \ge 0{,}9$. Die Tabelle ergibt den Wert $k = 39$; es müssen also mindestens 39 Fischgerichte vorbereitet werden.

5 Die Zufallsgröße X (Anzahl der Rechner mit diesem Fehler) ist binomialverteilt mit $p = 0{,}0025$.
Zu berechnen ist n aus dem Ansatz
$P(X \ge 1) \ge 0{,}99$.
Es ist $P(X \ge 1) = 1 - P(X = 0) \ge 0{,}99$, also $P(X = 0) \le 0{,}01$.
Es müssen also 1840 Teile der Produktion entnommen werden.

6 $p = 0{,}15$
$P(X \ge 3) \ge 0{,}9$, also $P(X \le 2) \le 0{,}1$

n	$P(X \le 2)$
20	0,405
30	0,151
33	0,109
34	0,0947

Es müssen mindestens 34 Wohnwagengespanne kontrolliert werden.

7
X … Anzahl der gezogenen Gewinnlose mit $n = 10$ und gesuchtem p
$P(X \ge 1) \ge 0{,}95$; also $P(X = 0) \le 0{,}05$
a) schrittweise:

p	$B_{10;p}(0)$
0,2	0,1074
0,3	0,0282
0,25	0,0563
0,26	0,0492
0,259	0,0499
0,258	0,0506

25,9% von 2000 sind 518 Gewinnlose.
b) Berechnungsweg: Ansatz mit der Formel zur Binomialverteilung und Auflösen nach p.

$\binom{10}{0} \cdot p^0 \cdot (1-p)^{10} \le 0{,}05$

also $(1-p)^{10} \le 0{,}05$

$1 - p \le \sqrt[10]{0{,}05} \approx 0{,}741$

$p \ge 0{,}259$ und damit 25,9% von 2000 sind 518 Gewinnlose

8
a) $P(X \ge 1) \ge 0{,}99$; also $P(X = 0) \le 0{,}01$
also $0{,}8^n \le 0{,}01$; $n \ge 21$
Also muss man mindestens 21-mal würfeln.
b) $P(X = 0) \le 0{,}01$

$\binom{50}{0} \cdot p^0 \cdot (1-p)^{50} \le 0{,}01$

$1 - p \le \sqrt[50]{0{,}01} \approx 0{,}9120$, also $p \ge 0{,}088$

9 X … Anzahl der Treffer mit $n = 10$ und $p = \frac{2}{3}$
$P(X \geq k) \leq 0{,}1$; also $1 - P(X \leq k-1) \leq 0{,}1$
$P(X \leq k-1) \geq 0{,}9$

$k-1$	$P(X \leq k-1)$
5	0,213
8	0,896
9	0,983

Es muss also $k - 1 = 8$ sein und damit $k = 9$.

10 a) Es ist $n = 220 \cdot 630 = 138\,600$ und $p = \frac{1}{35}$.
$\mu = n \cdot p = 3960$
Man muss also jährlich mit 3960 mängelbehafteten Autos rechnen.
b) Die Anzahl X der mängelbehafteten Autos in der Stichprobe ist binomialverteilt mit $n = 30$ und $p = \frac{1}{35}$.
Dann ist $P(X \leq 1) = 0{,}7889$.
c) Die Anzahl X der mängelbehafteten Autos ist binomialverteilt mit $p = \frac{1}{35}$ und gesuchtem n und es gilt $P(X = 0) \geq 0{,}9$.
Probieren verschiedener Werte von n: $n = 10$; $p \approx 0{,}75$ / $n = 5$; $p \approx 0{,}87$ / $n = 3$; $p \approx 0{,}917$ / $n = 4$; $p = 0{,}891$
Wenn man mit einer Wahrscheinlichkeit von 90 % nur einwandfreie Exemplare haben möchte, können der laufenden Produktion nur 3 Exemplare entnommen werden.

11 a) $P(X \leq 94) \approx 0{,}9424$
Mit einer Wahrscheinlichkeit von etwa 94 % erhält jeder Fluggast einen Platz.
b) $P(X \geq 96) = 1 - P(X \leq 95) \approx 0{,}0237$
Mit einer Wahrscheinlichkeit von mehr als 2,3 % muss mehr als ein Fluggast entschädigt werden.

IX Kenngrößen binomialverteilter Zufallsgrößen und Sigma-Regeln, Seite 72

1

	n	p	μ	σ	V
(1)	10	0,4	4	1,55	2,4
(2)	15	0,2	3	1,55	2,4
(3)	26	0,5	13	2,55	6,5
(4)	20	0,25	5	1,94	3,75

2 Die 1σ-Regel beschreibt die Wahrscheinlichkeit der Zufallsgröße für das Intervall $[\mu - \sigma; \mu + \sigma]$.
Man nennt $P(\mu - 2\sigma \leq X \leq \mu + 2\sigma) \approx 0{,}955$ die 2σ-Regel und $P(\mu - 3\sigma \leq X \leq \mu + 3\sigma) \approx 0{,}997$ die 3σ-Regel.

3 $\mu = n \cdot p = 1000 \cdot 0{,}04 = 40$;
$\sigma = \sqrt{n \cdot p \cdot (1-p)} = \sqrt{40 \cdot 0{,}96} \approx 6{,}1968$
$\mu - 3\sigma \approx 21{,}4$; $\mu + 3\sigma \approx 58{,}6$ Vertrauensintervall: [22; 59]

4 $n = 800$; $p = 0{,}9$; $\mu = 720$; $\sigma = 8{,}485$; $z = 1{,}96$
$P(704 \leq X \leq 736) \approx 95\,\%$
Die Annahme ist mit diesem Vertrauensintervall nicht verträglich.

5 $n = 40$; $p = 0{,}25$; $\mu = 10$; $\sigma = 2{,}74$; $z = 1{,}64$
$5{,}51 \leq X \leq 14{,}49$, also im ganzzahligem Intervall I [6; 14]
Die Angabe von Rolf liegt in I, also ist sie damit verträglich.

IX Klausurtraining, Seite 73

1 (1) Der Torwart hält den 1. Ball und er hält den 2. Ball:
$P(C_1) = 0{,}2 \cdot 0{,}2 = 0{,}04$
(2) $P(C_2) = 0{,}8^5 = 0{,}4096$
(3) Im Baumdiagramm gibt es fünf Pfade mit 4 gehaltenen und einem nicht gehaltenen Ball:
$P(C_3) = 5 \cdot 0{,}2^4 \cdot 0{,}8^1 = 0{,}0064$

2 a) Die Anzahl X der anwesenden Schüler ist binomialverteilt mit $n = 950$ und $p = 0{,}95$.
Weniger als 900 Schüler bedeutet $P(X < 900) \approx 0{,}3212$.
Der Erwartungswert ist $E(X) = n \cdot p = 950 \cdot 0{,}95 \approx 903$.
Es werden also durchschnittlich 903 Schüler in der Schule sein.
b) $n = 26$; $p = 0{,}9$. Damit gilt $P(X < 18) \approx 0{,}0006$.
Aus $n = 26$ und $p = 0{,}1$ für abwesende Schüler folgt die Anzahl der Briefe mit $120 \cdot 26 \cdot 0{,}1 = 312$ Briefe, das sind täglich durchschnittlich etwa 2,6 Briefe.
Die Wahrscheinlichkeit, dass alle Schüler an einem Tag anwesend sind, ist $P(X = 26) \approx 0{,}0646$.
Die Wahrscheinlichkeit, dass nicht alle Schüler an einem Tag anwesend sind, ist $p \approx 1 - 0{,}0646 = 0{,}9354$.
P(erst am 5. Tag sind alle anwesend) $= p^4 \cdot (1-p) = 0{,}04946$
P(höchstens 5 Tage bis alle anwesend sind) =
$(1-p) + p \cdot (1-p) + p^2 \cdot (1-p) + p^3 \cdot (1-p) + p^4 \cdot (1-p) = 0{,}2839$
Oder über das Gegenereignis:
P(auch am 5. Tag sind nicht alle anwesend) $= p^5 \approx 0{,}7141$
Warten auf den 1. Erfolg: p = P(nicht alle anwesend)

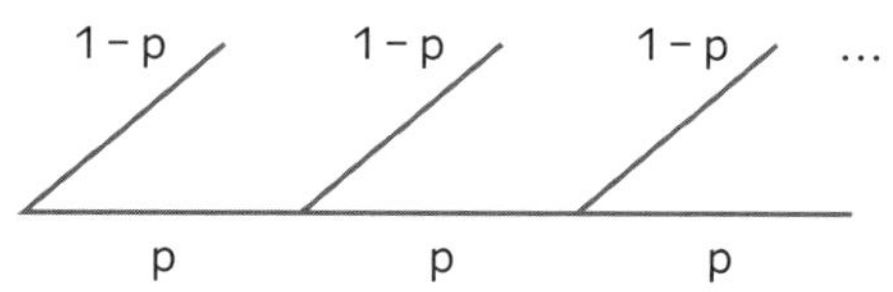

$(1-p) + p \cdot (1-p) + p^2 \cdot (1-p) + \ldots + p^{n-1} \cdot (1-p) \geq 0{,}9$
ausklammern:
$(1-p) \cdot (1 + p + p^2 + \ldots + p^{n-1}) \geq 0{,}9$
$(1-p) \cdot \frac{1-p^n}{1-p} \geq 0{,}9$
$p^n \geq 0{,}1$; $n \geq \frac{\ln 0{,}1}{\ln 0{,}9354} \approx 34{,}5$
Herr Heftig muss also 35 Tage warten, um mit 90 %iger Wahrscheinlichkeit alle Schüler an einem Tag anzutreffen.

3 Die Anzahl X fehlerhafter Schrauben ist binomialverteilt mit n und $p = 0{,}005$.
a) $n = 60$; $P(X = 0) = 0{,}7403$
b) n unbekannt; $P(X \geq 2) \geq 0{,}95$
$n = 947$, das sind 16 Packungen

4 a) Die Anzahl X der Treffer von Paul ist binomialverteilt mit $n = 10$ und $p = 0{,}4$
$P(X \geq 5) \approx 0{,}3669$
$P(X \geq 1) \geq 0{,}9$ entspricht $P(X = 0) \leq 0{,}1$,
also $\binom{n}{0} \cdot 0{,}4^0 \cdot 0{,}6^n \leq 0{,}1$ mit $n \geq 5$. Paul muss also mindestens fünfmal werfen, um mit 90 %iger Wahrscheinlichkeit einen Korb zu werfen.
b) Gewinnplan für das Spiel zwischen Maria und Lina:

Ergebnis	$3 \leq X \leq 4$	$0 \leq X \leq 2$ oder $5 \leq X \leq 10$
Gewinn von Maria in €	−3	2
Wahrscheinlichkeit	$P(X = 3) + P(X = 4) \approx 0{,}4658$	0,5342

E(Gewinn von Maria) $= -3 \cdot 0{,}4658 + 2 \cdot 0{,}5342 = -0{,}329$

Das Spiel ist nicht fair, weil Maria pro Spiel im Durchschnitt 33 ct verlieren wird.

5 a) Die Anzahl X der fehlerhaften Transistoren ist binomialverteilt mit $n = 500$ und $p = 0{,}08$.
$\mu = 40$; $\sigma^2 = 36{,}8$; $\sigma = 6{,}066$
90% Sicherheit: $40 - 1{,}64 \cdot 6{,}066 \le X \le 40 + 1{,}64 \cdot 6{,}066$;
X liegt zwischen 31 und 49; Intervall $I = [31; 49]$.
b) Bestellmenge ist n, damit dürfen höchstens $n - 480$ Ausschuss sein.
Ansatz: $0{,}08n + 2{,}58 \cdot \sqrt{n \cdot 0{,}08 \cdot 0{,}92} \le n - 480$
Lösung $n \ge 540$; Es müssen also 540 Transistoren bestellt werden.
Probe: $n = 540$; $\mu = 43{,}2$; $\sigma = 6{,}3$
$[\mu - 2{,}58 \cdot \sigma; \mu + 2{,}58 \cdot \sigma] \approx [26{,}946; 59{,}454]$
Es sind mit 99%iger Wahrscheinlichkeit höchstens 60 Transistoren nicht funktionstüchtig.

X Normalverteilung – Konfidenzintervalle

X Die Normalverteilung, Seite 74

1 Setzt man $\mu = 0$ und $\sigma = 1$ in $\frac{1}{\sqrt{2\pi \cdot \sigma^2}} \cdot e^{-\frac{(x-\mu)^2}{2\sigma^2}}$ ein, so erhält man die Funktion $\varphi_{0,1}(x) = \frac{1}{\sqrt{2\pi}} \cdot e^{-\frac{x^2}{2}}$ mit den Ableitungen
$\varphi'(x) = -\frac{1}{\sqrt{2\pi}} \cdot x \cdot e^{-\frac{x^2}{2}}$ und $\varphi''(x) = \frac{x^2 - 1}{\sqrt{2\pi}} \cdot e^{-\frac{x^2}{2}}$.
Die notwendige Bedingung $\varphi'(x) = 0$ ist für $x = 0$ erfüllt.
$\varphi''(0) = -\frac{1}{\sqrt{2\pi}} < 0$, also ein Maximum bei $H\left(0 \middle| \frac{1}{\sqrt{2\pi}}\right)$.

2 $\varphi''(x) = e^{-\frac{x^2}{2}} \cdot \left(\frac{x^2 - 1}{\sqrt{2\pi}}\right) = 0$ hat die Lösungen $x_{W1} = -1$ und $x_{W2} = 1$
$\varphi(-1) = \varphi(1) = \frac{1}{\sqrt{2\pi \cdot e}} \approx 0{,}242$
$W_1\left(-1 \middle| \frac{1}{\sqrt{2\pi \cdot e}}\right)$ und $W_2\left(1 \middle| \frac{1}{\sqrt{2\pi \cdot e}}\right)$

3 Der x-Wert des Hochpunktes ist μ und der Funktionswert des Hochpunktes ist $\varphi_{\mu;\sigma}(\mu) = \frac{1}{\sqrt{2\pi} \cdot \sigma}$; $H(3 | 0{,}142)$;
Es ist also $\mu = 3$. Aus $\varphi(\mu) = 0{,}142$ folgt die Gleichung
$\frac{1}{\sqrt{2\pi} \cdot \sigma} = 0{,}142$ mit der Lösung $\sigma = 2{,}8$.

4 Der Hochpunkt hat die Koordinaten $H(\mu | \varphi(\mu))$ und die Wendepunkte $W(\mu \pm \sigma | \varphi(\mu \pm \sigma))$.

	Extremstelle	Wendestellen	Schätzwerte μ	Schätzwerte σ	Hochpunkt	σ berechnet
a)	0	−9; 9	0	9	(0 | 0,04)	10
b)	1	−4; 6	1	5	(1 | 0,1)	4
c)	2	−4; 8	2	6	(2 | 0,08)	5
d)	6	5; 7	6	1	(6 | 0,5)	0,8

5 a) 0,8849 b) 0,1251 c) 0,1788 d) 0,1841 e) 0,3108
f) 0,1096 g) 0,4806 h) 0 i) u = 0,8416 j) 0,5244

6 a) $\mu = 4$; $\sigma = 2$; $I(-\infty; 3)$: $P(X < 3) = 0{,}3085$
b) $\mu = 2$; $\sigma = 0{,}5$; $I(1{,}5; 25)$: $P(15 < X < 25) = 0{,}3085$
c) $\mu = -5$; $\sigma = 3$; $I(-4; \infty)$: $P(X > -4) = 0{,}3694$

7 $P(4{,}8 - 0{,}3 < X < 4{,}8 + 0{,}3) = 0{,}1192$

8 $P(15 < m < 25) = P(m < 25) - P(m < 15) = 0{,}4680$

9 a) $P(G < 2200) = 0{,}0845$
b) $P(X > 4000) = 0{,}1908$
c) $P(|X - 3300| > 300) = 2 \cdot P(X > 3000) = 0{,}7077$

10 Aus der Symmetrie der Glockenkurve folgt der Wert $\mu = 92$.
$P(X < 85) = 0{,}01$ mit $\mu = 92$ und unbekanntem σ.
f(x):=invNorm(0.01,92,x) Der Funktionswert 85 wird bei $x = 3$ erreicht, also ist $\sigma = 3$.

11 $\mu = 1{,}62$; $\sigma = 0{,}02$; $P(1{,}59 < X < 1{,}63) = 0{,}6247$

12 Güteklasse A: $[5{,}12 - 1 \cdot 0{,}089]$; $[5{,}12 + 1 \cdot 0{,}089]$;
$I[5{,}031; 5{,}209]$
68,27%, also etwa 6827 Kugeln
Güteklasse B: $[5{,}12 - 2 \cdot 0{,}089]$; $[5{,}12 + 2 \cdot 0{,}089]$;
$I[4{,}942; 5{,}289]$
95,45%, also etwa $9445 - 6827 = 2718$ Kugeln
Güteklasse C: $[5{,}12 - 3 \cdot 0{,}089]$; $[5{,}12 + 3 \cdot 0{,}089]$;
$I[4{,}853; 5{,}387]$
99,73%, also etwa $9973 - 2718 = 428$ Kugeln
Als ungeeignet werden $10\,000 - 9973 = 27$ Kugeln erwartet.

X Modellieren mit der Normalverteilung, Seite 76

1
a) Die Standardabweichung wird mit $\sigma = \sqrt{n \cdot p \cdot (1 - p)} = 4$ berechnet.
b) $P(X \le 14) \approx 0{,}0804$
c) Laplace-Bedingung $\sigma > 3$, nämlich $\sigma = 4 > 3$ ist erfüllt.
d) $\mu = 20$; $\sigma = 4$; $P(X \le 14) \approx 0{,}0668$
prozentualer Fehler: ca. 17%

2
a) X ist die Anzahl der Formulare, die kein Ausschuss sind.
$n = 10\,000$; $p = 0{,}96$; $\mu = 9600$; $\sigma \approx 19{,}6 > 3$, die Laplace-Bedingung ist erfüllt.
b) i) $P(X > 9580) \approx 0{,}8402$ ii) $P(X > 9580) \approx 0{,}8462$
c) $P(9590 \le X \le 9610) = 0{,}3901$
$P(X < 9590 \text{ oder } X > 9610) \approx 1 - 0{,}3901 = 0{,}6099$

3 50 Fragen, 8 richtig beantwortet; 42 raten mit $p = \frac{1}{3}$
$\mu = 14$
a) $p(20 \le X \le 30) = P(12 \le Y \le 22) \approx 0{,}6796$
mit X: Anzahl aller richtigen Antworten;
Y: Anzahl der richtig geratenen Antworten
b) $\sigma = \sqrt{\frac{28}{3}} > 3$; $P(12 \le Y \le 22) \approx 0{,}7392$

4 Die Anzahl X der Personen mit Blutgruppe B ist binomialverteilt mit $n = 100$ und $p = 0{,}1$.
$\mu = 10$; $\sigma = 3$; Laplace-Bedingung ist nicht erfüllt, es gibt also Abweichungen der Normalverteilung zur Binomialverteilung.
Normalverteilung: $P(5 < X < 15) \approx 0{,}9044$
Binomialverteilung: $P(6 \le X \le 14) \approx 0{,}8700$
Die Laplace-Bedingung ist gerade so nicht erfüllt, es gibt also geringe Abweichungen der Normalverteilung zur Binomialverteilung.

5 X ist die Anzahl der Sechsen; $n = 10$; $p = \frac{1}{6}$; $\mu = \frac{10}{6}$; $\sigma \approx 1{,}18$
a) Normalverteilung: $P(X > 0) \approx 0{,}9211$
Binomialverteilung: $P(X \ge 1) \approx 0{,}8385$
b) Die Laplace-Bedingung ist nicht erfüllt.

X Prognoseintervalle für relative Häufigkeiten, Seite 77

1

a) Berechnung mithilfe der Sigma-Regeln:
Wegen $\beta = 95{,}4\,\%$ verwendet man das 2-Sigma-Intervall.
Die Anzahl X der gezeigten gelben Sektoren ist binomialverteilt mit $n = 200$ und $p = \frac{1}{3}$.

$\mu = 200 \cdot \frac{1}{3} = \frac{20}{3}$

$\sigma = \sqrt{200 \cdot \frac{1}{3} \cdot \frac{2}{3}} = \frac{20}{3}$

$\mu \pm 2\sigma = \frac{200}{3} \pm 2 \cdot \frac{20}{3}$

β-Prognoseintervall der absoluten Häufigkeiten von X:

$\left[\frac{160}{3}; \frac{240}{3}\right] = [53{,}33; 80]$,
das entspricht einer relativen Häufigkeit von
$\left[\frac{4}{15}; \frac{2}{5}\right] = [0{,}267; 0{,}4]$

b) Berechnung mit Formel für das Prognoseintervall:
Die Anzahl X der gezeigten gelben Sektoren ist binomialverteilt mit $n = 200$ und $p = \frac{1}{3}$.
Wegen $\beta = 95{,}4\,\%$ verwendet man $z = 2$.
Das β-Prognoseintervall der relativen Häufigkeiten ist

$\left[p - z \cdot \frac{\sqrt{p \cdot (1-p)}}{\sqrt{n}}; p + z \cdot \frac{\sqrt{p \cdot (1-p)}}{\sqrt{n}}\right]$

$= \left[\frac{1}{3} - 2 \cdot \frac{\sqrt{\frac{1}{3} \cdot \frac{2}{3}}}{\sqrt{200}}; \frac{1}{3} + 2 \cdot \frac{\sqrt{\frac{1}{3} \cdot \frac{2}{3}}}{\sqrt{200}}\right]$

$= \left[\frac{4}{15}; \frac{2}{5}\right] = [0{,}267; 0{,}4]$

2 $2 \cdot \Phi_{0;1}(z) - 1 = 2 \cdot \left(\Phi_{0;1}(z) - \frac{1}{2}\right)$

$= 2 \cdot \left(\int_{-\infty}^{z} \varphi_{0;1}(x)\,dx - \int_{-\infty}^{0} \varphi_{0;1}(x)\,dx\right)$

$= \int_{-z}^{z} \varphi_{0;1}(x)\,dx = P(-z < X < z) = \beta$

b)

z	1	1,5	1,960	1,282	0,5	3	1,645	0,842
β	0,6827	0,8664	0,95	0,8	0,3829	0,9973	0,90	0,6

3 a) $n = 200$; $p = 0{,}1$; $\mu = 20$; $\sigma = \sqrt{20 \cdot 0{,}9} = \sqrt{18}$
b) Es sind 20 Personen mit der Blutgruppe B zu erwarten.
c) $\sigma > 3$, also ist die Annäherung möglich.
d) $[0{,}065; 0{,}135]$

X Konfidenzintervalle, Seite 78

1

$\text{nSolve}\left(p - 1.645 \cdot \frac{\sqrt{p \cdot (1-p)}}{\sqrt{500}} = \frac{40}{500}, p\right)$ 0.102293

$\text{nSolve}\left(p + 1.645 \cdot \frac{\sqrt{p \cdot (1-p)}}{\sqrt{500}} = \frac{40}{500}, p\right)$ 0.062229

Die Ausschusswahrscheinlichkeit liegt im Konfidenzintervall $I_{90\%} = [0{,}06; 0{,}10]$.

$\text{nSolve}\left(p - 2.576 \cdot \frac{\sqrt{p \cdot (1-p)}}{\sqrt{500}} = \frac{40}{500}, p\right)$ 0.117033

$\text{nSolve}\left(p + 2.576 \cdot \frac{\sqrt{p \cdot (1-p)}}{\sqrt{500}} = \frac{40}{500}, p\right)$ 0.053969

Die Ausschusswahrscheinlichkeit liegt im Konfidenzintervall $I_{99\%} = [0{,}05; 0{,}11]$.

2

$\text{nSolve}\left(p - 1.645 \cdot \frac{\sqrt{p \cdot (1-p)}}{\sqrt{1000}} = \frac{130}{1000}, p\right)$ 0.148498

$\text{nSolve}\left(p + 1.645 \cdot \frac{\sqrt{p \cdot (1-p)}}{\sqrt{1000}} = \frac{130}{1000}, p\right)$ 0.113499

Die Wahrscheinlichkeit liegt im Konfidenzintervall $I_{90\%} = [0{,}113; 0{,}148]$.

3

$\text{nSolve}\left(p - 1.96 \cdot \frac{\sqrt{p \cdot (1-p)}}{\sqrt{200}} = \frac{12}{200}, p\right)$ 0.101933

$\text{nSolve}\left(p + 1.96 \cdot \frac{\sqrt{p \cdot (1-p)}}{\sqrt{200}} = \frac{12}{200}, p\right)$ 0.034652

Das Konfidenzintervall ist $I_{95\%} = [0{,}035; 0{,}102]$.

4

$\text{nSolve}\left(p - 1.96 \cdot \frac{\sqrt{p \cdot (1-p)}}{\sqrt{100}} = \frac{12}{100}, p\right)$ 0.198123

$\text{nSolve}\left(p + 1.96 \cdot \frac{\sqrt{p \cdot (1-p)}}{\sqrt{100}} = \frac{12}{100}, p\right)$ 0.069993

Für a) $n = 100$ folgt das Konfidenzintervall $[0{,}0700; 0{,}1981]$
Für b) $n = 500$ folgt das Konfidenzintervall $[0{,}0944; 0{,}1514]$
Für c) $n = 1000$ folgt das Konfidenzintervall $[0{,}1013; 0{,}1416]$
Für d) $n = 2000$ folgt das Konfidenzintervall $[0{,}1065; 0{,}1350]$
Für e) $n = 5000$ folgt das Konfidenzintervall $[0{,}1113; 0{,}1293]$

5 a)

$\text{nSolve}\left(p - 1.96 \cdot \frac{\sqrt{p \cdot (1-p)}}{\sqrt{700}} = \frac{123}{700}, p\right)$ 0.205656

$\text{nSolve}\left(p + 1.96 \cdot \frac{\sqrt{p \cdot (1-p)}}{\sqrt{700}} = \frac{123}{700}, p\right)$ 0.149312

Konfidenzintervall: $[0{,}1493; 0{,}2057]$

b)

$n := 700 : p := 0.19 : z := 1.96$ 1.96

$\left\{p - z \cdot \frac{\sqrt{p \cdot (1-p)}}{\sqrt{n}}, p + z \cdot \frac{\sqrt{p \cdot (1-p)}}{\sqrt{n}}\right\}$

$\{0.160938, 0.219062\}$

Prognoseintervall: $[0{,}1609; 0{,}2191]$
$p = 19\,\%$ liegt im Konfidenzintervall und $h_n = 0{,}1757$ liegt im Konfidenzintervall, also ist die Annahme für die Wahrscheinlichkeit verträglich.

6 a)
Arbeitsgruppe 1:
$\mu = n \cdot p = 100 \cdot 0{,}2 = 20;$
$\sigma = \sqrt{n \cdot p \cdot (1-p)} = \sqrt{20 \cdot 0{,}8} = 4$
Vertrauensintervall: 2-σ-Bereich [12;28]
Mit 95,5%iger Wahrscheinlichkeit werden 12 bis 28 Autofahrer Probleme mit der Ausfahrt haben.

Arbeitsgruppe 2:

$$\text{nSolve}\left(p+2\cdot\frac{\sqrt{p\cdot(1-p)}}{\sqrt{100}}=\frac{20}{100},p\right) \quad 0.132248$$

$$\text{nSolve}\left(p-2\cdot\frac{\sqrt{p\cdot(1-p)}}{\sqrt{100}}=\frac{20}{100},p\right) \quad 0.290829$$

Konfidenzintervall der absoluten Häufigkeiten: [14;29]
b) Die Arbeitsgruppe 1 hat die relative Häufigkeit fälschlicherweise als Wahrscheinlichkeit angesetzt. Die Lösung der Arbeitsgruppe 2 ist richtig.

X Klausurtraining, Seite 79

1 a) 0,0478 b) 0,6915

2 a) a = 12
b) $P(X < a) - P(X < 1) = 0{,}2 \quad P(X < a) \approx 0{,}20298; \quad a \approx 8{,}6759$
$P(|X-\mu| < a) = 0{,}4 \quad P(X < 12 - a) = 0{,}3; \quad 12 - a \approx 9{,}9024;$
$a = 2{,}0976$

3 a) $P(X \le 87) \approx 0{,}3538$ b) $P(86 \le X \le 95) = 0{,}4255$

4 Der oder die Beschäftigte ist ein Mann und größer als 170 cm oder eine Frau und größer als 170 cm.
$P(A) = 0{,}4 \cdot P(Y > 170) + 0{,}6 \cdot P(X > 170)$
$\approx 0{,}4 \cdot 0{,}6462 + 0{,}6 \cdot 0{,}1056$
$= 0{,}3218$

5 $\mu = 2{,}622$

6 $\sigma = 1{,}906$

7 20 Fragen, mit $p = \frac{1}{5}$; $z = 1{,}645$
relative Häufigkeit: [0,0529;0,34713]
absolute Häufigkeit: [2;6]
Prognose für richtig beantwortete Frage der Klausur: [2;6]
$P(X \ge 10) = 0{,}0026$

8 $1152 - 1{,}96 \cdot 10 \le X \le 1152 + 1{,}96 \cdot 10$ [1132,4;1171,6]

9

$$\text{nSolve}\left(p-1.96\cdot\frac{\sqrt{p\cdot(1-p)}}{\sqrt{165}}=\frac{28}{165},p\right) \quad 0.234329$$

$$\text{nSolve}\left(p+1.96\cdot\frac{\sqrt{p\cdot(1-p)}}{\sqrt{165}}=\frac{28}{165},p\right) \quad 0.120095$$

$I_{95\%} = [0{,}1201;0{,}2343]$

Prüfungsvorbereitung

Prüfungsvorbereitung ohne Hilfsmittel 1, Seite 93

1 a) Da der Graph der Funktion achsensymmetrisch ist, muss es noch einen Tiefpunkt bei $T_2(-5\,|\,-2)$ geben, also insgesamt drei Extrempunkte. Da der Hochpunkt oberhalb und die Tiefpunkte unterhalb der x-Achse liegen, muss es mindestens vier Nullstellen geben. Da es sich um eine Funktion vierten Grades handelt, kann es maximal vier Nullstellen geben, also sind es genau vier Nullstellen. Da es zwischen den Extrempunkten jeweils einen Wendepunkt geben muss, gibt es zwei Wendepunkte.
b)

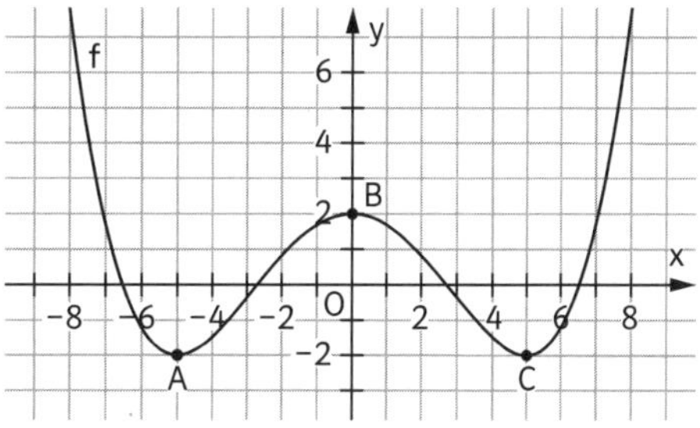

2 a) $f(x) = 4x \cdot e^{x^2+1}$
$f'(x) = 4 \cdot e^{x^2+1} + 4x \cdot e^{x^2+1} \cdot 2x$
$= (4 + 8x^2) \cdot e^{x^2+1}$
b) $1 = \frac{1}{e^x} + \frac{2}{e^{2x}}$
$e^{2x} = e^x + 2$
$e^{2x} - e^x - 2 = 0$
Substitution: $u = e^x$
$u^2 - u - 2 = 0$
$u_{1,2} = \frac{1 \pm \sqrt{1+8}}{2}$; $u_1 = 2$ und $u_2 = -1$
Resubstitution: $x = \ln(u)$
$x_1 = \ln(u_1) = \ln(2)$; da $u_2 < 0$ gibt es keine weitere Lösung

3 a) $f(4) = F'(4) \approx 0{,}4$
b) $\int_1^4 f(x)\,dx = F(4) - F(1) = 0 - (-3) = 3$
c) wahr; F ist im Bereich $-5 < x < 0$ streng monoton fallend, also ist $f(x) < 0$ für $-5 < x < 0$.
d) wahr; F besitzt im Bereich $0 < x < 4$ eine Wendestelle (näherungsweise bei $x \approx 1{,}2$), also hat f an dieser Stelle eine Extremstelle.
Der Graph von F zeigt hier den Übergang von einer Links- in eine Rechtskurve, also hat f in diesem Bereich ein Maximum.

4 a) $\begin{pmatrix}-2\\4\\2\end{pmatrix} = \begin{pmatrix}0\\2\\1\end{pmatrix} + t \cdot \begin{pmatrix}-4\\4\\2\end{pmatrix}$ für $t = \frac{1}{2}$; P liegt auf g.
b) $\begin{pmatrix}-4\\4\\2\end{pmatrix} = r \cdot \begin{pmatrix}2\\-2\\-1\end{pmatrix}$ für $r = -2$; der Richtungsvektor von g ist parallel zum Normalenvektor von E, d.h., die Gerade g ist orthogonal zur Ebene E.
c) Da P auf g liegt und g orthogonal zu E verläuft ist Q der Schnittpunkt von g mit E.
g in E einsetzen: $2 \cdot (-4t) - 2 \cdot (2 + 4t) - 1 \cdot (1 + 2t) = 31$
$-18t - 5 = 31 \quad -18t = 36 \quad t = -2$
einsetzen in g: $\vec{q} = \begin{pmatrix}0\\2\\1\end{pmatrix} + (-2) \cdot \begin{pmatrix}-4\\4\\2\end{pmatrix} = \begin{pmatrix}8\\-6\\-3\end{pmatrix}$; $Q(8\,|\,-6\,|\,-3)$

5 a) Wahrscheinlichkeit für zwei Treffer:
$P(2\text{ Treffer}) = 0{,}9^2 = 0{,}81$
b) A: Der Spieler wirft 10-mal und trifft jedes Mal den Korb.
B: Der Spieler wirft 20-mal auf den Korb und trifft dabei genau 18-mal den Korb.

Prüfungsvorbereitung ohne Hilfsmittel 2, Seite 94

1 a) Es gilt: $f'(x) = 3x^2 - 4x$ und $f''(x) = 6x - 4$.
Damit ist $f'(0) = 3 \cdot 0 - 4 \cdot 0 = 0$ und $f''(0) = 6 \cdot 0 - 4 = -4 \neq 0$.
Also ist P ein Extremum.
b) Gesucht ist die Tangente an den Extrempunkt. Da die Steigung in diesem Punkt null ist, verläuft die Tangente waagerecht. Da der Extrempunkt der Ursprung ist, ist die Tangente die x-Achse: $t: y = 0$.
c) Die Normale verläuft senkrecht zur Tangente, also ist die Normale hier die y-Achse: $n: x = 0$.

2
Stammfunktion $F(x) = -6 \cdot \cos\left(\frac{1}{2}x\right) + 3x$
Nullstelle: $f(x) = 0$ für $x = 3\pi$

$$\int_0^{3\pi} f(x)\,dx = [F(x)]_0^{3\pi} = F(3\pi) - F(0)$$
$$= -6\cos\left(\frac{3\pi}{2}\right) + 9\pi + 6\cos(0) - 0$$
$$= 9\pi + 6$$

3
a) $f(0) = 3 - 1 = 2$; $P(0\,|\,2)$
$f(x) = 0$; $3 \cdot e^{-\frac{1}{3}x} - 1 = 0$; $e^{-\frac{1}{3}x} = \frac{1}{3}$; $x = -3 \cdot \ln\left(\frac{1}{3}\right)$;
$Q\left(-3 \cdot \ln\left(\frac{1}{3}\right) \,\middle|\, 0\right)$
b) $f'(x) = -1 \cdot e^{-\frac{1}{3}x}$
$f'(0) = -1 \cdot e^0 = -1$
$t: y = -1 \cdot x + 2$
Dreieck ORP mit $O(0\,|\,0)$, $R(2\,|\,0)$ und $P(0\,|\,2)$: das Dreieck ist rechtwinklig und gleichschenklig.
$A = \frac{1}{2} \cdot 2 \cdot 2 = 2$; Flächeninhalt 2 FE

4 a) Zwei Spannvektoren von E sind $\overrightarrow{AB} = \begin{pmatrix} 4 \\ 2 \\ -4 \end{pmatrix}$ und
$\overrightarrow{AC} = \begin{pmatrix} 5 \\ -1 \\ 0 \end{pmatrix}$. Diese sind orthogonal zu $\vec{n} = \begin{pmatrix} 2 \\ 10 \\ 7 \end{pmatrix}$, da die
Skalarprodukte jeweils 0 sind: $4 \cdot 2 + 2 \cdot 10 - 4 \cdot 7 = 0$
und $5 \cdot 2 - 1 \cdot 10 + 0 \cdot 7 = 0$.
$A \in E$ ergibt $E: 2x_1 + 10x_2 + 7x_3 = 46$.

b) AB ist die Grundseite des Dreiecks ABC:
$$\overrightarrow{AB} = \begin{pmatrix} 4 \\ 2 \\ -4 \end{pmatrix},\ |\overrightarrow{AB}| = \left|\begin{pmatrix} 4 \\ 2 \\ -4 \end{pmatrix}\right| = \sqrt{4^2 + 2^2 + (-4)^2} = 6.$$
Die Gerade g verläuft durch die Punkte A und B:
$$g: \vec{x} = \begin{pmatrix} 1 \\ 3 \\ 2 \end{pmatrix} + t \cdot \begin{pmatrix} 4 \\ 2 \\ -4 \end{pmatrix}.$$
Die Hilfsebene H ist senkrecht zur Gerade g und enthält den Punkt C:
$$H: \left[\vec{x} - \begin{pmatrix} 6 \\ 2 \\ 2 \end{pmatrix}\right] \cdot \begin{pmatrix} 4 \\ 2 \\ -4 \end{pmatrix} = 0 \quad \text{bzw.} \quad H: 4x_1 + 2x_2 - 4x_3 = 20.$$
Setzt man die Gleichung der Geraden g in die Ebenengleichung von H ein, erhält man $4 \cdot (1 + 4t) + 2 \cdot (3 + 2t) - 4 \cdot (2 - 4t) = 20$.
Die Gleichung liefert $t = 0{,}5$ und damit den Schnittpunkt F der Hilfsebene H mit der Geraden g, den Lotfußpunkt $F(3\,|\,4\,|\,0)$.
CF ist die Höhe des Dreiecks ABC:
$$\overrightarrow{CF} = \begin{pmatrix} -3 \\ 2 \\ -2 \end{pmatrix},\ |\overrightarrow{CF}| = \left|\begin{pmatrix} -3 \\ 2 \\ -2 \end{pmatrix}\right| = \sqrt{17}.$$

Damit folgt für den Flächeninhalt des Dreiecks ABC:
$A_\Delta = \frac{1}{2} \cdot |\overrightarrow{AB}| \cdot |\overrightarrow{CF}| = \frac{1}{2} \cdot 6 \cdot \sqrt{17} = 3 \cdot \sqrt{17}$.

5 a) X ist binomialverteilt, da nur die beiden Ausgänge „Blau" und „nicht Blau" betrachtet werden und die Wahrscheinlichkeit für das Ereignis „Blau" sich bei mehrmaliger Durchführung nicht ändert.
b) viermal Blau bei vier Durchgängen: $p^4 = \frac{1}{81}$, d.h. $p = \frac{1}{3}$
viermal Nicht-Blau bei vier Durchgängen: $(1 - p)^4 = \left(\frac{2}{3}\right)^4 = \frac{16}{81}$
c) $n = 6$; X ist $B_{6;\frac{1}{3}}$-verteilt
$P(X = 2) = \binom{6}{2} \cdot \left(\frac{1}{3}\right)^2 \cdot \left(\frac{2}{3}\right)^4$
d) $E(X) = n \cdot p = 6 \cdot \frac{1}{3} = 2$

Prüfungsvorbereitung ohne Hilfsmittel 3, Seite 95

1 a) Für die Funktion f mit $f(x) = (3x - a) \cdot e^x$ und $a > 0$ gilt:
$f(x) \to 0$ für $x \to -\infty$ und $f(x) \to \infty$ für $x \to +\infty$;
$f(0) = -a \cdot e^0 = -a < 0$.
Nur der Funktionsgraph in Abbildung (2) zeigt diese Eigenschaften.
Für den Schnittpunkt des Graphen von f mit der y-Achse gilt:
$S(0\,|\,-2)$.
Eingesetzt in die Funktionsgleichung folgt:
$f(0) = -a = -2$ und $a = 2$.
b) Der Graph von f hat bei $x \approx -0{,}3$ einen Tiefpunkt. Somit muss die Ableitungsfunktion f' an dieser Stelle eine Nullstelle mit Vorzeichenwechsel von − nach + haben. Diese Eigenschaft zeigt der Graph in Abbildung (4).
Die Integralfunktion I hat bei $x = 0$ eine Nullstelle, da $I(0) = 0$ gilt. Die Funktion f hat bei $x \approx -0{,}6$ eine Nullstelle. Folglich muss jede Stammfunktion von f und damit auch die Integralfunktion I an dieser Stelle eine Extremstelle haben. Diese Eigenschafen zeigt der Graph in Abbildung (1).

2 $f_t(x) = x^2(x - t) = x^3 - tx^2$. Damit ergeben sich die Ableitungen $f_t'(x) = 3x^2 - 2tx$ und $f_t''(x) = 6x - 2t$. Für eine Wendestelle muss gelten $f_t''(x) = 0$, also $6x - 2t = 0$ und $x = \frac{1}{3}t$. Da diese Gleichung nur eine Lösung hat, hat jeder der Graphen nur eine Wendestelle.
b) $f_t\left(\frac{1}{3}t\right) = \left(\frac{1}{3}t\right)^3 - t \cdot \left(\frac{1}{3}t\right)^2 = \frac{1}{27}t^3 - \frac{1}{9}t^3 = -\frac{2}{27}t^3$.
Die Koordinaten lauten $W\left(\frac{1}{3}t \,\middle|\, -\frac{2}{27}t^3\right)$.
c) $\int_0^t f_t(x)\,dx = \int_0^t (x^3 - tx^2)\,dx = \left[\frac{1}{4}x^4 - \frac{1}{3}tx^3\right]_0^t = \frac{1}{4}t^4 - \frac{1}{3}t \cdot t^3 = -\frac{1}{12}t^4$

3 a) $f(x) = \dfrac{e^{-4x+1}}{x} = e^{-4x+1} \cdot x^{-1}$
$f'(x) = -4 \cdot e^{-4x+1} \cdot x^{-1} + e^{-4x+1} \cdot (-x^{-2})$ (Produktregel)
b) $\int_0^{\ln(3)} e^{3x}\,dx = \left[\frac{1}{3}e^{3x}\right]_0^{\ln(3)} = \frac{1}{3}e^{3\ln(3)} - \frac{1}{3}e^0 = \frac{1}{3}e^{\ln(3^3)} - \frac{1}{3}$
$= \frac{1}{3}e^{\ln(27)} - \frac{1}{3} = \frac{27}{3} - \frac{1}{3} = \frac{26}{3}$

4 Der Punkt P soll ein Punkt der Ebene E sein. Der Normalenvektor der Ebene E sei gegeben durch $\vec{n}$.
Dann ist $\vec{n}_0 = \frac{1}{|\vec{n}|} \cdot \vec{n}_0$ der Normalenvektor mit Betrag 1.
Der Punkt Q mit $\overrightarrow{OQ} = \overrightarrow{OP} + 4 \cdot \vec{n}_0$ hat den Abstand 4 von der Ebene E und ist somit ein Punkt der gesuchten Ebene F.
Die Ebene F ist parallel zur Ebene E, folglich ist $\vec{n}$ auch ein Normalenvektor der Ebene F.
Eine Gleichung der Ebene F ist dann $\left(\vec{x} - \overrightarrow{OQ}\right) \cdot \vec{n} = 0$.

5 a) Diagramm (4): Die Zufallsgröße X kann nur ganzzahlige Werte zwischen 0 und 12 annehmen und es gilt $E(X) = \mu = 12 \cdot \frac{2}{3} = 8$, also muss $P(X = 8)$ maximal sein. Diagramm (3) kommt nicht infrage, da dieses die Wahrscheinlichkeit $P(X = 13)$ enthält und $n = 12$ gilt.
b) $P(6 \leq X \leq 8) = P(X = 6) + P(X = 7) + P(X = 8)$
$\approx 0{,}11 + 0{,}19 + 0{,}24 = 0{,}54$
$P(X < 10) = 1 - P(X \geq 10) = 1 - (P(X = 10) + P(X = 11) + P(X = 12))$
$\approx 1 - (0{,}125 + 0{,}045 + 0{,}010) = 0{,}82$
c) Mögliches Zufallsexperiment: Es wird 12-mal hintereinander ($n = 12$) mit einem idealen Spielwürfel gewürfelt. Die Zufallsgröße X zählt als Treffer, wenn die gewürfelte Augenzahl höchstens 4 ist $\left(p = \frac{4}{6} = \frac{2}{3}\right)$.
d) Erwartungswert: $\mu = n \cdot p = 12 \cdot \frac{2}{3} = 8$
Standardabweichung: $\sigma = \sqrt{n \cdot p \cdot (1 - p)} = \sqrt{12 \cdot \frac{2}{3} \cdot \frac{1}{3}} = \sqrt{\frac{24}{9}} = \sqrt{\frac{8}{3}}$

Prüfungsvorbereitung Analysis 1, Seite 97

1 a) Der Graph von f_2 beschreibt die Änderungsrate der Staulänge für $a = 2$: $f_2(t) = 0{,}5t^3 - 3t^2 + 4t$.
Positive Funktionswerte: Positive Werte der Änderungsrate der Staulänge bedeuten eine Zunahme der Staulänge.
Negative Funktionswerte: Negative Werte der Änderungsrate der Staulänge bedeuten eine Abnahme der Staulänge.
Die schnellste Zunahme der Staulänge entspricht dem Maximum von f_2.
$f_2'(t) = 1{,}5t^2 - 6t + 4$
$f_2'(t) = 0$; $1{,}5t^2 - 6t + 4 = 0$; $t_{1,2} = 6 \pm \frac{\sqrt{6^2 - 4 \cdot 1{,}5 \cdot 4}}{3} = \frac{6 \pm \sqrt{12}}{3}$;
$t_1 \approx 3{,}15$; $t_2 \approx 0{,}85$
f_2' hat bei $t_2 \approx 0{,}85$ einen Vorzeichenwechsel von + nach −, d.h., f_2 hat an dieser Stelle ein Maximum.
$0{,}85\,\text{h} \cdot 60\,\frac{\text{min}}{\text{h}} \approx 51\,\text{min}$.
Die maximale Zunahme der Staulänge wird um 6:51 Uhr erreicht.
Die maximale Staulänge wird zu dem Zeitpunkt erreicht, an dem die Änderungsrate der Staulänge 0 ist und einen Vorzeichenwechsel von + nach − aufweist.
$f_2(t) = 0$;
$0{,}5t^3 - 3t^2 + 4t = 0{,}5t \cdot (t^2 - 6t + 8) = 0{,}5t \cdot (t - 2) \cdot (t - 4) = 0$
f_2 weist eine Nullstelle mit Vorzeichenwechsel von + nach − für $t = 2$ auf. Um 8:00 Uhr ist die Staulänge maximal.
Berechnung der Staulänge:

$$L = \int_{t=0}^{t=2} f_2(t)\,dt = \int_{t=0}^{t=2} (0{,}5t^3 - 3t^2 + 4t) = \left[\frac{1}{8}t^4 - t^3 + 2t^2\right]_0^2$$
$$= (2 - 8 + 8) - (0) = 2{,}0$$

Die maximale Staulänge beträgt 2,0 km.
b) Die maximale Staulänge wird zu dem Zeitpunkt erreicht, an dem die Änderungsrate der Staulänge 0 ist und einen Vorzeichenwechsel von + nach − aufweist.
$f_a(t) = 0$; $0{,}5t^3 - 1{,}5at^2 + a^2t = 0{,}5t \cdot (t^2 - 3at + 2a^2) = 0$
$t_1 = 0$; $t_{2,3} = \frac{3a \pm \sqrt{(3a)^2 - 4 \cdot 1 \cdot 2a^2}}{2} = \frac{3a \pm 1a}{2}$; $t_2 = 2a$; $t_3 = a$
f_a weist eine Nullstelle mit Vorzeichenwechsel von + nach − für $t = a$ auf. Um $(6 + a)$ Uhr ist die Staulänge maximal.
Die Staulänge wird durch eine Stammfunktion $F_a(t)$ von $f_a(t)$ angegeben.
$F_a(t) = 0{,}125t^4 - 0{,}5at^3 + 0{,}5a^2t^2 + c$
$F_a(0) = 0$ für $c = 0$.
Staulänge zum Zeitpunkt t:
$F_a(t) = 0{,}125t^4 - 0{,}5at^3 + 0{,}5a^2t^2$
$F_a(2) = 3$, d.h. $0{,}125 \cdot (2)^4 - 0{,}5a \cdot (2)^3 + 0{,}5a^2 \cdot (2)^2$
$= 2 - 4a + 2a^2 = 3$; $2a^2 - 4a - 1 = 0$;
$a_{1,2} = \frac{4 \pm \sqrt{(-4)^2 - 4 \cdot 2 \cdot (-1)}}{4} = \frac{4 \pm \sqrt{24}}{4} = 1 \pm \sqrt{1{,}5}$
Die Lösungen der Gleichung sind $a_1 \approx 2{,}22$ und $a_2 \approx -0{,}22$. Da jedoch $a > 0$ vorgegeben ist, ist $a_1 \approx 2{,}22$ die einzige sinnvolle Lösung. Für $a \approx 2{,}22$ beträgt zum Zeitpunkt 8:00 Uhr die Staulänge 3,0 km.
c) Die Abnahme der Staulänge ist insgesamt größer als die vorherige gesamte Zunahme der Staulänge, sodass sich für die Staulänge auch negative Werte ergeben würden.
Negative Werte machen jedoch für die Staulänge keinen Sinn, sodass die Änderungsrate der Staulänge nicht durch die Funktion g beschrieben werden kann.
d) Die Staulänge kann durch die Stammfunktion H von h mit $H(0) = 4$ beschrieben werden. Damit die Staulänge in dem Zeitintervall immer positiv und um 11:00 Uhr ($t = 2$) vollständig abgebaut ist, muss gelten: $H(t) \geqq 0$ für $0 \leqq t \leqq 2$ und $H(2) = 0$.

2 a) Graph B ist der Graph der Funktion f, da an den Extremstellen von f die Nullstellen von f′ sind.
$x_1 = 0$: Minimalstelle von f und Nullstelle von f′ mit einem Vorzeichenwechsel von − nach +.
$x_2 = 2$: Maximalstelle von f und Nullstelle von f′ mit einem Vorzeichenwechsel von + nach −.

b) $f(x) = 2x^2 \cdot e^{-x}$
$f'(x) = 4x \cdot e^{-x} - 2x^2 \cdot e^{-x} = (4x - 2x^2) \cdot e^{-x}$
$f'(x) = 0 \qquad (4x - 2x^2) \cdot e^{-x} = 0$
$e^{-x} > 0 \qquad 4x - 2x^2 = 0$ für $x_1 = 0$ und $x_2 = 2$
Aus Teilaufgabe a) und der Abbildung folgt, dass bei $x_2 = 2$ der Graph von f ein Maximum hat.
$f(2) = 8 \cdot e^{-2} = \frac{8}{e^2} \approx 1{,}083 \qquad H(2\,|\,1{,}08)$

c)
$a > 8 \cdot e^{-2} \approx 1{,}083$	$f(x) = a$ hat eine Lösung
$a = 8 \cdot e^{-2} \approx 1{,}083$	$f(x) = a$ hat zwei Lösungen
$0 < a < 8 \cdot e^{-2} \approx 1{,}083$	$f(x) = a$ hat drei Lösungen
$a = 0$	$f(x) = a$ hat eine Lösung
$a < 0$	$f(x) = a$ hat keine Lösung

d) $F(x) = 2(-x^2 - 2x - 2) \cdot e^{-x} = (-2x^2 - 4x - 4) \cdot e^{-x}$
$F'(x) = (-4x - 4) \cdot e^{-x} - (-2x^2 - 4x - 4) \cdot e^{-x}$
$= (-4x - 4 + 2x^2 + 4x + 4) \cdot e^{-x} = 2x^2 \cdot e^{-x} = f(x)$

e) Berechnung der Integralgrenzen
$f(x) = f'(x)$
$2x^2 \cdot e^{-x} = (4x - 2x^2) \cdot e^{-x}$
$(4x^2 - 4x) \cdot e^{-x} = (4x - 4) \cdot x \cdot e^{-x} = 0$
Satz vom Nullprodukt: $x_3 = 0$ und $x_4 = 1$
Berechnung des Flächeninhalts

$$\int_0^1 (f'(x) - f(x))\,dx = [f(x) - F(x)]_0^1$$
$$= [2x^2 \cdot e^{-x} - (-2x^2 - 4x - 4) \cdot e^{-x}]_0^1$$
$$= [4x^2 + 4x + 4) \cdot e^{-x}]_0^1 = 12 \cdot e^{-1} - 4 \cdot e^0$$
$$= \frac{12}{e} - 4 \approx 0{,}415$$

Der eingeschlossene Flächeninhalt beträgt ca. 0,415 FE.

Prüfungsvorbereitung Analysis 2, Seite 98

1 a) Setzt man die Werte t = 4 und y = 8,83 in die Funktionsgleichung fa(t) = a · t · e− 0,25 t ein, so ergibt sich die Gleichung:

$f_a(4) = a \cdot 4 \cdot e^{-0,25 \cdot 4} = 8,83$

$a \cdot 4 \cdot e^{-1} = 8,83$

$a = \frac{8,83 \cdot e}{4} \approx 6,00$

Für a = 6 ergibt sich vier Stunden nach der Einnahme eine Wirkstoffkonzentration von 8,83 mg/l.

Graph der Funktion f_6:

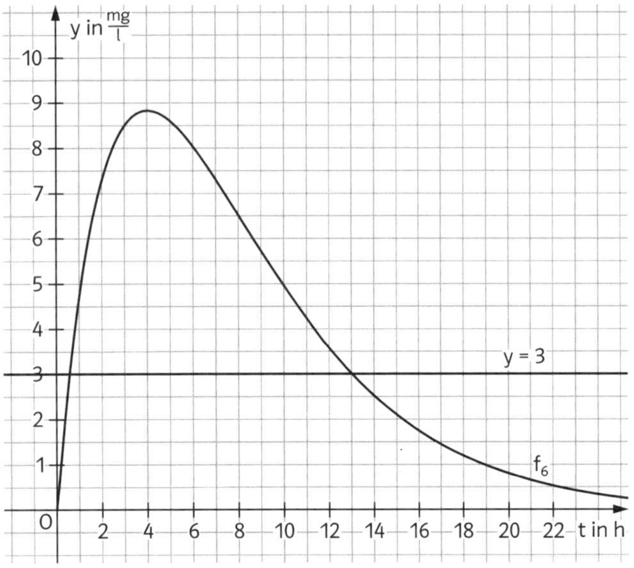

Mittlere Wirkstoffkonzentration im Zeitintervall [0; 24], Berechnung mit dem Rechner:

$m = \frac{1}{24-0} \int_0^{24} f(t)\,dt \approx 3,93$

Die mittlere Wirkstoffkonzentration in den ersten 24 Stunden nach der Einnahme beträgt ca. 3,93 mg/l.

Schneidet man den Graphen der Funktion f_6 mit der Geraden y = 3, so erhält man mit dem Rechner: $t_1 \approx 0,58$ und $t_2 \approx 13,05$;

$t_2 - t_1 = 13,05 - 0,58 \approx 12,47$.

Für ungefähr $12\frac{1}{2}$ Stunden ist die Wirkstoffkonzentration im Blut über 3 mg/l.

Der Zeitpunkt, an dem der Wirkstoff am stärksten abgebaut wird, ist der Zeitpunkt, bei dem die momentane Änderungsrate den größten negativen Wert annimmt. Dies entspricht dem Minimum der Ableitungsfunktion f_6'.

Mit dem Rechner erhält man $t_3 = 8,00$.

Acht Stunden nach der Einnahme wird der Medikamentenwirkstoff am stärksten abgebaut.

b) Ableitungsfunktion der Funktionenschar f_a:

$f_a'(t) = a \cdot e^{-0,25t} + a \cdot t \cdot e^{-0,25t} \cdot (-0,25)$

$f_a'(t) = a \cdot e^{-0,25t} \cdot (1 - 0,25t)$

Es ist $f_a'(t) = 0$ für t = 4; außerdem gilt: $a \cdot e^{-0,25t} > 0$ für alle Werte von t, der Faktor (1 − 0,25 t) hat bei t = 4 einen Vorzeichenwechsel von + nach −. Folglich ist jede Funktion f_a an der Stelle t = 4 maximal.

Da die maximale Wirkstoffkonzentration im Blut nach 4 Stunden erreicht wird, muss $f_a(4) \leq 15$ gelten.

$a \cdot 4 \cdot e^{-0,25 \cdot 4} = a \cdot 4 \cdot e^{-1} \leq 15$ für $a \leq 10,19$.

Die verabreichte Dosierung sollte nicht größer als 10,19 sein.

c) Der Zeitpunkt, an dem der Wirkstoff am stärksten abgebaut wird, ist der Zeitpunkt, bei dem die momentane Änderungsrate den größten negativen Wert annimmt. Dies entspricht dem Minimum der Ableitungsfunktion f_a'.

Zweite Ableitungsfunktion der Funktionenschar f_a:

$f_a''(t) = -0,25\,a \cdot e^{-0,25t} \cdot (1 - 0,25t) + a \cdot e^{-0,25t} \cdot (-0,25)$

$f_a''(t) = a \cdot e^{-0,25t} \cdot (-0,5 + 0,0625t)$

Es ist $f_a''(t) = 0$ für t = 8; außerdem gilt: $a \cdot e^{-0,25t} > 0$ für alle Werte von t und a. Der Faktor (− 0,5 + 0,0625 t) hat bei t = 8 einen Vorzeichenwechsel von − nach +. Folglich hat jede Funktion f_a' an der Stelle t = 8 ein Minimum.

Acht Stunden nach der Einnahme wird der Wirkstoff am stärksten abgebaut.

d) $F_a'(t) = ((-4a \cdot (t+4)) \cdot e^{-0,25t})'$

$= -4a \cdot e^{-0,25t} + a \cdot (t+4) \cdot e^{-0,25t}$

$= e^{-0,25t} \cdot (-4a + at + 4a) = at \cdot e^{-0,25t} = f(x)$

ist eine Stammfunktion von f_a.

Für die mittlere Wirkstoffkonzentration in den ersten 24 Stunden nach der Einnahme gilt.

$m_6 = \frac{1}{24-0} \cdot \int_0^{24} f_6(t)\,dt = \frac{1}{24} \cdot (F_6(24) - F_6(0))$

$= \frac{1}{24} \cdot [(-4 \cdot 6 \cdot (24 + 4) \cdot e^{-0,25 \cdot 24}) + 16 \cdot 6] \approx 3,93$

Die mittlere Wirkstoffkonzentration für a = 6 in den ersten 24 Stunden nach der Einnahme beträgt ca. 3,93 $\frac{mg}{l}$.

Für die mittlere Wirkstoffkonzentration $m_a(s)$ in den ersten s Stunden nach der Einnahme des Medikaments gilt:

$m_a(s) = \frac{1}{s-0} \cdot \int_0^{s} f_a(t)\,dt = \frac{1}{s} \cdot (F_a(s) - F_a(0))$

$= \frac{1}{s} \cdot ((-4a \cdot (s + 4) \cdot e^{-0,25 \cdot s}) - (-4a \cdot (0 + 4) \cdot e^{-0,25 \cdot 0}))$

$= \frac{1}{s} \cdot ((-4a \cdot (s + 4) \cdot e^{-0,25 \cdot s}) + 16a)$

$m_a(12) = 5,0$

$\frac{1}{12} \cdot ((-4a \cdot (12 + 4) \cdot e^{-0,25 \cdot 12}) + 16a) = 0$

$-4a \cdot 16 \cdot e^{-3} + 16a = 60$

$a \cdot (-64 \cdot e^{-3} + 16) = 60$

$a = \frac{60}{-64 \cdot e^{-3} + 16} \approx 4,68$

Bei einer Wirkstoffdosierung von ca. 4,68 ist in den ersten zwölf Stunden die mittlere Wirkstoffmenge 5,0 $\frac{mg}{l}$.

2 Bestimmung benachbarter Schnittpunkte mit der x-Achse:

1 − cos(x) = 0, z. B. für $x_1 = 0$ und $x_2 = 2\pi$.

Ableitungsfunktion g': g'(x) = sin (x). Berechnung der Kurvenlänge im Intervall [0; 2π] mithilfe des Rechners:

$L = \int_0^{2\pi} \sqrt{1 + (\sin(x))^2}\,dx \approx 7,64$

Die Kurvenlänge der Funktion g zwischen zwei benachbarten Schnittpunkten mit der x-Achse ist ungefähr 7,64 LE.

Prüfungsvorbereitung Analysis 3, Seite 99

a) f(3) ≈ 2,32 Die Änderungsrate drei Stunden nach Beobachtungsbeginn beträgt etwa 2,32 $\frac{mm^2}{h}$.

b) f(t) = 5 für t ≈ 18,33 Die Änderungsrate beträgt nach 18 Stunden und 20 Minuten 5,0 $\frac{mm^2}{h}$.

c) $\int_0^{5} f(t)\,dt \approx 11,36$ In den ersten fünf Stunden nach Beobachtungsbeginn nahm der Flächeninhalt der von der Bakterienkultur überdeckten Fläche um etwa 11,36 mm^2 zu.

d) Integralfreier Term: $F(t) = \int_0^{t} f(x)\,dx + c$ und F(0) = 40, also c = 40

$F(t) = \int_0^{t} 2 \cdot e^{0,05x}\,dx + 40 = \left[\frac{2}{0,05} \cdot e^{0,05x}\right]_0^t + 40$

$= 40 \cdot e^{0,05t} - 40 \cdot e^{0} + 40 = 40 \cdot e^{0,05t}$ (F(t) in mm^2)

$F(20) = 40 \cdot e \approx 108{,}73$ 20 Stunden nach Beobachtungsbeginn überdeckt die Kultur eine Fläche von rund $109\,mm^2$.

e) Es ist $G(0) = 40 = \frac{600}{1+a}$. Für den Parameter gilt $a = 14$.

f) Die größte Zunahme der Fläche entspricht dem Maximum der Ableitungsfunktion.
Mit dem Rechner: $t_1 = 52{,}78$
Nach rund 2 Tagen und 5 Stunden ist die Flächenzunahme am größten.
90 % der Maximalfläche entsprechen
$90\,\% \cdot 600\,mm^2 = 540\,mm^2$

Mit dem Rechner: $G(t_2) = 540$ für $t_2 = 96{,}73$
Nach rund 4 Tagen und 1 Stunde beträgt der Flächeninhalt rund 90 % des Maximalwertes.

g) $H'(t) = h(t) = 40 \cdot e^{0{,}05t - 0{,}005t^2} \cdot (0{,}05 - 0{,}01t)$
$h(t) = 0$; $0{,}05 - 0{,}01t = 0$ für $t_0 = 5$; $H(5) \approx 45{,}33$
Fünf Stunden nach Beobachtungsbeginn ist der Flächeninhalt maximal und beträgt dann etwa $45{,}33\,mm^2$.
Es ist $40 \cdot e^{0{,}05t - 0{,}005t^2} > 0$ und $0{,}05 - 0{,}01t < 0$ für $t > 5$. Der Flächeninhalt nimmt ab dem Zeitpunkt 5 Stunden kontinuierlich ab.

h) $H(t) = 40$ für $t_1 = 10$
Zehn Stunden nach Beobachtungsbeginn überdeckt die Bakterienkultur wieder eine Fläche von $40\,mm^2$.

i) Der Graph der Funktion K ist symmetrisch zur y-Achse. Da der Graph von H aus dem Graphen von K durch Verschiebung um 5 Einheiten nach rechts hervorgeht, ist der Graph von H symmetrisch zur Geraden $t = 5$ (parallel zur y-Achse).

Prüfungsvorbereitung Analytische Geometrie 1, Seite 100

1 a) $g: \vec{x} = \begin{pmatrix} 2 \\ 6 \\ 0 \end{pmatrix} + r\begin{pmatrix} 2 \\ 1 \\ -2 \end{pmatrix}$; A liegt in E: 8 + 12 = 20 und B liegt in E: 10 + 10 = 20; Länge von $\overline{AB}$: $\sqrt{4+1+4} = 3$
Koordinaten von $M(1\,|\,5{,}5\,|\,1)$.

b) Spurpunkte $(5\,|\,0\,|\,0)$, $(0\,|\,10\,|\,0)$, $(0\,|\,0\,|\,4)$ (siehe Zeichnung zu Teilaufgabe b))

Orthogonale in E zu g in M: Richtungsvektor $\begin{pmatrix} v_1 \\ v_2 \\ v_3 \end{pmatrix}$ senkrecht zu Normalenvektor und senkrecht zu Richtungsvektor von g:
$4v_1 + 2v_2 + 5v_3 = 0$ und $2v_1 + v_2 - 2v_3 = 0$ ergibt z. B.
$v_3 = 0$; $v_1 = 1$; $v_2 = -2$;

Gleichung der Geraden $g_1: \vec{x} = \begin{pmatrix} 1 \\ 5{,}5 \\ 1 \end{pmatrix} + s \cdot \begin{pmatrix} 1 \\ -2 \\ 0 \end{pmatrix}$

Flächeninhalt des Dreiecks $F = \frac{1}{2} \cdot 3 \cdot h$; $h = \frac{2}{3} \cdot 3\sqrt{5}$

Länge des Richtungsvektors von g_1: $l = \sqrt{5}$; $\frac{h}{l} = \frac{2\sqrt{5}}{\sqrt{5}} = 2$;

also ist $C(3\,|\,1{,}5\,|\,1)$ oder $C(-1\,|\,9{,}5\,|\,1)$.
Wegen x_1 positiv ist der gesuchte Punkt $C(3\,|\,1{,}5\,|\,1)$.

b)

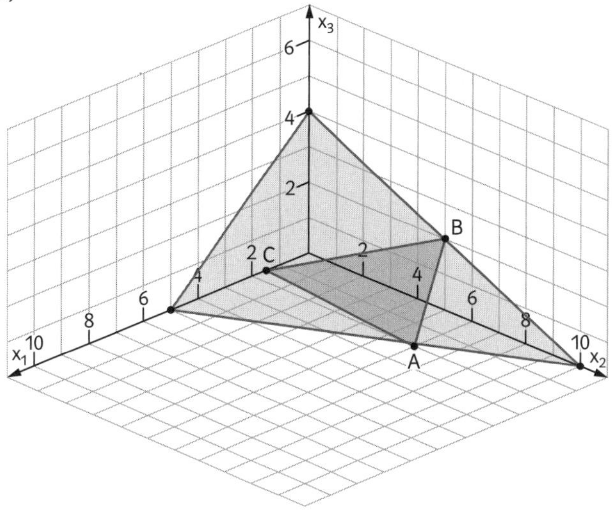

c) Bestimmung des Abstands D von E. Gerade g orthogonal zu E durch D: $g: \vec{x} = \begin{pmatrix} 2 \\ 1{,}5 \\ 0 \end{pmatrix} + t\begin{pmatrix} 4 \\ 2 \\ 5 \end{pmatrix}$.

Bestimmung des Fußpunktes F von g in
E: $4(2+4t) + 2(1{,}5+2t) + 5 \cdot 5t = 20$; $45t = 9$; $t = \frac{1}{5}$;

$F\left(\frac{14}{5}\,\middle|\,\frac{19}{10}\,\middle|\,1\right)$; $h = |\overrightarrow{DF}| = \left|\begin{pmatrix} \frac{4}{5} \\ \frac{2}{5} \\ 1 \end{pmatrix}\right| = \sqrt{\frac{16}{25} + \frac{4}{25} + 1} = \sqrt{\frac{9}{5}} = \frac{3}{\sqrt{5}}$;

Also $V = \frac{1}{3} \cdot 3\sqrt{5} \cdot \frac{3}{\sqrt{5}} = 3$.

d) Schnittpunkt T
Einsetzen eines Punktes S auf h $(3+t\,|\,1{,}5\,|\,1+t)$ in E ergibt:
$4(3+t) + 3 + 5(1+t) = 20$; $t = 0$ also $T = C$.
$S(3+t\,|\,1{,}5\,|\,1+t)$

Lotgerade von S auf E: $l: \vec{x} = \begin{pmatrix} 3+t \\ 1{,}5 \\ 1+t \end{pmatrix} + r\begin{pmatrix} 4 \\ 2 \\ 5 \end{pmatrix}$.
Fußpunkt von l auf E:
$4(3+t+4r) + 2(1{,}5+2r) + 5(1+t+5r) = 20$; $45r = -9t$; $r = -\frac{1}{5}t$;

$F\left(3 + \frac{1}{5}t\,\middle|\,1{,}5 - \frac{2}{5}t\,\middle|\,1\right)$;

$h_t = |\overrightarrow{SF}| = \left|\begin{pmatrix} -\frac{4}{5}t \\ -\frac{2}{5}t \\ -t \end{pmatrix}\right| = |t|\sqrt{\frac{16}{25} + \frac{4}{25} + 1} = |t|\sqrt{\frac{9}{5}} = ||t|\frac{3}{\sqrt{5}}$;

Also $V = \frac{1}{3} \cdot 3\sqrt{5} \cdot \frac{3}{\sqrt{5}}|t| = 3|t|$.

e) $|\overrightarrow{AS}|^2 = (t+1)^2 + 4{,}5^2 + (t+1)^2 = 2t^2 + 4t + 22{,}25$;

$|\overrightarrow{BS}|^2 = (t+3)^2 + 3{,}5^2 + (t-1)^2 = 2t^2 + 4t + 22{,}25$;

$F = \frac{1}{2} \cdot 3 \cdot |\overrightarrow{SM}| = \frac{3}{2}\sqrt{(-2-t)^2 + 16 + (-t)^2} = \frac{3}{2}\sqrt{2t^2 + 4t + 20}$.

$\text{fMin}\left(\frac{3}{2} \cdot \sqrt{2 \cdot t^2 + 4 \cdot t + 20}, t\right)$ $t = -1$

$S(2\,|\,1{,}5\,|\,0)$.

Winkel an der Spitze: $\cos(\alpha) = \frac{\overrightarrow{AS} \cdot \overrightarrow{BS}}{|\overrightarrow{AS}| \cdot |\overrightarrow{BS}|} = \frac{-4{,}5 \cdot (-3{,}5)}{4{,}5 \cdot \sqrt{4 + 3{,}5^2 + 4}} = \frac{7}{9}$;

$\alpha \approx 38{,}9°$

f) Koordinatengleichung von F: $-x_1 + 4x_2 + x_3 = 13$
Schnittpunkte von F mit den Pyramidenkanten:
$M_{\overline{CA}}(2{,}5\,|\,3{,}75\,|\,0{,}5)$; $M_{\overline{CB}}(1{,}5\,|\,3{,}25\,|\,1{,}5)$; $M_{\overline{AD}}(2\,|\,3{,}75\,|\,0)$;
$M_{\overline{BD}}(1\,|\,3{,}25\,|\,1)$ sind jeweils die Mittelpunkte der Kanten.
Durch Aufstellen der Vektoren benachbarter Schnittpunkte ergibt sich:
Beide Körper haben als Grundfläche ein Parallelogramm.
Verwendung des Satzes von der Mittelparallele: An 2 Seiten

liegen sich kongruente Dreiecke gegenüber, an den anderen beiden Seiten liegen sich Trapeze gegenüber, bei denen die eine parallele Seite doppelt so lang wie die andere ist.

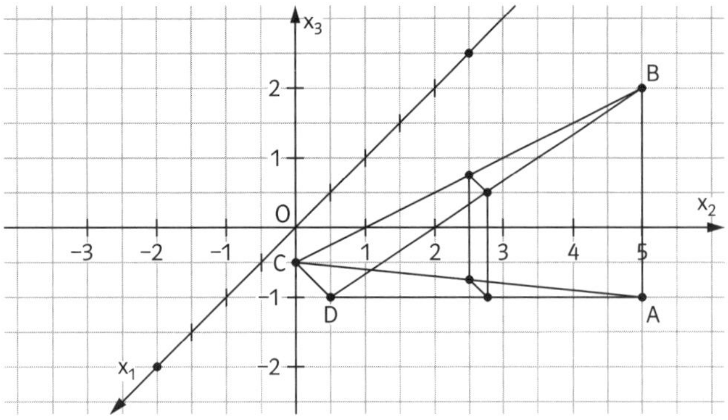

Prüfungsvorbereitung Analytische Geometrie 2, Seite 101

a) $|\overrightarrow{AB}| = \left|\begin{pmatrix}6\\6\\3\end{pmatrix}\right| = \sqrt{36+36+9} = 9;$

$|\overrightarrow{AC}| = \left|\begin{pmatrix}6\\3\\-4{,}5\end{pmatrix}\right| = \sqrt{36+9+20{,}25} = \sqrt{65{,}25}$

$|\overrightarrow{BC}| = \left|\begin{pmatrix}0\\-3\\-7{,}5\end{pmatrix}\right| = \sqrt{9+56{,}25} = \sqrt{65{,}25}$

b) $\vec{n} = \overrightarrow{AB} \times \overrightarrow{BC} = \begin{pmatrix}-36\\45\\-18\end{pmatrix}$; also E: $-4x + 5y - 2z = -11$;

$S_x\left(\frac{11}{4}\middle|0\middle|0\right)$; $S_y\left(0\middle|-\frac{11}{5}\middle|0\right)$; $S_z\left(0\middle|0\middle|\frac{11}{2}\right)$;

Gerade durch D orthogonal zu E ist g: $\vec{x} = \begin{pmatrix}1{,}5\\7\\-2{,}5\end{pmatrix} + t\begin{pmatrix}-4\\5\\-2\end{pmatrix}$,

geschnitten mit E: $-4(1{,}5 - 4t) + 5(7 + 5t) - 2(-2{,}5 - 2t) = -11$;

$34 + 45t = -11$; $45t = -45$; $t = -1$; also hat der Fußpunkt die Koordinaten $D_F(5{,}5\,|\,2\,|-0{,}5)$;

c) Da das Dreieck gleichschenklig ist, ist die Höhe die Seitenhalbierende der Seite AB. $M_{AB}(4\,|\,2\,|\,2{,}5)$.

$|\overrightarrow{M_{AB}C}| = \sqrt{9+36} = 3\sqrt{5}$

Flächeninhalt des Dreiecks ABC

$F = \frac{1}{2}|\overrightarrow{AB}| \cdot |\overrightarrow{M_{AB}C}| = \frac{1}{2} \cdot 9 \cdot 3\sqrt{5} = \frac{27}{2}\sqrt{5}$;

Volumen der Pyramide $V = \frac{1}{3}F \cdot |\overrightarrow{D_FD}| = \frac{27}{6}\sqrt{5} \cdot 3\sqrt{5} = \frac{135}{2}$

d) Ebenengleichung der Ebene, in der die Punkte A, B und D liegen $-2x + y + 2z = -1$. Punktprobe mit P stimmt.

Die ungünstigste Lage ergibt sich, wenn der Strohhalm in einer Ecke endet. Die Längen sind jeweils

$|\overrightarrow{AP}| = \sqrt{56{,}25} = 7{,}5$; $|\overrightarrow{BP}| = \sqrt{56{,}25} = 7{,}5$; $|\overrightarrow{CP}| = \sqrt{45} = 3\sqrt{5}$;

$|\overrightarrow{DP}| = \sqrt{2{,}25} = 1{,}5$. Der Strohhalm muss also 8,5 cm lang sein.

e) Er ragt am meisten heraus, wenn er senkrecht auf der Ebene E steht. Abstand des Punktes P von E: Orthogonale zu E durch P ist h: $\vec{x} = \begin{pmatrix}2\\6\\-1{,}5\end{pmatrix} + t\begin{pmatrix}-4\\5\\-2\end{pmatrix}$ geschnitten mit E, ergibt

$-4(2 - 4t) + 5(6 + 5t) - 2(-1{,}5 - 2t) = -11$; $25 + 45t = -11$;

$45t = -36$; $t = -0{,}8$; also hat der Fußpunkt die Koordinaten $P_F(5{,}2\,|\,2\,|\,0{,}1)$. Der Abstand beträgt also

$|\overrightarrow{PP_F}| = \sqrt{3{,}2^2 + 4^2 + 1{,}6^2} = \sqrt{28{,}8} \approx 5{,}4$. Der Strohhalm ragt also 8,5 cm − 5,4 cm = 3,1 cm heraus.

Für die Zeichnung benötigt man noch den Endpunkt des Strohhalms. Gesucht ist der Punkt Q, der von P den Abstand 3,1 hat und auf der Orthogonalen zu E durch P liegt.

$\overrightarrow{OQ} = \overrightarrow{OP} \pm 3{,}1 \cdot \frac{1}{3\sqrt{5}}\begin{pmatrix}-4\\5\\-2\end{pmatrix} \approx \begin{pmatrix}0{,}15\\8{,}3\\-2{,}4\end{pmatrix}$ oder $\begin{pmatrix}3{,}8\\3{,}7\\-0{,}6\end{pmatrix}$

In der Zeichnung erkennt man, dass die erste Lösung richtig ist.

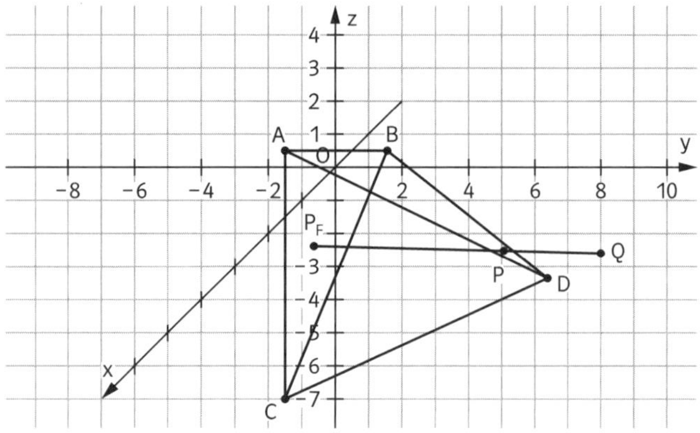

f) Gerade g durch A und B g: $\vec{x} = \begin{pmatrix}1\\-1\\1\end{pmatrix} + s\begin{pmatrix}6\\6\\3\end{pmatrix}$;

Gerade h durch C und D h: $\vec{x} = \begin{pmatrix}7\\2\\-3{,}5\end{pmatrix} + t\begin{pmatrix}-5{,}5\\5\\1\end{pmatrix}$.

Ebene, die g enthält und zu h parallel ist:

$\vec{x} = \begin{pmatrix}1\\-1\\1\end{pmatrix} + s\begin{pmatrix}6\\6\\3\end{pmatrix} + t\begin{pmatrix}-5{,}5\\5\\1\end{pmatrix}$.

Normalenvektor der Ebene:

$\vec{n} = \begin{pmatrix}6\\6\\3\end{pmatrix} \times \begin{pmatrix}-5{,}5\\5\\1\end{pmatrix} = \begin{pmatrix}-9\\-\frac{45}{2}\\63\end{pmatrix} = \frac{9}{2} \cdot \begin{pmatrix}-2\\-5\\14\end{pmatrix}$.

Koordinatengleichung der Ebene: $-2x_1 - 5x_2 + 14x_3 = 17$.

Lotgerade von C auf die Ebene l: $\vec{x} = \begin{pmatrix}7\\2\\-3{,}5\end{pmatrix} + r\begin{pmatrix}-2\\-5\\14\end{pmatrix}$;

Allgemeiner Punkt von l in die Ebenengleichung eingesetzt

$-2(7 - 2r) - 5(2 - 5r) + 14(-3{,}5 + 14r) = 17$; $225r = 90$;

$r = \frac{90}{225} = \frac{2}{5}$;

Fußpunkt $F(6{,}2\,|\,0\,|\,2{,}1)$

Der Abstand der Geraden ist also

$|\overrightarrow{CF}| = \begin{pmatrix}-0{,}8\\-2\\5{,}6\end{pmatrix} = \sqrt{0{,}64 + 4 + 31{,}36} = \sqrt{36} = 6$.

Prüfungsvorbereitung Stochastik 1, Seite 102

a) P(mindestens ein Rauchmelder erkennt die Gefahr) = 1 − P(kein Rauchmelder erkennt die Gefahr) = $1 - (1 - p)^2$

Für p = 0,90 folgt P(Gefahr erkannt) = $1 - (1 - 0{,}9)^2 = 0{,}99$.

Die Sicherheit hat sich also um 10 % erhöht.

b) Das Gerät funktioniert (92 %) nur, wenn kein Materialfehler (98 %) und kein Montagefehler (1 − x) vorliegt.

Wahrscheinlichkeit für einen Montagefehler:

Es ist also $0{,}98 \cdot (1 - x) = 0{,}92$. $\quad x = 1 - \frac{0{,}92}{0{,}98} \approx 0{,}0612$

Die Wahrscheinlichkeit für einen Montagefehler beträgt 6,12 %.

c) Es handelt sich um eine Binomialverteilung, wenn man für jedes der 50 Geräte mit der gleichen Wahrscheinlichkeit die Ereignisse „funktioniert" oder „funktioniert nicht" erhält. Also eine Bernoulli-Kette der Länge n = 50 und der Wahrscheinlichkeit p = 0,08 für die Zufallsgröße X (Anzahl der nicht funktionierenden Geräte).